压缩感知理论与应用

王泽龙　刘吉英　黄石生　余　奇　著

科 学 出 版 社

北　京

内 容 简 介

压缩感知理论是处理病态逆问题的重大革新与突破，与信息论、图像处理、成像科学、模式识别等领域相互交叉融合，形成了系列新理论、新体制、新方法等创新成果. 本书主要介绍了压缩感知理论与应用，一方面，详细介绍了稀疏表示理论与方法、稀疏重构模型与算法、测量矩阵的可重构条件等内容，为读者提供一个深入浅出、又相对完整的理论框架；另一方面，重点介绍了压缩感知理论在光学成像、雷达成像，以及波达角估计、图像复原、光谱解混等领域中的具体应用，突出压缩感知理论在解决实际问题时的基本思路与方法.

本书可供系统科学、应用数学、信号处理、成像科学等学科领域的科研人员使用，也可作为相关专业高年级本科生与研究生的参考书.

图书在版编目（CIP）数据

压缩感知理论与应用／王泽龙等著. —北京：科学出版社，2023.1
ISBN 978-7-03-073836-3

Ⅰ. ①压… Ⅱ. ①王… Ⅲ. ①数字信号处理-研究 Ⅳ. ①TN911.72

中国版本图书馆 CIP 数据核字（2022）第 220742 号

责任编辑：李静科 贾晓瑞／责任校对：杨聪敏
责任印制：赵 博／封面设计：无极书装

科学出版社 出版
北京东黄城根北街 16 号
邮政编码：100717
http: // www.sciencep.com
北京富资园科技发展有限公司印刷
科学出版社发行 各地新华书店经销
*
2023 年 1 月第 一 版 开本：720×1000 B5
2024 年 1 月第二次印刷 印张：15 1/4
字数：305 000

定价：118.00 元

（如有印装质量问题，我社负责调换）

前　言

压缩感知虽然是21世纪初提出的，但是早在20世纪就已经在应用数学、地球物理、医学成像等领域有相当多的理论与应用铺垫. 例如，1795年法国数学家Prony提出稀疏信号恢复的Prony方法，20世纪30年代现代调和分析专家Beurling提出的极小外推概念本质上就是今天的稀疏约束重构模型，20世纪末最小化ℓ_1范数思想已经在统计学以及图像处理等应用领域得到广泛研究. 压缩感知正是在上述基础之上创造性地将最小化ℓ_1范数的稀疏约束与随机投影测量相结合，得到一种使得稀疏信号重构的最佳“方案”.

压缩感知自从提出之后，便引起了国外众多学者和组织的关注，被《美国科技》评为2007年度十大科技进展之一，美国莱斯大学也建立了专门的压缩感知学术网站，涵盖了压缩感知理论与应用的诸多方面. 到目前为止，形成了分布式压缩感知、1-BIT压缩感知、贝叶斯压缩感知、无限维压缩感知、变形压缩感知、谱压缩感知、边缘压缩感知、块压缩感知等具体理论；同时压缩感知建立了一种新的信号采样方式，在信息论、医疗成像、光学成像、无线通信、模式识别、生物传感、雷达探测、地质勘探、天文、集成电路分析、图像处理等领域得到广泛应用.

经过近二十年发展，压缩感知理论与应用逐渐成熟，但依然面临很多挑战. 例如，字典学习的计算效率仍然难以满足实时性要求，测量矩阵的优化设计尚缺少完备的理论支撑，基于压缩感知的实际系统在系统复杂度、应用效率、工作模式等方面并不能一致优于现有系统. 为了解决这些问题，深度学习与压缩感知的融合已经成为压缩感知研究的主要方向之一，目前已经提出了以表示与重构联合学习、采样与重构联合学习等为代表的深度学习网络. 鉴于压缩感知理论与应用的高复杂度以及深度学习自身的缺陷，压缩感知研究依然任重道远.

本书是作者及所在团队十多年来从事压缩感知理论与相关应用研究的系统总结，同时也融入了系统科学专业研究生课程《压缩感知理论与应用》讲义资料，因此本书既可作为科研人员的工具用书，又可作为研究生教学的教辅资料. 本书旨在对压缩感知理论与应用提供一个深入浅出，又相对完整的介绍，突出压缩感知的深刻数学思想及其深厚的应用背景. 尽管在理论方面压缩感知涉及线性代数、凸分析、优化理论、概率论、调和分析等基础理论，但本书摒弃繁杂的数学推导，聚焦于既能保证压缩感知理论体系，又能启发思维能够发挥以点带面作用的核心知识模块. 同时，尽管压缩感知的应用十分广泛，但本书仅选择光学成像、雷达成像以及图像处理等领域重点阐述，特意缩减相关背景介绍，突出引入压缩感知的思想来源及其应用方式.

本书遵循先理论后应用的组织框架. 第 1 章概述了压缩感知的基本概念、相关应用及发展历史. 第 2 章主要介绍了稀疏表示理论与方法，包括稀疏性的度量与判定、基于调和分析的稀疏表示方法与基于数据驱动的稀疏表示方法. 第 3 章主要介绍稀疏重构模型与算法，包括常用的稀疏重构模型以及模型求解的贪婪算法、阈值收缩算法、凸优化算法等几类经典算法. 第 4 章主要分析了测量矩阵的可重构条件，分别针对零空间条件、相关性、约束等距性质等给出相关定义与性质，重点探讨基于这些概念的测量矩阵可重构条件分析. 第 5 章主要介绍压缩感知在光学成像中的应用，包括焦平面编码高分辨率成像、运动补偿压缩成像、推扫式压缩成像等压缩成像方法，以及单像素压缩成像、CMOS 低数据率成像、随机相位调制高分辨成像、压缩感知量子成像等成像模式. 第 6 章主要介绍压缩感知在雷达成像中的应用，包括低数据率逆合成孔径雷达成像、随机噪声合成孔径雷达稀疏成像以及 SAR 图像特征增强. 第 7 章主要介绍了压缩感知在波达角估计、图像复原、光谱解混等其他领域中的应用.

本书是从科研工作者与教学人员的视角进行材料选择与内容论述的. 在撰写本书的过程中，除了立足团队本身的科研积累，还参考了国内外大量的有关压缩感知理论与应用的学术论文与学术专著，重点是 SIAM 旗下的多种期刊与 IEEE 旗下的多家会刊. 然而由于作者水平与能力有限，书中不妥之处可能不乏其例. 在此，恳请诸位专家、学者、同仁和广大读者批评指正.

本书得到“十三五”军队重点院校和重点学科专业建设（双重建设）项目“指挥保障（作战评估）”的资助. 同时需要感谢中山大学朱炬波教授的总体指导，感谢军事科学院林波博士提供的波达角估计相关资料，感谢研究生舒小虎、韩佳玲对全书的文字整理及图表绘制等工作. 最后感谢英国华威大学 Tianhua Xu 教授、帝国理工大学 Wei Dai 教授以及浙江大学孔德兴教授等与作者科研团队的广泛交流与深入探讨，为本书的完成提供了很大的帮助与支持.

王泽龙

2022 年 5 月

于国防科技大学

目　　录

第 1 章　压缩感知概述

本章主要概述压缩感知的基本概念、相关应用以及发展历史，并简要介绍本书的内容安排，目的是让读者对压缩感知理论与应用形成一个系统图景.

1.1　基 本 概 念

压缩感知[1-2]兴起于逆问题理论[3-5]. 传统的正问题可表述为由输入的原因和模型来求结果；而逆问题的任务是由已知的部分结果确定模型或反求原因. 逆问题具有广泛而重要的应用背景，在地球物理、信号处理、材料科学、遥感技术和工业控制等众多的科学技术领域中大量涌现，吸引了国内外众多学者的持续研究. 一般而言，模型的复杂度直接决定了逆问题的复杂度，尽管逆问题涉及的模型多种多样，但是线性模型始终占据着主导位置. 关于线性模型的逆问题一般可转换为求解线性系统，其中欠定线性系统的求解最具难度，也往往具有吸引力. 压缩感知理论为欠定线性系统的求解提供了新思路.

1.1.1　欠定线性系统

工程技术领域中的诸多模型都可表述为线性系统，例如采样系统、图像降质、信号传输等. 假设线性系统对应的测量矩阵为 $\mathbf{A}\in\mathbb{C}^{M\times N}$ ，原始信号与获得的观测信号分别为 $\mathbf{x}\in\mathbb{C}^{N}$ 与 $\mathbf{y}\in\mathbb{C}^{M}$ ，则通过线性系统获得观测信号的过程可建模为

$$\mathbf{y}=\mathbf{A}\mathbf{x} \tag{1.1.1}$$

求解上述线性系统即在已知测量矩阵 $\mathbf{A}$ 的条件下从观测信号 $\mathbf{y}$ 中重构原始信号 $\mathbf{x}$. 当 $M=N$ ，且 $\mathbf{A}$ 为满秩矩阵时，方程（1.1.1）存在唯一解，此时系统为适定线性系统；当 $M<N$ 时，系统为欠定线性系统，此时若 $\mathbf{y}$ 未位于由 $\mathbf{A}$ 的列向量张成的子空间，方程（1.1.1）无解，否则存在无穷多解. 为了便于讨论，无特别说明时一般假设 $\mathbf{A}$ 为列满秩矩阵，即 $\mathbf{A}$ 的列向量可张成空间 $\mathbb{C}^{M}$ ，此时欠定线性系统存在无穷多解. 换言之，在无额外信息的情况下，欠定线性系统不能获得其唯一解.

事实上在工程技术领域中的很多问题都可归纳为求解欠定线性系统. 例如图像盲复原问题，其正过程可表述为原始图像 $\mathbf{x}$ 经过图像模糊 $\mathbf{A}$ 生成降质图像 $\mathbf{y}$，图

像复原即从降质图像 $\mathbf{y}$ 重构原始图像 $\mathbf{x}$. 通常而言 $\mathbf{A}$ 是欠定的，在无额外信息的情况下存在无穷多个图像满足正过程模型，如何重构原始图像 $\mathbf{x}$ 呢？通过大量研究发现了一个“奇怪”的现象：尽管欠定线性系统（1.1.1）存在无穷多解，但是在某些条件下确实能够从观测信号 $\mathbf{y}$ 中重构原始信号 $\mathbf{x}$，即获得（1.1.1）的唯一解. 压缩感知便是对该现象做出的理论解释，其重点回答了三个问题：其一，在哪些条件下欠定线性系统存在唯一解？其二，在满足这些条件时如何获得欠定线性系统的唯一解？其三，如何保证获得的唯一解就是我们所“期望”的解（真值）？后续三个小节的内容分别针对上述三个问题进行阐述.

1.1.2　稀疏性

稀疏性是压缩感知回答第一个问题的核心，即当原始信号 $\mathbf{x}$ 满足稀疏性条件时欠定线性系统（1.1.1）存在唯一解，下面通过类比初步分析其中原理. 将欠定线性系统转换为适定线性系统是系统存在唯一解的关键，正则化通过缩减欠定线性系统的解空间可实现这一目标. 正则化的基本思路是选择一函数 $J(\mathbf{x})$ 用以评估 $\mathbf{x}$ 与真值的符合度，设函数值越小符合度越高，则通过正则化可建立优化问题：

$$(P_J):\quad \min_{\mathbf{x}} J(\mathbf{x}) \quad \text{s.t.}\ \mathbf{y}=\mathbf{A}\mathbf{x} \tag{1.1.2}$$

其中，函数 $J(\mathbf{x})$ 表示解的先验信息，决定了解的性质. 例如，令

$$J(\mathbf{x})=\|\mathbf{x}\|_2^2 \tag{1.1.3}$$

表示解能量极小，则通过 Lagrange 乘子法可知优化问题（1.1.2）具有解：

$$\hat{\mathbf{x}}=\mathbf{A}^{\mathrm{T}}\left(\mathbf{A}\mathbf{A}^{\mathrm{T}}\right)^{-1}\mathbf{y} \tag{1.1.4}$$

此外，在图像处理中还经常用到图像光滑性、分段光滑性等先验信息. 正则化正是利用解的先验信息将欠定线性系统转换为适定线性系统.

稀疏性作为一类更广泛的先验信息，是压缩感知理论与应用的基础与前提. 若某信号的大部分成分为零，则称该信号为稀疏信号；若某信号可以由稀疏信号很好地逼近，则称该信号为可压缩信号. 事实上，稀疏信号与可压缩信号通常并不做严格区分，都具有稀疏性，且若某信号经过变换后是稀疏信号或可压缩信号，依然称该信号具有稀疏性. 自然界中可压缩信号广泛存在，这也是为什么 JPEG、MPEG、MP3 等国际信号压缩标准能够成功应用的原因. 例如，国际图像压缩标准 JPEG 的核心是离散余弦变换，通过保留图像具有较大绝对值的离散余弦变换系数即可实现图像的压缩，如图 1.1.1 所示，仅保留了前 10% 具有最大绝对值的离散余弦变换系数，可以发现原始图像与压缩图像在视觉效果上并没有显著区别，这便表明该图像在离散余弦域具有稀疏性.

(a) 原始图像

(b) 压缩图像

图 1.1.1　光学遥感图像经离散余弦变换压缩前后对比

既然自然界中稀疏性是普遍存在的，则传统信息获得的方式就存在一个天然的矛盾. 例如在天基光学成像系统中，设探测器阵列是 256×256 的，则一次曝光获得遥感图像大小为 256×256，为了便于传输与存储，一般利用图像压缩标准对图像进行压缩，舍去大部分变换系数，此时自然产生一个疑问：是否可以直接获取压缩图像？一方面可以减小成像能源、时间等成本，另一方面避免图像压缩环节，提升信息处理效率. 事实上该问题的答案是肯定的，这既是提出压缩感知理论的初衷，也是稀疏性作为压缩感知理论的基础与前提的关键. 换言之，以压缩的方式去感知可压缩信息，这正是压缩感知的首要目标.

为了更直观地解释利用稀疏性可以求解欠定线性系统这一事实，下面从解方程的视角进一步阐述该原理. 事实上，线性系统（1.1.1）可以展开成方程组的形式，其中仅有 $\mathbf{x}$ 为未知向量，当 $\mathbf{x}$ 中未知元素个数大于方程的个数时，方程组有无穷多个解（没有解的情况暂不考虑），线性系统显然是欠定的. 若 $\mathbf{x}$ 本身具有稀疏性，且未知非零元素的个数为正整数 s，其中 $0\leqslant s<N$，此时 $\mathbf{x}$ 中真正的未知量包括 s 个非零元素的值以及其相应的位置，因此共 $2s$ 个未知数. 当 $\mathbf{x}$ 非常稀疏时，即 $2s\leqslant M$，此时尽管有 $M<N$，但方程组的个数已经大于事实上的未知数的个数，因此方程存在唯一解. 这便解释了为什么欠定线性系统在稀疏性的条件下依然有可能存在唯一解. 同时注意到非零元素的位置未知与非零元素的值未知“地位”并不相同，位置未知对应的解空间是一个非线性集合，求解位置的难度要远远大于求解值的难度，因此上述阐述仅是一个直观的解释，并非严格的数学证明.

1.1.3　稀疏重构

1.1.2 节针对压缩感知所回答的第一个问题进行了阐述，本节重点讨论第二个问题，即在满足稀疏性条件时如何获得欠定线性系统的唯一解？由 1.1.2 节讨论可知，由稀疏性获得欠定线性系统的唯一解属于非线性问题，不能通过简单的线性重构解决该问题. 因此本节重点介绍稀疏重构的相关概念与基本原理，主要包括稀疏重构模型与稀疏重构算法两部分.

由优化问题（1.1.2）可知，正则化是求解欠定线性系统的基本途径与思路，而不同的先验信息代表着不同的解的性质，稀疏性是压缩感知采用的先验信息，寻求能度量稀疏性的函数 $J(\mathbf{x})$ 时建立稀疏重构模型的基础. 由向量 ℓ_0 范数的定义可知，ℓ_0 范数能够精确地表示向量的稀疏程度，即

$$\|\mathbf{x}\|_0 = \#\{x_i \mid x_i \neq 0, i = 1, 2, \cdots, N\} \tag{1.1.5}$$

其中，$\mathbf{x} = (x_1, x_2, \cdots, x_N)^{\mathrm{T}} \in \mathbb{C}^N$，# 表示集合中元素的个数. 若令 $J(\mathbf{x}) = \|\mathbf{x}\|_0$，则稀疏重构模型可表示为

$$(P_0):\quad \min_{\mathbf{x}} \|\mathbf{x}\|_0 \quad \text{s.t.}\ \mathbf{y} = \mathbf{A}\mathbf{x} \tag{1.1.6}$$

该模型可理解为寻找符合观测数据 $\mathbf{y} = \mathbf{A}\mathbf{x}$ 的最稀疏的解. 然而最小化 ℓ_0 范数的优化问题（1.1.6）是一个非确定多项式难度（NP-hard）问题，因此一般将其松弛为最小化 ℓ_1 范数的优化问题：

$$(P_1):\quad \min_{\mathbf{x}} \|\mathbf{x}\|_1 \quad \text{s.t.}\ \mathbf{y} = \mathbf{A}\mathbf{x} \tag{1.1.7}$$

其中，向量的 ℓ_1 范数定义为

$$\|\mathbf{x}\|_1 = \sum_{i=1}^{N} |x_i| \tag{1.1.8}$$

这里需要注意两个问题，一是在什么情况下优化问题（1.1.6）能够松弛为（1.1.7），该问题涉及测量矩阵 $\mathbf{A}$ 的可重构条件分析，在 1.1.4 节详细讨论；二是松弛为优化问题（1.1.7）能够带来哪些优势. 注意到向量 ℓ_1 范数不仅能够度量向量的稀疏性，还是一个凸函数，由凸分析可知，该优化问题可以通过凸优化算法精确求解. 当然，ℓ_1 范数带来凸优化算法的代价便是对稀疏性的度量有一定的“松弛”. 为了更好地平衡稀疏性与算法复杂度，提出了基于向量 ℓ_q 范数的优化模型：

$$(P_q):\quad \min_{\mathbf{x}} \|\mathbf{x}\|_q \quad \text{s.t.}\ \mathbf{y} = \mathbf{A}\mathbf{x} \tag{1.1.9}$$

其中，$0 < q \leqslant 1$，向量 ℓ_q 范数定义为

$$\|\mathbf{x}\|_q = \left(\sum_{i=1}^{N} |x_i|^q \right)^{1/q} \tag{1.1.10}$$

尽管后续提出了更多关于稀疏性的度量函数，但基本都是上述目标函数的变形或改进.

关于稀疏重构模型有三个注意事项：

（1）当$q \geqslant 1$时，表达式（1.1.10）称为向量的ℓ_q范数是符合范数定义的，但是表达式（1.1.5）以及当$0<q<1$时的表达式（1.1.10）严格说来并非范数，因为范数定义中的三角不等式不再成立，但是考虑到领域习惯，依然称其为范数.

（2）上述稀疏重构模型中的目标函数都是针对$\mathbf{x}$本身具有稀疏性而言的，若$\mathbf{x}$在某一变换$\mathbf{\Psi}$下具有稀疏性，即$\mathbf{x}=\mathbf{\Psi s}$，且$\mathbf{s}$具有稀疏性，则以（1.1.9）为例，稀疏重构模型可以表示为

$$\min_{\mathbf{s}} \|\mathbf{s}\|_q \quad \text{s.t.}\ \mathbf{y}=\mathbf{A\Psi s} \tag{1.1.11}$$

若上述优化问题的解为$\hat{\mathbf{s}}$，则$\mathbf{x}$的估计值为$\hat{\mathbf{x}}=\mathbf{\Psi}\hat{\mathbf{s}}$.

（3）上述稀疏重构模型中的约束条件皆为等式约束，即观测过程不含任何误差和噪声，事实上这是理想状态，观测一般都会受到误差或噪声的干扰，因此等式约束一般松弛为关于ℓ_2范数的不等式约束，即

$$\|\mathbf{y}-\mathbf{Ax}\|_2^2<\varepsilon \tag{1.1.12}$$

其中，ε为较小的正常数.

针对上述稀疏重构模型，已经提出多种稀疏重构算法，主要包括求解最小化ℓ_0范数优化问题（1.1.6）的贪婪类算法、求解最小化ℓ_1范数优化问题（1.1.7）的凸优化类算法、求解最小化ℓ_q范数优化问题（1.1.10）的非凸优化类算法，以及一些基于特殊测量矩阵形式的算法，具体如图 1.1.2 所示. 求解最小化ℓ_0范数优化问题（1.1.6）的贪婪类算法有：匹配追踪算法、正交匹配追踪算法、正则化正交匹配追踪算法、分段式正交匹配追踪算法、压缩感知匹配追踪算法、子空间追踪算法等[6-9]，该类算法针对组合优化问题提出，基本原理就是通过迭代的方式寻找稀疏向量的支撑集，并且使用受限支撑最小二乘估计来重构信号. 算法的复杂度大多是由找到正确支撑集所需要的迭代次数决定的，算法计算速度快但是需要的测量数据多且精度低. 求解最小化ℓ_1范数优化问题（1.1.7）的凸优化类算法主要针对基追踪模型，实现算法有单纯形、内点法、不动点延拓、梯度投影稀疏重构算法等[10-14]. 凸优化算法稀疏重构精度较高，但是当问题的规模较大时，算法的复杂度非常高，重构时间变长且硬件实现较困难. 求解最小化ℓ_q范数优化问题（1.1.10）的非凸优化类算法主要有迭代加权ℓ_1范数、加权最小二乘算法等[15-17]，其基本原理是利用性质较好的加权函数逼近ℓ_q范数，进而求解关于加权函数的优化问题，利用该问题的解逼近最小化ℓ_q范数优化问题的解. 该稀疏优化过程可用贝叶斯估计进行解释，但容易陷入局部极小值，且不能一致地优于ℓ_1范数凸优化的结果.

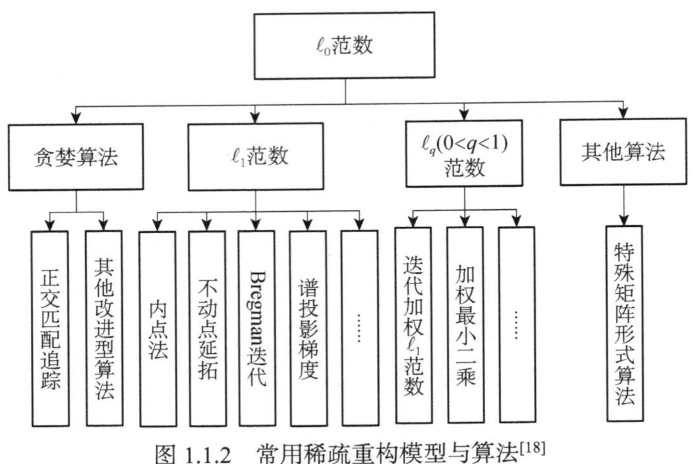

图 1.1.2　常用稀疏重构模型与算法[18]

下面基于稀疏重构模型与稀疏重构算法给出一个算例. 如图 1.1.3 所示，原始信号 $\mathbf{x}\in\mathbb{R}^{1024}$，其中非零元素共有 8 个，因此信号本身具有稀疏性. 测量矩阵 $\mathbf{A}\in\mathbb{R}^{512\times1024}$，为一高斯随机矩阵，通过观测过程 $\mathbf{y}=\mathbf{Ax}$ 获得观测信号 $\mathbf{y}\in\mathbb{R}^{512}$，即采样数据量为原信号维度的一半，此时数据压缩率为 0.5. 通过稀疏重构模型（1.1.6）及子空间追踪算法获得的重构信号，由图 1.1.3 可知重构信号与原始信号几乎完全重合，这既验证了稀疏重构模型与稀疏重构算法的可行性，也体现了压缩感知的优势.

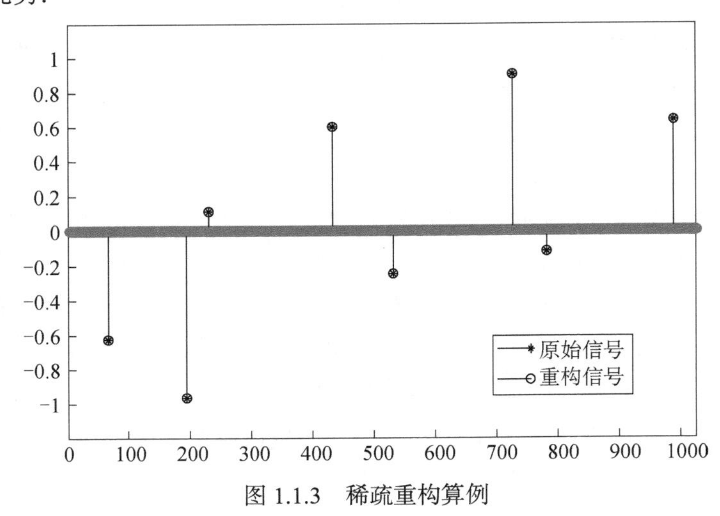

图 1.1.3　稀疏重构算例

1.1.4　可重构条件

本节重点分析压缩感知所回答的最后一个问题，即如何保证获得的唯一解就是我们所“期望”的解（真值）. 尽管 1.1.3 节算例中稀疏重构模型与稀疏重构算法能够精确重构原始信号，但这是有条件的，该条件即为可重构条件，也是保证获得的唯一解是真值的必要条件，一般通过测量矩阵的某种性质给出.

针对最小化 ℓ_1 范数优化问题，约束等距性质（restricted isometry property，RIP）通过约束等距常数 δ 与约束正交常数 θ 刻画测量矩阵的可重构条件，为了使得可重构条件更加紧致，后续又提出了多种不同的 RIP[15,16,19-28]，如表 1.1.1 所示. 此外，利用 Johnson-Lindenstrauss（JL）引理、随机投影的中心不等式等数学工具，已经证明高斯、伯努利等随机矩阵能以极高的概率满足 RIP[29]. 例如，高斯矩阵是由服从独立同标准正态分布的随机变量组成的矩阵，伯努利矩阵是由等概率取值 1 和 −1 的随机变量组成的矩阵，关于随机矩阵的 RIP 结论表明，对于 $M\times N$ 的高斯矩阵或者伯努利矩阵，所有稀疏度为 K 的稀疏向量 $\mathbf{x}$（简称为 K 稀疏向量）可从测量 $\mathbf{y}=\mathbf{A}\mathbf{x}$ 中精确重构，若

$$M \geqslant CK\ln(N/K) \tag{1.1.13}$$

其中，$C>0$ 为不依赖于 M，N 与 K 的常数. 然而对于任意给定的矩阵，验证其是否满足 RIP 已被证明是 NP-hard 问题.

表 1.1.1　RIP 描述的若干可重构条件

RIP	提出者
$\delta_K+\theta_{K,K}+\theta_{K,2K}<1$	Candès and Tao[19]
$\delta_{2K}+\theta_{K,2K}<1$	Candès and Tao[20]
$\delta_{1.5K}+\theta_{K,1.5K}<1$	Cai，Xu and Zhang[21]
$\delta_{1.25K}+\theta_{K,1.25K}<1$	Cai，Wang and Xu[22]
$\delta_{3K}+3\delta_{4K}<2$	Candès，Romberg and Tao[23]
$\delta_K<0.307$	Cai，Wang and Xu[24]
$\delta_{2K}<1/3$	Cohen，Dahmen and DeVore[25]
$\delta_{2K}<\sqrt{2}-1$	Candès[26]
$\delta_{2K}<0.4679$	Foucart[27]
$\delta_{bK}+b\delta_{(b+1)K}<b-1,\ b>1$	Chartrand[15]
$\delta_{aK}+b\delta_{(a+1)K}<b-1,\ b>1, a=b^{p/(2-p)}$	Chartrand and Staneva[16]
$\delta_{2K}<0.4931$	Mo and Li[28]

除了 RIP，零空间性质（null space property，NSP）也被用来刻画测量矩阵的

可重构条件[30-31]，然而验证零空间性质也是 NP-hard 问题. 尽管可以利用半正定松弛规划方法验证零空间性质，但该方法的计算复杂度较高，且仅限于重构一定稀疏度下的信号. 同时，已经证明零空间性质与 RIP 在一定条件下是等价的. 此外，互相关性（mutual coherence）μ 也可以用来刻画测量矩阵的可重构条件[6]. 互相关性起源于冗余字典下信号的稀疏表示问题，度量了可精确重构的信号稀疏度 K 与字典的 μ 值之间的关系，若将测量矩阵 $\mathbf{A}$ 与稀疏变换矩阵 $\mathbf{\Psi}$ 的复合矩阵 $\mathbf{A\Psi}$ 仍看作字典，则互相关性便可用来刻画测量矩阵，进而获得定义简单、便于直观理解且计算复杂度远低于 RIP 的可重构条件. 进一步结合 RIP 与互相关性的关系，可得到基于互相关性的更弱可重构条件. 然而，互相关性只描述了字典中各原子之间相关程度的极值，并没有反映相关程度的普遍情况. 为了克服该局限性，后续又提出了累加互相关性（cumulative mutual coherence，CMC）[7]，并给出了基于累加互相关性的可重构条件.

测量矩阵的可重构条件直接影响着稀疏信号的重构性能. 因此依据可重构条件还可对测量矩阵进行优化. 测量矩阵的优化设计是指通过改变其元素的生成依据（确定性准则或随机分布）以及其相互之间的关系，使得给定稀疏度时，恢复信号所需的测量数最少；或者给定测量数时，可精确、稳定重构的信号稀疏度最大. 测量矩阵的优化设计主要准则是“相关性”最小化，这里“相关性”的度量包括：①互相关性，它反映了测量矩阵各列之间的互相关性最大值；②矩阵谱范数（谱范数的定义为矩阵奇异值的最大值），它反映了框架的各行之间的最大互相关值；③累加互相关性，它反映了测量矩阵各列之间的平均互相关性. 此外，在实际应用中测量矩阵的设计还需结合压缩测量的物理实现方式.

综上所述，压缩感知为求解欠定线性系统提供了新思路，在理论方面主要涉及原始信号的稀疏性、稀疏重构模型与算法、测量矩阵的可重构条件等三个主要方面，在应用方面，1.2 节重点探讨其在光学成像、雷达成像以及图像处理等领域的相关应用.

1.2 相关应用

压缩感知理论一经提出就引起学术界与工业界的高度重视，在信息论、图像处理、成像科学、模式识别等领域得到广泛应用. 迄今为止，已有数千篇关于压缩感知的论文相继发表，*Science* 和 *SIAM Review* 等期刊都发长文对压缩感知进行详细介绍，IEEE 等出版社出专刊对这一理论做系统阐述，美国于 2013 年 5 月发布的《2025 年的数学科学》也将压缩感知作为一大亮点. 本节重点介绍压缩感知的相关应用，暂不考虑详细的技术细节，而是侧重于理想状态下的数学模型以及实现方式，突出压缩感知对系统的提升作用.

1.2.1　光学成像

压缩感知应用于光学成像的首个实际系统是莱斯大学 Baraniuk 等建立的“单像素相机”，其原理图与实际系统如图 1.2.1 所示.图（a）中，入射光线经过第一个透镜之后进入成像系统，照射在放置于像平面的数字微镜设备（digital micro-mirror device，DMD）阵列上. DMD 阵列由数百万个尺寸为μm 量级的微小反射镜组成，每个反射镜的角度可独立控制（图中使用黑白两色表示两个不同的反射角度），从而可控制其上的反射光线的方向. DMD 阵列的反射光线经过第二个透镜，其中仅一个方向的光线进入不具备空间分辨力的单像素光子探测器，经过模数转换（analog to digital，A/D）后以数字信号的形式被记录下来. DMD 上每个微小反射镜的角度是可以控制的，频率可达10^3 Hz，所有小反射镜角度控制的一次实现称为一个“测量模式”. 每个“测量模式”下，探测采集一个数字信号，为了获得足够多的数据，需要进行多次测量. “单像素相机”实际系统如图（b）所示，该系统目前已可获取原理验证性图像.

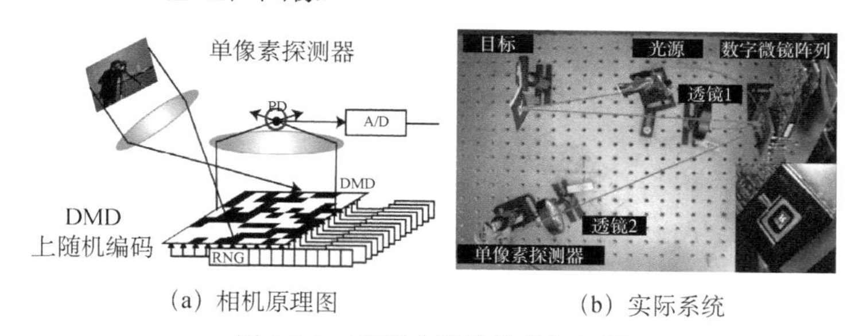

（a）相机原理图　　（b）实际系统

图 1.2.1　莱斯大学单像素相机[32]

针对单像素相机，设待成像场景为$\mathbf{X}\in\mathbb{R}^{N\times N}$，第 k 次测量获得的观测数据为 y_k，其中 $k=1,2,\cdots,M$，且设第 k 次测量时 DMD 的“测量模式”为$\mathbf{B}^k\in\mathbb{R}^{N\times N}$，由 DMD 的调制模式可知$\mathbf{B}^k$ 中每个元素等概率取值 0 和 1，此时观测过程可建模为

$$y_k=\sum_{i=1}^{N}\sum_{j=1}^{N}\mathbf{B}_{ij}^{k}\mathbf{X}_{ij}\,,\qquad k=1,2,\cdots,M \tag{1.2.1}$$

将上式写成矩阵形式有

$$\mathbf{y}=\mathbf{A}\mathbf{x} \tag{1.2.2}$$

其中，$\mathbf{y}=\left[y_1,y_2,\cdots,y_M\right]^{\mathrm{T}}\in\mathbb{R}^M$，$\mathbf{x}=\mathrm{vect}(\mathbf{X})\in\mathbb{R}^{N^2}$，且$\mathbf{A}$的第$k$行为$\mathrm{vect}(\mathbf{B}^k)\in\mathbb{R}^{N^2}$，这里$\mathrm{vect}(\cdot)$为作用于矩阵的矢量化算子. 当$M<N^2$时，测量数据量小于图像维度，因此属于压缩采样. 再结合图像的稀疏性先验，利用压缩感知理论可以稀疏重构原始图像，因此将压缩感知应用于光学成像时形成的压缩成像可以显著提升成像质量，并且在系统层面对光学成像带来整体效能提升.

此外，美国国防高级研究计划局（Defense Advanced Research Projects Agency，DARPA）资助的 Multiple Optical Non-Redundant Aperture Generalized Sensors（MONTAGE）[33]致力于通过有机结合光学系统、检测和后处理技术的最新进展，开发革命性的新成像系统. Compressive Optical MONTAGE Photography Initiative（COMP-I）是 MONTAGE 计划下的一个子项目，其目标是在不损失成像系统分辨率的条件下，减小焦距，制造“超薄”成像系统. 目前，已实现了一个 5mm 的环形孔径透镜，如图 1.2.2 所示，其分辨率与 40mm 焦距的传统成像系统相当. “超薄”成像的关键技术之一是焦平面编码，即在焦平面处设置二值幅度调制掩膜，固定于探测器上，以完成对焦平面光场的某种变换，而探测器测量的是这种变换下的“系数”（本质上每个测量是光场的一种线性组合），最后在计算机上将测量数据逆变换得到原始图像.

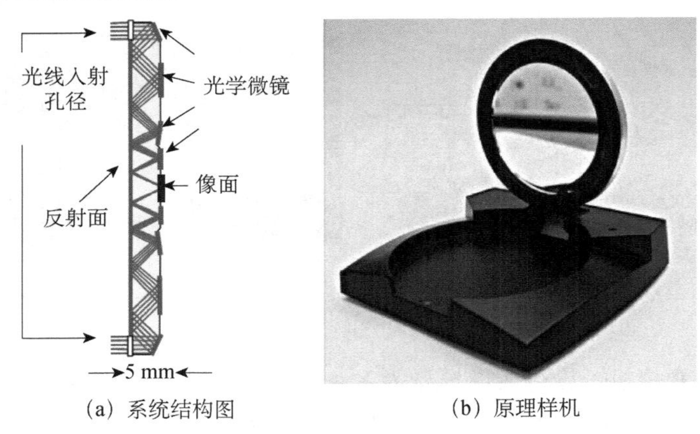

(a) 系统结构图　　(b) 原理样机

图 1.2.2　MONTAGE 计划中的“超薄”成像系统[33]

在光学成像领域，将与之相类似的技术被称为“计算成像”. 传统的成像系统利用透镜或反射镜系统形成图像，并利用探测器进行采样. 数据处理在传统概念中被认为是后处理过程，并不纳入成像系统设计的考虑之中. 随着电子学的发展，在探测器和光场操控、编码方面取得了重大的进展；另一方面，光学系统的设计却受限于信息光学中物理定律的限制，为了实现高分辨率，体积重量不断增加. 因此，现代成像系统的设计不能仅考虑前端的光学系统，还需考虑探测器和图像重构的因素．“计算成像”的概念就是在这样的背景下提出的，它同时需要光学系统、采样以及图像重构的技术，与压缩感知有着异曲同工之处．

压缩感知应用于光学成像的精髓在于利用压缩感知理论在采样的同时实现压缩，不仅降低了采样数据量，更改变了传统“点对点”的成像方式，有望提升光学成像质量．其一，压缩成像利用投影测量提高了采样的信噪比．投影测量等价于测量场景各像元强度之“和”，因此提高了测量的总能量，进而可以有效地抵抗暗噪声与读出噪声的影响．这一原理在压缩感知理论提出之前已经在多光谱成像领域得到广泛应用．其二，压缩成像可以提高采样的量子效率．随机调制是压缩成像实现随机投影测量重要的前提，一般通过数字微镜阵列或者空间光调制器实现，随机调制器的填充因子往往大于探测器阵列．例如 DMD 的填充因子可以达到 90%，而电荷耦合元件（charge-coupled device，CCD）探测器与互补金属氧化物半导体（complementary metal oxide semi-conductor，CMOS）探测器的填充因子仅为 50%左右，因而压缩成像具有更高的量子效率．其三，压缩成像有望提高成像分辨率．传统成像的分辨率主要取决于光学系统与探测器，而压缩成像主要取决于随机调制器．一方面，随机调制器可以取代光学系统，如编码孔径成像，有效地克服光学系统衍射极限对高分辨率成像的影响；另一方面，在现有工艺水平下随机调制器像素尺寸已经达到微米级，远小于当前探测器的像素尺寸．其四，压缩成像采用不同的系统设计还具有其他独特的优势．例如，单像素成像系统能够使用传统面/线阵成像中无法使用的探测器，如光电倍增管或雪崩二极管，可以克服成像时的弱光问题．成像方式的变革为光学成像质量提升提供了新途径．

1.2.2　雷达成像

与光学成像系统不同，合成孔径雷达成像（synthetic aperture radar，SAR）系统“主动”发射电磁信号，并对散射回波数据进行处理，得到被探测目标在时延-多普勒频移平面上的分布和相应散射的强度，即雷达图像．

2001 年左右，Cetin 等将稀疏性约束引入聚束式雷达中，建立了特征增强的成像方法，获取了分辨率高于传统方法的雷达图像[34-35]．此外，基于结构化字典的 SAR 雷达图像稀疏重构方法获得了更好的特征增强效果，如图 1.2.3．但是，这些只是在数据处理层面的改进，并没有与雷达数据获取过程相结合．

2007 年，Baraniuk 等首次正式讨论了压缩感知在雷达成像中的应用[36]，提出可以在降低回波接收采样率的条件下，通过稀疏重构获取高分辨率图像（数值仿真实现了 4 倍降采样下，精确的散射点分布与强度估计），从而突破雷达设计中高

(a) 原始图像

(b) 特征增强图像

图 1.2.3　SAR 图像稀疏特征增强

速率模数转化的瓶颈. M. Herman 等也开展了类似的工作[37]，其特点是利用基于 Alltop 序列生成的 Gabor 框架，构造了相关性达到下界的测量矩阵，实际应用中，可以据此设计发射信号波形和接收方式. 下面初步讨论这一有限维模型，设 $\mathbf{x}=\left[x_1,x_2,\cdots,x_M\right]^{\mathrm{T}}\in\mathbb{C}^M$，定义 $(\mathbf{T}_k\mathbf{x})_j=x_{j-k\,\mathrm{mod}\,M}$ 与 $(\mathbf{M}_l\mathbf{x})_j=\mathrm{e}^{2\pi il/M}x_j$ 分别为 $\mathbb{C}^M$ 上的循环平移算子与调制算子，其中 $\mathbf{T}_k,\mathbf{M}_l\in\mathbb{C}^{M\times M}$，且信号从发射到接收的信道可建模为

$$\mathbf{B}=\sum_{k=0}^{M-1}\sum_{l=0}^{M-1}z_{kl}\mathbf{T}_k\mathbf{M}_l \tag{1.2.3}$$

其中，$\mathbf{Z}=(z_{kl})$ 表示信道特性，循环平移算子与调制算子分别表示雷达时延与多普勒频移，分别对应着目标在雷达视线方向的位置与速度. 若 $\mathbf{Z}=(z_{kl})$ 中某个元素 z_{kl} 非零，则意味着该元素在对应的特定位置和速度上存在目标. 考虑到现实中通常仅有少数有限个目标，因此一般有 $\mathbf{z}=\mathrm{vect}(\mathbf{Z})$ 为稀疏向量. 雷达通过发射有限个电磁脉冲对目标进行探测，设雷达电磁脉冲表示为 $\mathbf{g}\in\mathbb{C}^M$，则接收信号可表示为

$$\mathbf{y}=\mathbf{B}\mathbf{g}=\sum_{k=0}^{M-1}\sum_{l=0}^{M-1}z_{kl}\mathbf{T}_k\mathbf{M}_l\mathbf{g}\triangleq\mathbf{A}\mathbf{z} \tag{1.2.4}$$

其中，测量矩阵 $\mathbf{A}\in\mathbb{C}^{M\times M^2}$ 以 $\mathbf{T}_k\mathbf{M}_l\mathbf{g}$ 为列向量，这里 $k,l=0,1,\cdots,M-1$. 通过求解欠定线性系统（1.2.4），可以从观测信号 $\mathbf{y}$ 中重构雷达图像 $\mathbf{z}$，考虑到 $\mathbf{z}$ 的稀疏性，可以利用压缩感知理论进行求解. 考虑到测量矩阵的可重构条件，可依据 Alltop 序列设计电磁脉冲 $\mathbf{g}\in\mathbb{C}^M$，当 $M\geqslant 5$ 为素数时，$\mathbf{g}$ 定义为

$$g_l=\exp\left(2\pi il^3/M\right),\quad l=0,1,\cdots,M-1 \tag{1.2.5}$$

下面给出仿真结果，取 $M=59$，在平移-调制平面上的表示系数中有 7 个非零元

素，如图 1.2.4 左图所示，依据 Alltop 序列设计电磁脉冲进行雷达探测，经过最小化 ℓ_1 范数优化问题重构获得的表示系数如图 1.2.4 右图所示，可以发现重构具有较高精度. 尽管 Alltop 序列在实际使用中表现优异，但是由于测量矩阵是确定性矩阵，目前尚缺少理论上的可重构条件保证.

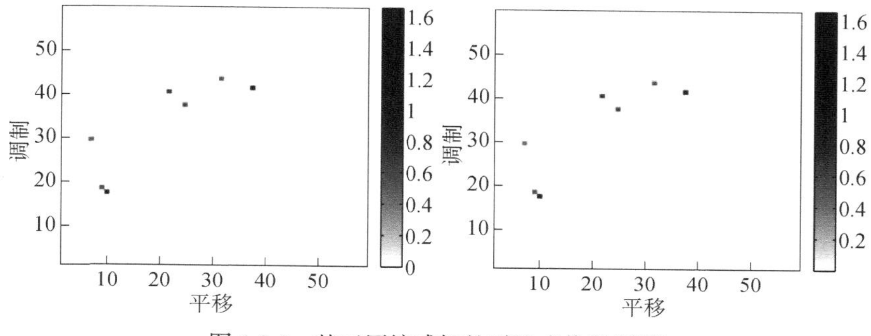

图 1.2.4　基于压缩感知的雷达成像结果[38]

Bhattacharya 等也探讨了压缩感知原理在 SAR 原始数据处理中的应用[39-40]. 首先仿真了若干点目标的 SAR 回波，对其进行离散 Fourier 变换（discrete Fourier transform，DFT）之后，再随机选取其中部分数据，利用稀疏重构方法生成图像. 重构过程中，还涉及匹配滤波（以场景中心回波为参考函数）、Stolt 差值和 DFT（前向和逆向）. FannJiang 研究了基于压缩感知的电磁逆散射问题[41-42]，其主要贡献在于系统地讨论了压缩采样的条件，并以 SAR 和 X 射线层析成像为例，给出两种具体的采样方式. 此外，FannJiang 还利用压缩感知原理分析了 MUSIC（multiple signal classification）方法用以散射成像时条件，给出了压缩采样方式、数量与待估计的散射点个数、信号频率之间的量化关系[43]. Ender 较综合性讨论了压缩感知理论在雷达系统中的应用[44]，其中，在脉冲压缩的讨论中，比较了两种压缩感知雷达的发射波形和接收体制的设计在回波数据率方面的差别；在雷达成像的研究中，考虑了在回波中随机选择部分数据的压缩采样方式；在波达方向估计（direction of arrival，DOA）中，讨论了一个含有随机分布阵元的圆形面阵天线，虽然其阵元数远小于半波长等间隔分布的传统阵列，但采用稀疏重构算法仍可精确估计目标方向.

1.2.3　图像处理

成像过程中不可避免受到多种因素的影响，导致获取的图像质量下降. 图像处理旨在消除这些因素的影响，恢复和重构出一幅清晰的图像. 下面以椒盐噪声抑制为例说明压缩感知理论在图像处理中的应用.

椒盐噪声（salt-and-pepper noise）通常由电荷耦合器件（charge coupled device，CCD）中的故障阵元、解码误差和含噪通信信道等因素引起，在图像中表现为黑或白的像素点. 椒盐噪声实际上是一种脉冲噪声，每个像素点上的脉冲噪声通常在空间上不相关，且和原始图像信号也无关. 受椒盐噪声污染的像素通常只取两个值：图像动态范围中的最大和最小值. 椒盐噪声污染图像的过程可以表示为

$$\mathbf{Y}_{ij}=\mathrm{SP}(\mathbf{X}_{ij})=\begin{cases}\mathrm{Minv}, & p/2\\ \mathbf{X}_{ij}, & 1-p\\ \mathrm{Maxv}, & p/2\end{cases} \tag{1.2.6}$$

其中，$\mathbf{X}$ 与 $\mathbf{Y}$ 分别表示原始图像与受椒盐噪声污染的图像，$\mathrm{SP}(\cdot)$ 表示取值算子，$0<p<1$ 表示取值概率，Maxv 与 Minv 分别表示图像 $\mathbf{X}$ 中最大与最小的灰度值. 式（1.2.6）表示 $\mathbf{Y}_{ij}$ 以概率 p 被噪声污染.

基于压缩感知的椒盐噪声抑制方法能检测到所有的噪声像素点，从而能有效地抑制椒盐噪声，进而重构出清晰的图像. 为方便描述，可将观测图像重写为

$$\tilde{\mathbf{Y}}_{ij}=\begin{cases}0, & \mathbf{Y}_{ij}=\mathrm{Minv}\\ 0, & \mathbf{Y}_{ij}=\mathrm{Maxv}\\ \mathbf{Y}_{ij}, & \text{其他}\end{cases} \tag{1.2.7}$$

即简单地通过判断是否等于图像中的最大或最小值来确定噪声像素点：若等于，则认为该像素点受噪声污染并将其像素值赋 0，否则，认为该像素不含噪声并保留其像素值. 需要说明的是通过（1.2.7）的判断很可能会将图像中的一些不含噪像素点误判为噪声像素点，但由压缩感知理论可知，基于图像的稀疏性，可以利用图像中的部分采样值重构出整个图像，于是当图像中的椒盐噪声不很严重时，误判像素点对重构结果的影响不大. 至此，可以建立 $\tilde{\mathbf{Y}}$ 与 $\mathbf{X}$ 之间的关系，即 $\tilde{\mathbf{Y}}_{ij}=\mathbf{B}_{ij}\cdot\mathbf{X}_{ij}$，其中 $\mathbf{B}_{ij}$ 的取值为：当位于 (i,j) 的像素点不含噪声时，令 $\mathbf{B}_{ij}=1$，否则令 $\mathbf{B}_{ij}=0$. 进一步可以将 $\tilde{\mathbf{Y}}$ 中灰度值为 0 的像素去掉，得到一个紧凑的向量仍记为 $\mathbf{y}$，将图像 $\mathbf{X}$ 拉成列向量 $\mathbf{x}$，则可将观测图像 $\mathbf{y}$ 表示为

$$\mathbf{y}=\mathbf{A}\mathbf{x} \tag{1.2.8}$$

其中，测量矩阵 $\mathbf{A}$ 的每一行仅有一个元素为 1，其余为 0，$\mathbf{y}$ 的维度为未被噪声污染的像素个数. 基于观测模型（1.2.8），再结合图像的稀疏性，可以利用压缩感知进行图像的重构. 仿真结果如图 1.2.5 所示，原始图像经过椒盐噪声污染得到噪声图像，图像质量严重下降，利用压缩感知进行稀疏重构可以发现重构图像与原始图像十分接近，椒盐噪声抑制效果明显.

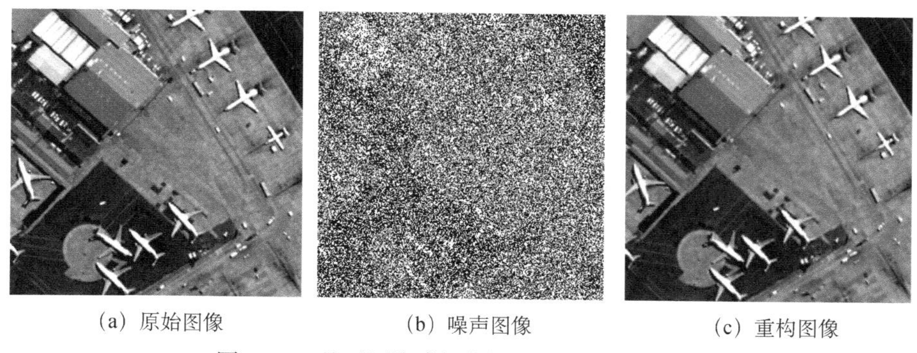

(a) 原始图像　　　　　　　(b) 噪声图像　　　　　　　(c) 重构图像

图 1.2.5　基于压缩感知的椒盐噪声抑制结果[45]

特别需要说明的是尽管上述仿真实验中利用压缩感知进行椒盐噪声抑制取得了较好的效果，但是式（1.2.8）中测量矩阵 $\mathbf{A}$ 的可重构条件并不理想，这是由于 $\mathbf{A}$ 可以视为从单位矩阵中随机抽取部分行向量组成的矩阵，由互相关性准则可知其并不满足可重构条件. 之所以仿真实验结果较好，主要原因在于稀疏重构中引入了图像稀疏性先验，有效地缓解了椒盐噪声抑制这一线性系统的欠定性.

1.2.4　矩阵补全

稀疏性先验是压缩感知的基础与前提，事实上稀疏性描述的是向量的特性，注意到向量是一阶张量，能否延拓到二阶张量（即矩阵）呢？答案是肯定的. 针对矩阵，一般采用低秩描述类似的特性，即低秩是矩阵的一类重要先验，在矩阵补全中占据着重要的地位.

这里讨论一类比矩阵补全更广泛的模型. 设有线性映射：$\Pi:\mathbb{C}^{N_1\times N_2}\to\mathbb{C}^M$，其中，$M<N_1N_2$. 通过 Π 获得观测信号：

$$\mathbf{y}=\Pi(\mathbf{X}) \tag{1.2.9}$$

其中 $\mathbf{X}\in\mathbb{C}^{N_1\times N_2}$，$\mathbf{y}\in\mathbb{C}^M$. 为了从观测信号 $\mathbf{y}$ 重构原始矩阵 $\mathbf{X}$，假设 $\mathbf{X}$ 具有低秩先验，即 $\operatorname{rank}(\mathbf{X})\ll\min\{N_1,N_2\}$，则重构过程可建模为优化问题：

$$\min_{\mathbf{X}}\operatorname{rank}(\mathbf{X})\quad \text{s.t.}\ \mathbf{y}=\Pi(\mathbf{X}) \tag{1.2.10}$$

从优化问题的形式上看，模型（1.2.10）与压缩感知重构模型（1.1.7）相似，只是前者求解复杂度更高. 注意到 $\mathbf{X}$ 有奇异值分解：

$$\mathbf{X}=\sum_{k=1}^{N}\sigma_k\mathbf{u}_k\mathbf{v}_k^* \tag{1.2.11}$$

其中，$N=\min\{N_1,N_2\}$，$\mathbf{u}_k\in\mathbb{C}^{N_1}$ 与 $\mathbf{v}_k\in\mathbb{C}^{N_2}$ 分别为左右奇异值向量，这里

$k=1,2,\cdots,N$，且 $\sigma_1 \geqslant \sigma_2 \geqslant \cdots \geqslant \sigma_N \geqslant 0$ 为矩阵 $\mathbf{X}$ 的奇异值. 此时，矩阵 $\mathbf{X}$ 的秩为 r 等价于矩阵 $\mathbf{X}$ 的奇异值向量 $\boldsymbol{\sigma}=\sigma(\mathbf{X})=[\sigma_1,\sigma_2,\cdots,\sigma_N]^{\mathrm{T}} \in \mathbb{C}^N$ 为 r 稀疏的，即

$$\operatorname{rank}(\mathbf{X})=\|\sigma(\mathbf{X})\|_0 \tag{1.2.12}$$

此时优化问题（1.2.10）等价于

$$\min_{\mathbf{X}} \|\sigma(\mathbf{X})\|_0 \quad \text{s.t. } \mathbf{y}=\Pi(\mathbf{X}) \tag{1.2.13}$$

考虑到压缩感知中通常将最小化 ℓ_0 范数优化问题松弛为最小化 ℓ_1 范数优化问题，这里类似将优化问题（1.2.13）松弛为

$$\min_{\mathbf{X}} \|\sigma(\mathbf{X})\|_1 \quad \text{s.t. } \mathbf{y}=\Pi(\mathbf{X}) \tag{1.2.14}$$

注意到矩阵 $\mathbf{X}$ 的核范数可表示为

$$\|\mathbf{X}\|_* = \|\sigma(\mathbf{X})\|_1 = \sum_{k=1}^{N} \sigma_k \tag{1.2.15}$$

则得到模型新的形式：

$$\min_{\mathbf{X}} \|\mathbf{X}\|_* \quad \text{s.t. } \mathbf{y}=\Pi(\mathbf{X}) \tag{1.2.16}$$

这便是低秩矩阵恢复的一般模型.

矩阵补全作为低秩矩阵恢复的特例，一般表述为寻找低秩矩阵丢失的元素，因此观测模型对应的线性映射 Π 满足 $\Pi(\mathbf{X})_k=\mathbf{X}_{ij}$，即将 $\mathbf{X}$ 中位于 (i,j) 位置的元素抽取为 $\mathbf{y}_k=\Pi(\mathbf{X})_k$. 因此矩阵补全可通过模型（1.2.16）求解，只是模型的目标函数以及约束条件涉及高度的非线性，因此该模型的稀疏重构算法设计较传统压缩感知更为复杂. 下面给出矩阵补全的一个算例，其中原矩阵用灰度图像表示，如图 1.2.6（a）所示，丢失部分元素后获得缺失数据的图像，如图 1.2.6（b）所示，经过矩阵补全获得重构图像如图 1.2.6（c）所示. 尽管重构图像与原始图像依然有一定差异，但相比缺失数据的图像，缺失的像素得到了部分的补全，且存在未缺失部分被添加了灰度信息的现象，这些主要因为模型中使用的先验信息是矩阵的低秩性.

（a）原始图像

（b）缺失数据的图像

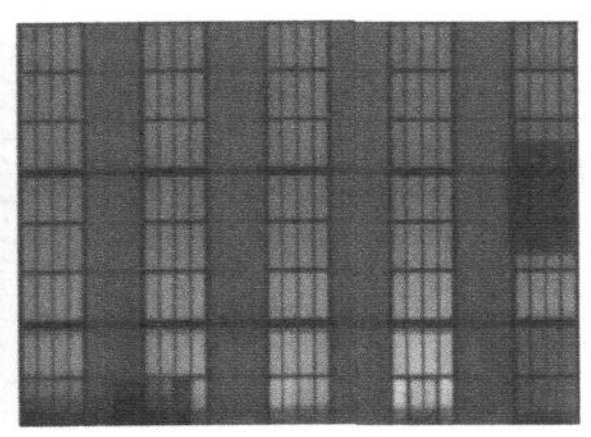

（c）重构图像

图 1.2.6　矩阵补全结果[46]

最后针对矩阵补全给出两点说明. 第一，矩阵补全与椒盐噪声抑制中的观测模型基本一致，两者同是缺失数据，因此正过程可建为同一模型. 在图像重构时，椒盐噪声抑制使用的是图像稀疏性先验，但在上述算例中使用的是图像低秩先验，因此尽管两者的重构模型都属于压缩感知的范围，但是重构模型的目标函数是不一样的. 因而，两重构模型在图像处理中的适用范围也不一样，椒盐噪声抑制模型适用于一般具有稀疏性的自然图像，而矩阵补全模型适用于具有低秩性的图像. 第二，低秩补全模型可推广到低秩稀疏矩阵分解模型（又称为鲁棒主成分分析），即

$$\min_{\mathbf{X},\mathbf{E}} \operatorname{rank}(\mathbf{X})+\lambda\|\mathbf{E}\|_0 \quad \text{s.t. } \mathbf{Y}=\mathbf{X}+\mathbf{E} \tag{1.2.17}$$

其中，$\lambda>0$ 为模型参数，且目标函数里的低秩先验约束与稀疏先验约束都可以进一步松弛，这里不再赘述. 低秩稀疏矩阵分解在视频图像前后景分离、图像检索、高光谱图像分类等具有广泛应用.

1.3　发 展 历 史

1.3.1　压缩感知的起源

压缩感知理论虽然是 2004 年提出的，但是早在 20 世纪已经在应用数学、地球物理、医学成像等领域有相当多的理论与应用铺垫.

1795 年，法国数学家 Prony 提出稀疏信号恢复的 Prony 方法[47]，即通过求解一个特征值问题，从一小部分等间隔采样中估计一个三角多项式的非零幅度与对应的频率. 20 世纪 30 年代，现代调和分析专家 Beurling 已经意识到仅利用信号 Fourier 域中的部分值就能通过非线性外推确定 Fourier 域中所有值，他提出的极小外推概念本质上就是今天的稀疏约束重构模型[48]. 1965 年，数学家 Logan 在其博士学位论文中已经证明在数据足够稀疏的情况下，通过 ℓ_1 范数最小化可以从欠采样数据中有效地恢复频域稀疏信号[49]. 20 世纪 70 年代后期，地球物理学家已经成功应用最小化 ℓ_1 范数计算反映地下次表层变化的稀疏反射函数[50-51]. 到了 20 世纪 90 年代初，Donoho 与 Logan 初步建立了关于最小化 ℓ_1 范数的早期理论工作[52]. 与此同时，Rudin 与 Osher 等在图像处理领域首次提出了与最小化 ℓ_1 范数密切相关的总变分极小化模型[53]. 在 20 世纪 90 年代中后期，Tibshirani 在 LASSO（least absolute shrinkage and selection operator）方面的工作极大地推动了最小化 ℓ_1 范数及贪婪算法在统计学中的应用[54].

总之，在 20 世纪 90 年代兴起了稀疏逼近及其相关算法的研究，并为稀疏重

构模型与算法的可重构条件打下了坚实的理论基础. 考虑一重构问题：对于函数空间 $\mathcal{F}$ 中的任一函数 f，如何从其 m 个采样值中重构原函数 f？Novak 证明最佳重构误差与函数空间 $\mathcal{F}$ 的 Gelfand 宽度有关[55]，这里的最佳重构误差定义为当采用最佳采样方式与最佳重构方法时函数空间 $\mathcal{F}$ 中任一函数的重构误差中的最大值. 压缩感知中的可重构条件通过 $\mathbb{R}^N$ 中的 ℓ_1 球 $B_{\ell_1}^N$ 与 Gelfand 宽度紧密相关，Kashin、Garnaev 与 Gluskin 给出了 $B_{\ell_1}^N$ 的 Gelfand 宽度的紧致上下界[56-58]. 这些结果能够精确给出从线性测量中重构稀疏信号的重构误差界，特别是针对高斯矩阵、伯努利矩阵等随机矩阵的理论结果，在后来提出的压缩感知中得到了广泛使用.

压缩感知正是在上述基础之上创造性地将最小化 ℓ_1 范数的稀疏约束与随机投影测量相结合，得到一种使得稀疏信号重构性能最佳的“方案”. 因此，压缩感知理论具有深刻的数学思想与深厚的应用背景.

1.3.2　压缩感知的提出与兴起

随着稀疏重构和新兴采样定理研究的不断深化，很多学者发现，当测量数据不完全时，有时甚至只有很小一部分测量数据，利用该方法仍可以很好地重构原始图像. 图 1.3.1 重现了 Candès 等在核磁共振成像（magnetic resonance imaging，MRI）研究中的发现[1]. 其中图（a）为原始图像，MRI 中的测量数据可以理解为原始图像的 Fourier 变换，一次测量可以理解为 Fourier 域中的某个角度下的“切片”，即如（b）图中的一条直线，传统的方法需要大量的测量，即密集的直线，才可以高质量地重构图像. 当只有 18 个角度下的测量数据时（如图（b）所示，只占整个频域的 7.71%），传统后向投影（back projection，BP）方法重构的图像如图（c）所示，但若在重构过程中引入稀疏性约束，则可以高精度地重构原始图像，如图（d）所示. 这个令人惊喜的发现促使了压缩感知理论的产生：既然利用部分测量数据就可以精确重构原始图像，那么为什么不在测量时就仅获取所需的数据，而不是耗费大量资源来获取全部数据. 2006 年，Candès、Romberg 与 Tao 等正式提出压缩感知的概念[1-2].

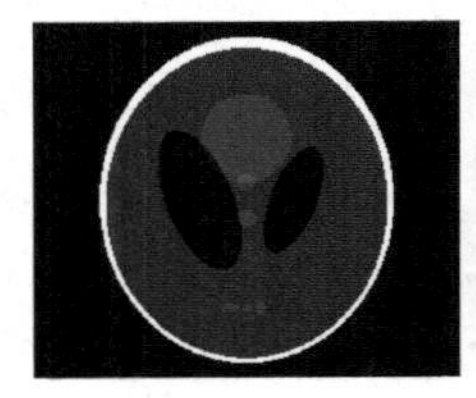
(a) 原始图像

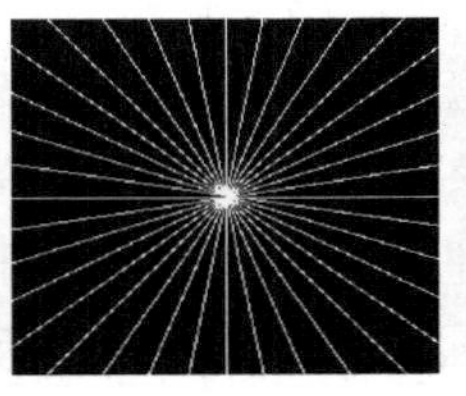
(b) 测量模式

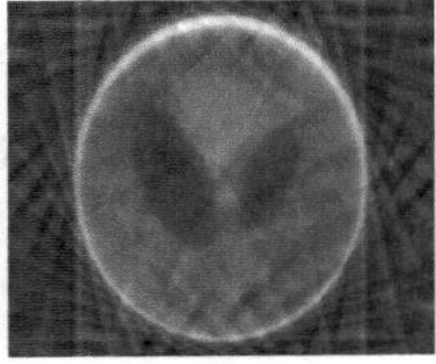
(c) 传统重构

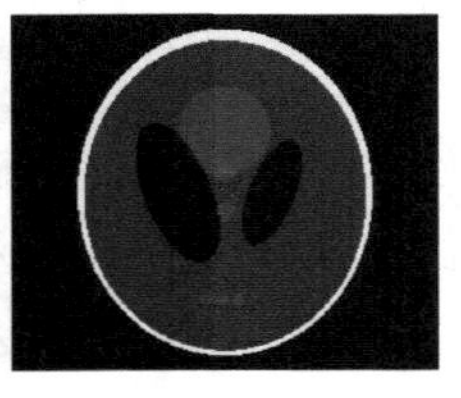
(d) 稀疏重构

图 1.3.1　高度不完全测量数据的 MRI 成像[1]

自从压缩感知提出之后，便引起了国外众多学者和组织的关注，被《美国科技》评为 2007 年度十大科技进展之一，美国莱斯大学（Rice University）也建立了专门的压缩感知学术网站，涵盖了压缩感知理论与应用的诸多方面. 在理论方面，压缩感知立足于矩阵分析、统计概率论、拓扑几何、优化与运筹学、泛函分析与时频分析等基础理论，对稀疏表示、稀疏重构模型与算法、可重构条件分析等方面进行了深入研究，发展了分布式压缩感知理论、1-BIT 压缩感知理论、贝叶斯压缩感知理论、无限维压缩感知理论、变形压缩感知理论、谱压缩感知理论、边缘压缩感知理论、克罗内克（Kronecker）理论、块压缩感知理论等. 在应用方面，压缩感知建立了一种新的信息描述与处理的框架，改进了信号采样方式，在信息论、医疗成像、光学成像、无线通信、模式识别、生物传感、雷达探测、地质勘探、天文、集成电路分析、图像处理等领域受到高度关注，相继研发出低成本数码相机和音频采集设备、节电型图像采集设备、高分辨率地理资源观测、分布式传感器网络、超宽带信号处理器等实用设备. 特别是在成像方面，如在地震勘探成像和核磁共振成像中，基于压缩感知理论的新型传感器已经设计成功，显著提升了成像质量并降低了生产成本. 在宽带无线频率信号分析中，基于压缩理论的亚奈奎斯特采样设备的出现，将极大缓解目前模数转换器面临的技术压力.

21 世纪初，国内外广泛开展了压缩感知理论与应用研究. 在美国、欧洲等许多国家的著名大学如麻省理工学院、莱斯大学、斯坦福大学、杜克大学、帝国理工学院、爱丁堡大学等都成立了专门课题组对压缩感知进行研究. 2008 年，贝尔实验室、英特尔、谷歌等知名公司也开始组织研究压缩感知；2009 年，美国空军实验室和杜克大学联合召开了压缩感知研讨会，美国国防先期研究计划署（DARPA）和国家地理空间情报局（NGA）等政府部门成员与数学、信号处理、遥感成像等领域的专家共同探讨了压缩感知应用中的重要问题与关键技术；2011 年，杜克大学又一次召开“压缩感知和高维数据分析”研讨会. 在国内，很多高校和科研机构也开始布局压缩感知的研究，如清华大学、北京大学、中科院数学与系统科学研究院、中科院电子学研究所、国防科技大学、西安交通大学和西安电子科技大学等. 自从压缩感知的提出，在 IEEE 系列期刊（*IEEE Signal Processing Magazine*，*IEEE Transactions on Signal Processing*，*IEEE Transactions on Image Processing*，*IEEE Transactions on Information Theory* 等）、SIAM 系列期刊（*SIAM Review*，*SIAM Journal on Imaging Sciences*，*SIAM Journal on Optimization* 等）、Springer 系列期刊（*Signal*，*Image and Video Processing*，*Sampling Theory*，*Signal Processing*，*Data Analysis* 等）等国际学术刊物上涌现出上千篇关于压缩感知理论与应用的学术论文. 2010 年，*IEEE Journal of Selected Topics in Signal Processing* 专门出版了一期关于压缩感知的专刊，促进了压缩感知理论在各个领域应用成果的交流. 2011 年 4 月，第一本关于压缩感知的专著 *Compressive Sensing: Theory and Applications*，不仅系统地介绍了压缩感知的概念，而且汇集了世界各国学者在压缩感知理论和应用上的观点和成功范例.

综上所述，压缩感知一经提出就在学术界、工业界引起了巨大反响，借此兴起的研究热潮经久不衰.

1.3.3 压缩感知的未来发展

经过近二十年发展，压缩感知理论与应用逐渐成熟. 在理论方面，稀疏表示理论越来越完善，稀疏表示的方法也越来越丰富；针对具体应用建立了多种多样的稀疏重构模型，稀疏重构算法更加高效、高精度；可重构条件方面提出了 RIP、NSP、互相关性等多种度量指标，边界条件更加紧致. 当然，压缩感知的理论问题并非完全解决. 例如，字典学习作为稀疏表示的典型代表，尽管字典学习模型与算法得到了较充分的发展，但是面对大规模稀疏优化求解问题时依然计算效率低下，难以满足实时性需求. 另外，压缩感知理论主要给出了随机矩阵的可重构条件，但针对确定性矩阵尚未得到一般化的结论，因而在测量矩阵优化及其实际应用中都面临较大挑战. 在应用方面，压缩感知在光学成像、雷达成像、图像处理等领域得到了广泛应用，然而依然面临落地的困难. 例如，光学成像中的单像素相机尽管其只利用一个像素给予了外界剧烈的震撼，且带来了成像质量提升，然而在系统复杂度、成像效率、应用模式等方面依然不能满足实际需求. 再如雷达成像中更多的应用还是利用压缩感知理论改进数据处理方法，进而提升雷达成像效果，若是改进测量方式，则面临较大的器件压力. 因而压缩感知在实际应用中需要综合衡量系统的体系效能，而不是引入压缩感知一定能够全方位地提升系统性能.

在此不得不提的另一个研究热点便是深度学习，几乎与压缩感知同一时期（2006 年），Hinton 等正式提出了深度学习的概念[59]. 他们在世界顶级学术期刊 *Sciences* 发表的一篇文章中详细地给出了“梯度消失”问题的解决方案——通过无监督的学习方法逐层训练算法，再使用有监督的反向传播算法进行调优. 该深度学习方法的提出，立即在学术圈引起了巨大的反响，以斯坦福大学、多伦多大学为代表的众多世界知名高校纷纷投入巨大的人力、财力进行深度学习领域的相关研究，而后又迅速蔓延到工业界中. 2012 年，在著名的 ImageNet 图像识别大赛中，深度学习模型 AlexNet 一举夺冠[60]，再一次吸引了学术界和工业界对于深度学习领域的关注. 2014 年，Facebook 基于深度学习技术的 DeepFace 项目[61]，在人脸识别方面的准确率已经能达到 97% 以上，跟人类识别的准确率几乎没有差别，这样的结果也再一次证明了深度学习算法在图像识别方面的一骑绝尘. 2016 年，随着谷歌公司基于深度学习开发的 AlphaGo 战胜了国际顶尖围棋高手李世石，深度学习的热度一时无两[62]. 目前，深度学习在搜索技术、数据挖掘、机器学习、机器翻译、自然语言处理、多媒体学习、语音、推荐和个性化技术以及其他相关领域都取得了很多研究成果，大大促进了人工智能的发展.

事实上，深度学习与压缩感知的融合已经成为当前压缩感知研究的主要方向之一. 2015 年，Baraniuk 团队首次利用深度学习实现压缩感知信号重构[63]，随后模型与数据联合驱动的多种深度重构网络相继出现[64-65]. 近两年，端到端的深度学习思想引入压缩感知领域，提出了以表示与重构联合学习[66-67]、采样与重构联合学习[68-69]等为代表的一体化深度学习网络. 需要进一步解决的问题主要有以下几个方面. 第一，利用深度学习对测量矩阵进行了设计与优化，但其忽略了对系统测量模式的利用以及物理器件带来的约束. 例如，光学成像中空间光调制器的调制级数约束会导致通过网络训练获得的一般实矩阵难以直接加载到调制器件. 第二，构建端到端的深度网络更便于训练与测试，但在压缩感知中联合稀疏表示、压缩测量、稀疏重构等的一体化网络构建与联动训练程度尚待进一步提高. 目前联合采样、稀疏表示与重构的一体化深度网络模型尚未见报道，而新近出现的测量与重构联合学习的深度网络，对测量矩阵仅在测量层进行了更新，忽略了其在重构网络层优化，严重降低了测量与重构的联动训练程度. 因此，深度学习与压缩感知的融合尽管目前已经取得了初步研究成果，但未来发展依然任重道远.

1.4　本 书 内 容

本书分别针对压缩感知理论与应用展开介绍. 在理论方面，重点介绍稀疏表示理论与方法、稀疏重构模型与算法、测量矩阵的可重构条件分析等内容；在应用方面，主要介绍压缩感知理论在光学成像、雷达成像以及其他领域中的实际应用. 具体内容如下.

第 1 章概述了压缩感知的基本概念、相关应用及发展历史. 压缩感知基本概念从欠定线性系统出发，给出了与稀疏性、稀疏重构、可重构条件等紧密相关的概念. 进而，针对光学成像、雷达成像、图像处理与矩阵补全等具体应用，分析了利用压缩感知进行建模与求解的过程. 最后，给出压缩感知的起源、提出与兴起、未来发展等发展历史，给读者一个关于压缩感知的完整图景.

第 2 章主要介绍了稀疏表示理论与方法. 稀疏表示理论与方法首先考虑稀疏性的度量与判定，这既关系对稀疏先验的理解，又与后续稀疏表示方法紧密相关. 稀疏表示方法分别介绍基于调和分析的稀疏表示方法与基于数据驱动的稀疏表示方法，前者如 Fourier 分析与小波分析等，后者以字典学习为典型代表.

第 3 章主要介绍稀疏重构模型与算法. 首先介绍常用的稀疏重构模型，分析模型之间的关系并比较其优缺点. 进而针对上述模型重点介绍贪婪算法、阈值收缩算法、凸优化算法等几类经典算法. 鉴于本部分内容的研究成果最为丰富，建议读者通过查阅更多的相关文献自习本书未涉及的模型与算法.

第 4 章主要分析了测量矩阵的可重构条件. 分别针对零空间条件、相关性、约束等距性质等给出相关定义与性质，重点探讨基于这些概念的测量矩阵可重构条件分析. 最后给出测量矩阵的构造方法，主要是针对高斯矩阵、伯努利矩阵等随机矩阵的构造，而确定性矩阵的分析与构造本书暂且不过多涉及.

第 5 章主要介绍压缩感知在光学成像中的应用. 重点介绍了焦平面编码高分辨率成像、运动补偿压缩成像、推扫式压缩成像等压缩成像方法，分别涉及压缩采样模型、稀疏重构模型以及实验分析等内容. 此外还简介了单像素压缩成像、CMOS 低数据率成像、随机相位调制高分辨成像以及压缩感知量子成像等成像模式.

第 6 章主要介绍压缩感知在雷达成像中的应用. 首先介绍了基于压缩感知理论的雷达系统数据获取方式，既包括低数据率逆合成孔径雷达（ISAR）成像，又包括随机噪声合成孔径雷达（SAR）稀疏成像. 此外，还介绍了利用压缩感知理论改进雷达数据处理的应用方法，即 SAR 图像特征增强.

第 7 章主要介绍了压缩感知在其他领域中的应用. 具体包括波达角估计、图像复原、光谱解混等三个应用领域. 我们将重点放在如何建立便于压缩感知应用的观测模型以及如何选择确定最佳的稀疏重构模型与算法等方面，为读者探索压缩感知更广泛的应用提供一定的参考.

参考文献

[1] Candès E，Romberg J，Tao T. Robust uncertainty principles：Exact signal reconstruction from highly incomplete frequency information [J]. IEEE Transactions on Information Theory，2006，52（2）：489-509.

[2] Donoho D. Compressed sensing [J]. IEEE Transactions on Information Theory，2006，52（4）：1289-1306.

[3] Kirsch A. An Introduction to The Mathematical Theory of Inverse Problems[M]. New York：Springer-Verlag，1996.

[4] 肖庭延，于慎根. 反问题的数值解法[M]. 北京：科学出版社，2003.

[5] 刘继军. 不适定问题的正则化方法及应用[M]. 北京：科学出版社，2005.

[6] Mallat S G，Zhang Z. Matching pursuits with time-frequency dictionaries[J]. IEEE Transactions on Signal Processing，1993，41（12）：3397-3415.

[7] Tropp J A. Greed is good：Algorithmic results for sparse approximation[J]. IEEE Transactions on Information Theory，2006，50：2231-2342.

[8] Tropp J A，Gilbert A C. Signal recovery from random measurements via orthogonal matching pursuit[J]. IEEE Transactions on Information Theory，2007，53（12）：4655-4666.

[9] Needell D，Tropp J A. CoSaMP：Iterative signal recovery from incomplete and inaccurate samples[J]. Applied and Computational Harmonic Analysis，2009，26：301-321.

[10] Chen S S，Donoho D L，Saunders M A. Atomic decomposition by basis pursuit[J]. SIAM Review，2001，43：129-159.

[11] Combettes P L，Wajs V R. Signal recovery by proximal forward-backward splitting[J]. SIAM Journal on Multiscale Modeling and Simulation，2005，4：1168-1200.

[12] Daubechies I，Defrise M，Mol C. An iterative thresholding algorithm for linear inverse problems with a sparsity constraint[J]. Communications on Pure and Applied Mathematics，2004，57：1413-1457.

[13] Hale E T，Yin W，Zhang Y. Fixed-point continuation for l1-minimization：Methodology and convergence[J]. SIAM Journal on Optimization，2008，19：1107-1130.

[14] Wright S J，Nowak R J，Figueiredo T. Sparse reconstruction by separable approximation[J]. IEEE Transactions on Signal Processing，2009，57：2479-2493.

[15] Chartrand R. Exact reconstruction of sparse signals via nonconvex minimization[J]. IEEE Signal Processing Letters，2007，14（10）：707-710.

[16] Chartrand R，Staneva V. Restricted isometry properties and nonconvex compressive sensing[J]. Inverse Problems，2008，24：1-14.

[17] Candès E，Wakin M B，Boyd S P. Enhancing sparsity by reweighted l1 minimization[J]. Journal of Fourier Analysis and Applications，2008，14（5）：877-905.

[18] 刘吉英. 压缩感知理论及在成像中的应用[D]. 长沙：国防科技大学，2010.

[19] Candès E，Tao T. Decoding by linear programming [J]. IEEE Transactions on Information Theory，2005，51：4203-4215.

[20] Candès E，Tao T. The Dantzing selector：Statistical estimation when *p* is much larger than *n* [J]. Annals of Statistics，2007，35（6）：2313-2351.

[21] Cai T，Xu G，Zhang J. On recovery of sparse signals via l1 minimization[J]. IEEE Transactions on Information Theory，55：3388-3397.

[22] Cai T，Wang L，Xu G. Shifting inequality and recovery of sparse signals[J]. IEEE Transactions on Signal Processing，2010，58（3）：1300-1308.

[23] Candès E，Romberg J，Tao T. Stable signal recovery from incomplete and inaccurate measurements[J]. Communications on Pure and Applied Mathematics，2006，59：1207-1223.

[24] Cai T，Wang L，Xu G. New bounds for restricted isometry constants[J]. IEEE Transactions Information Theory，2010，56（9）：4388-4394.

[25] DeVore R，Dahmen W，Cohen A. Compressed sensing and best k-term approximation[J]. Journal of the American Mathematical Society，2009，22（1）：211-231.

[26] Candès E. The restricted isometry property and its implications for compressed sensing[J]. Comptes Rendus Mathematique，2008，346：589-592.

[27] Foucart S. A note on guaranteed sparse recovery via l1-minimization[J]. Applied and Computational Harmonic Analysis，2010，29（1）：97-103.

[28] Mo Q，Li S. New bounds on the restricted isometry constant δ_{2k}[J]. Applied and Computational Harmonic Analysis，2011，31（3）：460-468.

[29] Baraniuk R，Davenport M，DeVore R，et al. A simple proof of the restricted isometry property for random matrices[J]. Constructive Approximation，2008，28（3）：253-263.

[30] Zhang Y. A simple proof for recoverability of l1-minimization：Go over or under[R]. Rice University CAAM Technical Report TR05-09，2005.

[31] Zhang Y. Theory of compressive sensing via l1-minimization：A non-RIP analysis and extensions[R]. Rice University CAAM Technical Report TR08-11，2008.

[32] Duarte M F，Davenport M A，Takhar D，et al. Single-pixel imaging via compressive sampling[J]. IEEE Signal Processing Magazine，2008，25（2）：83-91.

[33] Dennis H，David J B. Compression at the physical interface[J]. IEEE Singal Processing Magazine，2008，25（2）：67-71.

[34] Cetin M. Feature-Enhanced Synthetic Aperture Radar Imaging[D]. Boston：Boston University，College of Engineering，2001.

[35] Cetin M，Karl W C. Feature-enhanced synthetic aperture radar image formation based on non-quadratic regularization[J]. IEEE Transactions on Image Processing，2001，10：623-631.

[36] Baraniuk R，Steeghs P. Compressive radar imaging[C]. Proceedings of 2007 IEEE Radar Conference，2007：128-133.
[37] Herman M，Strohmer T. High-Resolution Radar via Compressed Sensing[J]. IEEE Transactions on Signal Processing，2009，57（6）：2275-2284.
[38] Foucart S，Rauhut H. A Mathematical Introduction to Compressive Sensing[M]. Applied and Numerical Harmonic Analysis Book Series. New York：Springer Science+Business Media，2013.
[39] Bhattacharya S，Blumensath T，Mulgrew B，et al. Fast Encoding of synthetic aperture radar raw data using compressed sensing[C]. Proceedings of IEEE/SP 14th Workshop on Statistical Signal Processing，2007：448-452.
[40] Bhattacharya S，Blumensath T，Mulgrew B，et al. Synthetic aperture radar raw data encoding using compressed sensing[C]. Proceedings of 2008 Radar Conference，2008：1-5.
[41] FannJiang A. Compressive inverse scattering：I. High frequency SIMO/MISO and MIMO measurements[J]. Inverse Problems，2010，26（3）：035008.
[42] FannJiang A. Compressive inverse scattering：II. Multi-shot SISO measurements with born scatters[J]. Inverse Problems，2010，26（3）：035009.
[43] FannJiang A. The music algorithm for sparse objects：A compressed sensing analysis[J]. Inverse Problems，2011，27（3）：035013.
[44] Ender J H G. On compressive sensing applied to radar[J]. Signal Processing，2010，90（5）：1402-1414.
[45] 黄石生. 数学成像的稀疏约束正则方法[D]. 长沙：国防科技大学，2012.
[46] 白宏阳，马军勇，熊凯，等. 图像修复中的加权矩阵补全模型设计[J]. 系统工程与电子技术，2016，38（7）：1703-1708.
[47] Prony R. Essai expérimental et analytique sur les lois de la Dilatabilité des fluides élastiques et sur celles de la Force expansive de la vapeur de l'eau et de la vapeur de l'alkool，à différentes temperatures[J]. Journal of École Polytechnique，1795，1：24-76.
[48] Beurling A. Sur les integrales de Fourier absolument convergentes et leur application á une transformation fonctionelle[C]. Proceedings of 9th Scandinavian Mathematics Congress，Sweden，1938：345-366.
[49] Logan B F. Properties of high-pass signals[D]. New York：Columbia University，1965.
[50] Santosa F，Symes W. Linear inversion of band-limited reflection seismograms[J]. SIAM Journal on Scientific Computing，1986，7（4）：1307-1330.
[51] Taylor H，Banks S，McCoy J. Deconvolution with the L1-norm[J]. Geophysics，1979，44（1）：

39-52.

[52] Donoho D L，Logan B. Signal recovery and the large sieve[J]. SIAM Journal on Applied Mathematics，1992，52（2）：577-591.

[53] Rudin L，Osher S，Fatemi E. Nonlinear total variation based noise removal algorithms[J]. Physica D，1992，60（1-4）：259-268.

[54] Tibshirani R. Regression shrinkage and selection via the lasso[J]. Journal of the Royal Statistical Society Series B，1996，58（1）：267-288.

[55] Novak E. Optimal recovery and *n*-widths for convex classes of functions[J]. Journal of Approximation Theory，1995，80（3）：390-408.

[56] Garnaev A，Gluskin E. On widths of the Euclidean ball[J]. Sov. Math. Dokl.，1984，30：200-204.

[57] Gluskin E. Norms of random matrices and widths of finite-dimensional sets[J]. Math. USSR-Sb，1984，48：173-182.

[58] Kashin B. Diameters of some finite-dimensional sets and classes of smooth functions[J]. Math. USSR Izv，1977，11：317-333.

[59] Hinton G，Osindero S，Teh Y. A fast learning algorithm for deep belief nets[J]. Neural Computation，2006，18（7）：1527-1554.

[60] Krizhevsky A，Sutskever I，Hinton G. ImageNet classification with deep convolutional neural networks[J]. Communications of the ACM，2017，60（6）：84-90.

[61] Taigman Y，Yang M，Ranzato M，et al. DeepFace：Closing the gap to human-level performance in face verification[C]. IEEE Conference on Computer Vision and Pattern Recognition，Columbus，OH，USA， June 23-28，2014.

[62] 唐振韬，邵坤，赵冬斌，等. 深度强化学习进展：从 AlphaGo 到 AlphaGo Zero[J]. 控制理论与应用，2017，34（12）：1529-1546.

[63] Mousavi A，Patel A B，Baraniuk R G. A deep learning approach to structured signal recovery[C]. Conference on Communication，Control and Computing，Allerton，2015：1336-1343.

[64] Metzler C，Mousavi A，Baraniuk R G. Learned D-AMP：Principled neural network based compressive image recovery[C]. International Conference on Neural Information Processing Systems，2017.

[65] Adler J，Öktem O. Learned primal-dual reconstruction[J]. IEEE Transactions on Medical Imaging，2018，37（6）：1322-1332.

[66] Yang Y，Sun J，Li H B，et al. ADMM-CSNet：A deep learning approach for image compressive

sensing[J]. IEEE Transactions on Pattern Analysis and Machine Intelligence，2020，42（3）：521-538.

[67] Mousavi A，Dasarathy G，Baraniuk R G. A data-driven and distributed approach to sparse signal representation and recovery[C]. International Conference on Learning Representations，Toulon，France，2019.

[68] Robiulhossain M，Gurbuz A C. Joint learning of measurement matrix and signal reconstruction via deep learning[J]. IEEE Transactions on Computational Imaging，2020，6：818-829.

[69] Khobahi S，Soltanalian M. Model-based deep learning for one-bit compressive sensing[J]. IEEE Transactions on Signal Processing，2020，68：5292-5307.

第2章 稀疏表示理论与方法

2.1 引 言

自然信号具有稀疏先验是包括压缩感知在内的很多现代信号处理理论的基础，稀疏表示理论与方法作为挖掘信号稀疏性的主要工具，在信号处理与分析中占据重要地位，在信号编码、图像处理、采样理论等领域中发挥了重要作用.

稀疏表示理论与方法首先要关心的问题是信号稀疏性的度量与判定，如第1章所述，自然信号具有稀疏先验已经被广泛证明并得到实践检验与应用，然而关于稀疏性仅是描述性的说明与解释，并没有给出严谨的数学定义来度量稀疏性的大小. 常见的度量方式有基于范数的与基于统计分布的，不同的方法在实际使用中的便利程度不同. 本章主要给出稀疏性、可压缩性、冗余等常见概念，并讨论基于范数的稀疏性度量方式，重点分析如何判断信号是否具有稀疏性. 因此需要向量多种范数的定义与不等式相关知识.

稀疏表示可以提升信号的稀疏性，不同的稀疏表示理论与方法一般具有不同的稀疏表示性能. 稀疏表示可以是特定完备基、超完备字典或框架下的变换，如Fourier变换、（复）小波变换或其他多尺度表示方法；也可以是通过数据驱动方法学习、训练得到的字典（图像片段集合）；甚至还可以是高维空间到低维流形的映射，或信息的几何表示方法. 本章主要讨论前两种方法，其中前者一般称为调和分析类稀疏表示方法，以小波变换为其典型代表，后者称为数据驱动类稀疏表示方法，以字典学习为典型代表. 除了分析两类常用稀疏表示方法外，还结合图像信号，给出稀疏表示的实证研究结果，以提升对稀疏表示的理解与运用.

本章的内容安排如下. 2.1节简单介绍本章的主要内容；2.2节重点论述稀疏性及其度量与判定；2.3节针对调和分析类稀疏表示进行分析，并给出实证研究结果；2.4节探讨数据驱动类稀疏表示，重点分析字典学习的经典结论与最新进展.

2.2 稀疏性度量与判定

为了便于不同读者阅读，本书中同一对象可能用多个术语表述，例如一维信号一般建模为向量，图像一般建模为矩阵，为了兼顾理科读者与工科读者，本书并未严格区分这些概念，在多数情况下这并不会引起混淆，因此在没有特别说明情况下，不再严格区分这些术语. 本节主要讨论稀疏性的度量与判定，其中文献[1]是本节的重要参考.

2.2.1　稀疏性度量

为了便于讨论，首先给出一些常见符号. 令 $[N]=\{1,2,\cdots,N\}$ 表示由不超过正整数 N 的正整数构成的集合；任给集合 S，$\mathrm{card}(S)$ 表示 S 中元素的个数；若 S 为 $[N]$ 的子集，令 $\bar{S}$ 表示 S 在 $[N]$ 中的补集.

定义 2.2.1　任给向量 $\mathbf{x}=(x_1,x_2,\cdots,x_N)^{\mathrm{T}}\in\mathbb{C}^N$，其支撑集 $\mathrm{supp}(\mathbf{x})$ 定义为其非零元素的指标集，即

$$\mathrm{supp}(\mathbf{x})=\{i\in[N],x_i\neq 0\} \tag{2.2.1}$$

利用支撑集的定义可以进一步定义稀疏向量.

定义 2.2.2　若向量 $\mathbf{x}\in\mathbb{C}^N$ 的非零元素最多只有 k 个，即

$$\|\mathbf{x}\|_0=\mathrm{card}(\mathrm{supp}(\mathbf{x}))\leqslant k \tag{2.2.2}$$

则该向量称为 k 稀疏向量.

事实上，利用向量的 ℓ_0 范数就可以度量其稀疏性，之所以引入支撑集，主要是支撑集不仅能统计非零元素的个数，还考虑了非零元素的位置，在后续讨论中还会涉及此概念. 图 2.2.1 给出一个向量，其元素值由叉号给出，显然其支撑集中仅有元素 6 与 9，因此是 2 稀疏向量.

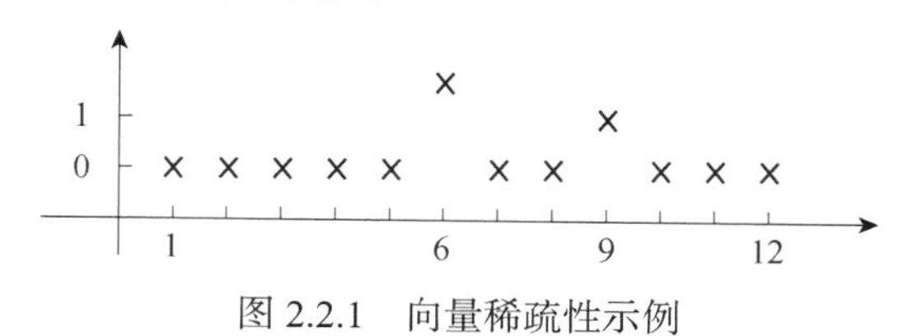

图 2.2.1　向量稀疏性示例

同时，定义 2.2.2 不难推广到一般张量数据，例如代表二维图像的矩阵. 图 2.2.2 给出的是一个二维图像及其小波变换表示系数，可以发现图像在变换域的主要能量集中于低频区域，符合稀疏性的直观理解，但是与推广后的定义 2.2.2 存在一定的矛盾. 定义 2.2.2 严格要求了非零元素个数的上限，而图 2.2.2 右图中变换域表示系数矩阵尽管大部分接近于零，但是并非严格等于零，因此依据定义 2.2.2，图像在变换域并不是稀疏的，需要改进定义 2.2.2 中对稀疏性的表述.

定义 2.2.3　任给 $\mathbf{x}\in\mathbb{C}^N$ 以及 $p>0$，则 $\mathbf{x}$ 在 ℓ_p 范数下的最佳 k 项逼近误差定义为

$$\sigma_k(\mathbf{x})_p=\inf\left\{\|\mathbf{x}-\mathbf{z}\|_p,\mathbf{z}\in\mathbb{C}^N\text{是}k\text{稀疏向量}\right\} \tag{2.2.3}$$

图 2.2.2　图像（矩阵）（左）及其小波变换表示系数（右）

首先分析关于定义 2.2.3 中最佳 k 项逼近误差的三个问题. 一方面，对于给定的向量 $\mathbf{x}\in\mathbb{C}^N$，如何求取其 ℓ_p 范数下的最佳 k 项逼近呢？只需要保留 $\mathbf{x}$ 中 k 个最大绝对值的元素，其余元素置零，此时获得最佳 k 项逼近，相对应的误差即为最佳 k 项逼近误差. 另一方面，$\mathbf{x}\in\mathbb{C}^N$ 的最佳 k 项逼近是否唯一？不一定，由最佳 k 项逼近的获取方式可知唯一性依赖于 $\mathbf{x}$ 本身元素的值. 最后，最佳 k 项逼近是否依赖于范数 ℓ_p？事实上，最佳 k 项逼近不依赖于范数 ℓ_p，但最佳 k 项逼近误差依赖于范数 ℓ_p. 通过上述分析可知，用稀疏向量对给定向量做逼近时，给定向量的最佳 k 项逼近误差度量了该向量和其“最佳逼近”的稀疏向量的逼近程度，因而依据最佳 k 项逼近误差可以定义可压缩向量的定义.

定义 2.2.4　任给 $\mathbf{x}\in\mathbb{C}^N$，若其最佳 k 项逼近误差 $\sigma_k(\mathbf{x})_p$ 随 k 的增加迅速减小，则 $\mathbf{x}$ 为可压缩向量.

下面利用定义 2.2.4 分析图 2.2.1 所示向量的稀疏性，结果如图 2.2.3 所示，其中 $p=1$，可以发现，该向量的最佳 k 项逼近误差随着 k 的增加迅速下降，说明可压缩向量概念是稀疏向量概念的推广. 事实上，可压缩向量与我们通常对稀疏向量的理解是一致的，自然信号具有稀疏先验指的是其最佳 k 项逼近误差迅速下降. 在无特殊说明时，稀疏性、可压缩性与冗余性可以视为同一概念，不再做特别区分.

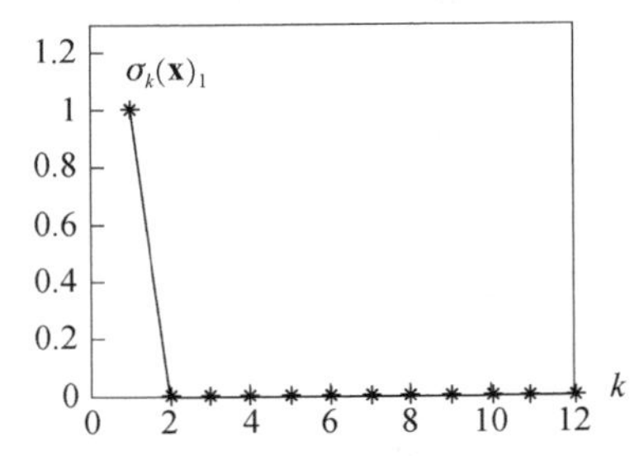

图 2.2.3　图 2.2.1 所示向量的最佳 k 项逼近误差

然而，可压缩向量是一种定性的描述，并非严格的数学定义，因为“迅速减小”的判定会因人而异，难以给出一个定量的刻画. 如何判定一个向量是可压缩向量呢？尽管最佳 k 项逼近误差是一种手段，但是不够量化，且计算复杂，缺少简单直观的判断方法.

2.2.2　稀疏性判定

为了判定一个向量是否具有稀疏性，给定 $p>0$，考虑 $\mathbb{C}^N$ 空间中 ℓ_p 范数单位球 $B_p^N=\left\{\mathbf{z}\in\mathbb{C}^N,\|\mathbf{z}\|_p\leqslant 1\right\}$. 当 $p<1$ 时，非凸球体 B_p^N 为判断一个向量是否具有可压缩性提供了很好的判据.

定义 2.2.5　任给向量 $\mathbf{x}=(x_1,x_2,\cdots,x_N)^{\mathrm{T}}\in\mathbb{C}^N$，其非增重排定义为 $\mathbf{x}^*\in\mathbb{R}^N$，满足

$$x_1^*\geqslant x_2^*\geqslant\cdots\geqslant x_N^*\geqslant 0 \tag{2.2.4}$$

上式定义了映射关系 $\pi:[N]\to[N]$，其中任给 $i\in[N]$ 有 $x_i^*=\left|x_{\pi(i)}\right|$.

由上述定义易知：任给正整数 k 及正数 q，有 $\sigma_k(\mathbf{x})_q=\sigma_k(\mathbf{x}^*)_q$. 定义 2.2.5 中的非增重排为后续稀疏性判定提供数学工具，此外还需要下面的不等式关系.

定理 2.2.1　任给 $q>p>0$，以及任意的向量 $\mathbf{x}\in\mathbb{C}^N$，总有

$$\sigma_k(\mathbf{x})_q\leqslant\frac{1}{k^{1/p-1/q}}\|\mathbf{x}\|_p \tag{2.2.5}$$

证明　任给 $\mathbf{x}\in\mathbb{C}^N$，令 $\mathbf{x}^*\in\mathbb{R}^N$ 为其非增重排，则有

$$\begin{aligned}\sigma_k(\mathbf{x})_q^q=\sigma_k(\mathbf{x}^*)_q^q&=\sum_{i=k+1}^{N}\left(x_i^*\right)^q\\&\leqslant\left(x_k^*\right)^{q-p}\sum_{i=k+1}^{N}\left(x_i^*\right)^p\\&\leqslant\left(\frac{1}{k}\sum_{i=1}^{k}\left(x_k^*\right)^p\right)^{\frac{q-p}{p}}\cdot\sum_{i=k+1}^{N}\left(x_i^*\right)^p\\&\leqslant\left(\frac{1}{k}\|\mathbf{x}\|_p^p\right)^{\frac{q-p}{p}}\|\mathbf{x}\|_p^p\\&=\frac{1}{k^{q/p-1}}\|\mathbf{x}\|_p^q\end{aligned}$$

对上式两端同时开 q 次方即得定理 2.2.1 中的结论. ■

定理 2.2.1 表明，若向量 $\mathbf{x}\in B_p^N$，且 $p>0$ 取很小的值，则此向量为可压缩向量. 这是因为当 $\mathbf{x}\in B_p^N$ 时，有 $\|\mathbf{x}\|_p\leqslant 1$，再由定理 2.2.1 中结论，任给 $q>p>0$，有

$$\sigma_k(\mathbf{x})_q \leqslant \frac{1}{k^{1/p-1/q}} \tag{2.2.6}$$

注意到上述不等式右侧为关于 k 的负指数函数，这意味着 $\mathbf{x}$ 的最佳 k 项逼近误差受控于负指数函数，因此是迅速下降的，由定义 2.2.4 可知，该向量是可压缩向量. 因此当 $p<1$ 时，非凸球体 B_p^N 为判断一个向量是否具有可压缩性提供了很好的判据. 此外，定理 2.2.1 中的结果尚不紧致，可以通过精细化定理结果提供更加准确的可压缩性判据.

定理 2.2.2　任给 $q>p>0$，以及任意的向量 $\mathbf{x}\in\mathbb{C}^N$，总有

$$\sigma_k(\mathbf{x})_q \leqslant \frac{c_{p,q}}{k^{1/p-1/q}}\|\mathbf{x}\|_p \tag{2.2.7}$$

其中，$c_{p,q}=\left[(p/q)^{p/q}\cdot(1-p/q)^{1-p/q}\right]^{1/p}$.

该定理的证明过程在此不再赘述. 注意到当 $q>p>0$ 时有 $c_{p,q}\leqslant 1$，因此定理 2.2.2 的结论相比定理 2.2.1 更加紧致. 特别地，当 $p=1$，$q=2$ 时，有

$$\sigma_k(\mathbf{x})_2 \leqslant \frac{1}{2\sqrt{k}}\|\mathbf{x}\|_1 \tag{2.2.8}$$

因此，由定理 2.2.2 可以构造出多种具体的不等式，用来控制最佳 k 项逼近误差.

图 2.2.4 表示 $\mathbb{R}^2$ 空间中不同参数 p 下 B_p^N 的图形，其中 $p=2$ 时其图形即为常见的单位圆盘. 当 $p<1$ 且随着 p 变小，图形的边缘越来越靠近坐标轴，即 B_p^N 中点的某一坐标接近零，意味着该点对应的向量是可压缩的. 因此，非凸球体 B_p^N 为判断一个向量是否具有可压缩性提供了很好的判据.

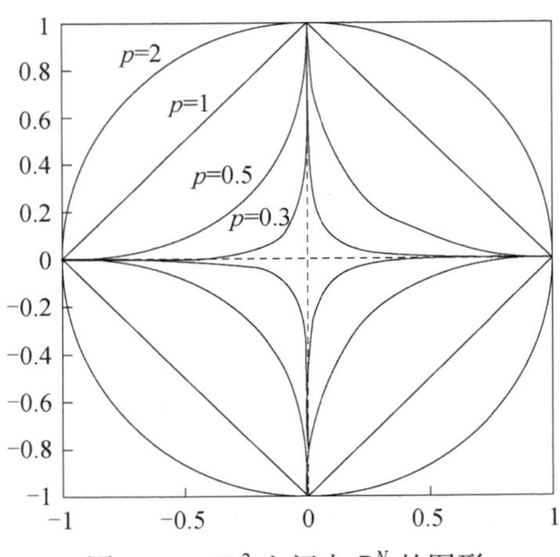

图 2.2.4　$\mathbb{R}^2$ 空间中 B_p^N 的图形

除了非凸球体 B_p^N，还可以利用弱 ℓ_p 范数判定向量的可压缩性. 这是因为若向量 $\mathbf{x}=(x_1,x_2,\cdots,x_N)^{\mathrm{T}}\in\mathbb{C}^N$ 对应的 $\mathrm{card}\left(\left\{i\in[N],\left|x_i\right|\geqslant t\right\}\right)$ 很小，即 $\mathbf{x}$ 的大多数元素的绝对值对小于某个正数 t，只有少数元素的绝对值很大，此时该向量具有可压缩性.

定义 2.2.6　设 $p>0$，任给 $\mathbf{x}\in\mathbb{C}^N$，其弱 ℓ_p 范数定义为

$$\|\mathbf{x}\|_{p,\infty}=\inf\left\{M\geqslant 0,\mathrm{card}\left(\left\{i\in[N],\left|x_i\right|\geqslant t\right\}\right)\leqslant M^p/t^p,t>0\right\} \tag{2.2.9}$$

上式实际定义了一个拟范数. 任给 $\mathbf{x}\in\mathbb{C}^N$ 以及 $\alpha\in\mathbb{C}$，易知：①由 $\|\mathbf{x}\|_{p,\infty}=0$ 有 $\mathbf{x}=0$；② $\|\alpha\mathbf{x}\|_{p,\infty}=|\alpha|\cdot\|\mathbf{x}\|_{p,\infty}$. 下面只给出第二个结论的简单证明：一方面，由定义 2.2.6 可知，任给 $t>0$ 有

$$\mathrm{card}\left(\left\{i\in[N],\left|x_i\right|\geqslant t\right\}\right)\leqslant\|\mathbf{x}\|_{p,\infty}^p/t^p \tag{2.2.10}$$

令 $t=s/|\alpha|>0$，代入上式有

$$\mathrm{card}\left(\left\{i\in[N],\left|\alpha x_i\right|\geqslant s\right\}\right)\leqslant\left(|\alpha|\cdot\|\mathbf{x}\|_{p,\infty}\right)^p/s^p \tag{2.2.11}$$

因此，$\|\alpha\mathbf{x}\|_{p,\infty}\leqslant|\alpha|\cdot\|\mathbf{x}\|_{p,\infty}$. 另一方面，$\|\alpha\mathbf{x}\|_{p,\infty}\geqslant|\alpha|\cdot\|\mathbf{x}\|_{p,\infty}$ 可以类似证明，因此等式成立. 但是弱 ℓ_p 范数的三角不等式不再成立，因此其只是拟范数. 下面重点分析与三角不等式类似但不同的一个结论.

定理 2.2.3　任给 $\mathbf{x}^k\in\mathbb{C}^N$，其中 $k=1,2,\cdots,K$，对于 $p>0$，有

$$\left\|\mathbf{x}^1+\mathbf{x}^2+\cdots+\mathbf{x}^K\right\|_{p,\infty}\leqslant K^{\max\{1,1/p\}}\cdot\left(\left\|\mathbf{x}^1\right\|_{p,\infty}+\left\|\mathbf{x}^2\right\|_{p,\infty}+\cdots+\left\|\mathbf{x}^K\right\|_{p,\infty}\right) \tag{2.2.12}$$

证明　任给 $t>0$，对于 $i\in[N]$，若 $\left|x_i^1+x_i^2+\cdots+x_i^K\right|\geqslant t$，则存在 $j\in[K]$，满足 $\left|x_i^j\right|\geqslant t/K$，则进一步有

$$\left\{i\in[N],\left|x_i^1+x_i^2+\cdots+x_i^K\right|\geqslant t\right\}\subseteq\bigcup_{j\in[K]}\left\{j\in[N],\left|x_i^j\right|\geqslant t/K\right\}$$

则有

$$\begin{aligned}\mathrm{card}\left(\left\{i\in[N],\left|x_i^1+x_i^2+\cdots+x_i^K\right|\geqslant t\right\}\right)&\leqslant\sum_{j\in[K]}\frac{\left\|x^i\right\|_{p,\infty}^p}{(t/K)^p}\\&=\frac{K^p\left(\left\|x^1\right\|_{p,\infty}^p+\left\|x^2\right\|_{p,\infty}^p+\cdots+\left\|x^K\right\|_{p,\infty}^p\right)}{t^p}\end{aligned}$$

依据定义 2.2.6 可知

$$\left\|\mathbf{x}^1+\mathbf{x}^2+\cdots+\mathbf{x}^K\right\|_{p,\infty}\leqslant K^p\cdot\left(\left\|\mathbf{x}^1\right\|_{p,\infty}^p+\left\|\mathbf{x}^2\right\|_{p,\infty}^p+\cdots+\left\|\mathbf{x}^K\right\|_{p,\infty}^p\right)^{1/p}$$

当 $0<p<1$ 时，由 Jensen 不等式可知

$$\left(\left\|\mathbf{x}^1\right\|_{p,\infty}^p+\left\|\mathbf{x}^2\right\|_{p,\infty}^p+\cdots+\left\|\mathbf{x}^K\right\|_{p,\infty}^p\right)^{1/p}\leqslant K^{1/p-1}\cdot\left(\left\|\mathbf{x}^1\right\|_p+\left\|\mathbf{x}^2\right\|_p+\cdots+\left\|\mathbf{x}^K\right\|_p\right)$$

当 $p\geqslant 1$ 时，对比 ℓ_p 范数与 ℓ_1 范数有

$$\left(\left\|\mathbf{x}^1\right\|_{p,\infty}^p+\left\|\mathbf{x}^2\right\|_{p,\infty}^p+\cdots+\left\|\mathbf{x}^K\right\|_{p,\infty}^p\right)^{1/p}\leqslant\left\|\mathbf{x}^1\right\|_p+\left\|\mathbf{x}^2\right\|_p+\cdots+\left\|\mathbf{x}^K\right\|_p$$

因此定理结论成立. ■

定理 2.2.3 一方面说明弱 ℓ_p 范数确实不满足范数要求的三角不等式，因此是拟范数. 另一方面定理 2.2.3 的证明过程可知，定理结论中的不等式约束系数 $K^{\max\{1,1/p\}}$ 是紧致的. 同时注意到依据弱 ℓ_p 范数的定义 2.2.6 计算给定向量的弱 ℓ_p 范数十分繁琐，下面给出一个等价性定理.

定理 2.2.4　任给 $p>0$，则向量 $\mathbf{x}\in\mathbb{C}^N$ 的弱 ℓ_p 范数可表示为

$$\|\mathbf{x}\|_{p,\infty}=\max_{i\in[N]} i^{1/p}x_i^* \tag{2.2.13}$$

其中，$\mathbf{x}^*\in\mathbb{R}^N$ 是 $\mathbf{x}\in\mathbb{C}^N$ 的非增重排.

证明　记 $a=\max\limits_{i\in[N]} i^{1/p}x_i^*$，由于 $\|\mathbf{x}\|_{p,\infty}=\|\mathbf{x}^*\|_{p,\infty}$，仅需证明 $a=\|\mathbf{x}^*\|_{p,\infty}$ 即可.

一方面，任给 $t>0$，有 $\mathrm{card}\left(\left\{j\in[N],\left|x_j^*\right|\geqslant t\right\}\right)=i$ 或者 0，对于前者，由 a 的定义有

$$t\leqslant x_i^*\leqslant a/i^{1/p}$$

此时，

$$\mathrm{card}\left(\left\{j\in[N],\left|x_j^*\right|\geqslant t\right\}\right)=k\leqslant a^p/t^p$$

易知该式对于后者亦成立. 因此，$\|\mathbf{x}^*\|_{p,\infty}\leqslant a$.

另一方面，反设 $a>\|\mathbf{x}^*\|_{p,\infty}$，则存在 $b>0$，满足 $a\geqslant(1+b)\|\mathbf{x}^*\|_{p,\infty}$. 由 a 的定义，存在 $i\in[N]$，满足 $i^{1/p}x_i^*\geqslant(1+b)\|\mathbf{x}^*\|_{p,\infty}$，即 $x_i^*\geqslant(1+b)\|\mathbf{x}^*\|_{p,\infty}/i^{1/p}$，由弱 ℓ_p 范数的定义有

$$i\leqslant\mathrm{card}\left(\left\{j\in[N],x_j^*\geqslant(1+b)\|\mathbf{x}^*\|_{p,\infty}/i^{1/p}\right\}\right)\leqslant i/(1+b)^p$$

上式中不等式矛盾，因此反设不成立. 综合两方面有定理结论. ■

上述定理不仅提供了计算弱 ℓ_p 范数更加简单的方式，也为比较弱 ℓ_p 范数与 ℓ_p 范数提供了数学工具.

定理 2.2.5　任给 $\mathbf{x}\in\mathbb{C}^N$ 以及 $p>0$，有

$$\|\mathbf{x}\|_{p,\infty}\leqslant\|\mathbf{x}\|_p \tag{2.2.14}$$

证明　任给 $i \in [N]$，有

$$\|\mathbf{x}\|_p^p = \sum_{j=1}^{N} \left(x_j^*\right)^p \geqslant \sum_{j=1}^{i} \left(x_j^*\right)^p \geqslant i\left(x_i^*\right)^p$$

因此有 $\|\mathbf{x}\|_p \geqslant i^{1/p} x_i^*$，故 $\|\mathbf{x}\|_p \geqslant \max_{i\in[N]} i^{1/p} x_i^*$，即 $\|\mathbf{x}\|_{p,\infty} \leqslant \|\mathbf{x}\|_p$．■

定理 2.2.5 说明，若 $\|\mathbf{x}\|_p \leqslant 1$，则 $\|\mathbf{x}\|_{p,\infty} \leqslant 1$，因此是否可以考虑利用弱 ℓ_p 范数代替定理 2.2.1 与定理 2.2.2 中的 ℓ_p 范数呢？若可以，将获得更加紧致的误差界.

定理 2.2.6　任给 $\mathbf{x} \in \mathbb{C}^N$ 以及 $q > p > 0$，有

$$\sigma_k(\mathbf{x})_q \leqslant \frac{d_{p,q}}{k^{1/p-1/q}} \|\mathbf{x}\|_{p,\infty} \tag{2.2.15}$$

其中，$d_{p,q} = \left(p/(q-p)\right)^{1/q}$．

证明　设 $\|\mathbf{x}\|_{p,\infty} \leqslant 1$，若不满足，则以 $\|\mathbf{x}\|_{p,\infty}$ 为归一化因子对 $\mathbf{x}$ 做归一化处理即可. 此时，$\max_{i\in[N]} i^{1/p} x_i^* \leqslant 1$，即任给 $i \in [N]$，有 $x_i^* \leqslant 1/i^{1/p}$，进一步有

$$\sigma_k(\mathbf{x})_q^q = \sum_{i=k+1}^{N} \left(x_i^*\right)^q \leqslant \sum_{i=k+1}^{N} 1/i^{q/p} \leqslant \int_k^N 1/t^{q/p}\, dt \leqslant \frac{p}{q-p} \frac{1}{k^{(q/p)-1}}$$

对两侧同时开 q 次方即可获得定理结论.　■

定理 2.2.6 说明，对于向量 $\mathbf{x} \in \mathbb{C}^N$，当 $p > 0$ 很小时有 $\|\mathbf{x}\|_{p,\infty} \leqslant 1$，则该向量其最佳 k 项逼近误差会随着 k 的增加迅速下降，因此该向量具有可压缩性. 因此弱 ℓ_p 范数也可以作为向量可压缩性的一个判据.

综上所述，ℓ_p 范数与弱 ℓ_p 范数都可以为可压缩向量的判断提供数学工具，只是后者更加紧致. 同时还有统计方面的工具可用来度量与判定可压缩向量，这里不再赘述. 同时，即使向量本身不具有稀疏性，向量可以通过稀疏表示在变换域具有稀疏性，即其表示系数是可压缩向量. 为此最后给出稀疏表示的概念，便于后续章节探讨稀疏表示方法.

定义 2.2.7　对于向量 $\mathbf{x} \in \mathbb{C}^N$，以及给定的变换基（或者字典）$\mathbf{D}$，若存在 $\mathbf{x} = \mathbf{Ds}$，且 $\mathbf{s}$ 是可压缩向量，则称 $\mathbf{x}$ 在 $\mathbf{D}$ 上具有稀疏表示，此时称 $\mathbf{D}$ 为稀疏表示基（或者稀疏表示字典）.

通过定义 2.2.7 可以发现，对于给定的向量，不同的稀疏表示方法会得到不同的表示系数，其稀疏性一般是不同的，因此需要优化设计稀疏表示方法，实现更好的稀疏表示. 下面重点分析设计稀疏表示基或者稀疏表示字典的具体方法.

2.3　调和分析类稀疏表示

2.3.1　理论与方法

调和分析类稀疏表示方法主要有完备表示与超完备表示两大类. 完备表示主要包括调和分析中经典的（离散）Fourier 变换（Fourier transform，FT）、离散余弦变换（discrete cosine transform，DCT）[2]，以及（离散）小波变换（discrete wavelet transform，DWT）[3]等工具，已被广泛地应用于图像压缩、去噪和超分辨等领域，事实上，目前国际通用的 JPEG 和 JPEG2000 图像压缩标准的核心分别为 DCT 和 DWT. 这些稀疏表示方法，具有表示基构造简单、可以使用快速算法等特点，比较适合于需大规模数据运算的图像处理、成像领域[4]. 1996 年，Olshausen 和 Field 在 *Nature* 上的论文[5]指出，他们通过研究哺乳动物的视觉信息处理机制，发现视觉皮层简单细胞编码空间的维数远大于其信息输入空间的维数，也即简单细胞对刺激特征感受的稀疏表达是使用超完备基实现的. 此外，图像处理中的大量事实也表明，图像结构的复杂性和奇异特性的多样性，使得仅用一组完备基通常难以得到理想的稀疏表示. 信号的超完备表示方法也是调和分析研究的一个重要内容，其中复数小波变换（complex wavelet transform，CWT）以其良好的表示性质，以及相对快速的算法，在图像处理与成像领域中有较好的应用潜力.

复数小波变换一种有效的实现方法由 Kingsbury 提出，它被称为二元树复数小波变换[6]. 二元树复数小波变换采用两个实小波变换，其中一个给出变换的实部部分，另一个给出虚部部分. 这两组滤波器组是联合设计的（构成 Hilbert 变换对），从而使得全局的复数小波变换是近似解析的. 注意到所有滤波器组都是实数的，因此所谓的二元树复数小波变换并不需要复数域的运算，其计算复杂度是小波变换的两倍. 二元树复数小波逆变换与正变换类似，其实部和虚部可以分别单独重构.

若组成二元树复数小波变换的两个实小波变换可以分别用基矩阵表示为 $\mathbf{F}_h$ 和 $\mathbf{F}_g$，则二元树复数小波变换以及其逆变换可以表示为

$$\mathbf{F}=\frac{1}{\sqrt{2}}\begin{bmatrix}\mathbf{F}_h\\ \mathbf{F}_g\end{bmatrix},\quad \mathbf{F}^{-1}=\frac{1}{\sqrt{2}}\begin{bmatrix}\mathbf{F}_h^{-1} & \mathbf{F}_g^{-1}\end{bmatrix} \tag{2.3.1}$$

二元树复数小波应用于实信号，则变换系数的实部与虚部是可分离的；但若将其应用于复信号，则需采用下式的耦合变换，即

$$\mathbf{F}=\frac{1}{2}\begin{bmatrix}\mathbf{I} & \mathrm{j}\mathbf{I}\\ \mathbf{I} & -\mathrm{j}\mathbf{I}\end{bmatrix}\begin{bmatrix}\mathbf{F}_h\\ \mathbf{F}_g\end{bmatrix},\quad \mathbf{F}^{-1}=\frac{1}{\sqrt{2}}\begin{bmatrix}\mathbf{F}_h^{-1} & \mathbf{F}_g^{-1}\end{bmatrix}\begin{bmatrix}\mathbf{I} & \mathbf{I}\\ -\mathrm{j}\mathbf{I} & \mathrm{j}\mathbf{I}\end{bmatrix} \tag{2.3.2}$$

小波函数的设计问题可以转化为相应滤波器的设计问题，在设计中需使得两个低通滤波器组对应的小波函数满足 Hilbert 变换对约束.

在二维图像表示中，二元树复数小波变换具有方向性，这是变量分离形式的二维张量小波基函数所不具备的. 设 $\mathbf{F}_{hh}$ 和 $\mathbf{F}_{gg}$ 分别表示两个二维变量分离形式的小波基函数矩阵，则方向性二元树复数小波变换可以表示为

$$\mathbf{F}_{2D}=\frac{1}{\sqrt{8}}\begin{bmatrix}\mathbf{I} & -\mathbf{I} & & \\ \mathbf{I} & \mathbf{I} & & \\ & & \mathbf{I} & \mathbf{I} \\ & & \mathbf{I} & -\mathbf{I}\end{bmatrix}\begin{bmatrix}\mathbf{F}_{hh}\\ \mathbf{F}_{gg}\\ \mathbf{F}_{gh}\\ \mathbf{F}_{hg}\end{bmatrix} \tag{2.3.3}$$

且其逆变换可表示为

$$\mathbf{F}_{2D}^{-1}=\frac{1}{\sqrt{8}}\begin{bmatrix}\mathbf{F}_{hh}^{-1} & \mathbf{F}_{gg}^{-1} & \mathbf{F}_{gh}^{-1} & \mathbf{F}_{hg}^{-1}\end{bmatrix}\begin{bmatrix}\mathbf{I} & \mathbf{I} & & \\ -\mathbf{I} & \mathbf{I} & & \\ & & \mathbf{I} & \mathbf{I} \\ & & \mathbf{I} & -\mathbf{I}\end{bmatrix} \tag{2.3.4}$$

可以看出(2.3.3)和(2.3.4)中实部和虚部是可分离的. 若待表示的图像是复值的，则相应的变换中实部和虚部是耦合的，即

$$\mathbf{F}_{2D}=\frac{1}{4}\begin{bmatrix}\mathbf{I} & & \mathrm{j}\mathbf{I} & \\ & \mathbf{I} & & \mathrm{j}\mathbf{I} \\ \mathbf{I} & & -\mathrm{j}\mathbf{I} & \\ & \mathbf{I} & & -\mathrm{j}\mathbf{I}\end{bmatrix}\begin{bmatrix}\mathbf{I} & -\mathbf{I} & & \\ \mathbf{I} & \mathbf{I} & & \\ & & \mathbf{I} & \mathbf{I} \\ & & \mathbf{I} & -\mathbf{I}\end{bmatrix}\begin{bmatrix}\mathbf{F}_{hh}\\ \mathbf{F}_{gg}\\ \mathbf{F}_{gh}\\ \mathbf{F}_{hg}\end{bmatrix} \tag{2.3.5}$$

$$\mathbf{F}_{2D}^{-1}=\frac{1}{4}\begin{bmatrix}\mathbf{F}_{hh}^{-1} & \mathbf{F}_{gg}^{-1} & \mathbf{F}_{gh}^{-1} & \mathbf{F}_{hg}^{-1}\end{bmatrix}\begin{bmatrix}\mathbf{I} & \mathbf{I} & & \\ -\mathbf{I} & \mathbf{I} & & \\ & & \mathbf{I} & \mathbf{I} \\ & & \mathbf{I} & -\mathbf{I}\end{bmatrix}\begin{bmatrix}\mathbf{I} & & \mathbf{I} & \\ & \mathbf{I} & & \mathbf{I} \\ -\mathrm{j}\mathbf{I} & & \mathrm{j}\mathbf{I} & \\ & -\mathrm{j}\mathbf{I} & & \mathrm{j}\mathbf{I}\end{bmatrix} \tag{2.3.6}$$

图 2.3.1 给出了一组典型的二维方向性二元树复数小波基函数，其共有六个方向，上下两行分别代表实部和虚部的小波变换.

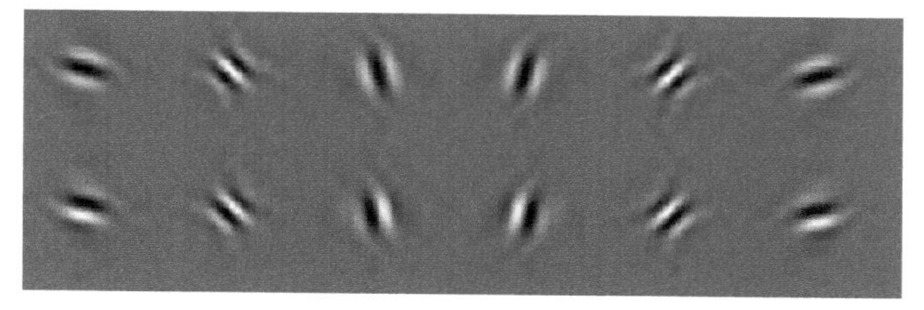

图 2.3.1　一组二维方向性二元树复数小波基函数

现代调和分析理论中其他的多尺度分析[7]方法：如脊波（Ridgelets）[8]、曲波（Curvelet）[9]、梳状波（Brushlet）[10]、束波（Beamlet）[11]、楔形波（Wedgelet）[12]、轮廓波（Contourlet）[13]、条带波（Bandelet）[14]、方向波（Directionlet）[15]和剪切波（Shearlet）[16]等，也可以形成超完备表示. 但是总的来说这些多尺度分析方法的计算复杂度较高，不适合大规模数据的稀疏表示.

此外，Gabor 框架也是一类重要的表示框架，在雷达成像、核磁共振成像（MRI）等领域中有重要的应用，它由“种子向量”的时移和频移构成. 设 $\mathbf{g}$ 为单位长度的种子向量，相对于 $\mathbf{g}$ 的 $M \times M$ 时移矩阵 $\mathbf{T}(\mathbf{g})$ 定义为

$$\mathbf{T}(\mathbf{g}) = \begin{bmatrix} g_1 & g_M & \cdots & g_3 & g_2 \\ g_2 & g_1 & \cdots & g_4 & g_3 \\ \vdots & \vdots & \ddots & \vdots & \vdots \\ g_{M-1} & g_{M-2} & \cdots & g_1 & g_M \\ g_M & g_{M-1} & \cdots & g_2 & g_1 \end{bmatrix} \tag{2.3.7}$$

然后，再定义频率调制矩阵为 $\mathbf{W}_m = \mathrm{diag}(\boldsymbol{\omega}_m)$，其中 $\mathrm{diag}(\cdot)$ 为矩阵化算子，即以输入向量为对角元素生成的对角矩阵，且

$$\boldsymbol{\omega}_m = \left[\exp\left(\mathrm{j}2\pi\frac{m}{M}0\right), \cdots, \exp\left(\mathrm{j}2\pi\frac{m}{M}(M-1)\right)\right]^{\mathrm{T}}, \quad m = 0, \cdots, M-1 \tag{2.3.8}$$

最后，由 $\mathbf{g}$ 生成的 $M \times M^2$ Gabor 框架为

$$\boldsymbol{\Phi} = \left[\mathbf{W}_0\mathbf{T}(\mathbf{g}), \quad \mathbf{W}_1\mathbf{T}(\mathbf{g}), \quad \cdots \quad, \mathbf{W}_{M-1}\mathbf{T}(\mathbf{g})\right] \tag{2.3.9}$$

特别地，若 $M \geqslant 5$ 且为素数，则可以定义种子向量 $\mathbf{g}$ 为

$$\mathbf{g} = \left[\frac{1}{\sqrt{M}}\exp\left(\mathrm{j}2\pi\frac{0^3}{M}\right), \frac{1}{\sqrt{M}}\exp\left(\mathrm{j}2\pi\frac{1^3}{M}\right), \cdots, \frac{1}{\sqrt{M}}\exp\left(\mathrm{j}2\pi\frac{(M-1)^3}{M}\right)\right]^{\mathrm{T}} \tag{2.3.10}$$

该序列被称为 Alltop 序列[17]，其生成的 Garbor 框架具有互相关性小的特点.

事实上，还可以直接将若干基函数放在一起组成超完备字典，即

$$\boldsymbol{\Phi} = \left[\boldsymbol{\Phi}_1, \cdots, \boldsymbol{\Phi}_n\right] \tag{2.3.11}$$

其中 $\boldsymbol{\Phi}_i, i = 1, \cdots, n$ 为基函数，甚至其本身即为超完备字典.

图像处理中常用的全变差（total variation，TV）函数[18]，本质上也可以认为是分片光滑图像的一种稀疏表示. 对于二维图像 $\mathbf{x}$，其全变差的定义为

$$\mathrm{TV}(\mathbf{x}) = \sum \|D\mathbf{x}\|_p, \quad p = 1, 2 \tag{2.3.12}$$

其中 D 为二维差分算子；当 $p = 2$ 时，为各向同性（isotropic）的，当 $p = 1$ 时，为各向异性（anisotropic）的.

2.3.2 实证研究

最后，对调和分析类稀疏表示进行实证研究. 取 246 幅 512×512 像素的典型光学遥感图像组成图像库，涵盖了自然场景、城市建筑、飞机、舰船等不同特性的景物，图 2.3.2 列举了其中的若干图像. 考虑到表示精度和计算复杂度，选取 DCT 基、Daubechies 小波（滤波器长度为 4）基和复数小波超完备字典三种稀疏表示方法，对库中各图像在变换域上的稀疏性进行实证研究.

图 2.3.2　稀疏表示实证分析的典型光学遥感图像库部分图像

首先，对图像库中的 246 幅图像分别进行稀疏表示，将表示系数按绝对值大小进行排序，再对各图像间的表示系数取均值，得到图像库的（绝对值）“排序平均表示系数”. 为便于比较差异，对“排序平均表示系数”取自然对数，再将前 10%的表示项数列于图 2.3.3. 从图中可以看出，三种表示方法的“排序平均表示系数”均随项数迅速下降，具备稀疏性.

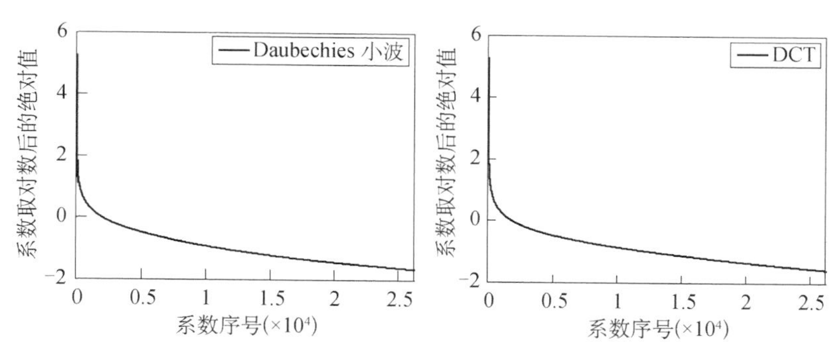

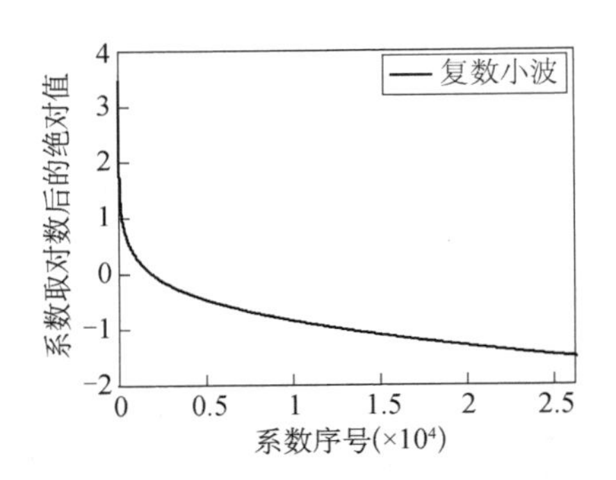

图 2.3.3　三种表示方法下表示系数绝对值（取对数后）排序

其次，对图像库中的 246 幅图像分别进行稀疏表示，再按绝对值大小排序后分别截取前 25%，10%和 5%的系数，其余的系数赋零. 利用截取后的系数进行逆变换，比较所得图像（称其为原始图像最佳 k 项逼近，其中 $k=0.25N$, $0.1N$, $0.05N$，N 为图像像素数）与原始图像之间的峰值信噪比（peak signal-to-noise ratio，PSNR），对被表示图像 $\mathbf{X}$ 进行归一化，使其幅度的最大值为 1，则 PSNR 的定义为

$$\mathrm{PSNR}=10\log_{10}\left(\frac{1}{\sum_{i=1}^{M}\sum_{j=1}^{N}\left(\mathbf{X}_{ij}-\hat{\mathbf{X}}_{ij}\right)^2\Big/MN}\right) \tag{2.3.13}$$

其中 $\hat{\mathbf{X}}$ 为 $\mathbf{X}$ 经稀疏表示后的重构图像，图像维度为 $M\times N$.

图 2.3.4 分析了三种方法的表示误差. 从图中可以看出：复数小波的表示精度最佳，在仅用 5%的系数的条件下，各图像的表示误差 PSNR 均优于 25dB；Daubechies 小波的表示精度次之，但计算复杂度优于复数小波；DCT 的表示精度相对较差，但计算复杂度较低.

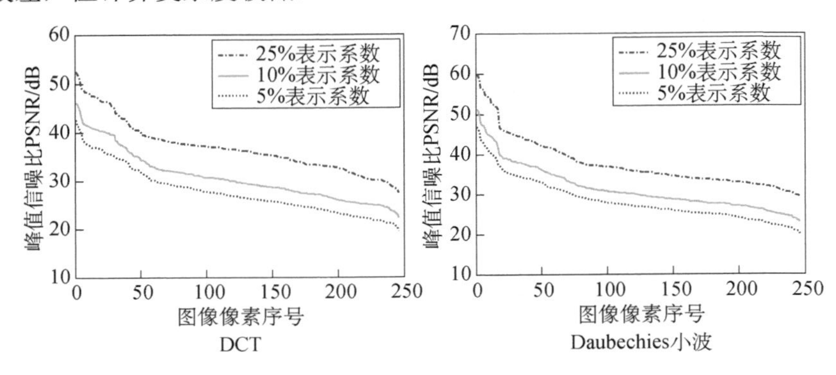

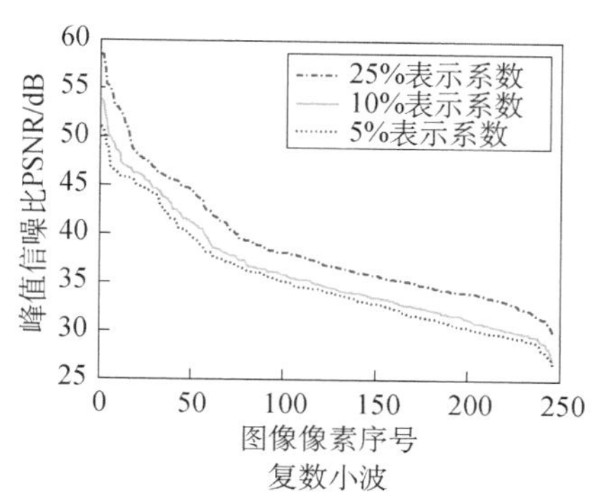

图 2.3.4　三种方法在不同非零项数下的表示误差 PSNR

由以上两项实证研究可以看出：DCT、Daubechies 小波和复数小波稀疏表示方法均能满足各种特性典型光学遥感图像的稀疏表示，但在表示精度和计算复杂度上有各自的优点.

最后给出小结. 由于调和分析类稀疏表示方法已经经过较长时间的研究，因此研究较为成熟，存在大量的参考文献可以拓展阅读，因此在本书中不再利用过多篇幅介绍.

2.4　数据驱动类稀疏表示

除了在预先构造的基、字典或框架下进行信号的稀疏表示之外，还有数据驱动类方法关注从被表示信号中自适应地学习、训练得到表示字典，以实现更好的稀疏性. 字典学习是稀疏表示理论的一个基础性问题，其目的是通过已有的测量数据，有针对性地训练得到一个稀疏表示字典，使得对同类的测量数据能够达到更好的稀疏表示效果. 相比于传统的基于调和分析类稀疏表示方法，字典学习方法得到的表示字典具有更强的数据自适应性，能够针对特定应用取得更好的稀疏表示效果. 求解字典学习问题是一个典型的双线性逆问题，通过训练数据要同时得到稀疏表示字典以及相应的稀疏表示系数，因此其算法通常可表示成为一个包含稀疏编码与字典更新两部分的迭代过程[19-21]. 其中，不同的字典更新方法通常是字典学习算法的核心.

2.4.1　理论与方法

字典学习是信号稀疏表示的重要方法，其目的在于寻找一个基或字典，从而使得信号在此字典下具有稀疏表示，并同时求得相应的稀疏表示系数，如图 2.4.1 所示.

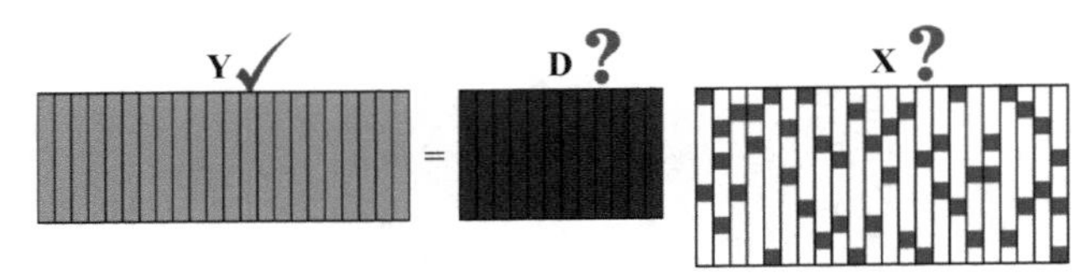

图 2.4.1　字典学习问题模型

设 $\mathbf{Y}=[\mathbf{y}_1,\mathbf{y}_2,\cdots,\mathbf{y}_n]\in\mathbb{C}^{m\times n}$ 为训练数据矩阵，m 为训练数据的维度，n 为训练数据的个数，则字典学习问题常常表示为以下的最小化问题：

$$\min_{\mathbf{D},\mathbf{X}}\|\mathbf{Y}-\mathbf{D}\mathbf{X}\|_F^2\quad \text{s.t.}\|\mathbf{x}_j\|_0\leqslant K,\quad \forall j\in[n] \tag{2.4.1}$$

其中，$\mathbf{D}\in\mathbb{C}^{m\times l}$ 为学习得到的字典，$\mathbf{X}=[\mathbf{x}_1,\mathbf{x}_2,\cdots,\mathbf{x}_n]\in\mathbb{C}^{l\times n}$ 为在字典 $\mathbf{D}$ 下的稀疏表示系数. $K<l$ 为稀疏度的上界. 字典学习问题的求解通常可表示为一个包含稀疏编码和字典更新这两个阶段的迭代过程. 典型的字典学习算法框架可表示为如下过程（表 2.4.1）.

表 2.4.1　字典学习算法框架

字典学习算法框架
（1）输入：训练数据 $\mathbf{Y}$，初始字典 $\mathbf{D}_1$，迭代次数 $t=1$.
（2）当停止条件不满足时，交替迭代：
（i）稀疏编码：固定字典 $\mathbf{D}_t$，更新表示系数 $\mathbf{X}_t$；
（ii）字典升级：固定表示系数 $\mathbf{X}_t$，更新字典 $\mathbf{D}_t$；
（iii）$t=t+1$.
（3）输出：学习得到的字典 $\mathbf{D}$.

在稀疏编码阶段，其核心目标就是在给定字典 $\mathbf{D}$ 的情况下，找到最优的稀疏表示系数 $\mathbf{X}$. 通常能够建模成以下最小化模型：

$$\min_{\mathbf{x}_j}\|\mathbf{y}_j-\mathbf{D}\mathbf{x}_j\|_F^2\quad \text{s.t.}\|\mathbf{x}_j\|_0\leqslant K,\quad \forall j\in[n] \tag{2.4.2}$$

上述模型属于经典稀疏重构模型，存在很多稀疏重构算法可以求解[22-24]，具体在第 3 章详细论述.

在获得稀疏表示系数 $\mathbf{X}$ 之后，字典更新问题就是在新的 $\mathbf{X}$ 下，以一定的规则更新字典 $\mathbf{D}$ 的过程. 基于训练数据的噪声分布的统计特性，一些字典更新方法逐渐被提出，其中最经典的是基于高斯分布假设的最优方向法（method of optimal directions，MOD）[25]，MOD 在进行字典更新的过程中采用以下最小化模型：

$$\min_{\mathbf{D}}\|\mathbf{Y}-\mathbf{D}\mathbf{X}\|_F^2 \tag{2.4.3}$$

也即固定 $\mathbf{X}$ 不变，用最小二乘估计来更新字典 $\mathbf{D}$. 其优点是计算较为简便，能够较为稳定地得到字典学习结果. 后续一些方法进一步改进了 MOD，并提升了字典学习性能.

K-SVD[20]方法，即 K 均值与奇异值分解（singular value decomposition，SVD）的联合，是对 MOD 的一种改进. K-SVD 同样采用交替优化表示系数与字典的学习策略，与 MOD 的区别主要在字典升级. K-SVD 采用新的字典升级方法，即对于固定的系数 $\mathbf{X}$，不再整体更新字典 $\mathbf{D}$，而是逐列更新字典 $\mathbf{D}$. 对于字典 $\mathbf{D}$ 中的第 j 列 $\mathbf{d}_j$，以及其系数矩阵 $\mathbf{X}$ 中对应的第 j 行 $\mathbf{x}_j^{\mathrm{r}}$，有

$$\left\|\mathbf{Y}-\mathbf{D}\mathbf{X}\right\|_F^2=\left\|\mathbf{Y}-\sum_{i=1}^{l}\mathbf{d}_i\mathbf{x}_i^{\mathrm{r}}\right\|_F^2=\left\|\mathbf{E}_j-\mathbf{d}_j\mathbf{x}_j^{\mathrm{r}}\right\|_F^2 \tag{2.4.4}$$

其中 $\mathbf{E}_j=\mathbf{Y}-\sum_{i=1,\,i\neq j}^{l}\mathbf{d}_i\mathbf{x}_i^{\mathrm{r}}$. 记 $\mathbf{x}_j^{\mathrm{r}}$ 中非零元素的索引为 Ω，找出 $\mathbf{x}_j^{\mathrm{r}}$ 中的非零元素，记为 $\mathbf{x}_j^{\mathrm{r}\Omega}$；根据 Ω 索引 $\mathbf{d}_j$ 和 $\mathbf{E}_j$ 中的元素，得到 $\mathbf{d}_j^{\Omega}$ 和 $\mathbf{E}_j^{\Omega}$，于是（2.4.4）等价于

$$\left\|\mathbf{E}_j^{\Omega}-\mathbf{d}_j^{\Omega}\mathbf{x}_n^{\mathrm{r}\Omega}\right\|_F^2 \tag{2.4.5}$$

对 $\mathbf{E}_j^{\Omega}$ 进行奇异值分解，得到 $\mathbf{E}_j^{\Omega}=\mathbf{U}\boldsymbol{\Delta}\mathbf{V}^{\mathrm{T}}$，令 $\mathbf{U}$ 的第一列为更新后的 $\tilde{\mathbf{d}}_j^{\Omega}$，以 $\mathbf{V}$ 中的第一列乘以 $\boldsymbol{\Delta}$ 的左上角元素为相应的系数 $\tilde{\mathbf{x}}_j^{\mathrm{r}\Omega}$. 最后再将索引 Ω 集之外的零元素补齐，得到更新的 $\tilde{\mathbf{d}}_j$ 和 $\tilde{\mathbf{x}}_j^{\mathrm{r}}$. 这样更新后 $\tilde{\mathbf{x}}_j^{\mathrm{r}}$ 不会比原来的 $\mathbf{x}_j^{\mathrm{r}}$ 有更多的非零元素（至多不变），因此可以得到更稀疏的表示.

文献[26]提出一种紧致的图像表示方法，即直接对二维的图像（片段）进行训练，而无需先将其进行列向量化. 设每个图像（片段）$\mathbf{y}_i, i=1,\cdots,n$（需要指出，虽然符号不变，但这里不再是前两个方法中的列向量，而是矩阵）可以表示为 $\sum_{k=1}^{K}\mathbf{U}_k\boldsymbol{\Delta}_{ik}\mathbf{V}_k$. 在训练开始前，令 $\{\mathbf{U}_k\}$ 和 $\{\mathbf{V}_k\}$ 为随机正交矩阵，投影矩阵可由下式计算

$$\boldsymbol{\Delta}_{ik}=\mathbf{U}_k^{\mathrm{T}}\mathbf{y}_i\mathbf{V}_k \tag{2.4.6}$$

$\mathbf{U}_k$ 的更新过程为

$$\mathbf{U}_k=\mathbf{Z}_k\left(\mathbf{Z}_k^{\mathrm{T}}\mathbf{Z}_k\right)^{-1/2},\quad \mathbf{Z}_k=\sum_i\mathbf{P}_i\mathbf{V}_k\mathbf{S}_{ik}^{\mathrm{T}} \tag{2.4.7}$$

其中 $\mathbf{Z}_k$ 为中间变量，对其进行奇异值分解得到 $\mathbf{Z}_k=\boldsymbol{\Gamma}_k\boldsymbol{\Theta}\boldsymbol{\Upsilon}_k^{\mathrm{T}}$，代入（2.4.7）可得

$$\mathbf{U}_k=\boldsymbol{\Gamma}_k\boldsymbol{\Upsilon}_k^{\mathrm{T}} \tag{2.4.8}$$

$\mathbf{V}_k$ 的更新可以类似得到. 最后可以得到 $\left\{\boldsymbol{\Delta}_{ik},\mathbf{U}_k,\mathbf{V}_k\right\}$，其中 $\mathbf{U}_k,\mathbf{V}_k$ 为训练得到的表示基，$\boldsymbol{\Delta}_{ik}$ 为图像（片段）$\mathbf{y}_i$ 对应的表示系数.

此外，还可以利用求解双线性模型的块总体最小二乘算法[27]进行字典学习. 上述 MOD、K-SVD 等方法的字典更新的基本思路都是固定表示系数更新字典，

块总体最小二乘则是固定表示系数的稀疏模式，同步更新字典与表示系数. 下面仅考虑字典更新模型：

$$\min_{\mathbf{D},\mathbf{X}} \|\mathbf{Y}-\mathbf{D}\mathbf{X}\|_F^2 \quad \text{s.t.}\,\mathcal{P}_{\bar{\Omega}}(\mathbf{X})=\mathbf{0} \tag{2.4.9}$$

其中，Ω 为表示系数的支撑集，$\mathcal{P}$ 为投影算子. 上式的约束条件即固定了表示系数的稀疏模式.

为了求解（2.4.9），假设 $\mathbf{D}$ 为可逆方阵，且存在 $\hat{\mathbf{D}}$ 与 $\hat{\mathbf{X}}$ 满足 $\mathbf{Y}=\hat{\mathbf{D}}\hat{\mathbf{X}}$. 假设表明问题（2.4.9）存在解，现在的任务是找到问题的解. 假设情况下，令 $\mathbf{H}=\mathbf{D}^{-1}$，则问题（2.4.9）等价于求解：

$$\begin{cases}\mathbf{H}\mathbf{Y}=\mathbf{X}\\ \mathcal{P}_{\bar{\Omega}}(\mathbf{X})=\mathbf{0}\end{cases} \tag{2.4.10}$$

注意到给定 Ω 时投影算子 $\mathcal{P}_{\bar{\Omega}}$ 实质为一抽取矩阵，由单位阵中与 $\bar{\Omega}$ 相对应的部分行组成，因此式(2.4.10)中的第二个矩阵方程实质上是个线性方程，因此式(2.4.10)是一个线性方程组. 此外，方程（2.4.10）的解存在尺度模糊，即任给维度与原问题相容的向量 $\mathbf{v}$，有

$$\begin{cases}\operatorname{diag}(\mathbf{v})\mathbf{H}\mathbf{Y}=\operatorname{diag}(\mathbf{v})\mathbf{X}\\ \mathcal{P}_{\bar{\Omega}}(\operatorname{diag}(\mathbf{v})\mathbf{X})=\mathbf{0}\end{cases} \tag{2.4.11}$$

因此，问题（2.4.10）的解左乘任意的对角矩阵后仍然是原问题的解. 为了避免这一情况的出现，增加额外的一个约束条件，模型（2.4.10）变为

$$\begin{cases}\begin{bmatrix}\mathbf{Y}^{\mathrm{T}} & -\mathbf{I}\\ \mathbf{1}^{\mathrm{T}} & \mathbf{0}^{\mathrm{T}}\end{bmatrix}\begin{bmatrix}\mathbf{H}^{\mathrm{T}}\\ \mathbf{X}^{\mathrm{T}}\end{bmatrix}=\begin{bmatrix}\mathbf{0}\\ \mathbf{1}\end{bmatrix}\\ \mathcal{P}_{\bar{\Omega}}(\mathbf{X})=\mathbf{0}\end{cases} \tag{2.4.12}$$

事实上，对 $\mathbf{H}$ 添加的约束条件等价于对字典的每列添加归一化条件，即字典的能量为 1. 此时，针对线性方程组（2.4.12）可以考虑使用最小二乘算法进行求解.

然而，假设条件在实际字典学习时难以成立，因此上述方法需要根据实际情况进行改进. 第一，当字典 $\mathbf{D}$ 不可逆时，考虑使用其伪逆替代其逆矩阵，即取 $\mathbf{H}=\mathbf{D}^{\dagger}$. 第二，当 $\mathbf{D}$ 是过完备字典时，可以采用分块策略，即将原字典分成数个子字典方阵进行逐块字典更新. 该策略可视为 K-SVD 方法中更新字典策略的推广，只是由逐列更新推广到逐块更新. 同时逐块更新策略下又有多种具体的实施方式，经典实施方式包括依次逐块更新、随机逐块更新等，不同的实施方式对字典更新性能也会带来一定影响，需要根据实际训练数据分情况决定. 第三，存在模型误差与观测噪声等非理想因素. 此时，模型（2.4.12）变为

$$\begin{cases}\begin{bmatrix}\mathbf{Y}^{\mathrm{T}} & -\mathbf{I}\\ \mathbf{1}^{\mathrm{T}} & \mathbf{0}^{\mathrm{T}}\end{bmatrix}\begin{bmatrix}\mathbf{H}^{\mathrm{T}}\\ \mathbf{X}^{\mathrm{T}}\end{bmatrix}\approx\begin{bmatrix}\mathbf{0}\\ \mathbf{1}\end{bmatrix}\\ \mathcal{P}_{\bar{\Omega}}(\mathbf{X})\approx\mathbf{0}\end{cases} \tag{2.4.13}$$

显然，该模型可通过总体最小二乘算法求解，鉴于该算法较为经典，在此不再赘述. 现在总结一般字典学习中字典更新的块总体最小二乘方法如下（表 2.4.2）.

表 2.4.2　字典更新的块总体最小二乘算法框架

块总体最小二乘算法框架
（1）输入：训练数据 $\mathbf{Y}$，字典 $\mathbf{D}$，表示系数 $\mathbf{X}$.
（2）迭代，直到字典全部更新：
（i）选取字典中的方阵 $\tilde{\mathbf{D}}$，以及与其对应的表示系数 $\tilde{\mathbf{X}}$；
（ii）计算 $\tilde{\mathbf{Y}}=\mathbf{Y}-\bar{\mathbf{D}}\bar{\mathbf{X}}$，其中，$\bar{\mathbf{D}}$ 与 $\bar{\mathbf{X}}$ 分别为 $\mathbf{D}$ 与 $\mathbf{X}$ 去除 $\tilde{\mathbf{D}}$ 中对应的列后的矩阵；
（iii）以 $\tilde{\mathbf{Y}}$ 为训练数据，利用块总体最小二乘求解模型（2.4.12），更新 $\tilde{\mathbf{D}}$ 与 $\tilde{\mathbf{X}}$.
（3）输出：学习得到的字典 $\mathbf{D}$.

2.4.2　实证研究

针对 2.3.2 节中所列的典型光学遥感图像库，利用 K-SVD 方法进行表示字典（图像片段）的训练. 将根据景物特性对图像库进行分类，选取各类场景的代表图像进行训练；训练得到的表示字典，除了对同类图像进行表示外，还将分析其对不同类图像的表示特性，从而全面分析所得字典的稀疏表示性质. 具体流程如下：从库中找到一类图像，选取其中有代表性的一幅，将该图像分为16×16像素的图像块（图像块之间允许有一定的重叠），再将图像块变形为256×1维的向量，即可得到训练图像集 $\mathbf{Y}$；以 DCT 基函数矩阵为初始字典，按 K-SVD 方法进行字典优化. 针对优化后的字典，将测试图像在其上进行稀疏表示，并计算其表示误差，以分析字典学习的性能.

图 2.4.2 为第一组数据的字典学习结果. 图（a）为图像库中均匀场景的代表（大部分为海面，只有小部分的沙滩和舰船），利用其训练得到的表示字典如图（e）所示，可以看到其中的原子（图像片段）表现出“均质”的特点，与场景的均匀特性相符. 得到表示字典后，利用该字典对原图进行稀疏表示. 稀疏表示过程中，首先重构16×16像素的图像块，其中信号维数为 256，固定信号的稀疏度为$K=32$；然后再将各图像块组合成512×512像素的整图. 最后以 PSNR 衡量重构图像的表示误差. 利用优化后的字典对原始图像进行重构的图像表示误差为 58.56dB；作为对比，利用 DCT 字典在相同条件下进行图像重构得到的表示误差为 43.65dB. 同时，利用该字典对同类场景的不同图像进行了稀疏表示性能分析.

图（b）为与训练图像（a）同种类型（均匀）的场景，在同等条件下对其进行重构，得到的表示误差为38.70dB（图（f））. 最后，还利用该字典对两种不同类型的场景进行稀疏表示性能分析，这两种场景分别为细节丰富的城区（图（c））和含有目标的机场（图（d））. 在上述同等条件下的重构结果分别为图（g）和图（h），表示误差分别为23.03dB和31.73dB.

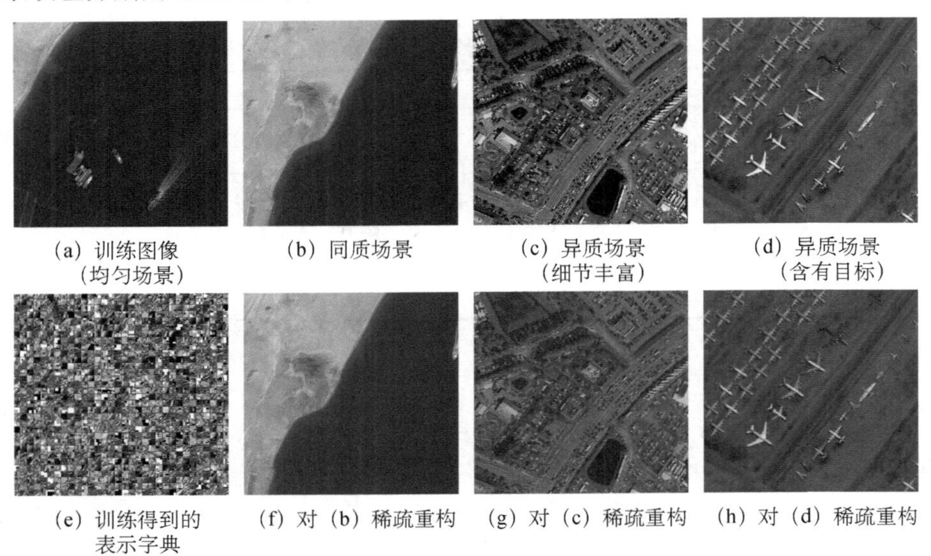

（a）训练图像（均匀场景）　（b）同质场景　（c）异质场景（细节丰富）　（d）异质场景（含有目标）

（e）训练得到的表示字典　（f）对（b）稀疏重构　（g）对（c）稀疏重构　（h）对（d）稀疏重构

图 2.4.2　第一组数据字典学习与稀疏重构

第二组训练图像为建筑物密集的场景，结果如图2.4.3所示. 图（a）为训练场景，该类场景细节信息丰富. 图（e）为训练得到的字典，可以看出其中的原子大多含有丰富的高频信息. 利用优化后的字典对原图进行稀疏表示，取信号维度为256，固定稀疏度为$K=32$，重构图像的表示误差为30.78dB；同等条件下，利用DCT基函数进行稀疏表示的重构误差为28.66dB. 对同样细节信息丰富的图（b）进行稀疏表示时，重构误差为26.52dB（图（f））. 最后，对不同类型的场景进行稀疏表示，如图（c）所示的均匀场景的重构图像（图（g））误差为42.73dB，如图（d）所示的含目标场景的重构图像（图（h））误差为35.44dB.

在上述性能分析的基础上，将图2.4.2（b）和图2.4.3（b）中的字典分别对库中的246幅图像进行稀疏表示，参数同样为图像片段维数为256、稀疏度$K=32$. 图2.4.4为重构误差PSNR曲线，其中左图为图2.4.2（b）对应的字典结果，右图为图2.4.3（b）的字典结果. 需要说明的是，PSNR曲线上的各点已按降序进行了重排. 可以发现，左图中的PSNR曲线迅速下降，说明，重构误差较大的图像较多，而右图 PSNR 曲线下降较慢，说明整体而言图像的重构误差较小. 这表明，训练数据场景细节越丰富，训练出的字典稀疏表示能力越强. 因此，在实际字典学习中建议尽量使用多种类型图像数据进行训练.

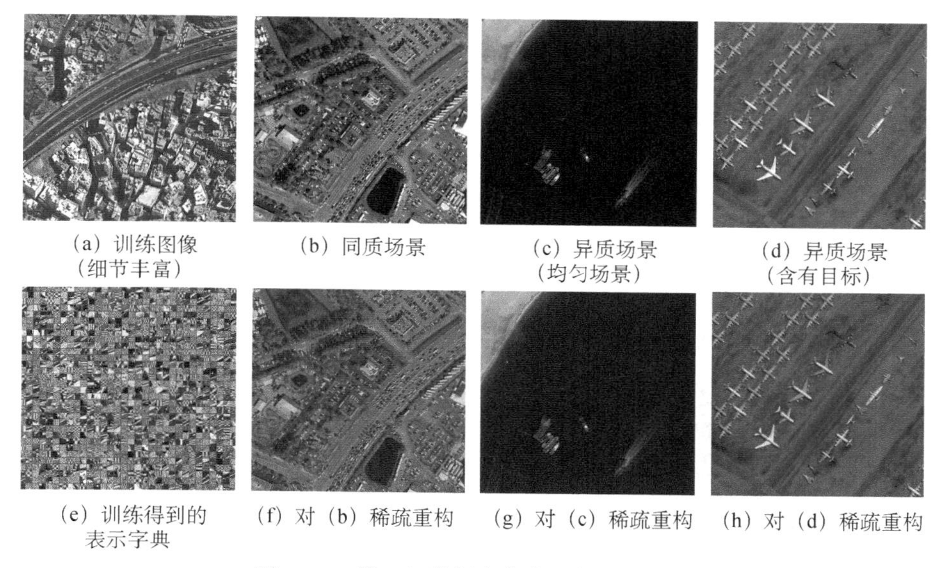

图 2.4.3　第二组数据字典学习与稀疏重构

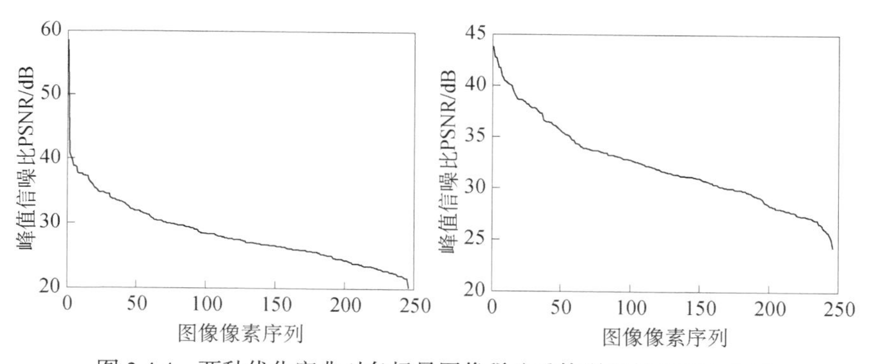

图 2.4.4　两种优化字典对各场景图像稀疏重构误差的 PSNR 曲线

综合分析图 2.4.2、图 2.4.3 与图 2.4.4 的结果可以得到如下结论：

（1）训练得到的字典能反映对应场景图像的特性，利用优化字典对原图进行表示，其结果优于传统基于调和分析类稀疏表示方法；

（2）优化字典对与训练原图同类的场景图像进行稀疏表示时，重构误差较小；

（3）均匀场景训练得到的优化字典对细节信息丰富的图像进行稀疏表示时，重构误差较大，而细节信息丰富的图像训练得到的优化字典对均匀场景进行稀疏表示时，重构误差较小；

（4）总体而言，细节信息丰富的图像训练得到的优化字典对各类性质的场景稀疏表示的精度较好.

根据上述结论，建议在字典训练时，选取场景信息丰富的图像；同时，还可以综合各类特性的场景一起进行字典训练. 图 2.4.5（a）综合了四类场景（线状特征、细节丰富、均匀场景和含目标图像）进行训练，得到的优化表示字典如图 2.4.5（b）所示. 该字典对这四幅图像（从上到下，从左到右）稀疏表示的误差 PSNR 分别为：33.30dB，31.85dB，45.18dB 和 39.03dB.

(a) 四类场景图像

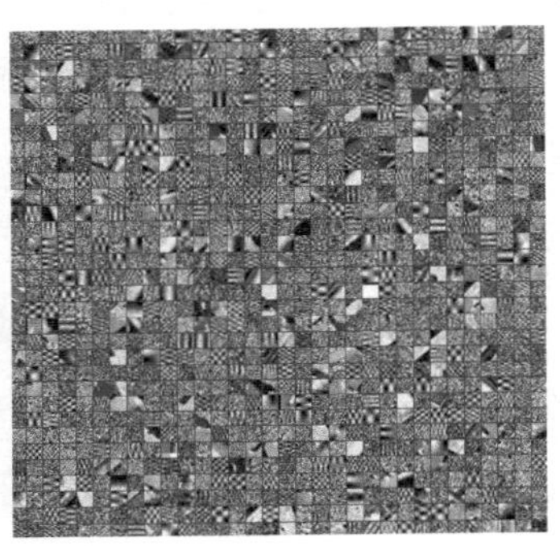

(b) 训练得到的表示字典

图 2.4.5　综合四类场景图像进行表示字典优化的结果

利用该综合训练字典对库中的 246 幅图像分别进行稀疏表示，所用方法与图 2.4.4 的分析类似，得到排序后的重构误差 PSNR 曲线如图 2.4.6 所示. 可以看出，相比图 2.4.4 中的 PSNR 曲线，图 2.4.6 中的曲线下降速度最慢，说明图像重构误差普遍较小，因此，综合多类场景训练得到的字典稀疏表示性能略优于图 2.4.4 中的字典. 这便证明字典学习中训练数据的重要性，同时也说明 K-SVD 的可行性.

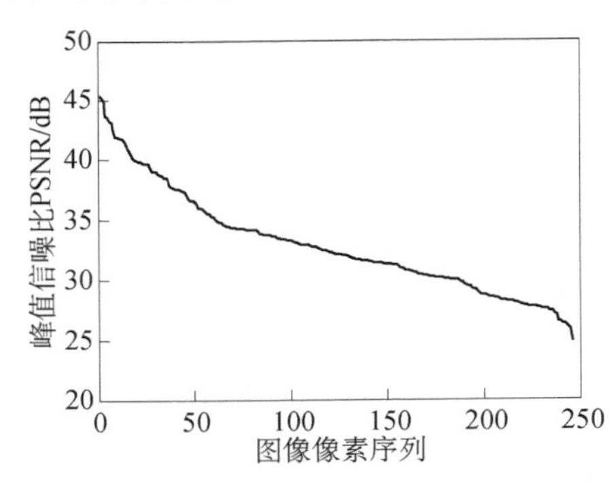

图 2.4.6　综合优化字典对各场景图像稀疏重构误差的 PSNR 曲线

此外，针对前文中的块总体最小二乘算法，利用两组算例进行验证，一组设定字典真值，通过字典学习获取训练后的字典，查看该字典与字典真值间的误差；另一组为图像去噪实验，验证字典学习算法在实际应用中的效果. 将学习得到的稀疏表示字典应用于图像的去噪处理，在这种情况下，考虑图像的峰值信噪比（PSNR）作为结果的评价指标. 对比方法包括块总体最小二乘算法（BLOTLESS）[27]、MOD[25]、K-SVD[20]和 SimCO[28]方法.

首先对比在支撑集存在误差的条件下，不同的字典学习方法字典的重构误差. 设支撑集误差比例为 r ，也即按照比例 r 随机选择支撑集矩阵中等于 1 的位置替换为 0，同时随机选择相等数量的 0 值设置为 1. 然后将带误差的支撑集矩阵引入到字典学习算法中，进行 100 次独立重复试验取平均值，得到的误差关系如图 2.4.7 所示. 由图 2.4.7 中结果可以看出，所有的字典学习算法的字典重构误差都随着支撑集误差的增大而逐渐增大，但是 BLOTLESS 方法相比 MOD、K-SVD、SimCO 等方法具有相对更小的重构误差，因此对字典学习过程中的支撑集误差 BLOTLESS 方法更稳健.

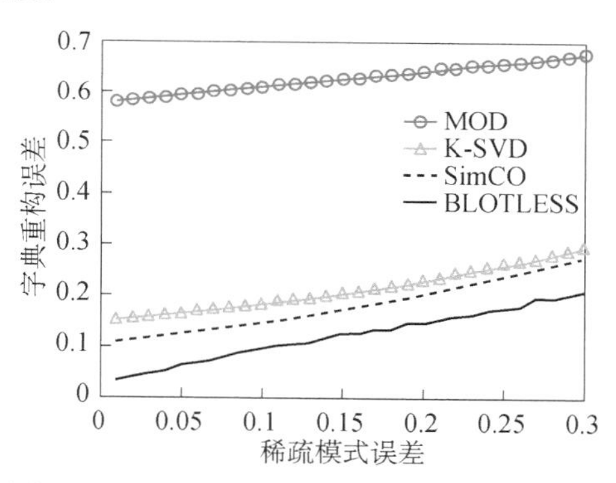

图 2.4.7　不同支撑集误差下的字典重构误差

图 2.4.8 与图 2.4.9 分别展示了在训练数据不含噪声和含有 15dB 高斯白噪声条件下的字典学习效果. 每组对比中都有完备字典学习和过完备字典学习两种情况，在每个参数组合下均进行 100 次独立重复试验并取平均值. 其中子图（a）和子图（b）体现的是在给定训练数据个数情况下，完备字典和过完备字典学习的字典重构误差随着迭代次数的变化关系，从这两幅子图中可以看出，BLOTLESS 方法相比 MOD、K-SVD 以及 SimCO 算法能够在 20—30 个迭代循环内收敛到稳定的解，而其他方法则需要 2—3 倍的迭代次数才能收敛. 这表明 BLOTLESS 算法在小样本的字典学习问题中具有更明显的优势.

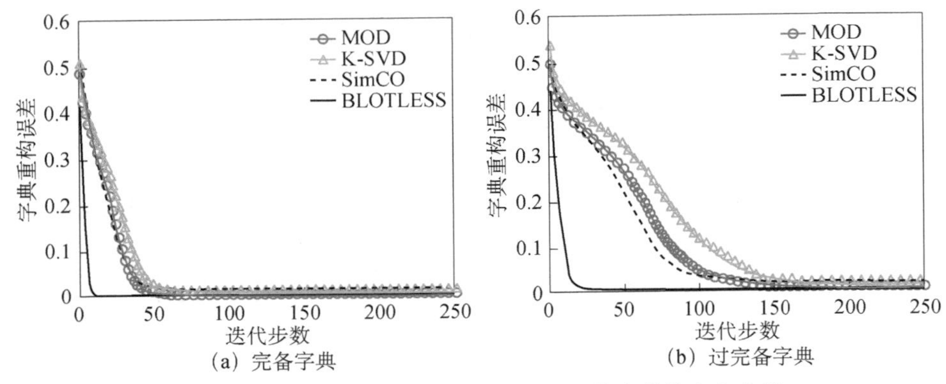

(a) 完备字典　　(b) 过完备字典

图 2.4.8　无噪条件下字典重构精度随迭代次数的变化曲线

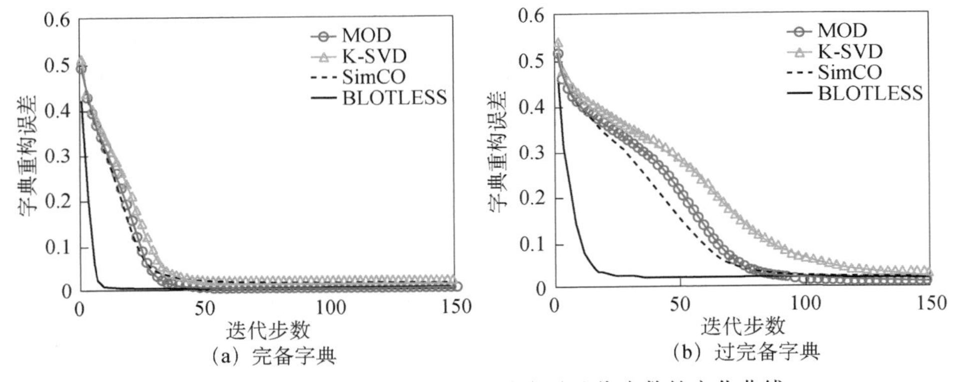

(a) 完备字典　　(b) 过完备字典

图 2.4.9　含噪条件下字典重构精度随迭代次数的变化曲线

由于 BLOTLESS 算法在过完备字典学习中，字典更新子块是按照顺序一步一步更新的，图 2.4.10 对比了在更新不同大小的子块情况下字典学习误差随迭代步数的变化关系. 事实上，当每次只更新一个字典原子的时候，BLOTLESS 算法和 K-SVD 算法在步骤上是相同的，因此图 2.4.10 也引入了 K-SVD 算法的结果进行对比. 结果显示，每次更新的字典块越大，BLOTLESS 算法收敛得越快，而 BLOTLESS 算法在只更新一个字典原子的时候，效果仍然比 K-SVD 好，这和图 2.4.7 BLOTLESS 所体现的块总体最小二乘方法在支撑集存在误差的条件下能够得到比 K-SVD 更好的字典重构效果的结论是一致的.

上面是第一组实验，下面给出第二组实验，即图像去噪实验. 利用 Olivetti 研究所人脸数据库[29]进行了实测情况下的字典学习和图像去噪处理. Olivetti 研究所人脸数据库是剑桥 Olivetti 研究所在 1992—1994 年采集的，包含 400 张图像不同表情、不同光照条件和不同面部装饰的人脸图像，每幅图像是112×92的 8 比特灰度图，图 2.4.11 展示了部分人脸数据图. 设定字典学习的信号维度为 64，从图像数据库中随机地取 8×8 的图像片段作为字典学习的训练数据，如图 2.4.12，然后将每一个图像片段拉成一个 64 维的向量，成为训练数据矩阵的一列.

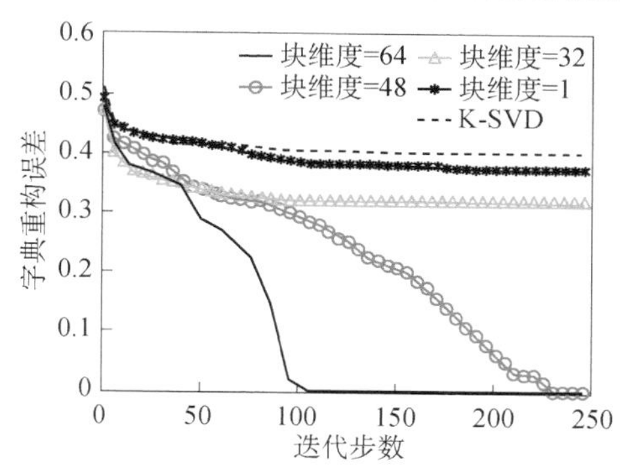

图 2.4.10　BLOTLESS 方法在不同子块大小下的重构误差曲线

(a) 人脸图像1

(b) 人脸图像2

(c) 人脸图像3

(d) 人脸图像4

图 2.4.11　Olivetti 研究所人脸数据库示例

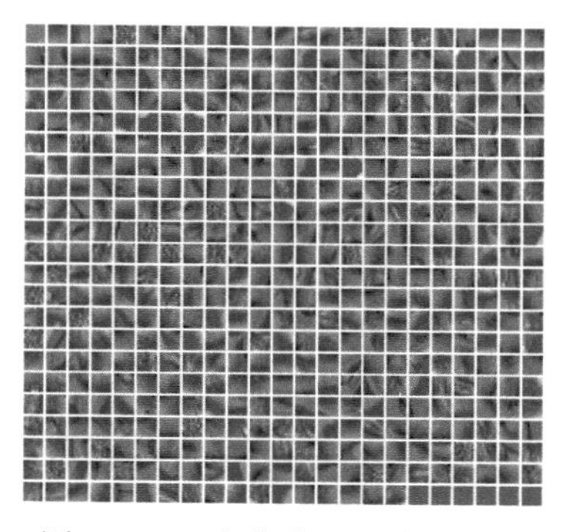

图 2.4.12　字典学习训练样本集

从随机初始化字典出发，利用 MOD、K-SVD、SimCO 以及 BLOTLESS 算法训练得到的字典如图 2.4.13 所示. 从训练得到的字典中可以看出，不同的字典学习算法在有限的训练样本条件下都已经学习到一部分自然图像中的结构信息，如边角、纹理等特征，但 BLOTLESS 方法相比于其他方法具有更多有意义的结构化原子，有利于对面部图像进行更好的稀疏表示.

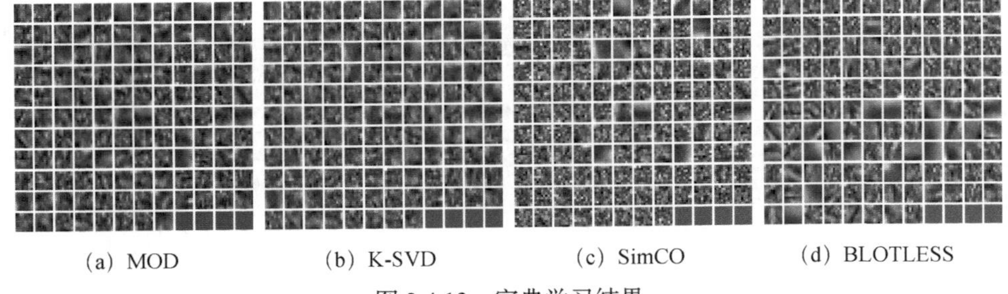

(a) MOD　　(b) K-SVD　　(c) SimCO　　(d) BLOTLESS

图 2.4.13　字典学习结果

得到稀疏表示字典后，利用[30]给出的图像去噪方法对测试图像进行去噪处理. 图 2.4.14 和图 2.4.15 展示了对四幅测试图像的处理结果，在所有的四幅图像测试中，BLOTLESS 的效果均优于其他方法. 因此可知，相比于传统字典学习方法，BLOTLESS 对于处理小样本的字典学习问题具有很好的效果.

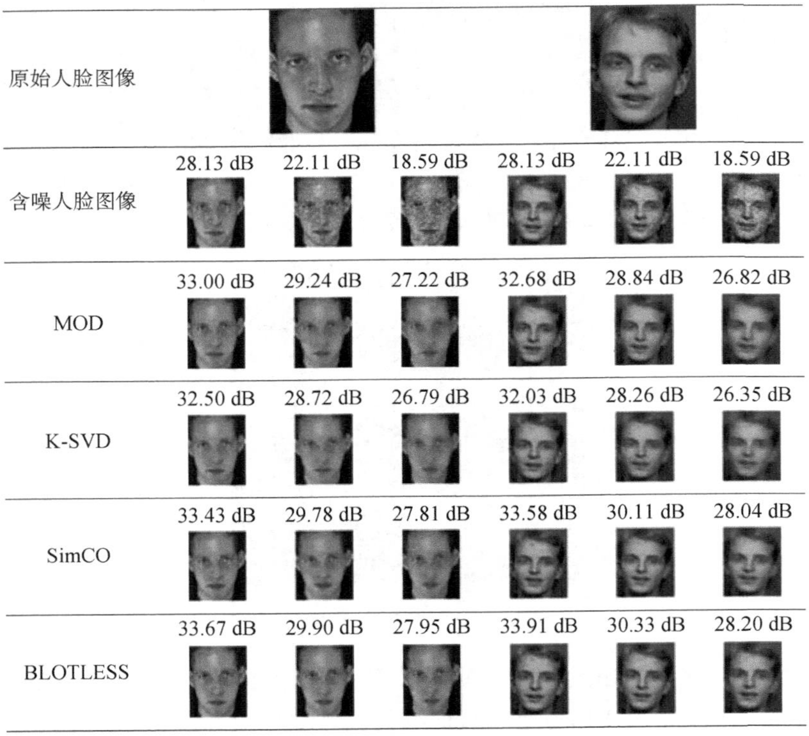

原始人脸图像						
含噪人脸图像	28.13 dB	22.11 dB	18.59 dB	28.13 dB	22.11 dB	18.59 dB
MOD	33.00 dB	29.24 dB	27.22 dB	32.68 dB	28.84 dB	26.82 dB
K-SVD	32.50 dB	28.72 dB	26.79 dB	32.03 dB	28.26 dB	26.35 dB
SimCO	33.43 dB	29.78 dB	27.81 dB	33.58 dB	30.11 dB	28.04 dB
BLOTLESS	33.67 dB	29.90 dB	27.95 dB	33.91 dB	30.33 dB	28.20 dB

图 2.4.14　图像去噪结果（人脸图像 1 与 2）

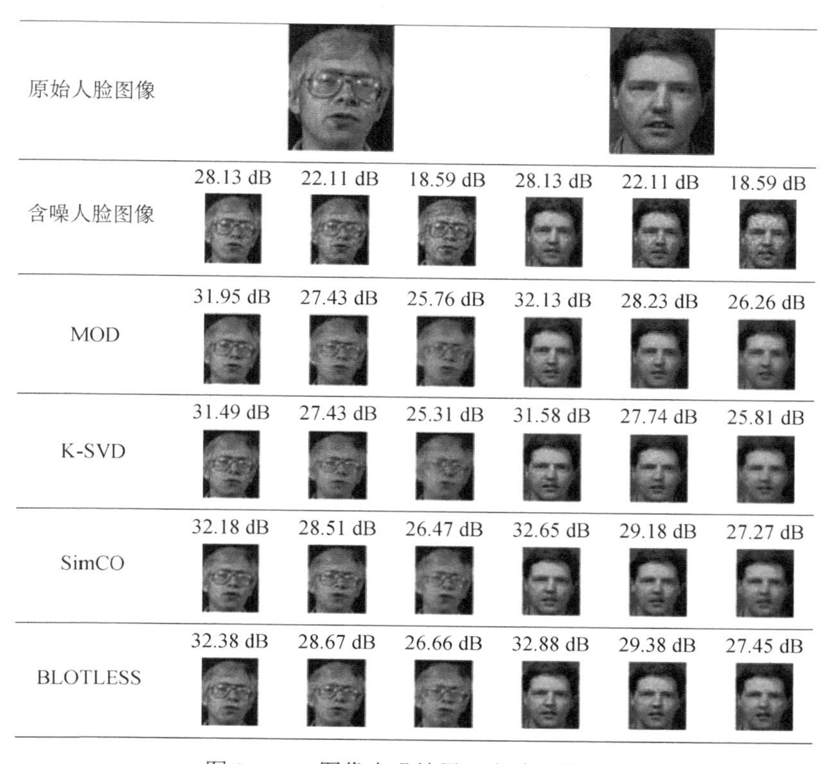

图 2.4.15　图像去噪结果（人脸图像 3 与 4）

参 考 文 献

[1] Foucart S，Rauhut H. A Mathematical Introduction to Compressive Sensing[M]. Applied and Numerical Harmonic Analysis book series. New York：Springer Science+Business Media，2013.

[2] Pennebaker W B，Mitchell J L. JPEG Still Image Data Compression Standard[M]. New York：Van Nostrand Reinhold，1993.

[3] Mallat S. A theory for multiresolution signal decomposition：The wavelet representation[J]. IEEE Transactions on Pattern Analysis and Machine Intelligence，1989，11（7）：674-693.

[4] Donoho D L，Vetterli M，DeVore R A，et al. Data compression and harmonic analysis[J]. IEEE Transactions on Information Theory，1998，44（6）：2433-2452.

[5] Olshausen B A，Field D J. Emergence of simple-cell receptive field properties by learning a sparse code for natural images[J]. Nature，1996，381：607-609.

[6] Kingsbury N G. Complex wavelets for shift invariant analysis and filtering of signals[J]. Applied

and Computational Harmonic Analysis，2001，10（3）：234-253.

[7] 焦李成，侯彪，王爽，等. 图像多尺度几何分析理论与应用[M]. 西安：西安电子科技大学出版社，2008.

[8] Candès E J. Ridgelets：Theory and applications[D]. Ph.D. Thesis，Department of Statistics，Stanford University，1998.

[9] Candès E J，Donoho D L. Curvelets[R]. Technical Report of Department of Statistics，University of Stanford，1999.

[10] Meyer F G，Coifman R R. Brushlets：A tool for directional image analysis and image compression[J]. Applied and Computational Harmonic Analysis，1997，5：147-187.

[11] Donoho D L，Huo X. Beamlets and multiscale image analysis[R]. Technical Report of Department of Statistics，University of Stanford，2001.

[12] Donoho D L. Wedgelets：Nearly minimax estimation of edges[R]. Technical Report of Department of Statistics，University of Stanford，1997.

[13] Do M N，Vetterli M. Framing pyramids[J]. IEEE Transactions on Signal Processing，2003，51（9）：2329-2342.

[14] Pennec E L，Mallat S. Non linear image approximation with bandelets[R]. Technical report of CMAP Ecole Polytechnique，2003.

[15] Velisavljevic V，Beferull-Lozano B，Vetterli M，et al. Directionlets：Anisotropic multi-directional representation with separable filtering[J]. IEEE Transactions on Image Processing，2006，15（7）：1916-1933.

[16] Labate D，Lim W Q，Kutyniok G，et al. Sparse multidimensional representation using shearlets[C]. Wavelets XI（San Diego，CA，2005），SPIE Proceedings，2005，5914（1）：59140U1-59140U9.

[17] Alltop W. Complex sequences with low periodic correlations[J]. IEEE Transactions on Information Theory，1980，26（3）：350-354.

[18] Aujol J F. Some first-order algorithms for total-variation based image restoration[J]. Journal of Mathematical Imaging and Vision，2009，34（3）：307-327.

[19] Tosic I，Frossard P. Dictionary learning[J]. IEEE Signal Processing Magazine，2011，28（2）：27-38.

[20] Aharon M，Elad M，Bruckstein A，et al. K-SVD：An algorithm for designing overcomplete dictionaries for sparse representation[J]. IEEE Transactions on Signal Processing，2006，54（11）：4311-4322.

[21] Kreutz-Delgado K，Murray J F，Rao B D，et al. Dictionary learning algorithms for sparse representation[J]. Neural Computation，2003，15（2）：349-396.

[22] Tropp J A，Gilbert A C. Signal recovery from random measurements via orthogonal matching pursuit[J]. IEEE Transactions on Information Theory，2007，53（12）：4655-4666.

[23] Needell D，Vershynin R. Uniform uncertainty principle and signal recovery via regularized orthogonal matching pursuit[J]. Foundations of Computational Mathematics，2009，9（3）：317-334.

[24] Dai W，Milenkovic O. Subspace pursuit for compressive sensing signal reconstruction[J]. IEEE Transactions on Information Theory，2009，55（5）：2230-2249.

[25] Engan K，Aase S O，Husoy J H. Method of optimal directions for frame design[C]. In Proceedings of the IEEE International Conference on Acoustics，Speech，and Signal Processing，1999：2443-2446.

[26] Gurumoorthy K S，Rajwade A，Banerjee A，et al. A method for compact image representation using sparse matrix and tensor projections onto exemplar orthonormal bases[J]. IEEE Transactions on Image Processing，2010，19（2）：322-334.

[27] 余奇. 双线性逆问题的求解理论及应用研究[D]. 长沙：国防科技大学，2020.

[28] Dai W，Xu T，Wang W. Simultaneous codeword optimization（SimCO）for dictionary update and learning[J]. IEEE Transactions on Signal Processing，2012，60（12）：6340-6353.

[29] Samaria F，Harter A. Parameterisation of a stochastic model for human face identification[C]. In Proceedings of IEEE Workshop on Applications of Computer Vision，1994：138-142.

[30] Elad M，Aharon M. Image denoising via sparse and redundant representations over learned dictionaries[J]. IEEE Transactions on Image Processing，2006，15（12）：3736-3745.

第 3 章　稀疏重构模型与算法

3.1　引　　言

稀疏重构模型与算法是压缩感知的重要内容，其中稀疏重构模型主要包括极小化ℓ_0范数优化问题、极小化ℓ_1范数优化问题以及极小化$\ell_q(0<q<1)$范数优化问题，分别可表示为

$$\begin{cases} (P_0): & \min\limits_{\mathbf{x}} \|\mathbf{x}\|_0 \quad \text{s.t. } \mathbf{y}=\mathbf{A}\mathbf{x} \\ (P_1): & \min\limits_{\mathbf{x}} \|\mathbf{x}\|_1 \quad \text{s.t. } \mathbf{y}=\mathbf{A}\mathbf{x} \\ (P_q): & \min\limits_{\mathbf{x}} \|\mathbf{x}\|_q \quad \text{s.t. } \mathbf{y}=\mathbf{A}\mathbf{x} \end{cases} \tag{3.1.1}$$

考虑到观测过程通常有存在噪声，因此稀疏重构模型可以松弛为

$$\begin{cases} (P_{0,\eta}): & \min\limits_{\mathbf{x}} \|\mathbf{x}\|_0 \quad \text{s.t. } \|\mathbf{y}-\mathbf{A}\mathbf{x}\|_2^2 \leqslant \eta \\ (P_{1,\eta}): & \min\limits_{\mathbf{x}} \|\mathbf{x}\|_1 \quad \text{s.t. } \|\mathbf{y}-\mathbf{A}\mathbf{x}\|_2^2 \leqslant \eta \\ (P_{q,\eta}): & \min\limits_{\mathbf{x}} \|\mathbf{x}\|_q \quad \text{s.t. } \|\mathbf{y}-\mathbf{A}\mathbf{x}\|_2^2 \leqslant \eta \end{cases} \tag{3.1.2}$$

第 4 章会详细探讨上述模型之间的等价性条件，本章不再赘述.

针对上述模型，本章重点探讨稀疏重构相关的算法. 针对极小化ℓ_0范数优化问题，在 3.2 节重点分析匹配追踪、正交匹配追踪等贪婪算法；针对极小化ℓ_1范数优化问题，在 3.3 节主要介绍基追踪算法、投影梯度算法、迭代收缩阈值算法以及 Bregman 算法等凸优化算法；针对极小化$\ell_q(0<q<1)$范数优化问题，在 3.4 节重点探讨迭代重加权最小二乘算法、迭代重加权ℓ_1最小化算法以及稀疏贝叶斯学习算法等其他算法.

需要特别指出的是，针对具体稀疏重构问题，存在多种重构问题与重构算法，在选择这些模型与算法时需要十分慎重. 单纯以重构精度为例，为了获得高精度重构结果需要平衡重构模型与重构算法，一般而言极小化ℓ_0范数优化问题中的稀疏性约束最强，意味着模型精度较高，而极小化ℓ_1范数优化问题作为极小化ℓ_0范数优化问题的松弛问题，弱化了稀疏性约束，因而模型精度有一定下降. 然而从重构算法角度讲，求解极小化ℓ_0范数优化问题的贪婪算法比求解极小化ℓ_1范数优化问题的凸优化算法精度较差，因而需要根据实际问题平衡重构模型与重构算法. 若综合考虑

重构精度、重构速度以及重构稳健性等指标，在选择重构方法时更要谨慎.

3.2 贪 婪 算 法

贪婪算法主要求解极小化 ℓ_0 范数优化问题，该算法在对问题求解时总是做出在当前看来是最好的选择，也就是说不从整体最优上加以考虑，仅是在某种意义上的局部最优解. 贪婪算法不能保证得到全局最优解（应该说大部分情况下都不是全局最优），最重要的是要选择一个较优的贪婪策略，如果贪婪策略选得不好，结果就会比较差.

贪婪算法可解决的问题通常大部分都有如下的特性：

（1）随着算法的进行，将积累起其他两个集合：一个包含已经被考虑过并被选出的候选对象，另一个包含已经被考虑过但被丢弃的候选对象.

（2）有一个函数来检查一个候选对象的集合是否提供了问题的解答. 该函数不考虑此时的解决方法是否最优.

（3）还有一个函数检查候选对象的集合是否可行，也即是否可能往该集合上添加更多的候选对象以获得一个解. 和上一个函数一样，此时不考虑解决方法的最优性.

（4）选择函数可以指出哪一个剩余的候选对象最有希望构成问题的解.

（5）最后，目标函数给出解的值.

贪婪算法为了求解问题，首先选出的候选对象的集合为空；进而在后续每一步中，根据选择函数从剩余候选对象中选出最有希望构成解的对象，如果集合中加上该对象后不可行，那么该对象就被丢弃并不再考虑，否则就加到集合里；每一步都会扩充集合，并检查该集合是否构成解. 如果贪婪算法正确工作，那么找到的第一个解通常是最优的. 总而言之，贪婪算法可总结为根据制定的策略，从候选集合里逐步选择合适的候选对象填满另一个空集合，填满的集合即为问题的解.

下面根据贪婪算法的基本思想，依次介绍匹配追踪（matching pursuit，MP）算法、正交匹配追踪（orthogonal matching pursuit，OMP）算法、子空间追踪（subspace pursuit，SP）算法等几类经典算法.

3.2.1 匹配追踪算法

尽管我们的重点是求解（3.1.1）中的极小化 ℓ_0 范数优化问题，但 MP 算法[1]的提出时间要早于压缩感知概念，事实上 MP 算法最初是在求解信号稀疏分解问题中发展起来的，该问题可表述为

$$\min_{\mathbf{x}} \|\mathbf{x}\|_0 \quad \text{s.t.}\ \mathbf{y} = \mathbf{D}\mathbf{x} \tag{3.2.1}$$

其中，$\mathbf{D}$为稀疏表示字典. 稀疏分解问题即将信号$\mathbf{y}$在字典$\mathbf{D}$上进行线性表示，使得表示系数$\mathbf{x}$最为稀疏. 或者等价地说，将一个信号分解成字典中一些原子的组合，要求使用的原子个数最少，且重构误差最小. 对于一个给定字典，列出所有可能组合，可以从中选出满足上述要求的一组，得到最优组合. 但是穷举字典中的所有组合是一个 NP-hard 问题，对于大的字典库几乎无法实现，因此将要求改为从字典库中寻找一个原子个数尽可能少，重构误差尽可能小的次优组合. 这样计算复杂度会大大降低，MP 算法就是能够实现这种要求的算法之一.

下面简介 MP 算法在求解问题（3.2.1）的基本思路. MP 算法假定输入信号与字典中的原子在结构上具有一定的相关性，这种相关性通过信号与原子库中原子的内积表示，即内积越大，表示信号与字典库中的这个原子的相关性越大，因此可以使用这个原子来近似表示这个信号. 一般这种表示会有误差（称为信号残差），用原信号减去这个原子表示的信号成分便得到信号残差，进一步通过计算相关性的方式从字典中选出下一个原子表示这个残差. 迭代进行上述步骤，随着迭代次数的增加，信号残差将越来越小，当满足停止条件时终止迭代，得到一组原子及残差，将这组原子进行线性组合就能重构输入信号. 此时，原信号在这组原子上的表示系数经补零扩充后即为信号在字典上的稀疏表示系数. MP 算法最早于20 世纪 90 年代提出，后面才引入到压缩感知的稀疏重构中.

注意到模型（3.2.1）与压缩感知的稀疏重构模型的一致性，下面就以（3.2.1）为例探讨 MP 算法. 令$\mathbf{D}=[\mathbf{d}_1,\mathbf{d}_2,\cdots,\mathbf{d}_n]\in\mathbb{C}^{m\times n}$表示过完备字典，且$\|\mathbf{d}_i\|_2=1$，其中$i=1,2,\cdots,n$. 则模型（3.2.1）中的等式约束可以另写为

$$\mathbf{y}=\sum_{i=1}^{n} x_i\mathbf{d}_i \tag{3.2.2}$$

其中，$\mathbf{x}$有分量形式$\mathbf{x}=(x_1,x_2,\cdots,x_n)^{\mathrm{T}}\in\mathbb{C}^n$. 由于字典的过完备性，表示系数$\mathbf{x}$一般不唯一. 模型（3.2.1）中的目标函数表示从众多的表示系数中确定最稀疏的一个，等价于给定表示系数中非零元素的个数K，选择原信号$\mathbf{y}$在字典$\mathbf{D}$上最佳（最匹配）表示系数的K个元素（表示系数其余元素自然为零）.

如何确定最佳匹配系数呢？主要以相关性度量匹配程度，即

$$\max_{i\in[n]} \left|\langle \mathbf{y},\mathbf{d}_i\rangle\right| \tag{3.2.3}$$

其中，$\langle \mathbf{y},\mathbf{d}_i\rangle=\mathbf{d}_i^{\mathrm{H}}\mathbf{y}$表示两向量的内积. 通过式（3.2.3）从$\mathbf{D}$中选择一个与向量$\mathbf{y}$最匹配的原子，构成一个稀疏逼近，计算表示残差；继续选择一个与表示残差最匹配的原子，多次迭代；因此向量$\mathbf{y}$可以表示成这些选择的原子的线性组合，加

上充分小的最后表示残差. 因此算法步骤可表示为下表（表 3.2.1）.

表 3.2.1 MP 算法步骤

MP 算法步骤
（1）输入：信号 $\mathbf{y}$，字典 $\mathbf{D}$，原子个数 K.
（2）初始化：表示系数 $\mathbf{x}=\mathbf{0}$，表示残差 $\mathbf{r}=\mathbf{y}-\mathbf{D}\mathbf{x}=\mathbf{y}$.
（3）若 $\|\mathbf{x}\|_0<K$，则迭代：
（i）选择原子：$j=\max_{i\in[n]}\left|\langle\mathbf{r},\mathbf{d}_i\rangle\right|$；
（ii）更新表示系数：$x_j\leftarrow x_j+\mathbf{d}_j^{\mathrm{H}}\mathbf{r}$；
（iii）更新表示残差：$\mathbf{r}\leftarrow\mathbf{r}-\left(\mathbf{d}_j^{\mathrm{H}}\mathbf{r}\right)\mathbf{d}_j$.
（4）输出：表示系数 $\mathbf{x}$.

针对上述 MP 算法步骤需要注意以下几点. 一是算法中的停止条件，即 $\|\mathbf{x}\|_0<K$，能够保证算法输出表示系数的稀疏性. 二是由于 $\mathbf{D}$ 是过完备字典，即由其列构成的原子不满足正交性，因此每次选择原子时可能选到之前已选的原子. 三是原子归一化可以有效避免原子的模对匹配度量的影响，因此在应用 MP 算法之前首先对字典的每列进行归一化处理. 最后，分析算法中表示残差随迭代步数的变化规律. 令

$$\tilde{\mathbf{r}}=\mathbf{r}-\left(\mathbf{d}_j^{\mathrm{H}}\mathbf{r}\right)\mathbf{d}_j \tag{3.2.4}$$

则

$$\mathbf{d}_j^{\mathrm{H}}\tilde{\mathbf{r}}=\mathbf{d}_j^{\mathrm{H}}\mathbf{r}-\left(\mathbf{d}_j^{\mathrm{H}}\mathbf{r}\right)\mathbf{d}_j^{\mathrm{H}}\mathbf{d}_j=0 \tag{3.2.5}$$

且有

$$\begin{aligned}\|\tilde{\mathbf{r}}\|_2^2&=\tilde{\mathbf{r}}^{\mathrm{H}}\tilde{\mathbf{r}}=\left(\mathbf{r}-\left(\mathbf{d}_j^{\mathrm{H}}\mathbf{r}\right)\mathbf{d}_j\right)^{\mathrm{H}}\left(\mathbf{r}-\left(\mathbf{d}_j^{\mathrm{H}}\mathbf{r}\right)\mathbf{d}_j\right)\\&=\mathbf{r}^{\mathrm{H}}\mathbf{r}-\left(\mathbf{d}_j^{\mathrm{H}}\mathbf{r}\right)^{\mathrm{H}}\left(\mathbf{d}_j^{\mathrm{H}}\mathbf{r}\right)=\|\mathbf{r}\|_2^2-\left\|\mathbf{d}_j^{\mathrm{H}}\mathbf{r}\right\|_2^2\leqslant\|\mathbf{r}\|_2^2\end{aligned} \tag{3.2.6}$$

上式表明，表示残差每步迭代后能够保证不增加，因此算法具有收敛性.

尽管算法思想简单，每步计算复杂度较低，但 MP 算法存在一定的缺陷. 假设算法迭代到第 k 步，其中 $k\in[K]$. 此时，信号 $\mathbf{y}$ 可表示为

$$\mathbf{y}=\sum_{i=1}^{k}x_i\mathbf{d}_i+\mathbf{r}\triangleq\mathbf{y}_k+\mathbf{r} \tag{3.2.7}$$

由线性代数知识可知，只有当 $\mathbf{d}_i^{\mathrm{H}}\mathbf{r}=0$ 对 $i=1,2,\cdots,k$ 都成立时，$\mathbf{y}_k$ 才是 $\mathbf{y}$ 在 $\mathbf{D}$ 上的最佳 k 项逼近. 注意到 MP 算法仅能保证每步迭代中选择的原子与更新的表示残差正交，即

$$\mathbf{d}_k^{\mathrm{H}}\left(\mathbf{r}-\left(\mathbf{d}_k^{\mathrm{H}}\mathbf{r}\right)\mathbf{d}_k\right)=0 \tag{3.2.8}$$

并不能保证更新的表示残差与所有已选择的原子正交，因此 MP 算法是次优逼近. 这也说明 MP 算法迭代中，每步选择原子时还可能选择已经选中的原子，这也是算法迭代次数多、收敛慢的原因.

最后给出一个算例，如图 3.2.1 所示. 原始图像如图 3.2.1（a）所示，为一幅自然图像，表示字典设为 DCT 基，经过 MP 算法重构，结果如图 3.2.1（b）所示. 可以发现重构图像与原始图像视觉差异非常小，这间接说明该算法具有较好的稀疏分解能力.

（a）原始图像

（b）重构图像

图 3.2.1　基于 MP 算法的稀疏重构算例

3.2.2　正交匹配追踪算法

为了克服 MP 算法的不足，后续又提出了 OMP 算法[2-3]. MP 算法问题的主要来源是式（3.2.7）中 $\mathbf{y}_k$ 并非 $\mathbf{y}$ 在 $\mathbf{D}$ 上的最佳 k 项逼近，OMP 算法的核心就是改进了表示系数的更新规则，使得每次迭代都是最佳逼近.

由前述可知，要使式（3.2.7）中 $\mathbf{y}_k$ 是 $\mathbf{y}$ 在 $\mathbf{D}$ 上的最佳 k 项逼近，要求

$$\mathbf{d}_i^{\mathrm{H}}\mathbf{r}=0 \tag{3.2.9}$$

对 $i=1,2,\cdots,k$ 都成立. 记 $\mathbf{D}_k=\left[\mathbf{d}_1,\mathbf{d}_2,\cdots,\mathbf{d}_k\right]$，$\mathbf{x}_k=\left[x_1,x_2,\cdots,x_k\right]^{\mathrm{T}}$，则式（3.2.7）可写为矩阵形式

$$\mathbf{y}=\mathbf{D}_k\mathbf{x}_k+\mathbf{r}\triangleq\mathbf{y}_k+\mathbf{r} \tag{3.2.10}$$

此时式（3.2.9）等价于

$$\mathbf{D}_k^{\mathrm{H}}(\mathbf{y}-\mathbf{D}_k\mathbf{x}_k)=0 \tag{3.2.11}$$

因此，在 $\mathbf{D}$ 中选定 k 个原子 $\mathbf{D}_k$ 后，通过（3.2.11）可求得 $\mathbf{y}$ 在 $\mathbf{D}$ 上的表示系数 $\mathbf{x}_k$ 的估计：

$$\widehat{\mathbf{x}}_k=\left(\mathbf{D}_k^{\mathrm{H}}\mathbf{D}_k\right)^{-1}\mathbf{D}_k^{\mathrm{H}}\mathbf{y} \tag{3.2.12}$$

从形式上看，上式可视为下面优化问题的最小二乘解.

$$\widehat{\mathbf{x}}_k = \arg\min_{\mathbf{x}_k} \left\| \mathbf{y} - \mathbf{D}_k \mathbf{x}_k \right\|_2^2 \tag{3.2.13}$$

由归纳法可以证明 $\mathbf{D}_k$ 是列满秩的.

在 MP 算法步骤基础上，表 3.2.2 给出 OMP 算法步骤.

表 3.2.2　OMP 算法步骤

OMP 算法步骤
（1）输入：信号 $\mathbf{y}$，字典 $\mathbf{D}$，原子个数 K.
（2）初始化：支撑集合 $\Gamma_0 = \varnothing$，支撑矩阵 $\mathbf{D}_0$ 为空矩阵，表示残差 $\mathbf{r}_0 = \mathbf{y}$，$k = 0$.
（3）若 $k < K$，则迭代：
（i）选择原子：$j = \max_{i \in [n]} \left| \langle \mathbf{r}_k, \mathbf{d}_i \rangle \right|$；
（ii）计算支撑集：$\Gamma_{k+1} = \Gamma_k \cup \{j\}$；
（iii）计算支撑矩阵：$\mathbf{D}_{k+1} = [\mathbf{D}_k, \mathbf{d}_j]$
（iv）计算表示系数：$\mathbf{x}_{k+1} = \left(\mathbf{D}_{k+1}^{\mathrm{H}} \mathbf{D}_{k+1} \right)^{-1} \mathbf{D}_{k+1}^{\mathrm{H}} \mathbf{y}$；
（v）计算表示残差：$\mathbf{r}_{k+1} = \mathbf{y} - \mathbf{D}_{k+1} \mathbf{x}_{k+1}$.
（4）输出：表示系数 $\mathbf{x}$，其中 $\mathbf{x}$ 在 Γ_K 上取值为 $\mathbf{x}_K$，其余元素为零.

OMP 算法依然是收敛的，下面给出收敛性分析. 记 $\mathbf{D}_k = [\mathbf{d}_1, \mathbf{d}_2, \cdots, \mathbf{d}_k]$ 与 $\mathbf{D}_{k+1} = [\mathbf{D}_k, \mathbf{d}_{k+1}]$，依据 OMP 算法步骤，通过式（3.2.12）表示系数可计算为 $\mathbf{x}_k$ 与 $\mathbf{x}_{k+1}$，即

$$\begin{cases} \mathbf{x}_k = \left(\mathbf{D}_k^{\mathrm{H}} \mathbf{D}_k \right)^{-1} \mathbf{D}_k^{\mathrm{H}} \mathbf{y} \\ \mathbf{x}_{k+1} = \left(\mathbf{D}_{k+1}^{\mathrm{H}} \mathbf{D}_{k+1} \right)^{-1} \mathbf{D}_{k+1}^{\mathrm{H}} \mathbf{y} \end{cases} \tag{3.2.14}$$

这里经过一次迭代表示系数会增加一个元素，且之前的元素一般也会发生变化，即若令 $\mathbf{x}_{k+1}^{[1:k]}$ 与 $\mathbf{x}_{k+1}^{[k+1]}$ 分别表示由 $\mathbf{x}_{k+1}$ 的前 k 个元素组成的向量以及 $\mathbf{x}_{k+1}$ 的第 $k+1$ 个元素，一般 $\mathbf{x}_k = \mathbf{x}_{k+1}^{[1:k]}$ 不再成立. 同时前后两次的表示残差可表示为

$$\begin{cases} \mathbf{r}_k = \mathbf{y} - \mathbf{D}_k \mathbf{x}_k \\ \mathbf{r}_{k+1} = \mathbf{y} - \mathbf{D}_{k+1} \mathbf{x}_{k+1} \end{cases} \tag{3.2.15}$$

又记 $S_{\mathbf{D}_k} = \operatorname{span}\{\mathbf{d}_1, \mathbf{d}_2, \cdots, \mathbf{d}_k\} \subseteq \mathbb{C}^m$，表示由 $\mathbf{D}_k$ 的列向量张成的子空间，$\overline{S}_{\mathbf{D}_k}$ 为其在 $\mathbb{C}^m$ 中的补空间. 由分解的唯一性定理，$\mathbf{d}_{k+1}$ 有分解：

$$\mathbf{d}_{k+1} = \mathbf{a} + \mathbf{b} \tag{3.2.16}$$

其中，$\mathbf{a} \in S_{\mathbf{D}_k}$，$\mathbf{b} \in \overline{S}_{\mathbf{D}_k}$. 由于 $\mathbf{a} \in S_{\mathbf{D}_k}$，可记 $\mathbf{a} = \mathbf{D}_k \mathbf{s}$；由于 $\mathbf{b} \in \overline{S}_{\mathbf{D}_k}$，有 $\mathbf{D}_k^{\mathrm{H}} \mathbf{b} = 0$. 此时有

$$\begin{aligned}\mathbf{r}_{k+1} &= \mathbf{y} - \mathbf{D}_{k+1}\mathbf{x}_{k+1} = \mathbf{y} - \mathbf{D}_k \mathbf{x}_{k+1}^{[1:k]} - \mathbf{x}_{k+1}^{[k+1]}\mathbf{d}_{k+1} \\ &= \mathbf{y} - \mathbf{D}_k \mathbf{x}_{k+1}^{[1:k]} - \mathbf{x}_{k+1}^{[k+1]}[\mathbf{a}+\mathbf{b}] \\ &= \mathbf{y} - \mathbf{D}_k\left(\mathbf{x}_{k+1}^{[1:k]} + \mathbf{x}_{k+1}^{[k+1]}\mathbf{s}\right) - \mathbf{x}_{k+1}^{[k+1]}\mathbf{b} \\ &\triangleq \mathbf{y} - \left[\mathbf{D}_k, \mathbf{b}\right]\begin{bmatrix}\mathbf{z} \\ \mathbf{x}_{k+1}^{[k+1]}\end{bmatrix}\end{aligned} \tag{3.2.17}$$

按照 OMP 算法中更新表示系数的最小二乘方法，极小化表示残差（3.2.17）有

$$\begin{bmatrix}\mathbf{z} \\ \mathbf{x}_{k+1}^{[k+1]}\end{bmatrix} = \begin{bmatrix}\left(\mathbf{D}_k^{\mathrm{H}}\mathbf{D}_k\right)^{-1}\mathbf{D}_k^{\mathrm{H}}\mathbf{y} \\ \left(\mathbf{b}_k^{\mathrm{H}}\mathbf{b}_k\right)^{-1}\mathbf{b}_k^{\mathrm{H}}\mathbf{y}\end{bmatrix} = \begin{bmatrix}\mathbf{x}_k \\ \left(\mathbf{b}_k^{\mathrm{H}}\mathbf{b}_k\right)^{-1}\mathbf{b}_k^{\mathrm{H}}\mathbf{y}\end{bmatrix} \tag{3.2.18}$$

对比（3.2.17）与（3.2.18）可知

$$\begin{cases}\mathbf{x}_k = \mathbf{x}_{k+1}^{[1:k]} + \mathbf{x}_{k+1}^{[k+1]}\mathbf{s} \\ \mathbf{x}_{k+1}^{[k+1]} = \left(\mathbf{b}^{\mathrm{H}}\mathbf{b}\right)^{-1}\mathbf{b}^{\mathrm{H}}\mathbf{y}\end{cases} \tag{3.2.19}$$

进而由（3.2.17）有

$$\mathbf{r}_{k+1} = \mathbf{y} - \mathbf{D}_k\mathbf{x}_k - \mathbf{x}_{k+1}^{[k+1]}\mathbf{b} = \mathbf{r}_k - \mathbf{x}_{k+1}^{[k+1]}\mathbf{b} \tag{3.2.20}$$

又由（3.2.19）注意到

$$\begin{aligned}\mathbf{b}^{\mathrm{H}}\mathbf{r}_{k+1} &= \mathbf{b}^{\mathrm{H}}\left(\mathbf{y} - \mathbf{D}_k\mathbf{x}_k - \mathbf{x}_{k+1}^{[k+1]}\mathbf{b}\right) \\ &= \mathbf{b}^{\mathrm{H}}\left(\mathbf{y} - \mathbf{D}_k\mathbf{x}_k - \mathbf{b}\left(\mathbf{b}^{\mathrm{H}}\mathbf{b}\right)^{-1}\mathbf{b}^{\mathrm{H}}\mathbf{y}\right) = 0\end{aligned} \tag{3.2.21}$$

即 $\mathbf{b} \perp \mathbf{r}_{k+1}$. 由（3.2.20）易知 $\|\mathbf{r}_{k+1}\|_2^2 \leqslant \|\mathbf{r}_k\|_2^2$，故算法是收敛的.

下面比较分析 MP 算法与 OMP 算法的不同. MP 算法每次选到的原子可能在之前选择时已经被选中过，但 OMP 算法中某个原子一旦被选中在后续的选择中将不会再被选中. 这是由于 OMP 算法改进了 MP 算法中的残差投影方式，使得残差能够正交投影在由已选原子张成的子空间，因此 OMP 比 MO 算法的迭代次数更小，收敛速度更快. OMP 算法与 MP 算法每次只选择一个原子，且一旦选择了某个原子，该原子将保留到最后，这一点可以在后续介绍的子空间追踪算法中得到改进.

最后给出 OMP 算法的算例. 设置如下：原始信号长度为 256，在给定稀疏度情况下，原始信号中非零元素的位置与幅度都随机给定，测量矩阵为高斯随机矩阵，测量数据长度为 64，图 3.2.2 为不同稀疏度下的重构结果，当原始信号非零元素较少时，即稀疏性较高时，OMP 算法能够高精度重构原始信号，当稀疏性较差时，如非零元素取 30 个时，几乎不能重构原始信号. 这并非 OMP 算法的问题，

而是涉及 OMP 算法的可重构条件，该问题具体在第 4 章节探讨.

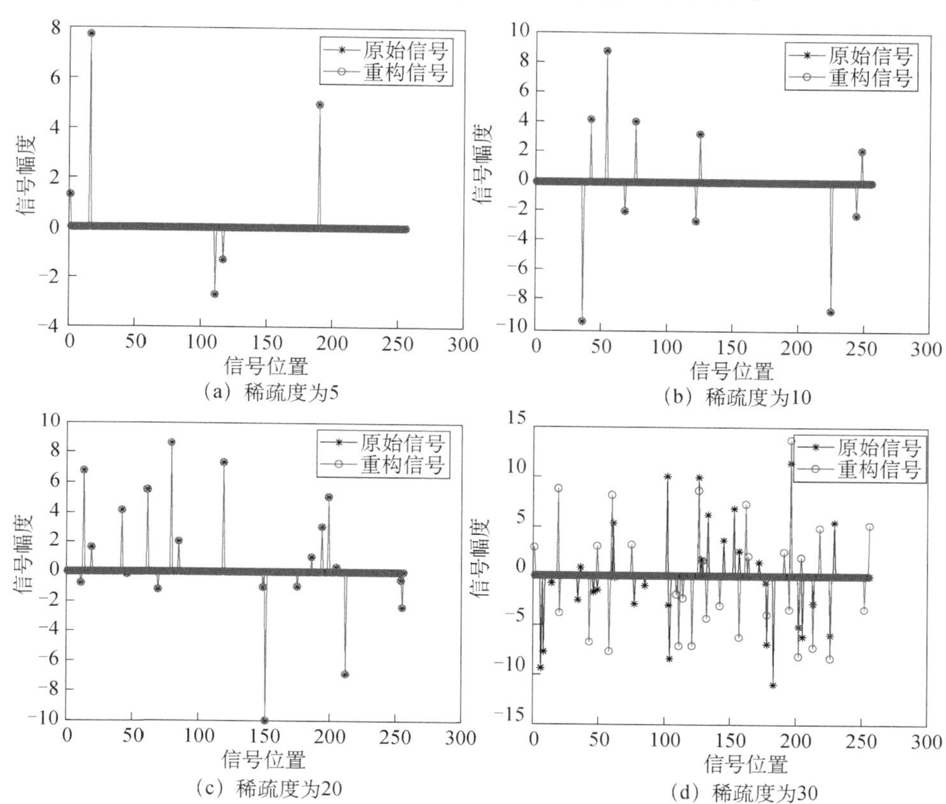

图 3.2.2　基于 OMP 算法的稀疏重构算例

3.2.3　子空间追踪算法

前文已经表明，MP 算法与 OMP 算法都面临一个问题：某个原子一旦被选中后，该原子将保留到最后. SP 算法[4]在 OMP 算法的基础上，引入回溯机制，其基本思想是对选择的原子进行再次评估，剔除贡献度小的原子后，产生最终的原子集，主要包含两个步骤. 一是预选：每次迭代根据各原子与残差的相关性选择由高到低的 K 个原子加入预选支撑集；二是剔除：利用在支撑集与预选支撑集上的原子对原向量进行过渡估计，将表示系数按绝对值由小到大排序，剔除前 K 个系数对应的原子. 回溯之后将剩余的原子对应真正的支撑集，用于更新残差.

SP 算法的基本步骤如表 3.2.3 所示.

表 3.2.3　SP 算法步骤

SP 算法步骤
（1）输入：信号 $\mathbf{y}$ ，字典 $\mathbf{D}$ ，原子个数 K .
（2）初始化：支撑集合 $\Gamma_0=\varnothing$ ，表示残差 $\mathbf{r}_0=\mathbf{y}$ ， $k=0$.
（3）迭代：
（i）计算 $\mathbf{D}$ 中各原子与表示残差的内积 $\left\{\mathbf{d}_i^{\mathrm{H}}\mathbf{r}_k, i=1,2,\cdots,n\right\}$ ，记绝对值最大的 K 个内积值对应的原子索引为预选支撑集 Λ ；
（ii）计算支撑集： $\Gamma_{k+1}=\Gamma_k\cup\Lambda$ ；
（iii）计算支撑矩阵： $\mathbf{D}_{k+1}=\mathbf{D}_{\Gamma_{k+1}}$ ，表示从 $\mathbf{D}$ 中选择索引集 Γ_{k+1} 中的原子组成支撑矩阵；
（iv）计算过渡估计： $\mathbf{x}_{k+1}=\left(\mathbf{D}_{k+1}^{\mathrm{H}}\mathbf{D}_{k+1}\right)^{-1}\mathbf{D}_{k+1}^{\mathrm{H}}\mathbf{y}$ ；
（v）更新支撑集与支撑矩阵：从 $\mathbf{x}_{k+1}$ 中选择绝对值最大的 K 项作为最终估计，并利用对应的 K 个原子更新 Γ_{k+1} 与 $\mathbf{D}_{k+1}$ ；
（vi）更新表示系数与残差： $\mathbf{x}_{k+1}=\left(\mathbf{D}_{k+1}^{\mathrm{H}}\mathbf{D}_{k+1}\right)^{-1}\mathbf{D}_{k+1}^{\mathrm{H}}\mathbf{y}$ ， $\mathbf{r}_{k+1}=\mathbf{y}-\mathbf{D}_{k+1}\mathbf{x}_{k+1}$ ；
（vii）若 $\left\|\mathbf{r}_{k+1}\right\|_2^2>\left\|\mathbf{r}_k\right\|_2^2$ ，则停止迭代，否则 $k\leftarrow k+1$ ，继续迭代.
（4）输出：表示系数 $\mathbf{x}$ ，其中 $\mathbf{x}$ 在 Γ_{k+1} 上取值为 $\mathbf{x}_{k+1}$ ，其余元素为零.

算法收敛性易通过算法停止条件获得，这里主要讨论算法的性能. MP 算法与 OMP 算法能够保证表示残差单调不增，只需找到 K 稀疏表示系数即可停止，SP 算法每次迭代都能保证表示系数是 K 稀疏的，当表示残差增大时即可停止. 另外，MP、OMP 算法虽然计算复杂度较低，但是重构精度一般不如 3.3 节要介绍的凸优化算法，SP 算法能够实现计算复杂度与计算精度间较好的平衡.

贪婪算法除了上述介绍的 MP、OMP、SP 等算法外，还有 Stagewise OMP（StOMP）算法[5]、Regularized OMP（ROMP）算法[6-7]以及 Compressive Sampling Matching Pursuit（CoSaMP）算法[8]等. 贪婪算法一般得到的是局部最优解，而非全局最优解，但设计好的贪婪策略也可取得较优秀的结果，同时贪婪算法的计算时间比穷举法低，因此在求解 NP-hard 的优化问题时具有很大的潜力. 而压缩感知中的极小化 ℓ_0 范数优化问题恰好为 NP-hard 问题，因此求解稀疏分解问题的贪婪算法可以推广至压缩感知中极小化 ℓ_0 范数优化问题.

3.3　凸优化算法

基于 ℓ_1 范数凸优化的稀疏重构模型主要有两类：

$$\begin{cases}(\mathrm{LS}_{\tau}) & \min_{\mathbf{x}}\|\mathbf{y}-\mathbf{A}\mathbf{x}\|_2 \quad \text{s.t. } \|\mathbf{x}\|_1 \leqslant \tau \\ (\mathrm{BP}_{\sigma}) & \min_{\mathbf{x}}\|\mathbf{x}\|_1 \quad \text{s.t. } \|\mathbf{y}-\mathbf{A}\mathbf{x}\|_2 \leqslant \sigma\end{cases} \tag{3.3.1}$$

上式两模型分别为 LASSO（least absolute shrinkage and selection operator）问题[9]与基追踪去噪（basis pursuit denoise，BPDN）问题[10]. 处理实际问题时，通过对系统测量条件的分析，可以得到噪声水平σ的大致估计. 相比之下，要先验地估计原信号的ℓ_1范数值τ是十分困难的，因此研究(BP_{σ})问题的求解更具有实际意义，但是(LS_{τ})问题可以作为求解(BP_{σ})问题的中间手段. 求解形如（3.3.1）式的约束优化问题时，可将约束条件转换为惩罚项，构造非约束优化问题，即

$$(\mathrm{QP}_{\lambda}) \quad \min_{\mathbf{x}}\|\mathbf{y}-\mathbf{A}\mathbf{x}\|_2^2+\lambda\|\mathbf{x}\|_1 \tag{3.3.2}$$

事实上，上式中的控制参数λ可视为求解约束优化问题（3.3.1）中的 Lagrange 乘数. 已经证明，若参数σ，λ和τ选取合适，(LS_{τ})，(BP_{σ})和(QP_{λ})问题的解是一致的.

(QP_{λ})为一个二阶锥规划（second-order cone program）问题，利用内点法（interior-point）[10-11]可实现锥规划问题的求解. 一般锥优化的软件包有 SeDuMi[12]和 MOSEK[13]等，ℓ_1-magic[11]和 SparseLab[14]中的 PDCO[15]则提供了专为(BP_{σ})设计的内点法. 然而当面对大数据量的稀疏重构问题时，基于内点法的优化算法尽管重构精度较高，但由于需要求解大规模线性方程组，因此计算复杂度较高. 本节除了介绍内点法中的经典算法基追踪（BP）算法，还要研究能在保证求解精度的条件下，大幅提高计算效率的优化算法，包括投影梯度算法、迭代收缩阈值算法、Bregman 算法等.

3.3.1 基追踪算法

首先考虑观测过程不含噪声情况，且假设下面向量与矩阵都属于实空间，重构模型如式（3.1.1）中(P_1)所示，即

$$(P_1): \quad \min_{\mathbf{x}}\|\mathbf{x}\|_1 \quad \text{s.t. } \mathbf{y}=\mathbf{A}\mathbf{x} \tag{3.3.3}$$

为了求解该模型，考虑变量替换：

$$\begin{cases}\mathbf{u}=\mathbf{x}^{+} \\ \mathbf{v}=\mathbf{x}^{-}\end{cases} \tag{3.3.4}$$

其中，$\mathbf{x}^{+}$与$\mathbf{x}$的维度相同，且在$\mathbf{x}$正元素的支撑集上取$\mathbf{x}$正元素值，其余为零；$\mathbf{x}^{-}$也与$\mathbf{x}$的维度相同，且在$\mathbf{x}$负元素的支撑集上取$\mathbf{x}$负元素的绝对值，其余为零. 由（3.3.4）可知，$\mathbf{x}^{+}$与$\mathbf{x}^{-}$皆为非负向量，且$\mathbf{x}=\mathbf{x}^{+}-\mathbf{x}^{-}$. 同时有

$$\begin{cases}\|\mathbf{x}\|_1 = \|\mathbf{u}\|_1 + \|\mathbf{v}\|_1 \\ \mathbf{y} = \mathbf{Au} - \mathbf{Av}\end{cases} \tag{3.3.5}$$

令，$\mathbf{s}=[\mathbf{u}^{\mathrm{T}},\mathbf{v}^{\mathrm{T}}]^{\mathrm{T}}$，$\mathbf{B}=[\mathbf{A},-\mathbf{A}]$，$\mathbf{c}=[1,1,\cdots,1]^{\mathrm{T}}$，则重构模型（3.3.3）可表示为

$$\min_{\mathbf{s}} \mathbf{c}^{\mathrm{T}}\mathbf{s} \quad \text{s.t.}\, \mathbf{y}=\mathbf{Bs}, \mathbf{s} \geqslant \mathbf{0} \tag{3.3.6}$$

其中，$\mathbf{s} \geqslant \mathbf{0}$ 表示 $\mathbf{s}$ 是非负向量. 下面重点分析模型（3.3.3）与模型（3.3.6）的等价性，主要是目标函数的等价性.

定理 3.3.1　对于 $x \in \mathbb{R}$，有 $\min |x|$ 等于

$$\begin{aligned}&\min\ y+z \\ &\text{s.t.}\begin{cases} y-z=x \\ y,z \geqslant 0\end{cases}\end{aligned} \tag{3.3.7}$$

证明　首先给出一个结论：问题（3.3.7）取最优解时，y 与 z 不能同时大于零. 这里考虑反证法. 反设 y 与 z 同时大于零，即 $y,z>0$. 此时存在 $a>0$，使得 $\tilde{y}=y-a \geqslant 0$ 且 $\tilde{z}=z-a \geqslant 0$，易知 $\tilde{y}-\tilde{z}=y-z=x$，且 $\tilde{y}+\tilde{z}=y+z-2a<y+z$，因此这与 y 和 z 是问题（3.3.7）的最优解相矛盾，这说明问题（3.3.7）取最优解时，y 与 z 至少有一个为零. 显然，当 $x>0$ 时，由 $y-z=x$ 可知，只能有 $z=0$，此时两优化问题取最优解时目标函数都为 x；当 $x \leqslant 0$ 时结论同样成立. ■

定理 3.3.2　令 $\mathbf{d}=[1,1,\cdots,1]^{\mathrm{T}}$，对于 $\mathbf{x} \in \mathbb{R}^m$，有 $\min \|\mathbf{x}\|_1$ 等于

$$\begin{aligned}&\min\ \mathbf{d}^{\mathrm{T}}(\mathbf{y}+\mathbf{z}) \\ &\text{s.t.}\begin{cases} \mathbf{y}-\mathbf{z}=\mathbf{x} \\ \mathbf{y},\mathbf{z} \geqslant \mathbf{0}\end{cases}\end{aligned}$$

定理 3.3.2 是定理 3.3.1 的自然推广，这里不再给出证明. 上述定理可以证明模型（3.3.3）与模型（3.3.6）的等价性，因此模型（3.3.3）可以转化为模型（3.3.6）求解，模型（3.3.6）是经典的线性规划问题，具体求解方法后续详细分析. 现在考虑观测过程含噪情况，稀疏重构模型即模型（3.3.2），采用类似的变量替换方法，模型（3.3.2）等价于

$$\min_{\mathbf{s}} \mathbf{c}^{\mathrm{T}}\mathbf{s}+\frac{1}{2}\mathbf{s}^{\mathrm{T}}\mathbf{Bs}, \quad \text{s.t.}\, \mathbf{s} \geqslant \mathbf{0} \tag{3.3.8}$$

其中，$\mathbf{c}$ 为全 1 向量. 该模型是二次规划问题，若求得其最优解，通过逆变量替换即可求解原问题的解.

事实上，模型（3.3.8）可通过内点法求解，这里考虑内点惩罚函数法，利用负 log 函数将不等式约束转化为无约束问题：

$$\min_{\mathbf{s}} \mathbf{c}^{\mathrm{T}}\mathbf{s}+\frac{1}{2}\mathbf{s}^{\mathrm{T}}\mathbf{Bs}-\log(\mathbf{s}) \tag{3.3.9}$$

假设迭代算法的初始点满足（3.3.8）可行域要求（这一般很好实现），因此求解（3.3.8）相当于在其可行域优化一个光滑函数，因此无约束优化问题的求解算法都可以使用[16].

在此不妨假设目标函数为光滑函数，考虑无约束优化问题的求解，即

$$\min_{\mathbf{x}\in\mathbb{R}^m} f(\mathbf{x}) \tag{3.3.10}$$

下面简介经典的最速下降法[16]. 首先给出最速下降方向的概念. 函数 $f(\mathbf{x})$ 在 $\mathbf{x}$ 处沿方向 $\mathbf{d}\in\mathbb{R}^m$ 的变化率可用方向导数表示，特别地，对于可微函数，方向导数可表示为其梯度域方向导数的内积，即

$$Df(\mathbf{x},\mathbf{d}) = \nabla f(\mathbf{x})^{\mathrm{T}}\mathbf{d} \tag{3.3.11}$$

最速下降方向定义为函数 $f(\mathbf{x})$ 在 $\mathbf{x}$ 处下降最快的方向，即拥有最小方向导数的方向，可通过下面优化问题求解：

$$\min_{\mathbf{d}\in\mathbb{R}^m} \nabla f(\mathbf{x})^{\mathrm{T}}\mathbf{d} \quad \text{s.t.} \|\mathbf{d}\|_2 \leqslant 1 \tag{3.3.12}$$

显然，负梯度方向为最速下降方向，即

$$\hat{\mathbf{d}} = -\nabla f(\mathbf{x}) / \|\nabla f(\mathbf{x})\|_2 \tag{3.3.13}$$

类似地，最优步长可通过下式求解：

$$\hat{\lambda} = \arg\min_{\lambda\geqslant 0} f(\mathbf{x}+\lambda\hat{\mathbf{d}}) \tag{3.3.14}$$

因此，通过逐步迭代可以实现最速下降法的求解，具体步骤如下（表 3.3.1）.

表 3.3.1　最速下降法步骤

最速下降法步骤
（1）输入：目标函数 $f(\mathbf{x})$.
（2）初始化：初始点 $\mathbf{x}_1\in\mathbb{R}^m$，停止条件 $\varepsilon>0$，$k=1$.
（3）迭代：
（i）计算搜索方向 $\mathbf{d}_k = -\nabla f(\mathbf{x}_k)$；
（ii）若 $\|\mathbf{d}_k\|_2 \leqslant \varepsilon$，则停止计算，否则转入下一步；
（iii）计算最优步长：$\lambda_k = \arg\min_{\lambda\geqslant 0} f(\mathbf{x}_k+\lambda\mathbf{d}_k)$；
（iv）计算：$\mathbf{x}_{k+1} = \mathbf{x}_k + \lambda_k\mathbf{d}_k$；
（v）$k\leftarrow k+1$，并转入（i）.
（4）输出：$\mathbf{x}_k$.

算法步骤中迭代第一步计算的是搜索方向，而非最速下降方向，事实上这并不影响算法迭代，因为搜索方向与最速下降方向的方向是一致的，只差一个长度，长度的不同可以在计算最优步长时一并考虑. 最速下降法思想简单，实现容易. 但是存在一个显著的缺点，即锯齿现象. 由最速下降法的算法步骤可知，在计算最优

步长时，求取目标函数极小值等价于

$$\nabla f(\mathbf{x}_k + \lambda \mathbf{d}_k)^{\mathrm{T}} \mathbf{d}_k = 0 \tag{3.3.15}$$

通过上式求取最佳步长 λ_k 后并代入上式，由 $\mathbf{x}_{k+1} = \mathbf{x}_k + \lambda_k \mathbf{d}_k$ 可知

$$\nabla f(\mathbf{x}_{k+1})^{\mathrm{T}} \mathbf{d}_k = 0$$

由搜索方向的计算公式可知，上式等价于

$$\mathbf{d}_{k+1}^{\mathrm{T}} \mathbf{d}_k = 0$$

即相邻两次迭代的最速下降方法相互正交，如图 3.3.1 所示，必然导致锯齿现象.

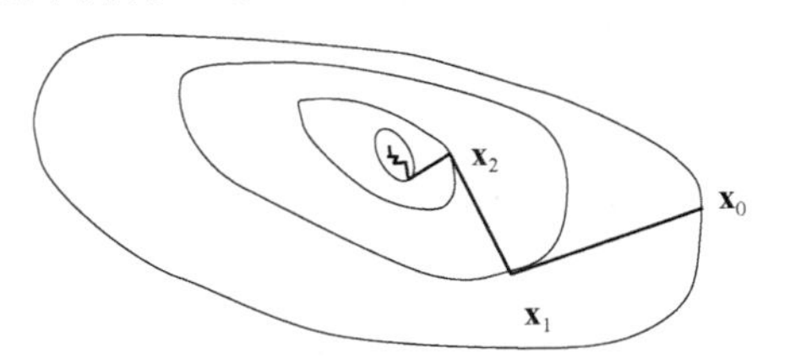

图 3.3.1　锯齿现象示意图

最速下降法为线性收敛，收敛速度与目标函数在极值点处的 Hessen 矩阵有关，矩阵条件数越小，收敛越快，反之越慢. 算法的收敛性依赖目标函数的性质，当目标函数为凸函数时，全局收敛；否则容易陷入局部极小值（依赖初始点的选择）. 为了提升收敛速度，解决带光滑目标函数的无约束优化问题时还可以考虑二阶方法，如牛顿法、修正牛顿法、拟牛顿法、共轭梯度法等多种方法.

3.3.2　投影梯度算法

在探讨投影梯度算法之前，首先给出关于最优性条件的一些基础知识. 考虑优化问题：

$$\begin{aligned} &\min_{\mathbf{x} \in \mathbb{R}^m} f(\mathbf{x}) \\ &\text{s.t. } \mathrm{g}_j(\mathbf{x}) \geqslant 0, \quad j = 1, 2, \cdots, n \end{aligned} \tag{3.3.16}$$

其中，设目标函数与约束函数皆为光滑函数. 易知，$\Omega = \{\mathbf{x} \in \mathbb{R}^m, \mathrm{g}_j(\mathbf{x}) \geqslant 0, j = 1, 2, \cdots, n\}$ 为问题的可行域. 下面直接给出相关的几个定义[17].

定义 3.3.1　设 $\mathbf{x}_0 \in \Omega$ 为优化问题（3.3.16）的可行解，若 $\mathrm{g}_j(\mathbf{x}) = 0$，则称 $\mathrm{g}_j(\mathbf{x}) \geqslant 0$ 为 $\mathbf{x}_0$ 处的紧约束，其中 $j \in [n]$.

定义 3.3.2　设 $\mathbf{x}_0 \in \Omega$ 为优化问题（3.3.16）的可行解，且 $\mathbf{d} \in \mathbb{R}^m$，若存在 $\lambda_0 > 0$，使得当 $\lambda \in (0, \lambda_0]$ 时，有 $\mathbf{x}_0 + \lambda \mathbf{d} \in \Omega$，则称 $\mathbf{d}$ 为优化问题在 $\mathbf{x}_0$ 处的一个可行方向.

定义 3.3.3　设 $\mathbf{x}_0 \in \Omega$ 为优化问题（3.3.16）的可行解，且 $\mathbf{d} \in \mathbb{R}^m$，若存在

$\lambda_0 > 0$，使得当 $\lambda \in (0, \lambda_0]$ 时，有 $f(\mathbf{x}_0 + \lambda \mathbf{d}) < f(\mathbf{x}_0)$，则称 $\mathbf{d}$ 为优化问题在 $\mathbf{x}_0$ 处的一个下降方向.

定义 3.3.4　设 $\mathbf{x}_0 \in \Omega$ 为优化问题（3.3.16）的可行解，且 $\mathbf{d} \in \mathbb{R}^m$，若 $\mathbf{d}$ 优化问题在 $\mathbf{x}_0$ 处的下降方向与可行方向，则称 $\mathbf{d}$ 为优化问题在 $\mathbf{x}_0$ 处的一个可行下降方向.

进一步令 $S(\mathbf{x}_0)=\{j \in [n], g_j(\mathbf{x}) = 0\}$ 表示 $\mathbf{x}_0$ 处的紧约束的指标集，则不加证明地给出下面几个结论.

定理 3.3.3　设 $\mathbf{d}$ 为优化问题（3.3.16）在 $\mathbf{x}_0$ 处的一个可行方向，则

$$\nabla g_j(\mathbf{x}_0)^{\mathrm{T}} \mathbf{d} \geqslant 0, \quad j \in S(\mathbf{x}_0) \tag{3.3.17}$$

定理 3.3.4　$\mathbf{d}$ 为优化问题（3.3.16）在 $\mathbf{x}_0$ 处的一个下降方向，等价于

$$\nabla f(\mathbf{x}_0)^{\mathrm{T}} \mathbf{d} < 0 \tag{3.3.18}$$

定理 3.3.5　设 $\mathbf{x}_0$ 为优化问题（3.3.16）的局部极小值点，$f(\mathbf{x})$ 在 $\mathbf{x}_0$ 处可微，对于 $j \in S(\mathbf{x}_0)$，$g_j(\mathbf{x}_0)$ 在 $\mathbf{x}_0$ 处可微，对于 $j \notin S(\mathbf{x}_0)$，$g_j(\mathbf{x}_0)$ 在 $\mathbf{x}_0$ 处连续，则在 $\mathbf{x}_0$ 处不存在可行下降方向，即不存在 $\mathbf{d} \in \mathbb{R}^m$，使得 $\nabla g_j(\mathbf{x}_0)^{\mathrm{T}} \mathbf{d} \geqslant 0$ 与 $\nabla f(\mathbf{x}_0)^{\mathrm{T}} \mathbf{d} < 0$ 同时成立，其中 $j \in S(\mathbf{x}_0)$.

为了引出 KT 条件，先在定理 3.3.6 与定理 3.3.7 中分别给出 Gordan 定理与 Fritz John 定理.

定理 3.3.6　设 $\mathbf{a}_1, \mathbf{a}_2, \cdots, \mathbf{a}_K \in \mathbb{R}^m$，则不存在 $\mathbf{d} \in \mathbb{R}^m$，使得任给 $k \in [K]$ 有 $\mathbf{a}_k^{\mathrm{T}} \mathbf{d} < 0$，等价于，存在非零向量 $\mathbf{c} = [c_1, c_2, \cdots, c_K]^{\mathrm{T}} \in \mathbb{R}^K$，且 $\mathbf{c} \geqslant \mathbf{0}$，使得 $\sum_{k=1}^{K} c_k \mathbf{a}_k = \mathbf{0}$.

定理 3.3.7　设 $\mathbf{x}_0$ 为优化问题（3.3.16）的局部极小值点，$f(\mathbf{x})$ 与 $g_j(\mathbf{x}_0)$ 在 $\mathbf{x}_0$ 处可微，则存在 $\mathbf{c} = [c_0, c_1, \cdots, c_n]^{\mathrm{T}} \neq \mathbf{0}$，使得

$$\begin{cases} c_0 \nabla f(\mathbf{x}_0) - \sum_{j=1}^{n} c_j \nabla g_j(\mathbf{x}_0) = \mathbf{0} \\ c_j g_j(\mathbf{x}_0) = 0, \quad j = 1, 2, \cdots, n \\ c_j \geqslant 0, \quad j = 1, 2, \cdots, n \end{cases} \tag{3.3.19}$$

证明　由于 $\mathbf{x}_0$ 为优化问题（3.3.16）的局部极小值点，则由定理 3.3.5 可知，在 $\mathbf{x}_0$ 处不存在可行下降方向，即不存在 $\mathbf{d} \in \mathbb{R}^m$，使得 $\nabla g_j(\mathbf{x}_0)^{\mathrm{T}} \mathbf{d} \geqslant 0$ 与 $\nabla f(\mathbf{x}_0)^{\mathrm{T}} \mathbf{d} < 0$ 同时成立，其中 $j \in S(\mathbf{x}_0)$，也不存在 $\mathbf{d} \in \mathbb{R}^m$，使得 $\nabla g_j(\mathbf{x}_0)^{\mathrm{T}} \mathbf{d} > 0$ 与 $\nabla f(\mathbf{x}_0)^{\mathrm{T}} \mathbf{d} < 0$ 同时成立，其中 $j \in S(\mathbf{x}_0)$. 由定理 3.3.6 可知，存在 $\mathbf{c} = [c_0, c_1, \cdots, c_n]^{\mathrm{T}} \neq \mathbf{0}$，且 $c_j \geqslant 0,\ j = 1, 2, \cdots, n$，使得

$$c_0 \nabla f(\mathbf{x}_0) - \sum_{j \in S(\mathbf{x}_0)} c_j \nabla g_j(\mathbf{x}_0) = \mathbf{0}$$

同时，若 $j \in S(\mathbf{x}_0)$，有 $g_j(\mathbf{x}_0) = 0$，$c_j g_j(\mathbf{x}_0) = 0$ 自然成立；若 $j \notin S(\mathbf{x}_0)$，令 $c_j = 0$，

此时 $c_j g_j(\mathbf{x}_0)=0$ 也成立. 此时定理得证. ■

将定理 3.3.7 中的式（3.3.19）称为 F-J 条件，该条件是局部极小值点的必要条件，而非充分条件. 该定理在 $c_0=0$ 时，失去实用价值，因为 F-J 条件中不涉及目标函数 $f(\mathbf{x})$ 了. 为此考虑定理 3.3.8.

定理 3.3.8 设 $\mathbf{x}_0$ 为优化问题（3.3.16）的局部极小值点，$f(\mathbf{x})$ 与 $g_j(\mathbf{x}_0)$ 在 $\mathbf{x}_0$ 处可微，且 $\nabla g_j(\mathbf{x}_0)$（$j\in S(\mathbf{x}_0)$）线性无关，则存在 $\mathbf{c}=[c_1,\cdots,c_n]^{\mathrm{T}}\neq\mathbf{0}$，使得

$$\begin{cases}\nabla f(\mathbf{x}_0)-\sum_{j=1}^{n}c_j\nabla g_j(\mathbf{x}_0)=\mathbf{0}\\ c_j g_j(\mathbf{x}_0)=0, & j=1,2,\cdots,n\\ c_j\geqslant 0, & j=1,2,\cdots,n\end{cases}\tag{3.3.20}$$

证明 由于 $\nabla g_j(\mathbf{x}_0)$（$j\in S(\mathbf{x}_0)$）线性无关，则 $\sum_{j=1}^{n}c_j\nabla g_j(\mathbf{x}_0)\neq 0$，由定理 3.3.7 中的式（3.3.19）可知 $c_0\neq 0$，因此两端同时除以 c_0 即可. ■

定理 3.3.8 中式（3.3.20）称为 KT 条件，满足 KT 条件的点称为 KT 点. 同时与 F-J 条件类似，KT 条件也是局部极小值点的必要条件，而非充分条件. 特别地，当优化问题是凸问题时，KT 条件是全局极小值点的充要条件. 当含有等式约束时，类似地可得到 KKT 条件.

在上述基础知识之上，下面探讨投影梯度算法[18]. 回到模型（3.3.8），注意到该模型是带不等式约束的优化问题，目标函数是光滑的，这里不再利用内点惩罚函数法将其转化为无约束优化问题，而是考虑其一般形式：

$$\begin{aligned}&\min_{\mathbf{x}\in\mathbb{R}^m} f(\mathbf{x})\\ &\text{s.t.}\begin{cases}\mathbf{a}_j^{\mathrm{T}}\mathbf{x}=b_j, & j=1,2,\cdots,n_e\\ \mathbf{a}_j^{\mathrm{T}}\mathbf{x}\geqslant b_j, & j=n_e+1,n_e+2,\cdots,n\end{cases}\end{aligned}\tag{3.3.21}$$

其中，$f(\mathbf{x})$ 为光滑函数. 模型（3.3.21）是模型（3.3.16）的特例，因此模型（3.3.16）的相关结论对于模型（3.3.21）都成立.

定义 3.3.5 任给 $\mathbf{P}\in\mathbb{R}^{m\times m}$，若 $\mathbf{P}=\mathbf{P}^{\mathrm{T}}$，且 $\mathbf{P}^2=\mathbf{P}$，则称 $\mathbf{P}$ 为一个投影算子.

由定义 3.3.5 易知投影算子有以下三个性质：①若 $\mathbf{P}$ 为投影算子，则 $\mathbf{P}$ 为半正定矩阵；② $\mathbf{P}$ 为投影算子，等价于 $\mathbf{I}-\mathbf{P}$ 为投影算子，其中 $\mathbf{I}\in\mathbb{R}^{m\times m}$ 为单位矩阵；③设 $\mathbf{P}$ 为投影算子，令 $\mathbf{Q}=\mathbf{I}-\mathbf{P}$，则 $L_1=\left\{\mathbf{P}\mathbf{x},\mathbf{x}\in\mathbb{R}^m\right\}$ 与 $L_2=\left\{\mathbf{Q}\mathbf{x},\mathbf{x}\in\mathbb{R}^m\right\}$ 为相互正交的线性子空间，且任给 $\mathbf{x}\in\mathbb{R}^m$，可唯一分解为 $\mathbf{x}=\mathbf{p}+\mathbf{q}$，其中 $\mathbf{p}\in L_1$，$\mathbf{q}\in L_2$. 同时，任给优化问题(3.3.21)可行点 $\mathbf{x}_k\in\mathbb{R}^m$，记 $S(\mathbf{x}_k)=\left\{j,\mathbf{a}_j^{\mathrm{T}}\mathbf{x}_k=b_j,j=1,2,\cdots,n\right\}\triangleq S_k$，且用 $\mathbf{A}_{S_k}$ 表示以 $\mathbf{a}_j$（$j\in S_k$）为列向量组成的矩阵.

定理 3.3.9　任给优化问题（3.3.21）可行点 $\mathbf{x}_k \in \mathbb{R}^m$，设 $\mathbf{A}_{S_k}$ 为列满秩矩阵，则

（1）$\mathbf{P} = \mathbf{I} - \mathbf{A}_{S_k}\left(\mathbf{A}_{S_k}^{\mathrm{T}}\mathbf{A}_{S_k}\right)\mathbf{A}_{S_k}^{\mathrm{T}}$ 为一个投影算子；

（2）若 $\mathbf{P}\left(\nabla f(\mathbf{x}_k)\right) \neq 0$，则 $\mathbf{d} = -\mathbf{P}\left(\nabla f(\mathbf{x}_k)\right)$ 为 $\mathbf{x}_k$ 的一个可行下降方向.

证明　（1）利用定义 3.3.5 易得.

（2）下降方向：

$$\begin{aligned}\nabla f(\mathbf{x}_k)^{\mathrm{T}}\mathbf{d} &= -\nabla f(\mathbf{x}_k)^{\mathrm{T}}\mathbf{P}\left(\nabla f(\mathbf{x}_k)\right)\\ &= -\nabla f(\mathbf{x}_k)^{\mathrm{T}}\mathbf{P}\mathbf{P}\left(\nabla f(\mathbf{x}_k)\right)\\ &= -\nabla f(\mathbf{x}_k)^{\mathrm{T}}\mathbf{P}^{\mathrm{T}}\mathbf{P}\left(\nabla f(\mathbf{x}_k)\right)\\ &= -\left\|\mathbf{P}\left(\nabla f(\mathbf{x}_k)\right)\right\|_2^2 < 0\end{aligned}$$

由下降方向的定义可知，$\mathbf{d}$ 为 $\mathbf{x}_k$ 的一个下降方向. 可行方向：由

$$\mathbf{A}_{S_k}^{\mathrm{T}}\mathbf{d} = -\mathbf{A}_{S_k}^{\mathrm{T}}\mathbf{P}\left(\nabla f(\mathbf{x}_k)\right) = 0$$

可知，任给 $j \in S_k$，有 $\mathbf{a}_j^{\mathrm{T}}\mathbf{d} = 0$. 且任给 $j \in S_k$，有 $\mathbf{a}_j^{\mathrm{T}}\mathbf{x}_k = b_j$；任给 $j \notin S_k$，有 $\mathbf{a}_j^{\mathrm{T}}\mathbf{x}_k > b_j$. 因此对于充分小的 $\lambda > 0$，有任给 $j \in S_k$，有 $\mathbf{a}_j^{\mathrm{T}}(\mathbf{x}_k + \lambda\mathbf{d}) = b_j$；任给 $j \notin S_k$，有 $\mathbf{a}_j^{\mathrm{T}}(\mathbf{x}_k + \lambda\mathbf{d}) > b_j$，故 $\mathbf{d}$ 为 $\mathbf{x}_k$ 的一个可行方向. 综上，$\mathbf{d}$ 为 $\mathbf{x}_k$ 的一个可行下降方向. ■

设 $\mathbf{x}_k$ 处的可行下降方向为 $\mathbf{d}_k$，下面讨论最优步长. 考虑迭代格式：$\mathbf{x}_{k+1} = \mathbf{x}_k + \lambda\mathbf{d}_k$，由于需要保证 $\mathbf{x}_{k+1}$ 满足（3.3.21）的约束条件，即

$$\begin{cases}\mathbf{a}_j^{\mathrm{T}}(\mathbf{x}_k + \lambda\mathbf{d}_k) = b_j, & j = 1,2,\cdots,n_e\\ \mathbf{a}_j^{\mathrm{T}}(\mathbf{x}_k + \lambda\mathbf{d}_k) \geqslant b_j, & j = n_e+1, n_e+2,\cdots,n\end{cases} \tag{3.3.22}$$

上式中等式约束自然成立，而不等式约束对步长提出了限制，即当 $j \notin S_k$，且 $\mathbf{a}_j^{\mathrm{T}}\mathbf{d}_k < 0$ 时，要求 $\lambda < \left(\mathbf{a}_j^{\mathrm{T}}\mathbf{x}_k - b_j\right)/\left(-\mathbf{a}_j^{\mathrm{T}}\mathbf{d}_k\right)$. 由于 $\mathbf{x}_k$ 满足（3.3.21）的约束条件，故 $j \notin S_k$ 时有 $\mathbf{a}_j^{\mathrm{T}}\mathbf{x}_k > b_j$，因此 $\left(\mathbf{a}_j^{\mathrm{T}}\mathbf{x}_k - b_j\right)/\left(-\mathbf{a}_j^{\mathrm{T}}\mathbf{d}_k\right) > 0$. 此时，最大步长为

$$\lambda_{\max} = \min\left\{\left\{\left(\mathbf{a}_j^{\mathrm{T}}\mathbf{x}_k - b_j\right)/\left(-\mathbf{a}_j^{\mathrm{T}}\mathbf{d}_k\right), j \notin S_k, \mathbf{a}_j^{\mathrm{T}}\mathbf{d}_k < 0\right\}, +\infty\right\}$$

因此，最佳步长为

$$\lambda_k = \arg\min_{\lambda \in [0,\lambda_{\max}]} f(\mathbf{x}_k + \lambda\mathbf{d}_k) \tag{3.3.23}$$

最后通过下面定理分析算法的全局收敛性.

定理 3.3.10　设优化问题（3.3.21）中的目标函数 $f(\mathbf{x})$ 在其可行域上连续可微，且在任意可行点处的紧约束集对应的系数向量线性无关，则投影梯度法在有限步迭代后收敛于一 KT 点，或者产生一无穷序列，且该序列的任一聚点均是 KT 点. 特别地，当优化问题是凸问题时，上述 KT 点为全局极小值点.

该定理可由定理 3.3.8 推导得到，在此不再赘述. 事实上，投影梯度算法可直接用来求解（3.3.1）中的(LS_τ)问题，相应的算法被称为谱投影梯度方法[19]，一般可用于求解大规模数据下的稀疏重构问题.

3.3.3 迭代收缩阈值算法

迭代收缩阈值算法[20-21]也是求解稀疏重构模型常用的算法. 首先给出收缩阈值算子，考虑优化问题：

$$\min_{\mathbf{x}\in\mathbb{R}^m}\|\mathbf{x}-\mathbf{b}\|_2^2+\lambda\|\mathbf{x}\|_1 \tag{3.3.24}$$

其中，$\mathbf{b}\in\mathbb{R}^m$为常量，$\lambda>0$为模型参数. 该模型等价于分量形式：

$$\min_{x_j\in\mathbb{R}}\left(x_j-b_j\right)+\lambda\left|x_j\right| \tag{3.3.25}$$

其中，$j=1,2,\cdots,m$. 易知模型（3.3.25）的解为$S_{\lambda/2}(b_j)$，其中$S_\lambda(x)$为收缩阈值算子，定义为

$$S_\lambda(x)=\begin{cases}x+\lambda, & x<-\lambda\\ 0, & |x|<\lambda\\ x-\lambda, & x>\lambda\end{cases} \tag{3.3.26}$$

其中参数$\lambda>0$. 图 3.3.2 给出了收缩阈值算子$S_2(x)$的函数示意图. 当然，针对标量的收缩阈值算子可以推广至矢量情形，即分别作用于矢量的每个分量，这里直接将矢量形式的收缩阈值算子记为$S_\lambda(\mathbf{x})$.

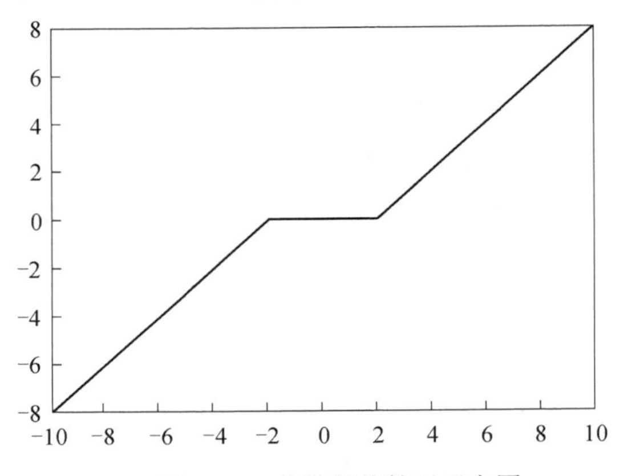

图 3.3.2　收缩阈值算子示意图

基于收缩阈值算子可以进一步给出迭代收缩阈值算法. 由最速下降法可知，求解无约束优化问题（3.3.10）的迭代步骤为：$\mathbf{x}_{k+1}=\mathbf{x}_k-\alpha\nabla f(\mathbf{x}_k)$，其中，$\alpha$为迭代步长，该式等价于

$$\mathbf{x}_{k+1} = \arg\min_{\mathbf{x}} \left\| \mathbf{x} - \left(\mathbf{x}_k - \alpha \nabla f(\mathbf{x}_k) \right) \right\|_2^2 \tag{3.3.27}$$

类似地，针对优化问题：

$$\min_{\mathbf{x}\in\mathbb{R}^m} f(\mathbf{x}) + \lambda \|\mathbf{x}\|_1 \tag{3.3.28}$$

相应的迭代步骤为

$$\mathbf{x}_{k+1} = \arg\min_{\mathbf{x}} \left\| \mathbf{x} - \left(\mathbf{x}_k - \alpha \nabla f(\mathbf{x}_k) \right) \right\|_2^2 + \lambda \|\mathbf{x}\|_1 \tag{3.3.29}$$

类比优化问题（3.3.24）可知，上述模型的解为

$$\mathbf{x}_{k+1} = S_{\lambda/2}\left(\mathbf{x}_k - \alpha \nabla f(\mathbf{x}_k) \right) \tag{3.3.30}$$

此时便得到了迭代收缩阈值算法的迭代步骤.

事实上，还可以从另一视角获得迭代收缩阈值算法的迭代步骤（3.3.30）. 考虑优化问题：

$$\min_{\mathbf{x}\in\mathbb{R}^m} f(\mathbf{x}) + g(\mathbf{x}) \tag{3.3.31}$$

其中，$g(\mathbf{x})$ 为连续凸函数（不一定光滑），$f(\mathbf{x})$ 为光滑函数，且 $\nabla f(\mathbf{x})$ 是 Lipschitz 连续的，即任给 $\mathbf{x},\mathbf{y}\in\mathbb{R}^m$，有

$$\|\nabla f(\mathbf{x}) - \nabla f(\mathbf{y})\|_2 \leqslant L(f)\|\mathbf{x}-\mathbf{y}\|_2 \tag{3.3.32}$$

进一步进入二阶逼近模型：

$$Q_L(\mathbf{x},\mathbf{y}) = f(\mathbf{y}) + \langle \mathbf{x}-\mathbf{y}, \nabla f(\mathbf{y}) \rangle + \frac{L}{2}\|\mathbf{x}-\mathbf{y}\|_2^2 + g(\mathbf{x}) \tag{3.3.33}$$

其中，$\langle \cdot,\cdot \rangle$ 为向量内积. 易知，该逼近模型具有性质：

（1）$Q_L(\mathbf{x},\mathbf{x}) = f(\mathbf{x}) + g(\mathbf{x})$；

（2）关于 $\mathbf{x}$ 极小化 $Q_L(\mathbf{x},\mathbf{y})$ 存在唯一解：

$$P_L(\mathbf{y}) = \arg\min_{\mathbf{x}} Q_L(\mathbf{x},\mathbf{y}) = \arg\min_{\mathbf{x}} \frac{L}{2}\left\| \mathbf{x} - \mathbf{y} + \frac{1}{L}\nabla f(\mathbf{y}) \right\|_2^2 + g(\mathbf{x})$$

（3）当迭代 $\mathbf{x}_{k+1} = P_L(\mathbf{x}_k)$ 收敛时，获得原问题（3.3.31）的解.

特别地当 $g(\mathbf{x})=\lambda\|\mathbf{x}\|_1$ 时，优化问题（3.3.31）与优化问题（3.3.28）等价，此时

$$P_L(\mathbf{y}) = \arg\min_{\mathbf{x}} \left\| \mathbf{x} - \mathbf{y} + \frac{1}{L}\nabla f(\mathbf{y}) \right\|_2^2 + \frac{2\lambda}{L}\|\mathbf{x}\|_1 \tag{3.3.34}$$

由收缩阈值算子易知，上式等价于

$$P_L(\mathbf{y}) = S_{\lambda/L}\left(\mathbf{y} - \nabla f(\mathbf{y})/L \right) \tag{3.3.35}$$

因此由性质（3）可知，迭代步骤为

$$\mathbf{x}_{k+1} = S_{\lambda/L}\left(\mathbf{x}_k - \nabla f(\mathbf{x}_k)/L \right) \tag{3.3.36}$$

易知，上述迭代步骤与（3.3.30）式相一致.

迭代收缩阈值算法的收敛性分析具体参考文献[20]. 事实上，上述迭代收缩阈值算法基于软阈值算子. 此外，还存在硬阈值算子，因此迭代收缩阈值算法可分为硬阈值算法与软阈值算法，以及其加速迭代收缩阈值算法[21]. 有研究显示，硬阈值算法在压缩感知应用中性能优于软阈值算法. 同时，文献[22]将最小二乘方法和阈值技术相结合，提出了一种两阶段阈值（two-stage thresholding，TST）算法.

3.3.4 Bregman 算法

在介绍 Bregman 算法之前，首先给出关于凸优化的一些基础知识[23].

定义 3.3.6　对于给定的集合 $\Omega \subseteq \mathbb{R}^m$，若任给 $\mathbf{x}_1, \mathbf{x}_2 \in \Omega$，以及任给 $t \in [0,1]$，有凸组合 $\mathbf{x} = t\mathbf{x}_1 + (1-t)\mathbf{x}_2 \in \Omega$，则称 Ω 为凸集.

定义 3.3.7　设 $\Omega \subseteq \mathbb{R}^m$ 是凸集，以及函数 $f(\mathbf{x}): \Omega \to \mathbb{R}$，若任给 $\mathbf{x}_1, \mathbf{x}_2 \in \Omega$，以及任给 $t \in [0,1]$，有凸组合 $\mathbf{x} = t\mathbf{x}_1 + (1-t)\mathbf{x}_2 \in \Omega$ 满足 $f(\mathbf{x}) \leqslant tf(\mathbf{x}_1) + (1-t)f(\mathbf{x}_2)$，则称 $f(\mathbf{x})$ 为 Ω 上的凸函数. 若对于 $\mathbf{x}_1 \neq \mathbf{x}_2$ 且 $t \in (0,1)$，上述不等式严格成立，则称 $f(\mathbf{x})$ 为 Ω 上的严格凸函数.

定义 3.3.8　设 $\Omega \subseteq \mathbb{R}^m$ 以及函数 $f(\mathbf{x}): \Omega \to \mathbb{R}$，其上镜图定义为 $\{(\mathbf{x},t), \mathbf{x} \in \Omega, t \in \mathbb{R}, f(\mathbf{x}) \leqslant t\}$.

上述概念在一般凸分析相关教材里都能查阅得到，下面定理也是如此.

定理 3.3.11　$f(\mathbf{x})$ 为 Ω 上的凸函数等价于 $f(\mathbf{x})$ 上镜图为凸集.

基于凸分析的相关概念，下面给出关于 Bregman 算法的核心概念，即次梯度与次微分[24].

定义 3.3.9　设函数 $f(\mathbf{x}): \mathbb{R}^m \to \mathbb{R}$ 是凸函数，且 $\mathbf{p} \in \mathbb{R}^m$，若任给 $\mathbf{y} \in \mathbb{R}^m$，有 $f(\mathbf{y}) \geqslant f(\mathbf{x}) + \langle \mathbf{p}, \mathbf{y} - \mathbf{x} \rangle$，则称 $\mathbf{p}$ 为 $f(\mathbf{x})$ 在 $\mathbf{x}$ 处的次梯度.

定理 3.3.12　设 $f(x): \mathbb{R} \to \mathbb{R}$ 为凸函数，则任给 $x_0 \in \mathbb{R}$，$f(x)$ 在 x_0 处的次梯度集合是一个非空封闭区间 $[a,b]$，其中

$$\begin{cases} a = \lim\limits_{x \to x_0^-} \dfrac{f(x) - f(x_0)}{x - x_0} \\ b = \lim\limits_{x \to x_0^+} \dfrac{f(x) - f(x_0)}{x - x_0} \end{cases}$$

特别地，当 $f(x)$ 在 x_0 处连续时，其次梯度即为其梯度.

该定理说明了次梯度与函数连续性的关系，此外还可以使用函数上镜图讨论函数的次梯度.

定理 3.3.13　$\mathbf{p} \in \mathbb{R}^m$ 为 $f(\mathbf{x}): \mathbb{R}^m \to \mathbb{R}$ 在 $\mathbf{x}_0 \in \mathbb{R}^m$ 处的次梯度，等价于，$\mathbb{R}^m$ 中存在通过 $(\mathbf{x}_0, f(\mathbf{x}_0))$ 且以 $\left[\mathbf{p}^{\mathrm{T}}, -1\right]^{\mathrm{T}} \in \mathbb{R}^{m+1}$ 为法向量的超平面支撑函数 $f(\mathbf{x})$ 的上镜图.

由次梯度的概念可进一步定义函数的次微分.

定义 3.3.10　设函数 $f(\mathbf{x}):\mathbb{R}^m \to \mathbb{R}$ 是凸函数，$f(\mathbf{x})$ 在 $\mathbf{x}_0 \in \mathbb{R}^m$ 处的次微分定义为其次梯度的集合，记为 $\partial f(\mathbf{x}_0)$. 进一步若 $\partial f(\mathbf{x}_0)$ 非空，则称 $f(\mathbf{x})$ 在 $\mathbf{x}_0$ 次可微.

显然，函数的梯度必然是次梯度，函数可微必然次可微. 因此次梯度与次可微分别是传统梯度与可微概念的推广. 此外，可微凸函数极值条件也可以推广，见下面定理.

定理 3.3.14　$\mathbf{x}_0 \in \mathbb{R}^m$ 是凸函数 $f(\mathbf{x}):\mathbb{R}^m \to \mathbb{R}$ 的极小值，当且仅当函数 $f(\mathbf{x})$ 在 $\mathbf{x}_0$ 的次微分包含零.

由上述定理可知，对于凸函数的极值条件，利用次微分的概念可以考虑更一般的凸函数，而去除可微性的限制. 利用次微分进一步给出 Bregman 距离的概念.

定义 3.3.11　设 $f(\mathbf{x}):\mathbb{R}^m \to \mathbb{R}$ 是凸函数，则任给 $\mathbf{x},\mathbf{y} \in \mathbb{R}^m$，$\mathbf{x}$ 与 $\mathbf{y}$ 间的Bregman 距离定义为 $D_f^{\mathbf{p}}(\mathbf{x},\mathbf{y}) = f(\mathbf{x}) - f(\mathbf{y}) - \langle \mathbf{p}, \mathbf{x}-\mathbf{y} \rangle$，其中 $\mathbf{p} \in \partial f(\mathbf{y})$.

Bregman 距离可以看作欧氏距离的推广，在定义 3.3.11 条件下有以下两个重要性质：

（1）$D_f^{\mathbf{p}}(\mathbf{x},\mathbf{y}) \geqslant 0$，当 $f(\mathbf{x})$ 为严格凸函数时，$\mathbf{x}=\mathbf{y}$ 等价于 $D_f^{\mathbf{p}}(\mathbf{x},\mathbf{y}) = 0$；

（2）任给 $\mathbf{x}$ 与 $\mathbf{y}$ 连线上的点 $\mathbf{z}$，有 $D_f^{\mathbf{p}}(\mathbf{x},\mathbf{y}) \geqslant D_f^{\mathbf{p}}(\mathbf{z},\mathbf{y})$.

由 Bregman 距离的定义与性质可知，其一般不再具有对称性，即 $D_f^{\mathbf{p}}(\mathbf{x},\mathbf{y}) \neq D_f^{\mathbf{p}}(\mathbf{y},\mathbf{x})$. 基于 Bregman 距离可以给出一般的 Bregman 算法[25]，考虑优化问题：

$$\min_{\mathbf{x}\in\mathbb{R}^m} f(\mathbf{x})+g(\mathbf{x}) \tag{3.3.37}$$

其中，$f(\mathbf{x})$ 为连续凸函数（不一定光滑），$g(\mathbf{x})$ 为光滑凸函数. 尽管形式上（3.3.37）与（3.3.31）一样，但两者的函数条件不一样. 针对优化问题（3.3.37），Bregman 算法的基本步骤见表 3.3.2.

表 3.3.2　Bregman 算法步骤

Bregman 算法步骤
（1）输入：目标函数 $f(\mathbf{x})+g(\mathbf{x})$.
（2）初始化：初始点 $\mathbf{x}_0 = \mathbf{0} \in \mathbb{R}^m$，初始次梯度 $\mathbf{p}_0 = \mathbf{0} \in \mathbb{R}^m$，$k=0$.
（3）迭代：
（i）$\mathbf{x}_{k+1} = \arg\min_{\mathbf{x}} D_f^{\mathbf{p}_k}(\mathbf{x},\mathbf{x}_k) + g(\mathbf{x})$；
（ii）$\mathbf{p}_{k+1} = \mathbf{p}_k - \nabla g(\mathbf{x}_{k+1})$；
（iii）$k \leftarrow k+1$.
（4）迭代直到收敛，输出：$\mathbf{x}_{k+1}$.

Bregman 算法主要包括两个迭代步骤，易知当$k=0$时，迭代步骤（i）即为

$$\mathbf{x}_1=\arg\min_{\mathbf{x}} f(\mathbf{x})+g(\mathbf{x}) \tag{3.3.38}$$

该步骤的解即为优化问题（3.3.37）的解，但对于 Bregman 算法而言并未停止迭代，因此在优化问题（3.3.37）解的基础上继续寻优，不仅目标函数值$f(\mathbf{x})$+$g(\mathbf{x})$极小，还能使得函数$g(\mathbf{x})$极小，具体在定理 3.3.15 中探讨. 同时，迭代步骤（i）中的目标函数可写为

$$D_f^{\mathbf{p}_k}(\mathbf{x},\mathbf{x}_k)+g(\mathbf{x})=f(\mathbf{x})-f(\mathbf{x}_k)-\langle\mathbf{p}_k,\mathbf{x}-\mathbf{x}_k\rangle+g(\mathbf{x}) \tag{3.3.39}$$

关于$\mathbf{x}$在$\mathbf{x}_{k+1}$求极小时，由定理 3.3.14 可知

$$\mathbf{0}\in\partial\left(D_f^{\mathbf{p}_k}(\mathbf{x},\mathbf{x}_k)+g(\mathbf{x})\right)\Big|_{\mathbf{x}=\mathbf{x}_{k+1}}=\partial f(\mathbf{x}_{k+1})-\mathbf{p}_k+\nabla g(\mathbf{x}_{k+1}) \tag{3.3.40}$$

故迭代步骤（ii）中关于次梯度的迭代成立.

定理 3.3.15 设优化问题（3.3.37）中$f(\mathbf{x})$为连续凸函数（不一定光滑），$g(\mathbf{x})$为光滑凸函数，且任给$\mathbf{x}\in\mathbb{R}^m$有$f(\mathbf{x})<+\infty$，记$\mathbf{x}^*=\arg\min_{\mathbf{x}} g(\mathbf{x})$，则

（1）Bregman 算法迭代解关于函数$g(\mathbf{x})$单调下降，即$g(\mathbf{x}_{k+1})\leqslant g(\mathbf{x}_k)$；

（2）Bregman 算法迭代解收敛到函数$g(\mathbf{x})$的极小值，即$g(\mathbf{x}_k)\leqslant g(\mathbf{x}^*)+f(\mathbf{x}^*)/k$.

定理 3.3.15 表明 Bregman 算法的迭代解在$f(\mathbf{x})$有界条件下最终收敛到$g(\mathbf{x})$的极小值点. 该性质是 Bregman 算法与一般稀疏重构算法的主要区别，这也是 Bregman 算法在图像处理领域得到广泛应用的原因.

下面在 Bregman 算法基本框架下重点探讨压缩感知两类具体重构算法：线性 Bregman 算法[26]与分裂 Bregman 算法[27].

线性 Bregman 算法利用一阶泰勒展开对光滑函数$g(\mathbf{x})$在$\mathbf{x}_k$处做线性逼近，即

$$g(\mathbf{x})=g(\mathbf{x}_k)+\langle\nabla g(\mathbf{x}_k),\mathbf{x}-\mathbf{x}_k\rangle+\frac{1}{2\delta}\|\mathbf{x}-\mathbf{x}_k\|_2^2 \tag{3.3.41}$$

其中上式第三项为高阶无穷小项，代入 Bregman 算法迭代步骤（i）中有

$$\begin{aligned}\mathbf{x}_{k+1}&=\arg\min_{\mathbf{x}} D_f^{\mathbf{p}_k}(\mathbf{x},\mathbf{x}_k)+g(\mathbf{x}_k)+\langle\nabla g(\mathbf{x}_k),\mathbf{x}-\mathbf{x}_k\rangle+\frac{1}{2\delta}\|\mathbf{x}-\mathbf{x}_k\|_2^2\\&=\arg\min_{\mathbf{x}} D_f^{\mathbf{p}_k}(\mathbf{x},\mathbf{x}_k)+\frac{1}{2\delta}\|\mathbf{x}-\mathbf{x}_k+\delta\nabla g(\mathbf{x}_k)\|_2^2\end{aligned} \tag{3.3.42}$$

因此，线性 Bregman 算法迭代主要步骤为

$$\begin{cases}\mathbf{x}_{k+1}=\arg\min_{\mathbf{x}} D_f^{\mathbf{p}_k}(\mathbf{x},\mathbf{x}_k)+\dfrac{1}{2\delta}\|\mathbf{x}-\mathbf{x}_k+\delta\nabla g(\mathbf{x}_k)\|_2^2\\\mathbf{p}_{k+1}=\mathbf{p}_k-\nabla\left(\dfrac{1}{2\delta}\|\mathbf{x}-\mathbf{x}_k+\delta\nabla g(\mathbf{x}_k)\|_2^2\right)\Bigg|_{\mathbf{x}=\mathbf{x}_{k+1}}\end{cases} \tag{3.3.43}$$

特别地，在压缩感知中当 $f(\mathbf{x})=\lambda\|\mathbf{x}\|_1$， $g(\mathbf{x})=\|\mathbf{y}-\mathbf{A}\mathbf{x}\|_2^2/2$ 时，有

$$\begin{cases}\nabla g(\mathbf{x})=\mathbf{A}^{\mathrm{T}}\left(\mathbf{A}\mathbf{x}-\mathbf{y}\right)\\ D_f^{\mathbf{p}_k}\left(\mathbf{x},\mathbf{x}_k\right)=\lambda\|\mathbf{x}\|_1-\lambda\|\mathbf{x}_k\|_1-\left\langle\mathbf{p}_k,\mathbf{x}-\mathbf{x}_k\right\rangle\end{cases}\tag{3.3.44}$$

将式（3.3.44）代入（3.3.43），压缩感知中稀疏重构的迭代步骤为

$$\begin{cases}\mathbf{x}_{k+1}=\arg\min\limits_{\mathbf{x}}\lambda\|\mathbf{x}\|_1+\dfrac{1}{2\delta}\left\|\mathbf{x}-\mathbf{x}_k+\delta\mathbf{A}^{\mathrm{T}}\left(\mathbf{A}\mathbf{x}_k-\mathbf{y}\right)-\delta\mathbf{p}_k\right\|_2^2\\ \mathbf{p}_{k+1}=\mathbf{p}_k-\nabla\left(\dfrac{1}{2\delta}\left\|\mathbf{x}-\mathbf{x}_k+\delta\mathbf{A}^{\mathrm{T}}\left(\mathbf{A}\mathbf{x}_k-\mathbf{y}\right)\right\|_2^2\right)\Bigg|_{\mathbf{x}=\mathbf{x}_{k+1}}\end{cases}\tag{3.3.45}$$

由求解（3.3.24）的收缩阈值算子 S 可较容易地求解（3.3.45）中第一个模型，因此，稀疏重构模型的线性 Bregman 算法步骤如表 3.3.3 所示.

表 3.3.3　稀疏重构模型的线性 Bregman 算法步骤

稀疏重构模型的线性 Bregman 算法步骤
（1）输入：目标函数 $f(\mathbf{x})+g(\mathbf{x})$，其中 $f(\mathbf{x})=\lambda\|\mathbf{x}\|_1$， $g(\mathbf{x})=\|\mathbf{y}-\mathbf{A}\mathbf{x}\|_2^2/2$.
（2）初始化：初始点 $\mathbf{x}_0=\mathbf{0}\in\mathbb{R}^m$，初始次梯度 $\mathbf{p}_0=\mathbf{0}\in\mathbb{R}^m$， $k=0$.
（3）迭代：
（i） $\mathbf{x}_{k+1}=S_{\lambda\delta}(\mathbf{x}_k-\delta\mathbf{A}^{\mathrm{T}}\left(\mathbf{A}\mathbf{x}_k-\mathbf{y}\right)+\delta\mathbf{p}_k)$；
（ii） $\mathbf{p}_{k+1}=\mathbf{p}_k-\delta^{-1}\left(\mathbf{x}_{k+1}-\mathbf{x}_k+\delta\mathbf{A}^{\mathrm{T}}\left(\mathbf{A}\mathbf{x}_k-\mathbf{y}\right)\right)$；
（iii） $k\leftarrow k+1$.
（4）迭代直到收敛，输出： $\mathbf{x}_{k+1}$.

稀疏重构模型的线性 Bregman 算法相比迭代收缩阈值算法除了包含阈值收缩步骤，还考虑了次梯度的迭代优化，因此算法对模型的逼近项具有更优性能. 事实上，从模型视角看， $f(\mathbf{x})=\lambda\|\mathbf{x}\|_1$ 仅表示了信号本身的稀疏性，若信号在变换域具有稀疏性，则 $f(\mathbf{x})$ 变化为 $f(\mathbf{x})=\lambda\|\mathbf{\Phi}\mathbf{x}\|_1$，其中， $\mathbf{\Phi}$ 表示稀疏变换基或字典. 令 $\mathbf{d}=\mathbf{\Phi}\mathbf{x}$，则模型（3.3.37）等价于

$$\min_{\mathbf{x},\mathbf{d}\in\mathbb{R}^m}\lambda\|\mathbf{d}\|_1+g(\mathbf{x})\quad \text{s.t.}\ \mathbf{d}=\mathbf{\Phi}\mathbf{x}\tag{3.3.46}$$

由 Lagrange 乘子法，模型进一步转化为

$$\min_{\mathbf{x},\mathbf{d}\in\mathbb{R}^m}\lambda\|\mathbf{d}\|_1+g(\mathbf{x})+\frac{1}{2\delta}\|\mathbf{d}-\mathbf{\Phi}\mathbf{x}\|_2^2\tag{3.3.47}$$

其中，$\delta>0$ 为惩罚参数. 显然 Bregman 算法适用于上式，令 $E(\mathbf{d},\mathbf{x})=\lambda\|\mathbf{d}\|_1+g(\mathbf{x})$，则由 Bregman 算法步骤可知，此时

$$\begin{cases}\left(\mathbf{x}_{k+1},\mathbf{d}_{k+1}\right)=\arg\min\limits_{\mathbf{x},\mathbf{d}} D_E^{\mathbf{p}_k^{\mathbf{x}},\mathbf{p}_k^{\mathbf{d}}}\left(\mathbf{x},\mathbf{d},\mathbf{x}_k,\mathbf{d}_k\right)+\dfrac{1}{2\delta}\|\mathbf{d}-\mathbf{\Phi}\mathbf{x}\|_2^2 \\ \qquad\qquad\qquad =\arg\min\limits_{\mathbf{x},\mathbf{d}} E\left(\mathbf{x},\mathbf{d}\right)-\left\langle\mathbf{p}_k^{\mathbf{x}},\mathbf{x}-\mathbf{x}_k\right\rangle-\left\langle\mathbf{p}_k^{\mathbf{d}},\mathbf{d}-\mathbf{d}_k\right\rangle+\dfrac{1}{2\delta}\|\mathbf{d}-\mathbf{\Phi}\mathbf{x}\|_2^2 \\ \mathbf{p}_{k+1}^{\mathbf{x}}=\mathbf{p}_k^{\mathbf{x}}-\delta^{-1}\mathbf{\Phi}^{\mathrm{T}}\left(\mathbf{\Phi}\mathbf{x}_{k+1}-\mathbf{d}_{k+1}\right) \\ \mathbf{p}_{k+1}^{\mathbf{d}}=\mathbf{p}_k^{\mathbf{d}}-\delta^{-1}\left(\mathbf{d}_{k+1}-\mathbf{\Phi}\mathbf{x}_{k+1}\right)\end{cases} \tag{3.3.48}$$

考虑到 Bregman 算法的初始值一般设次梯度为零，因此，(3.3.48) 关于次梯度的迭代可表示为

$$\begin{cases}\mathbf{p}_{k+1}^{\mathbf{x}}=\mathbf{p}_k^{\mathbf{x}}-\delta^{-1}\mathbf{\Phi}^{\mathrm{T}}\left(\mathbf{\Phi}\mathbf{x}_{k+1}-\mathbf{d}_{k+1}\right)=-\delta^{-1}\mathbf{\Phi}^{\mathrm{T}}\sum\limits_{i=1}^{k+1}\left(\mathbf{\Phi}\mathbf{x}_i-\mathbf{d}_i\right) \\ \mathbf{p}_{k+1}^{\mathbf{d}}=\mathbf{p}_k^{\mathbf{d}}-\delta^{-1}\left(\mathbf{d}_{k+1}-\mathbf{\Phi}\mathbf{x}_{k+1}\right)=\delta^{-1}\sum\limits_{i=1}^{k+1}\left(\mathbf{\Phi}\mathbf{x}_i-\mathbf{d}_i\right)\end{cases} \tag{3.3.49}$$

定义 $\mathbf{b}_{k+1}=\mathbf{b}_k+\left(\mathbf{\Phi}\mathbf{x}_{k+1}-\mathbf{d}_{k+1}\right)=\sum\limits_{i=1}^{k+1}\left(\mathbf{\Phi}\mathbf{x}_i-\mathbf{d}_i\right)$，其中 $\mathbf{b}_0=\mathbf{0}$. 则 (3.3.49) 可以重写为

$$\begin{cases}\mathbf{p}_{k+1}^{\mathbf{x}}=-\delta^{-1}\mathbf{\Phi}^{\mathrm{T}}\mathbf{b}_{k+1} \\ \mathbf{p}_{k+1}^{\mathbf{d}}=\delta^{-1}\mathbf{b}_{k+1}\end{cases} \tag{3.3.50}$$

将 (3.3.50) 代入 (3.3.48) 中第一式中有

$$\begin{aligned}\left(\mathbf{x}_{k+1},\mathbf{d}_{k+1}\right)&=\arg\min_{\mathbf{x},\mathbf{d}} E\left(\mathbf{x},\mathbf{d}\right)+\frac{1}{\delta}\left\langle\mathbf{b}_k,\mathbf{\Phi}\mathbf{x}-\mathbf{d}\right\rangle+\frac{1}{2\delta}\|\mathbf{d}-\mathbf{\Phi}\mathbf{x}\|_2^2 \\ &=\arg\min_{\mathbf{x},\mathbf{d}} E\left(\mathbf{x},\mathbf{d}\right)+\frac{1}{2\delta}\|\mathbf{d}-\mathbf{\Phi}\mathbf{x}-\mathbf{b}_k\|_2^2\end{aligned} \tag{3.3.51}$$

将 $E(\mathbf{d},\mathbf{x})=\lambda\|\mathbf{d}\|_1+g(\mathbf{x})$ 代入上式，可利用交替优化策略进行求解，即

$$\begin{cases}\mathbf{x}_{k+1}=\arg\min\limits_{\mathbf{x}} g\left(\mathbf{x}\right)+\dfrac{1}{2\delta}\|\mathbf{d}_k-\mathbf{\Phi}\mathbf{x}-\mathbf{b}_k\|_2^2 \\ \mathbf{d}_{k+1}=\arg\min\limits_{\mathbf{d}} \lambda\|\mathbf{d}\|_1+\dfrac{1}{2\delta}\|\mathbf{d}-\mathbf{\Phi}\mathbf{x}_k-\mathbf{b}_k\|_2^2\end{cases} \tag{3.3.52}$$

易知，(3.3.52) 中的两个子问题可通过 Euler-Lagrange 方程方法与收缩阈值算子分别求解，这里不再赘述. 综合上面分析，求解稀疏重构模型的分裂 Bregman 算法如表 3.3.4 所示.

表 3.3.4　稀疏重构模型的分裂 Bregman 算法步骤

稀疏重构模型的分裂 Bregman 算法步骤
（1）输入：目标函数 $f(\mathbf{x})+g(\mathbf{x})$，其中 $f(\mathbf{x})=\lambda\|\boldsymbol{\Phi}\mathbf{x}\|_1$， $g(\mathbf{x})=\|\mathbf{y}-\mathbf{A}\mathbf{x}\|_2^2/2$.
（2）初始化：初始点 $\mathbf{x}_0=\mathbf{0}\in\mathbb{R}^m$， $\mathbf{d}_0=\mathbf{0}\in\mathbb{R}^m$，初始次梯度 $\mathbf{b}_0=\mathbf{0}\in\mathbb{R}^m$， $k=0$.
（3）迭代：
（i） $\mathbf{x}_{k+1}=\arg\min\limits_{\mathbf{x}} g(\mathbf{x})+\frac{1}{2\delta}\|\mathbf{d}_k-\boldsymbol{\Phi}\mathbf{x}-\mathbf{b}_k\|_2^2$；
（ii） $\mathbf{d}_{k+1}=\arg\min\limits_{\mathbf{d}} \lambda\|\mathbf{d}\|_1+\frac{1}{2\delta}\|\mathbf{d}-\boldsymbol{\Phi}\mathbf{x}_k-\mathbf{b}_k\|_2^2$；
（iii） $\mathbf{b}_{k+1}=\mathbf{b}_k+(\boldsymbol{\Phi}\mathbf{x}_{k+1}-\mathbf{d}_{k+1})$；
（iv） $k\leftarrow k+1$.
（4）迭代直到收敛，输出： $\mathbf{x}_{k+1}$.

上面具体探讨了 Bregman 算法的两种具体形式，事实上，求解极小化 ℓ_1 范数优化问题的凸优化算法远不止上述涉及的基追踪算法、投影梯度算法、迭代收缩阈值算法以及 Bregman 算法，还包括不动点延拓算法[28-29]、结合 Pareto 曲线求根算法[30]等，这些算法在保证求解精度的条件下，能够大幅提高计算效率. 最后，给出一点说明，本节凸优化算法都是在实空间中讨论的，事实上完全可推广至复空间中，这里不再赘述.

3.4　其他算法

本节主要探讨贪婪算法与凸优化算法之外的其他算法，主要针对极小化 ℓ_q（$0<q<1$）范数优化问题，包括迭代重加权最小二乘算法[31-32]、迭代重加权 ℓ_1 范数最小化算法[33-34]以及稀疏贝叶斯学习算法[35]等. 这里同样先考虑实空间里的算法设计问题.

考虑极小化 ℓ_q（$0<q<1$）范数优化问题：

$$\min_{\mathbf{x}} \|\mathbf{x}\|_q^q \quad \text{s.t. } \mathbf{y}=\mathbf{A}\mathbf{x} \tag{3.4.1}$$

易知该式和式(3.1.1)中的 (P_q) 问题等价. 从模型的视角看，极小化 ℓ_q（$0<q<1$）范数优化问题的主要优势在于，该模型比极小化 ℓ_1 范数优化问题需要更少的测量数据完成信号的精确重构，且当 q 越小所需的测量数据越少. 然而，ℓ_q（$0<q<1$）范数的非凸性质使得极小化 ℓ_q 优化问题求解困难，容易陷入局部极小值. 同时 ℓ_q 范数在原点的不光滑，也给优化问题（3.4.1）求解带来很多不便，因此求解优化问题（3.4.1）的一般思路是克服范数的非光滑性. 为此采用逼近思想，设 $h(\mathbf{x},\varepsilon,q)$

为一光滑函数，且有

$$\lim_{\varepsilon \to 0} h(\mathbf{x}, \varepsilon, q) = \|\mathbf{x}\|_q^q \tag{3.4.2}$$

则可以利用下面优化问题的解逼近原问题的解 $\mathbf{x}^*$：

$$\mathbf{x}_\varepsilon = \arg\min_{\mathbf{x}} h(\mathbf{x}, \varepsilon, q) \quad \text{s.t.}\ \mathbf{y} = \mathbf{A}\mathbf{x} \tag{3.4.3}$$

即 $\lim_{\varepsilon \to 0} \mathbf{x}_\varepsilon = \mathbf{x}^*$. 此时，问题的核心变为如何构造合适的逼近函数 $h(\mathbf{x}, \varepsilon, q)$.

3.4.1 迭代重加权最小二乘算法

设压缩感知中的测量矩阵 $\mathbf{A}$ 为行满秩矩阵，若观测过程不存在噪声，则考虑优化问题：

$$\min_{\mathbf{x}} \|\mathbf{x}\|_2^2 \quad \text{s.t.}\ \mathbf{y} = \mathbf{A}\mathbf{x} \tag{3.4.4}$$

此时，由 Lagrange 乘子法可求解：$\mathbf{x} = \mathbf{A}^{\mathrm{T}} \left(\mathbf{A}\mathbf{A}^{\mathrm{T}}\right)^{-1} \mathbf{y}$. 若观测过程存在噪声，则考虑优化问题：

$$\min_{\mathbf{x}} \|\mathbf{x}\|_2^2 \quad \text{s.t.}\ \|\mathbf{y} - \mathbf{A}\mathbf{x}\|_2^2 \leqslant \eta \tag{3.4.5}$$

类似地利用 Lagrange 乘子法将约束问题转化为无约束问题：

$$\min_{\mathbf{x}} \|\mathbf{y} - \mathbf{A}\mathbf{x}\|_2^2 + \lambda \|\mathbf{x}\|_2^2 \tag{3.4.6}$$

其中，$\lambda > 0$ 为正则化参数. 易知模型的解为

$$\mathbf{x} = \left(\mathbf{A}^{\mathrm{T}}\mathbf{A} + \lambda \mathbf{I}\right)^{-1} \mathbf{A}^{\mathrm{T}} \mathbf{y} \tag{3.4.7}$$

当 $\lambda > 0$ 充分大时，（3.4.5）式总是成立. 综上所述，不论观测过程是否存在噪声，极小化 ℓ_2 范数优化问题（3.4.4）与（3.4.5）总存在最小二乘解.

更一般地，考虑无噪情况下的极小化重加权 ℓ_2 范数优化问题：

$$\min_{\mathbf{x}} \sum_{i=1}^{m} w_i x_i^2 \quad \text{s.t.}\ \mathbf{y} = \mathbf{A}\mathbf{x} \tag{3.4.8}$$

其中，任给 $i \in [m]$，有 $w_i > 0$. 上式可视为优化问题（3.4.4）的推广，易知其解为

$$\mathbf{x} = \mathbf{W}^{-1}\mathbf{A}^{\mathrm{T}} \left(\mathbf{A}\mathbf{W}^{-1}\mathbf{A}^{\mathrm{T}}\right)^{-1} \mathbf{y} \tag{3.4.9}$$

其中，$\mathbf{W} = \mathrm{diag}(\mathbf{w})$，$\mathbf{w} = [w_1, w_2, \cdots, w_m]^{\mathrm{T}}$. 类似地，通过式（3.4.5）—（3.4.7）也可以求解含噪情况下的极小化重加权 ℓ_2 范数优化问题，这里直接给出问题的解：

$$\mathbf{x} = \left(\mathbf{A}^{\mathrm{T}}\mathbf{A} + \lambda \mathbf{W}\right)^{-1} \mathbf{A}^{\mathrm{T}} \mathbf{y} \tag{3.4.10}$$

现在回到极小化 ℓ_q（$0 < q < 1$）范数优化问题（3.4.1）. 考虑 $h(\mathbf{x}, \varepsilon, q) = \sum_{i=1}^{m} w_i^{q-2} x_i^2$，其中，$w_i > 0$，$i \in [m]$. 由于优化问题

$$\left(P(\mathbf{w})\right):\quad \min_{\mathbf{x}} \sum\nolimits_{i=1}^{m} w_i^{q-2} x_i^2 \quad \text{s.t. } \mathbf{y}=\mathbf{A}\mathbf{x} \tag{3.4.11}$$

是问题（3.4.8）的特例，因此可以参考（3.4.9）求解，类似地对于含噪情况可以参考（3.4.10）求解. 通过迭代求解模型（3.4.11）可以求解极小化 ℓ_q（$0<q<1$）范数优化问题（3.4.1）. 考虑迭代格式：

$$\begin{cases} \mathbf{w}_{k+1}=\left|\mathbf{x}_k\right| \\ \mathbf{x}_{k+1}=\arg P(\mathbf{w}_{k+1}) \end{cases} \tag{3.4.12}$$

若迭代收敛，则当 k 充分大时，有 $\lim\limits_{k\to 0}\mathbf{x}_k=\mathbf{x}^*$，且 $\mathbf{w}_k=\left|\mathbf{x}_k\right|$，此时

$$h\left(\mathbf{x},\varepsilon,q\right)=\sum\nolimits_{i=1}^{m} w_i^{q-2}x_i^2=\sum\nolimits_{i=1}^{m}\left|x_i\right|^q=\left\|\mathbf{x}\right\|_q^q \tag{3.4.13}$$

因此，$\mathbf{x}^*$ 也是优化问题（3.4.1）的解. 算法的收敛性分析见文献[36]，此外，为了提升算法的稳健性，还可以考虑其他逼近函数[37]：

$$h\left(\mathbf{x},\varepsilon,q\right)=\sum\nolimits_{i=1}^{m}\left(w_i^2+\varepsilon\right)^{q/2-1}x_i^2$$

其中，$\varepsilon>0$ 为非常小的正数.

3.4.2　迭代重加权 ℓ_1 最小化算法

3.4.1 小节探讨了利用最小二乘算法逼近求解极小化化 ℓ_q（$0<q<1$）范数优化问题，本小节探讨利用极小化 ℓ_1 范数优化问题的求解算法逼近求解极小化化 ℓ_q（$0<q<1$）范数优化问题.

首先令 $\mathbf{w}=\left[w_1,w_2,\cdots,w_m\right]^{\mathrm{T}}$，其中 $w_i>0$，$i\in[m]$，考虑重加权极小化 ℓ_1 范数优化问题：

$$\min_{\mathbf{x}} \sum\nolimits_{i=1}^{m} w_i\left|x_i\right| \quad \text{s.t. } \mathbf{y}=\mathbf{A}\mathbf{x} \tag{3.4.14}$$

上式等价于

$$\min_{\mathbf{z}} \left\|\mathbf{z}\right\|_1 \quad \text{s.t. } \mathbf{y}=\mathbf{A}\mathbf{W}^{-1}\mathbf{z} \tag{3.4.15}$$

其中，$\mathbf{W}=\mathrm{diag}(\mathbf{w})$. 因此可以使用 3.3 节介绍的凸优化算法进行求解.

考虑更一般的优化问题：

$$\left(P(\mathbf{w})\right):\quad \min_{\mathbf{x}} \sum\nolimits_{i=1}^{m}\left[1\big/\left(w_i+\varepsilon\right)^{1-q}\right]\left|x_i\right| \quad \text{s.t. } \mathbf{y}=\mathbf{A}\mathbf{x} \tag{3.4.16}$$

其中，$\varepsilon>0$ 为非常小的正数，$0<q<1$. 该问题是模型（3.4.14）的推广，因此可以采用类似的策略求解. 进一步考虑迭代：

$$\begin{cases} \mathbf{w}_{k+1}=\left|\mathbf{x}_k\right| \\ \mathbf{x}_{k+1}=\arg P(\mathbf{w}_{k+1}) \end{cases} \tag{3.4.17}$$

若迭代收敛，则当 k 充分大时，有 $\lim_{k\to 0}\mathbf{x}_k=\mathbf{x}^*$，且 $\mathbf{w}_k=|\mathbf{x}_k|$，此时

$$h(\mathbf{x},\varepsilon,q)=\sum_{i=1}^{m}\left[1/(w_i+\varepsilon)^{1-q}\right]|x_i|=\sum_{i=1}^{m}|x_i|^q=\|\mathbf{x}\|_q^q \tag{3.4.18}$$

因此，$\mathbf{x}^*$ 也是优化问题（3.4.1）的解. 算法的收敛性分析见下面定理.

定理 3.4.1　任给非增正数序列 $\{\varepsilon_k\}$，以及满足约束条件 $\mathbf{y}=\mathbf{A}\mathbf{x}$ 的初始点 $\mathbf{x}_0$，则由式（3.4.17）中迭代的解序列 $\{\mathbf{x}_k\}$ 必然存在收敛子列.

定理 3.4.2　假设极小化 ℓ_q（$0<q<1$）范数优化问题（3.4.1）存在稀疏解 $\mathbf{x}^*$，若存在 $\eta>0$ 使得对某一迭代步数 k_0，有 $\varepsilon_{k_0}<\eta$ 且 $\|\mathbf{x}_{k_0}-\mathbf{x}^*\|_\infty<\eta$，则任给 $k>k_0$，有 $\mathbf{x}_k=\mathbf{x}^*$.

定理中向量的无穷范数定义为向量元素绝对值中的最大者. 定理的证明见文献[34]. 定理说明，在一定条件下迭代重加权最小化 ℓ_1 算法能够很好地逼近极小化 ℓ_q（$0<q<1$）范数优化问题的解.

3.4.3　稀疏贝叶斯学习算法

稀疏贝叶斯学习（sparse Bayesian learning，SBL）最初作为机器学习算法于 2001 年前后提出，随后被引入到压缩感知领域内. 与广泛使用的基于凸优化等算法相比，SBL 具有显著的优势：①在无噪声况下，除非满足某些严格的条件，凸优化算法的全局极小点并非真正的最稀疏的解，因此，在实际中若真值是最稀疏的解时，采用 SBL 获得结果更好. ②当测量矩阵相关性较强时，矩阵的可重构条件较差，传统贪婪算法、凸优化算法等此时难以取得较好的重构效果，SBL 依然有效. ③SBL 实际上等价于一种迭代重加权 ℓ_1 最小化算法，而其第一步就是凸优化模型，因此更容易获得稀疏解. ④在实际应用中，更多的稀疏性先验可以通过 SBL 使用. 事实上，SBL 是从统计的视角重新审视稀疏重构模型与算法的.

压缩感知对应的正过程基本模型可以表示为

$$\mathbf{y}=\mathbf{A}\mathbf{x}+\boldsymbol{\varepsilon} \tag{3.4.19}$$

其中，$\boldsymbol{\varepsilon}\sim\mathcal{N}(\mathbf{0},\sigma^2\mathbf{I})$. 易知，$\mathbf{y}\sim\mathcal{N}(\mathbf{A}\mathbf{x},\sigma^2\mathbf{I})$. 现需要重构原始信号 $\mathbf{x}$，其先验分布假设服从高斯分布，其概率密度函数为

$$p(\mathbf{x})=C\exp\left(-\sum_{i=1}^{m}|x_i|^q\right)=C\exp\left(-\|\mathbf{x}\|_q^q\right) \tag{3.4.20}$$

其中，$C>0$ 为概率密度函数的归一化常数. 由贝叶斯估计原理有，原始信号 $\mathbf{x}$ 的极大后验概率（maximum a posteriori，MAP）估计为

$$\mathbf{x}_{\text{MAP}}=\arg\max_{\mathbf{x}} p(\mathbf{x}|\mathbf{y})=\arg\max_{\mathbf{x}}\frac{p(\mathbf{y}|\mathbf{x})p(\mathbf{x})}{p(\mathbf{y})} \tag{3.4.21}$$

上式等价于

$$\min_{\mathbf{x}} \|\mathbf{y}-\mathbf{A}\mathbf{x}\|_2^2+\lambda\|\mathbf{x}\|_q^q \tag{3.4.22}$$

其中，参数 λ 依赖于 σ^2. 这表明求解模型（3.4.21）等价于求解模型（3.4.22），因此可以用来解决稀疏重构问题. 此外，从模型视角看，模型（3.4.21）能够通过先验分布 $p(\mathbf{x})$ 提供更多的稀疏先验的类型，例如

$$p(\mathbf{x})=\begin{cases}\prod_{i=1}^{m}\sqrt{2\pi\gamma_i}\exp\left(-\dfrac{x_i^2}{2\gamma_i}\right)\\ \prod_{i=1}^{m}\dfrac{1}{2\gamma_i}\exp\left(-\dfrac{|x_i|}{\gamma_i}\right)\\ \sum_{j=1}^{J}p\left(\mathbf{x}|H_i\right)p\left(H_i\right)\end{cases} \tag{3.4.23}$$

其中，$\boldsymbol{\gamma}=\left[\gamma_1,\gamma_2,\cdots,\gamma_m\right]^{\mathrm{T}}$ 为隐参数（或超参数），决定了 $\mathbf{x}$ 的稀疏性.

下面针对 MAP 估计问题（3.4.21），重点讨论基于 EM 算法的稀疏贝叶斯学习算法的基本思想. EM（expectation maximization）算法是统计学中经典算法，也是数据挖掘（如聚类）的经典算法之一，主要应用于含有隐变量的概率参数模型的极大似然估计（maximum likelihood estimation，MLE）以及 MAP 估计. 其基本步骤主要包括 E 步与 M 步，其中 E 步主要利用个观测数据 $\mathbf{y}$ 与隐变量的估计值 $\boldsymbol{\gamma}$，求取变量 $\mathbf{x}$ 的期望，M 步主要是给定观测数据 $\mathbf{y}$ 与变量 $\mathbf{x}$ 值后对隐参数 $\boldsymbol{\gamma}$ 进行极大似然估计. 进而交替估计直到算法收敛. 当然该算法也有一定的局限性，例如对初始值敏感，结果随不同的初始值而波动较大. 总的来说，EM 算法收敛性很大程度上取决于其初值选择. 这里不再赘述，具体参考文献[38].

总体而言，极小化 ℓ_q（$0<q<1$）范数优化问题的求解算法一般而言要优于 ℓ_1 范数凸优化的结果，但文献[39]指出：加权最小二乘迭代和加权 ℓ_1 范数迭代等常用算法得到的结果，并不能一致地优于 ℓ_1 范数凸优化的结果.

参 考 文 献

[1] Mallat S G，Zhang Z. Matching pursuits with time-frequency dictionaries[J]. IEEE Transactions on Signal Processing，1993，41（12）：3397-3415.

[2] Tropp J. Greed is good：Algorithmic results for sparse approximation[J]. IEEE Transactions on Information Theory，2006，50：2231-2342.

[3] Tropp J A，Gilbert A C. Signal recovery from random measurements via orthogonal matching

pursuit[J]. IEEE Transactions on Information Theory，2007，53（12）：4655-4666.

[4] Dai W，Milenkovic O. Subspace pursuit for compressive sensing signal reconstruction[J]. IEEE Transactions on Information Theory，2009，55（5）：2230-2249.

[5] Donoho D L，Tsaig Y，Drori I，et al. Sparse solution of underdetermined linear equations by stagewise orthogonal matching pursuit（StOMP）[J]. IEEE Transactions on Information Theory，2012，58（2）：1094-1121.

[6] Needell D，Vershynin R. Signal recovery from incomplete and inaccurate measurements via regularized orthogonal matching pursuit[J]. IEEE Journal of Selected Topics in Signal Processing，2010，4（2）：310-316.

[7] Needell D，Vershynin R. Uniform uncertainty principle and signal recovery via regularized orthogonal matching pursuit[J]. Foundations of Computational Mathematics，2009，9（3）：317-334.

[8] Needell D，Tropp J A. CoSaMP：Iterative signal recovery from incomplete and inaccurate samples[J]. Applied and Computational Harmonic Analysis，2009，26：301-321.

[9] Tibshirani R. Regression shrinkage and selection via the LASSO[J]. Journal of the Royal Statistical Society. Series B：Methodological，1996，58：267-288.

[10] Chen S S，Donoho D L，Saunders M A. Atomic decomposition by basis pursuit[J]. SIAM Review，2001，43：129-159.

[11] Candès E，Romberg J. L1-magic：Recovery of sparse signals via convex programming [EB/OL]. http://www.acm.caltech.edu/l1magic/.

[12] Sturm J F. SeDuMi：Optimization over symmetric cones[EB/OL]. https://sedumi.ie.lehigh.edu/.

[13] Anderson E. Mathematical Programming System[EB/OL]. http://www.mosek.com.

[14] Donoho D，Stodden V，Tsaig Y. SparseLab software[EB/OL]. http://sparselab.stanford.edu.

[15] Saunders M A. PDCO：Primal-Dual interior method for convex objectives [EB/OL]. http://www.stanford.edu/group/SOL/software/pdco.html.

[16] 陈宝林. 最优化理论与算法[M]. 北京：清华大学出版社，2005.

[17] 王景恒. 最优化理论与方法[M]. 北京：北京理工大学出版社，2018.

[18] 韦增欣，陆莎. 非线性优化算法[M]. 北京：科学出版社，2016.

[19] Birgin E G，Martinez J M，Raydan M. Inexact spectral projected gradient methods on convex sets[J]. IMA Journal of Numerical Analysis，2003，23：539-559.

[20] Beck A，Teboulle M. A fast iterative shrinkage-thresholding algorithm for linear inverse problems[J]. SIAM Journal on Imaging Sciences，2009，2（1）：183-202.

[21] Bioucas-Dias J M，Figueiredo M. A new twIst：Two-step iterative shrinkage/thresholding algorithms for image restoration[J]. IEEE Tran. Image Process，2007，16（12）：2992-3004.
[22] Maleki A，Donoho D L. Optimally tuned iterative reconstruction algorithms for compressed sensing[J]. IEEE Journal of Selected Topics in Signal Processing，2010，4（2）：330-341.
[23] 庆娜，李萌萌，于盼盼. 凸分析讲义[M]. 北京：科学出版社，2019.
[24] 高岩. 非光滑优化[M]. 北京：科学出版社，2018.
[25] Yin W，Osher S，Goldfarb D. Bregman iterative algorithms for ℓ_1-minimization with applications to compressed sensing[J]. SIAM Journal on Imaging Sciences，2008，1（1）：143-168.
[26] Cai J F，Osher S，Shen Z. Linearized Bregman iterations for compressed sensing[J]. Mathematics of Computation，2009，78（267）：1515-1536.
[27] Yang Y，Möller M，Osher S. A dual split Bregman method for fast ℓ_1 minimization[J]. Mathematics of Computation，2013，82（284）：2061-2085.
[28] Hale E T，Yin W，Zhang Y. Fixed-point continuation for ℓ_1-minimization：Methodology and convergence[J]. SIAM Journal on Optimization，2008，19：1107-1130.
[29] Peng X，Bin L，Ran T，et al. Generalized fixed-point continuation method：Convergence and application[J]. IEEE Transactions on Signal Processing，2020，68：5746-5758.
[30] Berg E，Friedlander M P. Probing the Pareto frontier for basis pursuit solutions[J]. SIAM Journal on Scientific Computing，2008，31（2）：890-912.
[31] Chartrand R. Exact reconstruction of sparse signals via nonconvex minimization[J]. IEEE Signal Processing Letters，2007，14（10）：707-710.
[32] Chartrand R，Staneva V. Restricted isometry properties and nonconvex compressive sensing[J]. Inverse Problems，2008，24：1-14.
[33] Candès E J，Wakin M B，Boyd S P. Enhancing sparsity by reweighted ℓ_1 minimization[J]. Journal of Fourier Analysis and Applications，2008，14（5）：877-905.
[34] Foucart S，Lai M J. Sparsest solutions of underdetermined linear systems via ℓ_q minimization for $0<q\leqslant 1$ [J]. Applied and Computational Harmonic Analysis，2009，26（3）：395-407.
[35] Larsson E G，Selen Y. Linear regression with a sparse parameter vector[J]. IEEE Transactions on Signal Processing，2007，55（2）：451-460.
[36] Bhaskar D R，Kenneth K. An affine scaling methodology for best basis selection[J]. 1999，47（1）：187-200.
[37] Chartrand R，Yin W. Iteratively reweighted algorithms for compressive sensing[C]. IEEE International Conference on Acoustics，Speech and Signal Processing，2008：3869-3872.

[38] Dempster A P. Maximum likelihood from incomplete data via the EM algorithm[J]. Journal of the Royal Statistical Society. Series B：Methodological，1977，39（1）：1-38.

[39] Davies M E，Gribonval R. Restricted isometry constants where ℓ_q sparse recovery can fail for $0 < q \leqslant 1$ [J]. IEEE Transactions on Information Theory，2009，55（5）：2203-2214.

第4章　测量矩阵的可重构条件分析

4.1　引　　言

通过前面章节中的稀疏表示理论与方法、稀疏重构模型与算法等的介绍，压缩感知理论貌似已经完备了，即要求信号具有稀疏性先验，且可以通过稀疏重构模型与算法进行求解，但还有一个核心问题没有解决，即如何保证稀疏重构的解即为压缩感知所期望的解，或者等价地说，测量矩阵在满足何种条件时稀疏重构的解就是压缩感知所期望的解. 测量矩阵的可重构条件是指：使得“稀疏约束最优化”能够精确（不含噪）和稳定（含噪）恢复原信号所需的条件，一般通过测量矩阵的某种性质度量给出.

压缩感知理论经典文献中，描述 ℓ_1 范数最优化可重构条件的工具为 Candès 和 Tao 提出的约束等距性质（restricted isometry property，RIP）[1]，其后有一系列文献提出了各种不同的 RIP. Baraniuk 等[2]利用 Johnson-Lindenstrauss （JL）引理、随机投影的中心不等式等数学工具证明了高斯、伯努利等随机矩阵，能以极高的概率满足 RIP. 然而对于任意给定的矩阵，验证其是否满足 RIP 已被证明是 NP-hard 问题.

Zhang[3-4]研究了基于零空间性质（null space property，NSP）的重构条件，然而验证零空间性质也是 NP-hard 问题. d'Aspremont[5]提出了一种利用半正定松弛规划方法验证零空间性质的方法，对于 $m\times n$ 矩阵该方法的计算复杂度为 $O\left(n^4\sqrt{\log n}\right)$. 正如他所指出的，该方法仅能验证小规模问题（即 m, n 的取值较小），且文中的讨论仅限于恢复稀疏度为 $O\left(\sqrt{m}\right)$ 的信号.

Donoho 和 Huo[6]研究了冗余字典下信号的稀疏表示问题，文中定义了字典中原子的相关性，得到了可精确重构的信号的稀疏度与字典的相关性之间的关系，若将测量矩阵与稀疏表示矩阵的乘积矩阵仍看作测量矩阵，则利用文献[6]的结论也可以描述可重构条件. 基于相关性的可重构条件定义简单、便于直观理解且计算复杂度远低于 RIP. Cai 等[7-8]和 Tseng[9]研究了 RIP 与相关性之间的关系，得到了比文献[6]中更弱的、基于相关性的可重构条件. 然而，互相关性只描述了字典中各原子之间相关程度的极值，并没有反映相关程度的普遍情况.

本章首先介绍零空间特性相关概念，包括零空间特性、稳健零空间特性以及鲁棒零空间特性等，通过这些概念进一步给出压缩感知中测量矩阵的可重构条件. 其次，探讨了相关性的概念与性质，分析了利用相关性分析矩阵可重构条件的一般思路，重点对正交匹配追踪算法与基追踪算法的可重构条件进行了分析. 再次，给出了约束等距特性，包括约束等距常数、约束正交常数等基本概念，以及涉及的基本性质，并利用上述概念与性质分析测量矩阵的可重构条件. 然后，分析了随机矩阵的可重构条件，主要包括高斯随机变量的定义与性质，以及集中不等式、随机矩阵的约束等距性质证明等数理统计相关内容. 最后，探讨了测量矩阵的优化设计，即如何改变测量矩阵中元素的生成依据（确定性准则或随机分布）以及其相互之间的关系，使得给定稀疏度时，恢复信号所需的测量数最少；或者给定测量数时，可精确、稳定重构的信号稀疏度最大. 特别需要说明的是，本章部分的定义与定理主要参考了文献[10]，若有不详尽的地方请仔细阅读该文献.

4.2　零空间特性

考虑优化问题：

$$(P_q):\quad \min_{\mathbf{x}\in\mathbb{R}^n}\|\mathbf{x}\|_q \quad \text{s.t.}\ \mathbf{y}=\mathbf{A}\mathbf{x} \tag{4.2.1}$$

以及优化问题：

$$(P_{q,\eta}):\quad \min_{\mathbf{x}\in\mathbb{R}^n}\|\mathbf{x}\|_q \quad \text{s.t.}\ \|\mathbf{y}-\mathbf{A}\mathbf{x}\|_2\leqslant\eta \tag{4.2.2}$$

其中，$\mathbf{A}\in\mathbb{R}^{m\times n}$ 为测量矩阵，且 $m\leqslant n$. 测量矩阵的可重构条件问题可以表述为：当测量矩阵 $\mathbf{A}$ 满足什么条件时，对于任给的稀疏向量 $\mathbf{x}\in\mathbb{R}^n$ 以及压缩采样 $\mathbf{y}=\mathbf{A}\mathbf{x}$，模型（4.2.1）与模型（4.2.2）的解 $\mathbf{x}^*$ 分别满足 $\mathbf{x}=\mathbf{x}^*$ 与 $\|\mathbf{x}-\mathbf{x}^*\|_q^q\leqslant\varepsilon$，其中，$\varepsilon$ 为依赖于 η 的常数.

4.2.1　零空间特性的定义与性质

本节首先考虑测量矩阵的零空间特性，下面给出两个相关定义.

定义 4.2.1　给定矩阵 $\mathbf{A}\in\mathbb{R}^{m\times n}$，以及给定指标集 $S\subseteq[n]$，如果任给 $\mathbf{v}\in\ker(\mathbf{A})\setminus\{\mathbf{0}\}$，有

$$\|\mathbf{v}_S\|_1<\|\mathbf{v}_{\overline{S}}\|_1 \tag{4.2.3}$$

则称 $\mathbf{A}$ 相对 S 满足零空间特性，其中 $\overline{S}$ 为 S 的补集，$\mathbf{v}_S$ 表示由 $\mathbf{v}$ 在支撑集 S 上的取值组成的向量.

定义 4.2.2　给定矩阵 $\mathbf{A}\in\mathbb{R}^{m\times n}$ 与正整数 s，若任给满足 $\text{card}(S)\leqslant s$ 的指标集 $S\subseteq[n]$，$\mathbf{A}$ 相对 S 满足零空间特性，则称 $\mathbf{A}$ 满足 s 阶零空间特性.

注意到 $\|\mathbf{v}\|_1=\|\mathbf{v}_S\|_1+\|\mathbf{v}_{\overline{S}}\|_1$，因此在定义 4.2.1 条件下，式（4.2.3）与下面两式相互等价：

$$\|\mathbf{v}\|_1 < 2\|\mathbf{v}_{\bar{S}}\|_1 \Leftrightarrow 2\|\mathbf{v}_S\|_1 < \|\mathbf{v}\|_1 \tag{4.2.4}$$

且由定义 2.2.3 中最佳 k 项逼近误差可知，若（4.2.3）成立，则 $\|\mathbf{v}\|_1 < 2\sigma_s(\mathbf{v})_1$. 同时，由于上述定义中涉及的非零向量 $\mathbf{v}$ 都位于测量矩阵 $\mathbf{A}$ 的零空间内，因此上述定义叫做零空间特性. 利用零空间特性可以进一步回答开始提出的问题.

定理 4.2.1　给定矩阵 $\mathbf{A} \in \mathbb{R}^{m\times n}$ 以及指标集 $S \subseteq [n]$，则任给以 S 为支撑集的向量 $\mathbf{x} \in \mathbb{R}^n$ 以及观测向量 $\mathbf{y} = \mathbf{A}\mathbf{x}$，$\mathbf{x}$ 为（4.2.1）中的优化问题 (P_1) 的唯一解，当且仅当 $\mathbf{A}$ 相对 S 满足零空间特性.

证明　（1）正向证明. 任给 $\mathbf{v} \in \ker(\mathbf{A}) \setminus \{\mathbf{0}\}$，则 $\mathbf{A}\mathbf{v} = \mathbf{A}\mathbf{v}_S + \mathbf{A}\mathbf{v}_{\bar{S}} = \mathbf{0}$，即 $\mathbf{A}\mathbf{v}_S = -\mathbf{A}\mathbf{v}_{\bar{S}}$，这说明 $-\mathbf{v}_{\bar{S}}$ 是优化问题 (P_1) 关于 $\mathbf{y} = \mathbf{A}\mathbf{v}_S$ 的可行解. 又由定理条件可知，$\mathbf{v}_S$ 是优化问题 (P_1) 关于 $\mathbf{y} = \mathbf{A}\mathbf{v}_S$ 的唯一解，因此 $\|\mathbf{v}_S\|_1 < \|-\mathbf{v}_{\bar{S}}\|_1 = \|\mathbf{v}_{\bar{S}}\|_1$，即 $\mathbf{A}$ 相对 S 满足零空间特性.

（2）反向证明. 设 $\mathbf{x} \in \mathbb{R}^n$ 是以 S 为支撑集的向量，若任给 $\mathbf{z} \in \mathbb{R}^n$，$\mathbf{z} \neq \mathbf{x}$，且 $\mathbf{A}\mathbf{x} = \mathbf{A}\mathbf{z}$，则记 $\mathbf{v} = \mathbf{x} - \mathbf{z} \in \ker(\mathbf{A}) \setminus \{\mathbf{0}\}$，由于 $\mathbf{A}$ 相对 S 满足零空间特性，因此，$\|\mathbf{v}_S\|_1 < \|\mathbf{v}_{\bar{S}}\|_1$，此时，$\|\mathbf{x}\|_1 \leqslant \|\mathbf{x} - \mathbf{z}_S\|_1 + \|\mathbf{z}_S\|_1 = \|\mathbf{v}_S\|_1 + \|\mathbf{z}_S\|_1 < \|\mathbf{v}_{\bar{S}}\|_1 + \|\mathbf{z}_S\|_1 = \|\mathbf{z}_{\bar{S}}\|_1 + \|\mathbf{z}_S\|_1 = \|\mathbf{z}\|_1$，即 $\mathbf{x}$ 为优化问题 (P_1) 的唯一解. ■

定理 4.2.2　给定矩阵 $\mathbf{A} \in \mathbb{R}^{m\times n}$，则任给 s 稀疏向量 $\mathbf{x} \in \mathbb{R}^n$ 以及观测向量 $\mathbf{y} = \mathbf{A}\mathbf{x}$，$\mathbf{x}$ 为（4.2.1）中的优化问题 (P_1) 的唯一解，当且仅当 $\mathbf{A}$ 满足 s 阶零空间特性.

证明　（1）正向证明. 任给满足 $\mathrm{card}(S) \leqslant s$ 的指标集 $S \subseteq [n]$，由定理条件有，以 S 为支撑集的向量 $\mathbf{x} \in \mathbb{R}^n$ 以及观测向量 $\mathbf{y} = \mathbf{A}\mathbf{x}$，$\mathbf{x}$ 为（4.2.1）中的优化问题 (P_1) 的唯一解，由定理 4.2.1 有，$\mathbf{A}$ 相对 S 满足零空间特性. 再由 S 的任意性可知，$\mathbf{A}$ 满足 s 阶零空间特性.

（2）反向证明. 任给 s 稀疏向量 $\mathbf{x} \in \mathbb{R}^n$ 以及观测向量 $\mathbf{y} = \mathbf{A}\mathbf{x}$，取 $\mathbf{x}$ 的支撑集为 S，易知，$\mathrm{card}(S) \leqslant s$，由于 $\mathbf{A}$ 满足 s 阶零空间特性，因此 $\mathbf{A}$ 相对 S 满足零空间特性，由定理 4.2.1 可知，$\mathbf{x}$ 为（4.2.1）中的优化问题 (P_1) 的唯一解. ■

上述定理表明，测量矩阵的零空间特性提供了优化问题 (P_1) 与优化问题 (P_0) 的等价性. 事实上，定理中的 s 稀疏向量为优化问题 (P_0) 的解，若测量矩阵满足零空间特性，则优化问题 (P_0) 的解也可通过优化问题 (P_1) 求解. 这也解释了第 3 章中为什么可以通过凸优化算法求解问题的稀疏解. 此外，零空间特性关于某些矩阵变换具有不变性，即若矩阵 $\mathbf{A}$ 满足零空间特性，则其缩放、行重排、行增加等变换后依然满足零空间特性. 首先考虑矩阵缩放：$\tilde{\mathbf{A}} = \mathbf{B}\mathbf{A}$，其中 $\mathbf{B}$ 为可逆方阵，易知，$\ker(\tilde{\mathbf{A}}) = \ker(\mathbf{A})$，对于矩阵的行重排易知其零空间同样不会变，但是对于矩阵行增加：$\hat{\mathbf{A}} = \left[\mathbf{A}^{\mathrm{T}}, \mathbf{B}^{\mathrm{T}}\right]^{\mathrm{T}}$，其中，$\mathbf{B}$ 为与 $\mathbf{A}$ 同列数的矩阵，此时 $\ker(\hat{\mathbf{A}}) \subseteq \ker(\mathbf{A})$，因此依然满足零空间特性. 事实上，矩阵的行增加在压缩感知中意味着采样数据量的增加，因此重构效果不会变差. 此外，在压缩感知中还经常涉及复测量矩阵，事实上实空间与复空间上的零空间特性是等价的，这里不再赘述. 同时利用复空间上的零空间特性还可以分析（4.2.1）中优化问题(P_q)（$0<q\leqslant 1$）的唯一解的等价条件.

4.2.2 稳健零空间特性

注意到定理 4.2.1 与定理 4.2.2 中考虑的向量都是稀疏向量，严格限制了其非零元素的个数，但实际上自然信号都仅是可压缩信号，即其本身或者在变换域的表示系数大部分数值较小，仅有少量元素值较大. 因此上述两定理主要是理论上的意义，在实际应用中难以适用于自然信号，因此这里给出关于零空间特性更紧致的几个定义.

定义 4.2.3 给定矩阵 $\mathbf{A}\in\mathbb{R}^{m\times n}$，常数 $0<\rho<1$ 以及指标集 $S\subseteq[n]$，若任给 $\mathbf{v}\in\ker(\mathbf{A})$，有

$$\|\mathbf{v}_S\|_1\leqslant\rho\|\mathbf{v}_{\bar{S}}\|_1 \tag{4.2.5}$$

则称 $\mathbf{A}$ 相对 S 满足关于 ρ 的稳健零空间特性.

定义 4.2.4 给定矩阵 $\mathbf{A}\in\mathbb{R}^{m\times n}$，常数 $0<\rho<1$ 以及正整数 s，若任给满足 $\mathrm{card}(S)\leqslant s$ 的指标集 $S\subseteq[n]$，$\mathbf{A}$ 相对 S 满足关于 ρ 的稳健零空间特性，则称 $\mathbf{A}$ 满足关于 ρ 的 s 阶稳健零空间特性.

相比定义 4.2.1 与定义 4.2.2，上述两定义中不等式可以取到等号，但是考虑到 $0<\rho<1$，因此稳健零空间特性的定义更加紧致. 基于这两个定义有以下两个定理.

定理 4.2.3 给定矩阵 $\mathbf{A}\in\mathbb{R}^{m\times n}$，常数 $0<\rho<1$ 以及指标集 $S\subseteq[n]$，则 $\mathbf{A}$ 相对 S 满足关于 ρ 的稳健零空间特性，当且仅当任给 $\mathbf{x},\mathbf{z}\in\mathbb{R}^n$，且 $\mathbf{Ax}=\mathbf{Az}$，有

$$\|\mathbf{x}-\mathbf{z}\|_1\leqslant\frac{1+\rho}{1-\rho}\left(\|\mathbf{z}\|_1-\|\mathbf{x}\|_1+2\|\mathbf{x}_{\bar{S}}\|_1\right) \tag{4.2.6}$$

为了证明该定理，首先给出下面引理.

引理 4.2.1 任给 $\mathbf{x},\mathbf{z}\in\mathbb{R}^n$ 以及 $S\subseteq[n]$，有

$$\|(\mathbf{x}-\mathbf{z})_{\bar{S}}\|_1\leqslant\|\mathbf{z}\|_1-\|\mathbf{x}\|_1+\|(\mathbf{x}-\mathbf{z})_S\|_1+2\|\mathbf{x}_{\bar{S}}\|_1 \tag{4.2.7}$$

证明 对于任给的 $\mathbf{x},\mathbf{z}\in\mathbb{R}^n$ 以及 $S\subseteq[n]$，有

$$\begin{cases}\|\mathbf{x}\|_1=\|\mathbf{x}_{\bar{S}}\|_1+\|\mathbf{x}_S\|_1\leqslant\|\mathbf{x}_{\bar{S}}\|_1+\|(\mathbf{x}-\mathbf{z})_S\|_1+\|\mathbf{z}_S\|_1\\ \|(\mathbf{x}-\mathbf{z})_{\bar{S}}\|_1\leqslant\|\mathbf{x}_{\bar{S}}\|_1+\|\mathbf{z}_{\bar{S}}\|_1\end{cases}$$

进一步可得，$\|\mathbf{x}\|_1+\|(\mathbf{x}-\mathbf{z})_{\bar{S}}\|_1\leqslant\|\mathbf{z}\|_1+2\|\mathbf{x}_{\bar{S}}\|_1+\|(\mathbf{x}-\mathbf{z})_S\|_1$，即引理得证. ■

定理 4.2.3 的证明　（1）正向证明. 记 $\mathbf{v}=\mathbf{x}-\mathbf{z}\in\ker(\mathbf{A})$，由于 $\mathbf{A}$ 相对 S 满足关于 ρ 的稳健零空间特性，因此 $\|\mathbf{v}_S\|_1\leqslant\rho\|\mathbf{v}_{\bar{S}}\|_1$. 另一方面由引理 4.2.1 可知

$$\|\mathbf{v}_{\bar{S}}\|_1\leqslant\|\mathbf{z}\|_1-\|\mathbf{x}\|_1+\|\mathbf{v}_S\|_1+2\|\mathbf{x}_{\bar{S}}\|_1$$

联合两式有

$$\|\mathbf{v}_{\bar{S}}\|_1\leqslant\|\mathbf{z}\|_1-\|\mathbf{x}\|_1+\rho\|\mathbf{v}_{\bar{S}}\|_1+2\|\mathbf{x}_{\bar{S}}\|_1$$

即

$$\|\mathbf{v}_{\bar{S}}\|_1\leqslant\frac{1}{1-\rho}\left(\|\mathbf{z}\|_1-\|\mathbf{x}\|_1+2\|\mathbf{x}_{\bar{S}}\|_1\right)$$

再结合第一个不等式有

$$\|\mathbf{v}_S\|_1\leqslant\frac{\rho}{1-\rho}\left(\|\mathbf{z}\|_1-\|\mathbf{x}\|_1+2\|\mathbf{x}_{\bar{S}}\|_1\right)$$

因此，结合上面两式有

$$\|\mathbf{v}\|_1\leqslant\frac{1+\rho}{1-\rho}\left(\|\mathbf{z}\|_1-\|\mathbf{x}\|_1+2\|\mathbf{x}_{\bar{S}}\|_1\right)$$

因此定理正向得证.

（2）反向证明. 任给 $\mathbf{v}\in\ker(\mathbf{A})$，有 $\mathbf{A}\mathbf{v}=\mathbf{A}\mathbf{v}_S+\mathbf{A}\mathbf{v}_{\bar{S}}=\mathbf{0}$，即 $\mathbf{A}\mathbf{v}_S=-\mathbf{A}\mathbf{v}_{\bar{S}}$，将 $\mathbf{v}_S$ 与 $-\mathbf{v}_{\bar{S}}$ 分别视为定理中的 $\mathbf{x}$ 与 $\mathbf{z}$，则由定理条件有

$$\|\mathbf{v}\|_1\leqslant\frac{1+\rho}{1-\rho}\left(\|\mathbf{v}_{\bar{S}}\|_1-\|\mathbf{v}_S\|_1\right)$$

即

$$\|\mathbf{v}_{\bar{S}}\|_1+\|\mathbf{v}_S\|_1\leqslant\frac{1+\rho}{1-\rho}\left(\|\mathbf{v}_{\bar{S}}\|_1-\|\mathbf{v}_S\|_1\right)$$

整理可得 $\|\mathbf{v}_S\|_1\leqslant\rho\|\mathbf{v}_{\bar{S}}\|_1$. 综合正反向证明定理可证. ■

若 $\mathbf{A}$ 满足关于 ρ 的 s 阶稳健零空间特性，优化问题 (P_1) 的解尽管可能并非精确等于真值，但其解与真值的误差界是有限的，具体如下面定理所述.

定理 4.2.4　给定矩阵 $\mathbf{A}\in\mathbb{R}^{m\times n}$，常数 $0<\rho<1$ 以及正整数 s，若 $\mathbf{A}$ 满足关于 ρ 的 s 阶稳健零空间特性，则任给 $\mathbf{x}\in\mathbb{R}^n$ 以及观测向量 $\mathbf{y}=\mathbf{A}\mathbf{x}$，优化问题 (P_1) 的解 $\mathbf{x}^*$ 满足

$$\|\mathbf{x}-\mathbf{x}^*\|_1\leqslant\frac{2(1+\rho)}{1-\rho}\sigma_s(\mathbf{x})_1 \tag{4.2.8}$$

证明　任给 $\mathbf{x}\in\mathbb{R}^n$，取其绝对值最大的 s 个元素的指标集为 S，由 $\sigma_s(\mathbf{x})_1$ 的定义可知，$\sigma_s(\mathbf{x})_1=\|\mathbf{x}_{\bar{S}}\|_1$. 又由定理 4.2.3 有

$$\|\mathbf{x}-\mathbf{x}^*\|_1 \leqslant \frac{1+\rho}{1-\rho}\left(\|\mathbf{x}^*\|_1 - \|\mathbf{x}\|_1 + 2\|\mathbf{x}_{\bar{S}}\|_1\right)$$

又由于 $\mathbf{x}^*$ 是优化问题 (P_1) 的最优解，$\mathbf{x}$ 是优化问题 (P_1) 的可行解，因此 $\|\mathbf{x}^*\|_1 \leqslant \|\mathbf{x}\|_1$，代入上式有

$$\|\mathbf{x}-\mathbf{x}^*\|_1 \leqslant \frac{2(1+\rho)}{1-\rho}\sigma_s(\mathbf{x})_1$$

定理得证. ■

尽管定理 4.2.4 无法保证优化问题的解就是真值，但是能够保证其解与真值的 ℓ_1 范数误差受限于真值的 ℓ_1 范数下的最佳 s 项逼近误差.

4.2.3　鲁棒零空间特性

上述零空间特性与稳健零空间特性中的观测过程要求不能存在误差，事实上，实际的观测过程不可避免地存在噪声的干扰，因此压缩感知中的稀疏重构一般采用式（4.2.2）中的优化问题 $(P_{q,\eta})$. 为了给出关于优化问题 $(P_{q,\eta})$ 的解的性能保证，需要进一步分析测量矩阵的可重构条件.

定义 4.2.5　给定矩阵 $\mathbf{A}\in\mathbb{R}^{m\times n}$，常数 $0<\rho<1$，$\tau>0$ 以及指标集 $S\subseteq[n]$，若任给 $\mathbf{v}\in\mathbb{R}^n$，有

$$\|\mathbf{v}_S\|_1 \leqslant \rho\|\mathbf{v}_{\bar{S}}\|_1 + \tau\|\mathbf{A}\mathbf{v}\|_2 \tag{4.2.9}$$

则称 $\mathbf{A}$ 相对 S 满足关于 ρ 与 τ 的鲁棒零空间特性.

定义 4.2.6　给定矩阵 $\mathbf{A}\in\mathbb{R}^{m\times n}$，常数 $0<\rho<1$，$\tau>0$ 以及正整数 s，若任给满足 $\mathrm{card}(S)\leqslant s$ 的指标集 $S\subseteq[n]$，$\mathbf{A}$ 相对 S 满足关于 ρ 与 τ 的稳健零空间特性，则称 $\mathbf{A}$ 满足关于 ρ 与 τ 的 s 阶鲁棒零空间特性.

定义 4.2.5 与定义 4.2.6 中不再要求 $\mathbf{v}\in\ker(\mathbf{A})$，但是分别是定义 4.2.3 与定义 4.2.4 的推广，因为当 $\mathbf{v}\in\ker(\mathbf{A})$ 时，$\mathbf{A}\mathbf{v}=\mathbf{0}$ 成立，此时（4.2.9）中不等式退化为式（4.2.5）中的不等式. 事实上，定理 4.2.3 也可以利用鲁棒零空间特性进行推广.

定理 4.2.5　给定矩阵 $\mathbf{A}\in\mathbb{R}^{m\times n}$，常数 $0<\rho<1$，$\tau>0$ 以及指标集 $S\subseteq[n]$，则 $\mathbf{A}$ 相对 S 满足关于 ρ 与 τ 的鲁棒零空间特性，当且仅当任给 $\mathbf{x},\mathbf{z}\in\mathbb{R}^n$，有

$$\|\mathbf{x}-\mathbf{z}\|_1 \leqslant \frac{1+\rho}{1-\rho}\left(\|\mathbf{z}\|_1 - \|\mathbf{x}\|_1 + 2\|\mathbf{x}_{\bar{S}}\|_1\right) + \frac{2\tau}{1-\rho}\|\mathbf{A}(\mathbf{x}-\mathbf{z})\|_2 \tag{4.2.10}$$

证明　（1）正向证明. 记 $\mathbf{v}=\mathbf{x}-\mathbf{z}$，则由鲁棒零空间特性有

$$\|\mathbf{v}_S\|_1 \leqslant \rho\|\mathbf{v}_{\bar{S}}\|_1 + \tau\|\mathbf{A}\mathbf{v}\|_2$$

由引理 4.2.1 有

$$\|\mathbf{v}_{\bar{S}}\|_1 \leqslant \|\mathbf{z}\|_1 - \|\mathbf{x}\|_1 + \|\mathbf{v}_S\|_1 + 2\|\mathbf{x}_{\bar{S}}\|_1$$

联合两式有

$$\|\mathbf{v}_{\bar{S}}\|_1 \leqslant \|\mathbf{z}\|_1 - \|\mathbf{x}\|_1 + \rho\|\mathbf{v}_{\bar{S}}\|_1 + \tau\|\mathbf{A}\mathbf{v}\|_2 + 2\|\mathbf{x}_{\bar{S}}\|_1$$

即

$$\|\mathbf{v}_{\bar{S}}\|_1 \leqslant \frac{1}{1-\rho}\left(\|\mathbf{z}\|_1 - \|\mathbf{x}\|_1 + \tau\|\mathbf{A}\mathbf{v}\|_2 + 2\|\mathbf{x}_{\bar{S}}\|_1\right)$$

再联合第一个不等式有

$$\|\mathbf{v}_S\|_1 \leqslant \frac{\rho}{1-\rho}\left(\|\mathbf{z}\|_1 - \|\mathbf{x}\|_1 + \tau\|\mathbf{A}\mathbf{v}\|_2 + 2\|\mathbf{x}_{\bar{S}}\|_1\right)\|\mathbf{v}_S\|_1 + \tau\|\mathbf{A}\mathbf{v}\|_2$$

最后两式相加即得（4.2.10）式.

（2）反向证明. 任给 $\mathbf{v} \in \mathbb{R}^n$，令 $\mathbf{x} = \mathbf{v}_S$， $\mathbf{z} = -\mathbf{v}_{\bar{S}}$，则 $\mathbf{v} = \mathbf{x} - \mathbf{z}$，由定理条件（4.2.10）有

$$\|\mathbf{v}\|_1 \leqslant \frac{1+\rho}{1-\rho}\left(\|\mathbf{v}_S\|_1 - \|\mathbf{v}_{\bar{S}}\|_1\right) + \frac{2\tau}{1-\rho}\|\mathbf{A}\mathbf{v}\|_2$$

又由于 $\mathbf{v} = \mathbf{v}_S + \mathbf{v}_{\bar{S}}$，有

$$\|\mathbf{v}_S\|_1 + \|\mathbf{v}_{\bar{S}}\|_1 \leqslant \frac{1+\rho}{1-\rho}\left(\|\mathbf{v}_S\|_1 - \|\mathbf{v}_{\bar{S}}\|_1\right) + \frac{2\tau}{1-\rho}\|\mathbf{A}\mathbf{v}\|_2$$

整理后即

$$\|\mathbf{v}_S\|_1 \leqslant \rho\|\mathbf{v}_{\bar{S}}\|_1 + \tau\|\mathbf{A}\mathbf{v}\|_2$$

所以 $\mathbf{A}$ 相对 S 满足关于 ρ 与 τ 的鲁棒零空间特性，故定理得证. ■

下面定理进一步利用鲁棒零空间特性分析优化问题 $(P_{1,\eta})$ 的解与真值之间的误差界.

定理 4.2.6　给定矩阵 $\mathbf{A} \in \mathbb{R}^{m\times n}$，常数 $0<\rho<1$，$\tau>0$ 与正整数 s，若 $\mathbf{A}$ 满足关于 ρ 与 τ 的 s 阶鲁棒零空间特性，则任给 $\mathbf{x} \in \mathbb{R}^n$ 以及观测向量 $\mathbf{y} = \mathbf{A}\mathbf{x} + \varepsilon$，其中 $\|\varepsilon\|_2 \leqslant \eta$，优化问题 $(P_{1,\eta})$ 的解 $\mathbf{x}^*$ 满足

$$\|\mathbf{x} - \mathbf{x}^*\|_1 \leqslant \frac{2(1+\rho)}{1-\rho}\sigma_s(\mathbf{x})_1 + \frac{4\tau}{1-\rho}\eta \tag{4.2.11}$$

证明　对于任给的 $\mathbf{x} \in \mathbb{R}^n$，取其绝对值最大的 s 个元素的指标集为 S，则由 $\sigma_s(\mathbf{x})_1$ 的定义可知，$\sigma_s(\mathbf{x})_1 = \|\mathbf{x}_{\bar{S}}\|_1$. 又由定理 4.2.5 有

$$\|\mathbf{x} - \mathbf{x}^*\|_1 \leqslant \frac{1+\rho}{1-\rho}\left(\|\mathbf{x}^*\|_1 - \|\mathbf{x}\|_1 + 2\|\mathbf{x}_{\bar{S}}\|_1\right) + \frac{2\tau}{1-\rho}\|\mathbf{A}(\mathbf{x} - \mathbf{x}^*)\|_2$$

又由于 $\mathbf{x}^*$ 是优化问题 (P_1) 的最优解，$\mathbf{x}$ 是优化问题 (P_1) 的可行解，因此 $\|\mathbf{x}^*\|_1 \leqslant \|\mathbf{x}\|_1$，

代入上式有

$$\|\mathbf{x}-\mathbf{x}^*\|_1 \leqslant \frac{2(1+\rho)}{1-\rho}\sigma_s(\mathbf{x})_1 + \frac{2\tau}{1-\rho}\|\mathbf{A}(\mathbf{x}-\mathbf{x}^*)\|_2$$

考虑到 $\|\mathbf{A}(\mathbf{x}-\mathbf{x}^*)\|_2 \leqslant \|\mathbf{y}-\mathbf{A}\mathbf{x}\|_2 + \|\mathbf{y}-\mathbf{A}\mathbf{x}^*\|_2 \leqslant 2\eta$，因此有

$$\|\mathbf{x}-\mathbf{x}^*\|_1 \leqslant \frac{2(1+\rho)}{1-\rho}\sigma_s(\mathbf{x})_1 + \frac{4\tau}{1-\rho}\eta$$

定理得证. ■

当 $\eta=0$ 时，优化问题 $(P_{1,\eta})$ 退化为优化问题 (P_1)，同时式（4.2.11）退化成式（4.2.8），因此定理 4.2.6 是定理 4.4.4 的推广，能够适用于存在观测噪声情况下的压缩感知. 类似地，当测量矩阵满足鲁棒零空间特性时，尽管优化问题 $(P_{1,\eta})$ 的解可能不是真值，但是能够保证其解与真值的 ℓ_1 范数误差受限于真值的 ℓ_1 范数下的最佳 s 项逼近误差以及观测噪声的强度.

最后给出两点注意事项. 其一，上文中的几类零空间特性的定义与定理都是在实空间中讨论的，但完全可以推广到复空间中. 其二，上述定理仅讨论了零空间特性对极小化 ℓ_1 范数优化问题的解的性质保证，事实上还可进一步分析极小化 ℓ_q（$0\leqslant q<1$）范数优化问题的解的性态. 更多的阅读资料请参考文献[6]，[11]—[19].

4.3 相 关 性

本节首先给出相关性的定义与性质，为后续分析正交匹配追踪算法与基追踪算法提供基础与条件. 重点通过相关性的定义与性质，给出相关性相关的多个定义并分析其与矩阵特征值等的关系，通过正交匹配追踪算法与基追踪算法两个算法，探讨利用相关性对测量矩阵的可重构条件分析.

4.3.1 相关性的定义与性质

首先给出相关性相关的两个定义.

定义 4.3.1 设 $\mathbf{A}\in\mathbb{R}^{m\times n}$ 为列归一化矩阵，即任给 $i\in[n]$，$\mathbf{A}$ 的列向量 $\mathbf{a}_i$ 满足 $\|\mathbf{a}_i\|_2=1$. 此时，$\mathbf{A}$ 的相关性 $\mu=\mu(\mathbf{A})$ 定义为

$$\mu = \max_{1\leqslant i\neq j\leqslant n}\left|\left\langle \mathbf{a}_i,\mathbf{a}_j\right\rangle\right| \tag{4.3.1}$$

由定义 4.3.1 可知，若 $\mu(\mathbf{A})=0$，则 $\mathbf{A}$ 为列满秩矩阵. 但是压缩感知中一般有 $m\leqslant n$，因此测量矩阵一般不满足列满秩，但是可以肯定的是，测量矩阵的相关性越小，其满足可重构条件的概率越大. 为了更精细地描述测量矩阵的可重构条

件，给出新的定义.

定义 4.3.2　设 $\mathbf{A}\in\mathbb{R}^{m\times n}$ 为列归一化矩阵，任给 $s\in[n-1]$，矩阵 $\mathbf{A}$ 的 ℓ_1 相关性函数 $\mu_1(s)$ 定义为

$$\mu_1(s)=\max_{i\in n}\max_{\substack{S\subseteq[n],i\notin S\\ \mathrm{card}(S)=s}}\sum_{j\in S}\left|\left\langle\mathbf{a}_i,\mathbf{a}_j\right\rangle\right| \tag{4.3.2}$$

矩阵的 ℓ_1 相关性函数即为累积相关性，当 $s=1$ 时，矩阵 $\mathbf{A}$ 的 ℓ_1 相关性函数即为其相关性. 关于上述两个定义，不加证明地给出下面第一个定理.

定理 4.3.1　设 $\mathbf{A}\in\mathbb{R}^{m\times n}$ 为列归一化矩阵，则

（1） $0\leqslant\mu\leqslant1$；

（2） 任给 $s\in[n-1]$，有 $\mu\leqslant\mu_1(s)\leqslant s\mu$；

（3） 任给 $s,t\in[n-1]$，且 $s+t\in[n-1]$，有

$$\max\{\mu_1(s),\mu_1(t)\}\leqslant\mu_1(s+t)\leqslant\mu_1(s)+\mu_1(t) \tag{4.3.3}$$

（4） 若 $\mathbf{B}\in\mathbb{R}^{m\times m}$ 为正交矩阵，则 $\mathbf{BA}$ 与 $\mathbf{A}$ 具有相同的相关性与 ℓ_1 相关性函数.

定理 4.3.2　设 $\mathbf{A}\in\mathbb{R}^{m\times n}$ 为列归一化矩阵，则任给 $s\in[n]$，有任给 s 稀疏向量 $\mathbf{x}\in\mathbb{R}^n$ 满足

$$(1-\mu_1(s-1))\|\mathbf{x}\|_2^2\leqslant\|\mathbf{Ax}\|_2^2\leqslant(1+\mu_1(s-1))\|\mathbf{x}\|_2^2 \tag{4.3.4}$$

或者等价地有，任给满足 $\mathrm{card}(S)\leqslant s$ 的 $S\subseteq[n]$，矩阵 $\mathbf{A}_S^{\mathrm{T}}\mathbf{A}_S$ 的特征值位于 $[1-\mu_1(s-1),1+\mu_1(s-1)]$ 上，其中 $\mathbf{A}_S$ 为由 $\mathbf{A}$ 中指标位于 S 中的列向量组成的矩阵. 特别地，若 $\mu_1(s-1)<1$，则 $\mathbf{A}_S^{\mathrm{T}}\mathbf{A}_S$ 可逆.

在证明定理 4.3.2 之前，首先给出定理中的等价性证明，再引出经典的盖尔金圆（Gershgorin）定理，在此基础上给出定理 4.3.2 的证明.

等价性证明　（1）正向证明. 任给满足 $\mathrm{card}(S)\leqslant s$ 的 $S\subseteq[n]$，以及以 S 为支撑集的向量 $\mathbf{x}$，因此 $\mathbf{x}$ 是 s 稀疏向量，$\|\mathbf{x}\|_2^2=\|\mathbf{x}_S\|_2^2$，且 $\|\mathbf{Ax}\|_2^2=\|\mathbf{A}_S\mathbf{x}_S\|_2^2$. 由式(4.3.4)中不等式有

$$(1-\mu_1(s-1))\|\mathbf{x}_S\|_2^2\leqslant\|\mathbf{A}_S\mathbf{x}_S\|_2^2\leqslant(1+\mu_1(s-1))\|\mathbf{x}_S\|_2^2$$

对矩阵 $\mathbf{A}_S^{\mathrm{T}}\mathbf{A}_S$ 做特征值分解，有 $\mathbf{A}_S^{\mathrm{T}}\mathbf{A}_S=\mathbf{U\Sigma U}^{\mathrm{T}}$，其中，$\mathbf{\Sigma}=\mathrm{diag}\left([\sigma_1,\sigma_2,\cdots,\sigma_s]^{\mathrm{T}}\right)$，$\mathbf{U}$ 为正交矩阵. 则 $\|\mathbf{A}_S\mathbf{x}_S\|_2^2=\mathbf{x}_S^{\mathrm{T}}\mathbf{A}_S^{\mathrm{T}}\mathbf{A}_S\mathbf{x}_S=\mathbf{x}_S^{\mathrm{T}}\mathbf{U\Sigma U}^{\mathrm{T}}\mathbf{x}_S\triangleq\mathbf{z}^{\mathrm{T}}\mathbf{\Sigma z}=\sum_{i=1}^s\sigma_i z_i^2$，且 $\|\mathbf{x}_S\|_2^2=\mathbf{x}_S^{\mathrm{T}}\mathbf{x}_S=\mathbf{x}_S^{\mathrm{T}}\mathbf{UU}^{\mathrm{T}}\mathbf{x}_S=\mathbf{z}^{\mathrm{T}}\mathbf{z}=\sum_{i=1}^s z_i^2$，代入上述不等式中有

$$(1-\mu_1(s-1))\sum_{i=1}^s z_i^2\leqslant\sum_{i=1}^s\sigma_i z_i^2\leqslant(1+\mu_1(s-1))\sum_{i=1}^s z_i^2$$

由 $\mathbf{x}_S$ 的任意性可知 $\mathbf{z}$ 的任意性，因此当取 $\mathbf{z}$ 为单位阵的第 i 列时有

$$1-\mu_1(s-1)\leqslant\sigma_i\leqslant 1+\mu_1(s-1)$$

其中，$i\in[s]$. 因此，矩阵 $\mathbf{A}_S^{\mathrm{T}}\mathbf{A}_S$ 的特征值位于 $\left[1-\mu_1(s-1),1+\mu_1(s-1)\right]$ 上.

（2）反向证明类似，这里不再赘述. ■

盖尔金圆定理　设 $\mathbf{B}=(b_{ij})\in\mathbb{R}^{n\times n}$，则任给其特征值 σ，都存在 $i\in[n]$，使得

$$\left|\sigma-b_{ii}\right|\leqslant\sum_{j=1,j\neq i}^{n}\left|b_{ij}\right| \tag{4.3.5}$$

证明　设 $\mathbf{B}$ 的特征值 σ 对应的特征向量为 $\mathbf{x}$，且令 $i=\arg\max_j\left|x_j\right|$，且令 $\mathbf{z}=\mathbf{x}/\left|x_i\right|$，则任给 $j\in[n]$，$\left|z_j\right|\leqslant 1$，且 $\left|z_i\right|=1$. 又由于 $\mathbf{Bz}=\sigma\mathbf{z}$，取第 i 个分量有

$$\sigma z_i=\sum_{j=1}^{n}b_{ij}z_j$$

即

$$(\sigma-b_{ii})z_i=\sum_{j=1,j\neq i}^{n}b_{ij}z_j$$

故

$$\begin{aligned}\left|(\sigma-b_{ii})\right|=\left|(\sigma-b_{ii})z_i\right|&\leqslant\left|\sum_{j=1,j\neq i}^{n}b_{ij}z_j\right|\\&\leqslant\sum_{j=1,j\neq i}^{n}\left|b_{ij}z_j\right|\leqslant\sum_{j=1,j\neq i}^{n}\left|b_{ij}z_j\right|\end{aligned}$$

定理得证. ■

在等价性证明与盖尔金圆定理基础之上，下面给出定理 4.3.2 的证明.

定理 4.3.2 的证明　由于 $\mathbf{A}$ 为列归一化矩阵，故矩阵 $\mathbf{A}_S^{\mathrm{T}}\mathbf{A}_S$ 的对角元素都为 1，且

$$r_i=\sum_{j\in S,j\neq i}\left|\left(\mathbf{A}_S^{\mathrm{T}}\mathbf{A}_S\right)_{ij}\right|=\sum_{j\in S,j\neq i}\left|\langle\mathbf{a}_i,\mathbf{a}_j\rangle\right|\leqslant\mu_1(s-1)$$

由盖尔金圆定理可知，任给 $\mathbf{A}_S^{\mathrm{T}}\mathbf{A}_S$ 的特征值 σ 有

$$\left|\sigma-1\right|\leqslant\mu_1(s-1)$$

即 $\sigma\in\left[1-\mu_1(s-1),1+\mu_1(s-1)\right]$. 再由等价性证明，定理结论成立. 特别地，若 $\mu_1(s-1)<1$，有 $\sigma>0$，故 $\mathbf{A}_S^{\mathrm{T}}\mathbf{A}_S$ 可逆. ■

定理 4.3.2 深度刻画了矩阵特征值与其相关性之间的关系，为后续利用矩阵的相关性分析其可重构条件时提供了更多数学工具的选择. 同时注意到式（4.3.4）中的不等式形式与 4.4 节约束等距特性的一致性，这也为相关性与约束等距特性的密切关系提供了坚实的数学基础. 此外，定理中 $\mathbf{A}_S^{\mathrm{T}}\mathbf{A}_S$ 可逆的条件 $\mu_1(s-1)<1$ 可以有其他变形，具体见下面定理.

定理 4.3.3　设 $\mathbf{A}\in\mathbb{R}^{m\times n}$ 为列归一化矩阵，任给 $s\in[n]$，若

$$\mu_1(s-1)+\mu_1(s)<1 \tag{4.3.6}$$

则任给满足 $\mathrm{card}(S) \leqslant 2s$ 的 $S \subseteq [n]$，有矩阵 $\mathbf{A}_S^{\mathrm{T}}\mathbf{A}_S$ 可逆，且矩阵 $\mathbf{A}_S$ 是单射的. 特别地，结论在下面条件下也成立：

$$\mu < \frac{1}{2s-1} \tag{4.3.7}$$

证明　若（4.3.6）式成立，由定理 4.3.1，有 $\mu_1(2s-1) \leqslant \mu_1(s-1) + \mu_1(s) < 1$，故由定理 4.3.2 可知，矩阵 $\mathbf{A}_S^{\mathrm{T}}\mathbf{A}_S$ 可逆. 同时，若 $\mathbf{A}_S\mathbf{z} = \mathbf{0}$，则 $\mathbf{A}_S^{\mathrm{T}}\mathbf{A}_S\mathbf{z} = \mathbf{0}$，由于 $\mathbf{A}_S^{\mathrm{T}}\mathbf{A}_S$ 可逆，则 $\mathbf{z} = \mathbf{0}$，故 $\mathbf{A}_S$ 是单射. 特别地，当式（4.3.7）成立时，$\mu_1(s-1) + \mu_1(s) < (2s-1)\mu < 1$，故结论成立. ■

定理 4.3.2 与定理 4.3.3 中都涉及“矩阵 $\mathbf{A}_S^{\mathrm{T}}\mathbf{A}_S$ 可逆，且矩阵 $\mathbf{A}_S$ 是单射”这一重要结论，现在先初步分析该结论的作用. 由压缩感知的观测过程 $\mathbf{y} = \mathbf{A}\mathbf{x}$ 可知，若信号 $\mathbf{x}$ 本身是稀疏的，则观测过程可以写为 $\mathbf{y} = \mathbf{A}_S\mathbf{x}_S$，其中 $S = \mathrm{supp}(\mathbf{x})$，若 $\mathbf{A}$ 满足定理中的相关性条件，则 $\mathbf{A}_S$ 是单射，因此可以从 $\mathbf{y} = \mathbf{A}_S\mathbf{x}_S$ 中重构 $\mathbf{x}_S$，进一步可以获得原信号 $\mathbf{x}$. 故上述粗尺度的分析可以说明，本部分相关性的定义与性质可为测量矩阵的可重构条件分析提供新的工具.

4.3.2　正交匹配追踪算法分析

下面利用相关性的定义与性质分析正交匹配追踪（OMP）算法. 首先给出定理 4.3.4.

定理 4.3.4　设 $\mathbf{A} \in \mathbb{R}^{m\times n}$ 为列归一化矩阵，任给 $s \in [n]$ 以及满足 $\mathrm{card}(S) \leqslant s$ 的 $S \subseteq [n]$，则当矩阵 $\mathbf{A}_S$ 是单射，且对所有非零残差 $\mathbf{r} \in \{\mathbf{A}\mathbf{z}, \mathrm{supp}(\mathbf{z}) \subseteq S\}$ 满足

$$\max_{j\in S}\left|\left(\mathbf{A}^{\mathrm{T}}\mathbf{r}\right)_j\right| > \max_{j\in \overline{S}}\left|\left(\mathbf{A}^{\mathrm{T}}\mathbf{r}\right)_j\right| \tag{4.3.8}$$

时，任给以 S 为支撑集的稀疏向量 $\mathbf{x} \in \mathbb{R}^n$ 以及观测向量 $\mathbf{y} = \mathbf{A}\mathbf{x}$，利用 OMP 算法经过不超过 s 次迭代可精确重构原始向量 $\mathbf{x}$.

证明　（1）首先证明：向量 $\mathbf{x}$ 的支撑集 S 能够经 OMP 算法不超过 s 次迭代可从测量向量 $\mathbf{y} = \mathbf{A}\mathbf{x}$ 中精确获得. 设 $\{\mathbf{x}_k\}$ 为 OMP 算法的迭代解，假设任给 $k \in [s-1]$，有 $\mathbf{A}\mathbf{x}_k \neq \mathbf{y}$；否则 $\mathbf{x}_k$ 已是 OMP 算法的最优解，算法停止. 同时记 $Q = \{\mathbf{A}\mathbf{z}, \mathrm{supp}(\mathbf{z}) \subseteq S\}$，$S_k$ 为 $\mathbf{x}_k$ 的支撑集. 任给 $0 \leqslant k \leqslant s-1$，若 $S_k \subseteq S$，有 $\mathbf{y}, \mathbf{A}\mathbf{x}_k \in Q$，故进一步第 k 次迭代后的残差满足 $\mathbf{r}_k = \mathbf{y} - \mathbf{A}\mathbf{x}_k \in Q$，由于 $\mathbf{r}_k$ 满足不等式（4.3.8)，故 OMP 算法中第 k 步选择的原子为 $j_{k+1} \in S$，进而有 $S_k \cup \{j_{k+1}\} \subseteq S$. 同时，由 OMP 算法的正交性可知，$\mathbf{A}_{S_k}^{\mathrm{T}}\mathbf{r}_k = \mathbf{0}$，故 $j_{k+1} \notin S$，即 OMP 算法每步迭代都会使得 S_k 中元素增加一个元素，故 $\mathrm{card}(S_k) = k$. 由数学归纳法可知 $S_s = S$. 这意味着向量 $\mathbf{x}$ 的支撑集 S 能够经 OMP 算法不超过 s 次迭代可从测量向量 $\mathbf{y} = \mathbf{A}\mathbf{x}$ 中精确获得.

（2）最后证明向量 $\mathbf{x}$ 可精确重构. 由 OMP 算法中最小二乘估计，第 s 步的迭代解 $\mathbf{x}_s$ 满足

$$\mathbf{A}\mathbf{x}_s = \mathbf{A}_S(\mathbf{x}_s)_S = \mathbf{y}$$

另一方面，原始向量 $\mathbf{x}$ 自然满足

$$\mathbf{A}\mathbf{x} = \mathbf{A}_S\mathbf{x}_S = \mathbf{y}$$

由于矩阵 $\mathbf{A}_S$ 是单射，因此 $(\mathbf{x}_s)_S = \mathbf{x}_S$，即 $\mathbf{x}_s = \mathbf{x}$.

综合上述两步，定理得证. ■

在定理 4.3.4 基础上，可以利用矩阵的相关性分析 OMP 算法的重构性能，见定理 4.3.5.

定理 4.3.5　设 $\mathbf{A} \in \mathbb{R}^{m\times n}$ 为列归一化矩阵，任给 $s \in [n]$，若

$$\mu_1(s-1) + \mu_1(s) < 1 \tag{4.3.9}$$

则任给以 S 为支撑集的稀疏向量 $\mathbf{x} \in \mathbb{R}^n$ 以及观测向量 $\mathbf{y} = \mathbf{A}\mathbf{x}$，利用 OMP 算法经过不超过 s 次迭代可精确重构原始向量 $\mathbf{x}$.

证明　由定理 4.3.4 可知，只需要证明定理 4.3.5 满足定理 4.3.4 的条件即可. 由于（4.3.9）式成立，根据定理 4.3.3 可知矩阵 $\mathbf{A}_S$ 是单射的. 记 $Q = \{\mathbf{Az}, \mathrm{supp}(\mathbf{z}) \subseteq S\}$，则任给残差 $\mathbf{r} \in Q$，且 $\mathbf{r} \neq \mathbf{0}$，有

$$\mathbf{r} = \mathbf{Az} = \sum_{i\in S} z_i \mathbf{a}_i$$

不妨记 $k = \arg\max_{i\in S}|z_i|$，则 $|z_k| > 0$，且有

$$\begin{aligned}
\left|\langle \mathbf{r}, \mathbf{a}_k\rangle\right| &= \left|\sum_{i\in S} z_i \langle \mathbf{a}_i, \mathbf{a}_k\rangle\right| = \left|\sum_{i\in S, i\neq k} z_i \langle \mathbf{a}_i, \mathbf{a}_k\rangle + z_k\langle \mathbf{a}_k, \mathbf{a}_k\rangle\right| \\
&\geqslant \left|z_k\langle \mathbf{a}_k, \mathbf{a}_k\rangle\right| - \left|\sum_{i\in S, i\neq k} z_i \langle \mathbf{a}_i, \mathbf{a}_k\rangle\right| \\
&\geqslant |z_k| - \sum_{i\in S, i\neq k}\left|z_i\langle \mathbf{a}_i, \mathbf{a}_k\rangle\right| \\
&\geqslant |z_k| - |z_k|\sum_{i\in S, i\neq k}\left|\langle \mathbf{a}_i, \mathbf{a}_k\rangle\right| \\
&\geqslant |z_k|\left(1 - \mu_1(s-1)\right)
\end{aligned}$$

由定理条件（4.3.9）式，有 $\left|\langle \mathbf{r}, \mathbf{a}_k\rangle\right| \geqslant |z_k|\mu_1(s)$.

另一方面，任给 $j \in \overline{S}$，有

$$\begin{aligned}
\left|\langle \mathbf{r}, \mathbf{a}_j\rangle\right| &= \left|\sum_{i\in S} z_i \langle \mathbf{a}_i, \mathbf{a}_j\rangle\right| \leqslant \sum_{i\in S}|z_i|\left|\langle \mathbf{a}_i, \mathbf{a}_j\rangle\right| \\
&\leqslant |z_k|\sum_{i\in S}\left|\langle \mathbf{a}_i, \mathbf{a}_j\rangle\right| \leqslant |z_k|\mu_1(s)
\end{aligned}$$

综合上面两式有，$\max_{j\in S}\left|\left(\mathbf{A}^{\mathrm{T}}\mathbf{r}\right)_j\right| > \max_{j\in \bar{S}}\left|\left(\mathbf{A}^{\mathrm{T}}\mathbf{r}\right)_j\right|$，即定理 4.3.4 的不等式成立. 因此，定理 4.3.5 成立. ■

4.3.3 基追踪算法分析

矩阵的相关性还可用来分析基追踪算法的性能，具体见下面定理.

定理 4.3.6　设 $\mathbf{A}\in\mathbb{R}^{m\times n}$ 为列归一化矩阵，任给 $s\in[n]$，若

$$\mu_1(s-1)+\mu_1(s)<1 \tag{4.3.10}$$

则任给以 S 为支撑集的稀疏向量 $\mathbf{x}\in\mathbb{R}^n$ 以及观测向量 $\mathbf{y}=\mathbf{A}\mathbf{x}$，利用基追踪算法可精确重构原始向量 $\mathbf{x}$.

证明　由定理 4.2.2 可知，若 $\mathbf{A}$ 满足 s 阶零空间特性，则定理 4.3.6 成立. 下面主要证明 $\mathbf{A}$ 满足 s 阶零空间特性. 任给 $\mathbf{v}\in\ker(\mathbf{A})\setminus\{\mathbf{0}\}$ 以及满足 $\mathrm{card}(S)\leqslant s$ 的支撑集 $S\subseteq[n]$，则 $\mathbf{A}\mathbf{v}=\sum_{i=1}^n v_i\mathbf{a}_i=\mathbf{0}$，则任给 $j\in S$，有

$$v_j=v_j\left\langle\mathbf{a}_j,\mathbf{a}_j\right\rangle=-\sum_{i=1,i\neq j}^n v_i\left\langle\mathbf{a}_i,\mathbf{a}_j\right\rangle=-\sum_{i\in\bar{S}}^n v_i\left\langle\mathbf{a}_i,\mathbf{a}_j\right\rangle-\sum_{i\in S,i\neq j}^n v_i\left\langle\mathbf{a}_i,\mathbf{a}_j\right\rangle$$

因此有

$$\left|v_j\right|\leqslant\sum_{i\in\bar{S}}^n\left|v_i\right|\left|\left\langle\mathbf{a}_i,\mathbf{a}_j\right\rangle\right|+\sum_{i\in S,i\neq j}^n\left|v_i\right|\left|\left\langle\mathbf{a}_i,\mathbf{a}_j\right\rangle\right|$$

故

$$\begin{aligned}\left\|\mathbf{v}_S\right\|_1&=\sum_{j\in S}\left|v_j\right|\leqslant\sum_{j\in S}\left(\sum_{i\in\bar{S}}^n\left|v_i\right|\left|\left\langle\mathbf{a}_i,\mathbf{a}_j\right\rangle\right|+\sum_{i\in S,i\neq j}^n\left|v_i\right|\left|\left\langle\mathbf{a}_i,\mathbf{a}_j\right\rangle\right|\right)\\&\leqslant\sum_{i\in\bar{S}}^n\left(\left|v_i\right|\sum_{j\in S}\left|\left\langle\mathbf{a}_i,\mathbf{a}_j\right\rangle\right|\right)+\sum_{i\in S}^n\left(\left|v_i\right|\sum_{j\in S,j\neq i}\left|\left\langle\mathbf{a}_i,\mathbf{a}_j\right\rangle\right|\right)\\&\leqslant\sum_{i\in\bar{S}}^n\left(\left|v_i\right|\mu_1(s)\right)+\sum_{i\in S}^n\left(\left|v_i\right|\mu_1(s-1)\right)\\&=\mu_1(s)\left\|\mathbf{v}_{\bar{S}}\right\|_1+\mu_1(s-1)\left\|\mathbf{v}_S\right\|_1\end{aligned}$$

由于（4.3.10）成立，故 $1-\mu_1(s-1)>\mu_1(s)\geqslant 0$，因此上式可整理得

$$\left\|\mathbf{v}_S\right\|_1\leqslant\frac{\mu_1(s)}{1-\mu_1(s-1)}\left\|\mathbf{v}_{\bar{S}}\right\|_1<\left\|\mathbf{v}_{\bar{S}}\right\|_1$$

由 s 阶零空间特性的定义可知，$\mathbf{A}$ 满足 s 阶零空间特性. 定理得证. ■

因此，定理 4.3.6 表明若测量矩阵满足基于相关性的可重构条件，基追踪算法能够精确重构原始向量. 此外利用相关性等矩阵条件，还可以进一步分析收缩阈值算法的重构性能，这里不再赘述. 更多的阅读材料参考文献[6]，[12]，

[15]以及[20]—[24].

4.4　约束等距特性

4.2 节与 4.3 节分别介绍了零空间特性与相关性两个概念，并利用这两个概念进行了测量矩阵的可重构条件分析，尽管诸多学者已经利用这两个概念得到了很多关于优化问题与优化算法的重构性能，但是这些定理条件仅是必要条件，并不充分，且一般要求较高，针对的向量的稀疏性较低，因此实际适用性较弱. 这里介绍约束等距特性，以望得到分析测量矩阵可重构条件更加实用的数学工具.

4.4.1　约束等距特性的定义与性质

首先给出约束等距特性相关的几个概念.

定义 4.4.1　给定矩阵 $\mathbf{A}\in\mathbb{R}^{m\times n}$ 与正整数 s，其 s 阶约束等距常数 $\delta_s=\delta_s(\mathbf{A})$ 定义为满足

$$(1-\delta)\|\mathbf{x}\|_2^2 \leqslant \|\mathbf{A}\mathbf{x}\|_2^2 \leqslant (1+\delta)\|\mathbf{x}\|_2^2 \tag{4.4.1}$$

的最小正数 δ，其中 $\mathbf{x}\in\mathbb{R}^n$ 为任给的 s 稀疏向量.

定义 4.4.2　给定矩阵 $\mathbf{A}\in\mathbb{R}^{m\times n}$，若对于较大的正整数 s，有 $\mathbf{A}$ 的 s 阶约束等距常数 δ_s 较小，则称矩阵 $\mathbf{A}$ 满足约束等距特性.

这里可以比较零空间特性、相关性与约束等距特性的异同. 尽管三者的定义互不相同，但从式（4.4.1）可知，其形式与相关性中（4.3.4）形式非常接近，因此两者存在某种内在联系. 事实上上述三个概念是从不同的视角研究矩阵的可逆性，只是零空间特性侧重分析矩阵的零空间性质，相关性着眼矩阵的秩，而约束等距特性将矩阵视为映射，重点分析映射前后距离的变化，因此三者在数学上都是研究矩阵可逆性的数学工具. 特别需要注意的是，定义 4.4.2 事实上论述并不严谨，因为“较大”“较小”等描述非常主观，难以定量描述. 在后续定理中这些会被量化描述，定义 4.4.2 仅给出定性表达.

定理 4.4.1　给定矩阵 $\mathbf{A}\in\mathbb{R}^{m\times n}$，其 s 阶约束等距常数 δ_s 随 s 单调不减，即

$$\delta_1 \leqslant \delta_2 \leqslant \cdots \leqslant \delta_s \leqslant \delta_{s+1} \leqslant \cdots \leqslant \delta_n \tag{4.4.2}$$

该定理较为简单，由定义 4.4.1 直接可推出.

定理 4.4.2　给定矩阵 $\mathbf{A}\in\mathbb{R}^{m\times n}$，其 s 阶约束等距常数 δ_s 满足

$$\delta_s = \max_{\substack{S\subseteq[n]\\ \operatorname{card}(S)\leqslant s}} \left\|\mathbf{A}_S^{\mathrm{T}}\mathbf{A}_S-\mathbf{I}\right\|_{2\to 2}$$

其中，$\|\cdot\|_{2\to 2}$ 为从 ℓ_2 到 ℓ_2 的算子范数.

证明　首先回顾算子范数的定义. 任给矩阵 $\mathbf{B}\in\mathbb{R}^{s\times s}$，其从 ℓ_2 到 ℓ_2 的算子范数定义为

$$\|\mathbf{B}\|_{2\to2}=\max_{\mathbf{x}\in\mathbb{R}^s}\frac{\|\mathbf{Bx}\|_2}{\|\mathbf{x}\|_2}=\max_{\mathbf{x}\in\mathbb{R}^s,\|\mathbf{x}\|_2=1}\|\mathbf{Bx}\|_2$$

当 $\mathbf{B}$ 为对称矩阵时，对 $\mathbf{B}$ 做特征值分解：$\mathbf{B}=\mathbf{U\Sigma U}^{\mathrm{T}}$，此时 $\mathbf{B}^{\mathrm{T}}\mathbf{B}=\mathbf{U\Sigma}^2\mathbf{U}^{\mathrm{T}}$，其中 $\mathbf{\Sigma}=\mathrm{diag}([\sigma_1,\sigma_2,\cdots,\sigma_s])$，$\mathbf{U}$ 为正交矩阵，代入上式有

$$\begin{aligned}\|\mathbf{B}\|_{2\to2}&=\max_{\mathbf{x}\in\mathbb{R}^s,\|\mathbf{x}\|_2=1}\|\mathbf{Bx}\|_2=\max_{\mathbf{x}\in\mathbb{R}^s,\|\mathbf{x}\|_2=1}\sqrt{\langle\mathbf{Bx},\mathbf{Bx}\rangle}\\&=\max_{\mathbf{x}\in\mathbb{R}^s,\|\mathbf{x}\|_2=1}\sqrt{\mathbf{x}^{\mathrm{T}}\mathbf{B}^{\mathrm{T}}\mathbf{Bx}}=\max_{\mathbf{x}\in\mathbb{R}^s,\|\mathbf{x}\|_2=1}\sqrt{\mathbf{x}^{\mathrm{T}}\mathbf{U\Sigma}^2\mathbf{U}^{\mathrm{T}}\mathbf{x}}\end{aligned}$$

令 $\mathbf{y}=\mathbf{U}^{\mathrm{T}}\mathbf{x}$，若 $\|\mathbf{x}\|_2=1$，自然有 $\|\mathbf{y}\|_2=1$，此时上式有

$$\|\mathbf{B}\|_{2\to2}=\max_{\mathbf{y}\in\mathbb{R}^s,\|\mathbf{y}\|_2=1}\sqrt{\mathbf{y}^{\mathrm{T}}\mathbf{\Sigma}^2\mathbf{y}}=\max_{\mathbf{y}\in\mathbb{R}^s,\|\mathbf{y}\|_2=1}\sqrt{\sum_{i=1}^{s}\sigma_i^2y_i^2}=\max_{i\in[s]}|\sigma_i|$$

另一方面，考虑下式：

$$\max_{\mathbf{x}\in\mathbb{R}^s}\frac{|\langle\mathbf{Bx},\mathbf{x}\rangle|}{\|\mathbf{x}\|_2^2}=\max_{\mathbf{x}\in\mathbb{R}^s}\left|\left\langle\mathbf{B}\frac{\mathbf{x}}{\|\mathbf{x}\|_2},\frac{\mathbf{x}}{\|\mathbf{x}\|_2}\right\rangle\right|$$

令 $\mathbf{y}=\mathbf{x}/\|\mathbf{x}\|_2$，上式等价于

$$\max_{\mathbf{x}\in\mathbb{R}^s}\frac{|\langle\mathbf{Bx},\mathbf{x}\rangle|}{\|\mathbf{x}\|_2^2}=\max_{\mathbf{y}\in\mathbb{R}^s,\|\mathbf{y}\|_2=1}|\langle\mathbf{By},\mathbf{y}\rangle|=\max_{\mathbf{y}\in\mathbb{R}^s,\|\mathbf{y}\|_2=1}|\mathbf{y}^{\mathrm{T}}\mathbf{By}|=\max_{\mathbf{y}\in\mathbb{R}^s,\|\mathbf{y}\|_2=1}|\mathbf{y}^{\mathrm{T}}\mathbf{U\Sigma U}^{\mathrm{T}}\mathbf{y}|$$

再令 $\mathbf{z}=\mathbf{U}^{\mathrm{T}}\mathbf{y}$，若 $\|\mathbf{y}\|_2=1$，自然有 $\|\mathbf{z}\|_2=1$，此时上式有

$$\max_{\mathbf{x}\in\mathbb{R}^s}\frac{|\langle\mathbf{Bx},\mathbf{x}\rangle|}{\|\mathbf{x}\|_2^2}=\max_{\mathbf{z}\in\mathbb{R}^s,\|\mathbf{z}\|_2=1}|\mathbf{z}^{\mathrm{T}}\mathbf{\Sigma z}|=\max_{\mathbf{z}\in\mathbb{R}^s,\|\mathbf{z}\|_2=1}\left|\sum_{i=1}^{s}\sigma_iz_i^2\right|=\max_{i\in[s]}|\sigma_i|$$

综上有

$$\|\mathbf{B}\|_{2\to2}=\max_{\mathbf{x}\in\mathbb{R}^s}\frac{|\langle\mathbf{Bx},\mathbf{x}\rangle|}{\|\mathbf{x}\|_2^2}$$

以及算子不等式：$|\langle\mathbf{Bx},\mathbf{x}\rangle|\leqslant\|\mathbf{B}\|_{2\to2}\cdot\|\mathbf{x}\|_2^2$.

其次，由 s 阶约束等距常数 δ_s 的定义可知，任给满足 $\mathrm{card}(S)\leqslant s$ 的支撑集 $S\subseteq[n]$ 以及 $\mathbf{x}\in\mathbb{R}^s$，有

$$(1-\delta)\|\mathbf{x}\|_2^2\leqslant\|\mathbf{A}_S\mathbf{x}\|_2^2\leqslant(1+\delta)\|\mathbf{x}\|_2^2$$

即

$$\left|\|\mathbf{A}_S\mathbf{x}\|_2^2-\|\mathbf{x}\|_2^2\right|\leqslant\delta\|\mathbf{x}\|_2^2$$

注意到 $\|\mathbf{A}_S\mathbf{x}\|_2^2-\|\mathbf{x}\|_2^2=\langle\mathbf{A}_S\mathbf{x},\mathbf{A}_S\mathbf{x}\rangle-\langle\mathbf{x},\mathbf{x}\rangle=\left\langle\left(\mathbf{A}_S^{\mathrm{T}}\mathbf{A}_S-\mathbf{I}\right)\mathbf{x},\mathbf{x}\right\rangle$，故上式等价于

$$\left|\left\langle\left(\mathbf{A}_S^{\mathrm{T}}\mathbf{A}_S-\mathbf{I}\right)\mathbf{x},\mathbf{x}\right\rangle\right|\leqslant\delta\|\mathbf{x}\|_2^2 \tag{4.4.3}$$

对于支撑集 S 对应的算子 $\mathbf{A}_S^{\mathrm{T}}\mathbf{A}_S-\mathbf{I}$，由算子不等式，有

$$\left|\left\langle\left(\mathbf{A}_S^{\mathrm{T}}\mathbf{A}_S-\mathbf{I}\right)\mathbf{x},\mathbf{x}\right\rangle\right|\leqslant\left\|\mathbf{A}_S^{\mathrm{T}}\mathbf{A}_S-\mathbf{I}\right\|_{2\to2}\cdot\|\mathbf{x}\|_2^2 \tag{4.4.4}$$

由于算子不等式可以取等号，因此 $\left\|\mathbf{A}_S^{\mathrm{T}}\mathbf{A}_S-\mathbf{I}\right\|_{2\to2}$ 是给定支撑集 S 时满足（4.4.3）式的最小 δ，记为

$$\delta^S=\left\|\mathbf{A}_S^{\mathrm{T}}\mathbf{A}_S-\mathbf{I}\right\|_{2\to2}$$

又由于 s 阶约束等距常数 δ_s 的定义可知，δ_s 是任给满足 $\mathrm{card}(S)\leqslant s$ 的支撑集 S 时满足式（4.4.3）的最小常数 δ. 因此有

$$\delta_s=\max_{\substack{S\subseteq[n]\\ \mathrm{card}(S)\leqslant s}}\delta^S=\max_{\substack{S\subseteq[n]\\ \mathrm{card}(S)\leqslant s}}\left\|\mathbf{A}_S^{\mathrm{T}}\mathbf{A}_S-\mathbf{I}\right\|_{2\to2}$$

定理得证. ■

定理 4.4.2 讨论了约束等距特性与算子范数的关系，下面探讨约束等距特性与相关性的关系.

定理 4.4.3　设 $\mathbf{A}\in\mathbb{R}^{m\times n}$ 为列归一化矩阵，则

（1）$\delta_1=0$；

（2）$\delta_2=\mu$；

（3）任给 $s\geqslant2$，$\delta_s\leqslant\mu_1(s-1)\leqslant(s-1)\mu$.

证明　（1）任给 1 稀疏向量 $\mathbf{x}\in\mathbb{R}^n$，不妨设 $x_i\neq0$，则令 $S=\{i\}$，则 $\|\mathbf{A}_S\mathbf{x}\|_2^2=\|\mathbf{a}_ix_i\|_2^2=x_i^2=\|\mathbf{x}\|_2^2$，故 $\delta_1=0$.

（2）由定理 4.4.2 可知

$$\delta_2=\max_{\substack{S\subseteq[n]\\ \mathrm{card}(S)\leqslant2}}\left\|\mathbf{A}_S^{\mathrm{T}}\mathbf{A}_S-\mathbf{I}\right\|_{2\to2}=\max_{1\leqslant i\neq j\leqslant n}\left\|\mathbf{A}_{\{i,j\}}^{\mathrm{T}}\mathbf{A}_{\{i,j\}}-\mathbf{I}\right\|_{2\to2}$$

又由于

$$\mathbf{A}_{\{i,j\}}^{\mathrm{T}}\mathbf{A}_{\{i,j\}}-\mathbf{I}=\begin{bmatrix}1&\left\langle\mathbf{a}_i,\mathbf{a}_j\right\rangle\\ \left\langle\mathbf{a}_i,\mathbf{a}_j\right\rangle&1\end{bmatrix}-\mathbf{I}=\begin{bmatrix}0&\left\langle\mathbf{a}_i,\mathbf{a}_j\right\rangle\\ \left\langle\mathbf{a}_i,\mathbf{a}_j\right\rangle&0\end{bmatrix}$$

故其特征值为 $\pm\left\langle\mathbf{a}_i,\mathbf{a}_j\right\rangle$，由定理 4.4.2 的证明中算子范数的计算方法，有

$$\left\|\mathbf{A}_{\{i,j\}}^{\mathrm{T}}\mathbf{A}_{\{i,j\}}-\mathbf{I}\right\|_{2\to2}=\left|\left\langle\mathbf{a}_i,\mathbf{a}_j\right\rangle\right|$$

故有

$$\delta_2 = \max_{1\leqslant i\neq j\leqslant n}\left|\left\langle \mathbf{a}_i, \mathbf{a}_j \right\rangle\right| = \mu$$

（3）由定理 4.3.2 可知，任给 $s \geqslant 2$，$\delta_s \leqslant \mu_1(s-1)$. 再结合定理 4.3.1，有 $\mu_1(s-1) \leqslant (s-1)\mu$，因此结论成立. ■

下面定理更进一步分析约束等距特性的性质.

定理 4.4.4　给定矩阵 $\mathbf{A}\in\mathbb{R}^{m\times n}$ 以及正常数 s 与 t，设 $\mathbf{x},\mathbf{y}\in\mathbb{R}^n$ 满足 $\|\mathbf{x}\|_0 \leqslant s$ 与 $\|\mathbf{y}\|_0 \leqslant t$，若 $\operatorname{supp}(\mathbf{x})\cap\operatorname{supp}(\mathbf{y})=\varnothing$，则

$$\left|\left\langle \mathbf{Ax}, \mathbf{Ay} \right\rangle\right| \leqslant \delta_{s+t}\|\mathbf{x}\|_2\|\mathbf{y}\|_2 \tag{4.4.5}$$

证明　记 $S=\operatorname{supp}(\mathbf{x})\cup\operatorname{supp}(\mathbf{y})$，由于 $\operatorname{supp}(\mathbf{x})\cap\operatorname{supp}(\mathbf{y})=\varnothing$，则 $\left\langle \mathbf{x}_S, \mathbf{y}_S \right\rangle = 0$，且

$$\begin{aligned}
\left|\left\langle \mathbf{Ax}, \mathbf{Ay} \right\rangle\right| &= \left|\left\langle \mathbf{A}_S\mathbf{x}_S, \mathbf{A}_S\mathbf{y}_S \right\rangle\right| = \left|\left\langle \mathbf{A}_S\mathbf{x}_S, \mathbf{A}_S\mathbf{y}_S \right\rangle - \left\langle \mathbf{x}_S, \mathbf{y}_S \right\rangle\right| \\
&= \left|\left\langle \mathbf{A}_S^{\mathrm{T}}\mathbf{A}_S\mathbf{x}_S, \mathbf{y}_S \right\rangle - \left\langle \mathbf{x}_S, \mathbf{y}_S \right\rangle\right| = \left|\left\langle \left(\mathbf{A}_S^{\mathrm{T}}\mathbf{A}_S - \mathbf{I}\right)\mathbf{x}_S, \mathbf{y}_S \right\rangle\right| \\
&\leqslant \left\|\left(\mathbf{A}_S^{\mathrm{T}}\mathbf{A}_S - \mathbf{I}\right)\mathbf{x}_S\right\|_2 \|\mathbf{y}_S\|_2
\end{aligned}$$

由算子范数的定义可知，$\left\|\left(\mathbf{A}_S^{\mathrm{T}}\mathbf{A}_S - \mathbf{I}\right)\mathbf{x}_S\right\|_2 \leqslant \left\|\mathbf{A}_S^{\mathrm{T}}\mathbf{A}_S - \mathbf{I}\right\|_{2\to2}\|\mathbf{x}_S\|_2$，代入上式有

$$\left|\left\langle \mathbf{Ax}, \mathbf{Ay} \right\rangle\right| \leqslant \left\|\mathbf{A}_S^{\mathrm{T}}\mathbf{A}_S - \mathbf{I}\right\|_{2\to2}\|\mathbf{x}_S\|_2\|\mathbf{y}_S\|_2 = \left\|\mathbf{A}_S^{\mathrm{T}}\mathbf{A}_S - \mathbf{I}\right\|_{2\to2}\|\mathbf{x}\|_2\|\mathbf{y}\|_2$$

由定理 4.4.2 可知，$\left\|\mathbf{A}_S^{\mathrm{T}}\mathbf{A}_S - \mathbf{I}\right\|_{2\to2} \leqslant \delta_{s+t}$，故

$$\left|\left\langle \mathbf{Ax}, \mathbf{Ay} \right\rangle\right| \leqslant \delta_{s+t}\|\mathbf{x}\|_2\|\mathbf{y}\|_2$$

定理得证. ■

从形式上讲，定理 4.4.5 中的结论可视为式（4.4.1）的推广，因此下面给出约束正交常数的具体定义.

定义 4.4.3　给定矩阵 $\mathbf{A}\in\mathbb{R}^{m\times n}$ 以及正整数 s 与 t，其 (s,t) 阶约束等距正交常数 $\theta_{s,t}=\theta_{s,t}(\mathbf{A})$ 定义为满足

$$\left|\left\langle \mathbf{Ax}, \mathbf{Ay} \right\rangle\right| \leqslant \theta\|\mathbf{x}\|_2\|\mathbf{y}\|_2 \tag{4.4.6}$$

的最小整数 θ，其中 $\mathbf{x},\mathbf{y}\in\mathbb{R}^n$ 满足 $\|\mathbf{x}\|_0 \leqslant s$ 与 $\|\mathbf{y}\|_0 \leqslant t$，且 $\operatorname{supp}(\mathbf{x})\cap\operatorname{supp}(\mathbf{y})=\varnothing$.

定理 4.4.5　任给矩阵 $\mathbf{A}\in\mathbb{R}^{m\times n}$ 以及正常数 s 与 t，其约束等距常数与约束正交常数满足

$$\theta_{s,t} \leqslant \delta_{s+t} \tag{4.4.7}$$

特别地，当 $s=t$ 时，有 $\theta_{s,s} \leqslant \delta_{2s}$.

定理 4.4.5 的证明可由定理 4.4.4 与定义 4.4.3 推导获得，这里不再赘述. 通过上述约束等距特性相关的定义与定理，可以为下面可重构条件分析提供基础.

4.4.2　可重构条件分析

本部分利用前述的约束等距特性的定义与性质分析测量矩阵的可重构条件. 首先给出几个引理.

引理 4.4.1　设 $q>p>0$，任给正整数 s 与 t，若 $\mathbf{x}\in\mathbb{R}^s$，$\mathbf{y}\in\mathbb{R}^t$ 满足 $\max\limits_{i\in[s]}|x_i|\leqslant\min\limits_{j\in[t]}|y_j|$，则

$$\|\mathbf{x}\|_q\leqslant\frac{s^{1/q}}{t^{1/p}}\|\mathbf{y}\|_p \tag{4.4.8}$$

特别地，当 $p=1$，$q=2$，$s=t$ 时，有

$$\|\mathbf{x}\|_2\leqslant\frac{1}{\sqrt{s}}\|\mathbf{y}\|_1 \tag{4.4.9}$$

证明　由向量范数有

$$\begin{cases}\dfrac{\|\mathbf{x}\|_q}{s^{1/q}}=\left[\dfrac{1}{s}\sum\limits_{i=1}^{s}|x_i|^q\right]^{1/q}\leqslant\max\limits_{i\in[s]}|x_i|\\ \dfrac{\|\mathbf{y}\|_p}{t^{1/p}}=\left[\dfrac{1}{t}\sum\limits_{j=1}^{t}|y_j|^p\right]^{1/p}\geqslant\min\limits_{j\in[t]}|y_j|\end{cases}$$

结合引理条件易知引理结论成立.　■

引理 4.4.2　任给 $\mathbf{x}\in\mathbb{R}^n$，有 $\|\mathbf{x}\|_1\leqslant\sqrt{n}\|\mathbf{x}\|_2$.

证明　由于 $|\langle\mathbf{x},\mathbf{y}\rangle|\leqslant\|\mathbf{x}\|_2\|\mathbf{y}\|_2$，取 $\mathbf{y}=[1,1,\cdots,1]^{\mathrm{T}}$ 即得结论.　■

基于上述两引理，给出关于约束等距特性的可重构条件分析.

定理 4.4.6　任给矩阵 $\mathbf{A}\in\mathbb{R}^{m\times n}$，若其 $2s$ 阶约束等距常数 δ_{2s} 满足 $\delta_{2s}<1/3$，则任给 s 稀疏向量 $\mathbf{x}\in\mathbb{R}^n$ 以及观测向量 $\mathbf{y}=\mathbf{A}\mathbf{x}$，可通过优化问题 (P_1) 精确重构原始向量 $\mathbf{x}$.

证明　由定理 4.4.2 可知，只需证明 $\mathbf{A}$ 满足 s 阶零空间特性，即任给 $\mathbf{v}\in\ker(\mathbf{A})\setminus\{\mathbf{0}\}$，以及满足 $\mathrm{card}(S)\leqslant s$ 的 $S\subseteq[n]$，有 $\|\mathbf{v}_S\|_1<\|\mathbf{v}_{\bar{S}}\|_1$，即

$$\|\mathbf{v}_S\|_1<\frac{1}{2}\|\mathbf{v}\|_1 \tag{4.4.10}$$

事实上，利用引理 4.4.2，只需要证明更强的一个条件:

$$\|\mathbf{v}_S\|_2\leqslant\frac{\rho}{2\sqrt{s}}\|\mathbf{v}\|_1 \tag{4.4.11}$$

其中 $\rho=2\delta_{2s}/(1-\delta_{2s})$，当 $\delta_{2s}<1/3$ 时，有 $\rho<1$，因此当（4.4.11）成立时，（4.4.10）必成立.

下面证明（4.4.11）成立. 记 S_0 为 $\mathbf{v}$ 的绝对值最大的 s 个元素的指标集，S_1 为 $\mathbf{v}_{R^1}$ 的绝对值最大的 s 个元素的指标集，依次类推，记 S_k 为 $\mathbf{v}_{R^k}$ 的绝对值最大的 s 个元素的指标集，其中，$R^k=\overline{\bigcup_{i=0}^{k-1}S_i}$. 由于 $\mathbf{v}\in\ker(\mathbf{A})\setminus\{\mathbf{0}\}$，则 $\mathbf{Av}=\mathbf{0}$，即

$$\mathbf{Av}_{S_0}=-\mathbf{A}\sum_{k\geqslant 1}\mathbf{v}_{S_k}$$

进而由约束等常数的定义有

$$\begin{aligned}\left\|\mathbf{v}_{S_0}\right\|_2^2&\leqslant\frac{1}{1-\delta_{2s}}\left\|\mathbf{Av}_{S_0}\right\|_2^2=\frac{1}{1-\delta_{2s}}\left\langle\mathbf{Av}_{S_0},\mathbf{Av}_{S_0}\right\rangle\\&=\frac{1}{1-\delta_{2s}}\left\langle\mathbf{Av}_{S_0},-\mathbf{A}\sum_{k\geqslant 1}\mathbf{v}_{S_k}\right\rangle\\&\leqslant\frac{1}{1-\delta_{2s}}\sum_{k\geqslant 1}\delta_{2s}\left\|\mathbf{v}_{S_0}\right\|_2\left\|\mathbf{v}_{S_k}\right\|_2\\&=\frac{\delta_{2s}}{1-\delta_{2s}}\left\|\mathbf{v}_{S_0}\right\|_2\sum_{k\geqslant 1}\left\|\mathbf{v}_{S_k}\right\|_2\end{aligned}\tag{4.4.12}$$

即

$$\left\|\mathbf{v}_{S_0}\right\|_2\leqslant\frac{\rho}{2}\sum_{k\geqslant 1}\left\|\mathbf{v}_{S_k}\right\|_2$$

由引理 4.4.1 可知，$\left\|\mathbf{v}_{S_k}\right\|_2\leqslant\frac{1}{\sqrt{s}}\left\|\mathbf{v}_{S_{k-1}}\right\|_1$，因此代入上式有

$$\left\|\mathbf{v}_{S_0}\right\|_2\leqslant\frac{\rho}{2\sqrt{s}}\sum_{k\geqslant 0}\left\|\mathbf{v}_{S_k}\right\|_1=\frac{\rho}{2\sqrt{s}}\left\|\mathbf{v}\right\|_1$$

由于 S_0 为 $\mathbf{v}$ 的绝对值最大的 s 个元素的指标集，因此对于任给满足 $\mathrm{card}(S)\leqslant s$ 的 $S\subseteq[n]$，有

$$\left\|\mathbf{v}_S\right\|_2\leqslant\left\|\mathbf{v}_{S_0}\right\|_2\leqslant\frac{\rho}{2\sqrt{s}}\left\|\mathbf{v}\right\|_1$$

因此定理得证. ■

利用约束等距常数与约束正交常数同样可以分析矩阵的可重构条件.

定理 4.4.7　任给矩阵 $\mathbf{A}\in\mathbb{R}^{m\times n}$，若其 s 阶约束等距常数 δ_s 与 (s,s) 阶约束正交常数 $\theta_{s,s}$ 满足 $\delta_s+2\theta_{s,s}<1$，则任给 s 稀疏向量 $\mathbf{x}\in\mathbb{R}^n$ 以及观测向量 $\mathbf{y}=\mathbf{Ax}$，可通过优化问题 (P_1) 精确重构原始向量 $\mathbf{x}$.

证明　证明思路参考定理 4.4.6 的证明. 直接考虑定理 4.4.6 证明的（4.4.12），由约束等距常数与约束正交常数的定义有

$$\begin{aligned}\left\|\mathbf{v}_{S_0}\right\|_2^2 &\leqslant \frac{1}{1-\delta_{2s}}\left\|\mathbf{A}\mathbf{v}_{S_0}\right\|_2^2=\frac{1}{1-\delta_{2s}}\left\langle \mathbf{A}\mathbf{v}_{S_0},\mathbf{A}\mathbf{v}_{S_0}\right\rangle \\ &=\frac{1}{1-\delta_s}\left\langle \mathbf{A}\mathbf{v}_{S_0},-\mathbf{A}\sum_{k\geqslant 1}\mathbf{v}_{S_k}\right\rangle \\ &\leqslant \frac{1}{1-\delta_s}\sum_{k\geqslant 1}\theta_{s,s}\left\|\mathbf{v}_{S_0}\right\|_2\left\|\mathbf{v}_{S_k}\right\|_2 \\ &=\frac{\theta_{s,s}}{1-\delta_s}\left\|\mathbf{v}_{S_0}\right\|_2\sum_{k\geqslant 1}\left\|\mathbf{v}_{S_k}\right\|_2\end{aligned}$$

故

$$\left\|\mathbf{v}_{S_0}\right\|_2 \leqslant \frac{\theta_{s,s}}{1-\delta_s}\sum_{k\geqslant 1}\left\|\mathbf{v}_{S_k}\right\|_2 \triangleq \frac{\rho'}{2}\sum_{k\geqslant 1}\left\|\mathbf{v}_{S_k}\right\|_2$$

由引理 4.4.1 可知，$\left\|\mathbf{v}_{S_k}\right\|_2 \leqslant \frac{1}{\sqrt{s}}\left\|\mathbf{v}_{S_{k-1}}\right\|_1$，因此代入上式有

$$\left\|\mathbf{v}_{S_0}\right\|_2 \leqslant \frac{\rho'}{2\sqrt{s}}\sum_{k\geqslant 0}\left\|\mathbf{v}_{S_k}\right\|_1=\frac{\rho'}{2\sqrt{s}}\left\|\mathbf{v}\right\|_1$$

由于 S_0 为 $\mathbf{v}$ 的绝对值最大的 s 个元素的指标集，因此对于任给满足 $\operatorname{card}(S)\leqslant s$ 的 $S\subseteq[n]$，有

$$\left\|\mathbf{v}_S\right\|_2 \leqslant \left\|\mathbf{v}_{S_0}\right\|_2 \leqslant \frac{\rho'}{2\sqrt{s}}\left\|\mathbf{v}\right\|_1$$

由于 $\delta_s+2\theta_{s,s}<1$，故 $\rho'<1$. 因此定理得证. ■

利用约束等距特性除了可以考察无噪情况下稀疏重构的条件，还能分析含噪情况下优化问题的重构条件.

定理 4.4.8 任给矩阵 $\mathbf{A}\in\mathbb{R}^{m\times n}$，若其 $2s$ 阶约束等距常数 δ_{2s} 满足 $\delta_{2s}<4/\sqrt{41}$，则任给 s 稀疏向量 $\mathbf{x}\in\mathbb{R}^n$ 以及观测向量 $\mathbf{y}=\mathbf{A}\mathbf{x}+\varepsilon$，其中 $\|\varepsilon\|_2\leqslant\eta$，优化问题 $\left(P_{1,\eta}\right)$ 的解 $\mathbf{x}^*$ 满足

$$\left\|\mathbf{x}-\mathbf{x}^*\right\|_1 \leqslant C\sigma_s(\mathbf{x})_1+D\sqrt{s}\eta \tag{4.4.13}$$

其中，C 与 D 为依赖于 δ_{2s} 的常数.

由定理 4.2.6 可知，定理 4.4.8 成立仅需证明 $\mathbf{A}$ 满足关于 ρ 与 τ 的 s 阶鲁棒零空间特性即可，具体见定理 4.2.9.

定理 4.4.9 任给矩阵 $\mathbf{A}\in\mathbb{R}^{m\times n}$，若其 $2s$ 阶约束等距常数 δ_{2s} 满足 $\delta_{2s}<4/\sqrt{41}$，则 $\mathbf{A}$ 满足关于 ρ 与 τ 的 s 阶鲁棒零空间特性，其中 $\rho\in(0,1)$ 与 $\tau>0$ 为只依赖于 δ_{2s} 的常数.

证明　要证明 $\mathbf{A}$ 满足关于 ρ 与 τ 的 s 阶鲁棒零空间特性，只需要

$$\left\|\mathbf{v}_S\right\|_2 \leqslant \frac{\rho}{\sqrt{s}}\left\|\mathbf{v}_{\bar{S}}\right\|_1+\tau\|\mathbf{A v}\|_2 \tag{4.4.14}$$

此时，由引理 4.4.2 可知

$$\left\|\mathbf{v}_S\right\|_1 \leqslant \sqrt{s}\left\|\mathbf{v}_S\right\|_2 \leqslant \rho\left\|\mathbf{v}_{\bar{S}}\right\|_1+\tau \sqrt{s}\|\mathbf{A v}\|_2 \tag{4.4.15}$$

再由定理 4.2.6 可知定理 4.4.7 成立.

现在重点证明（4.4.14）成立. 即任给 $\mathbf{v} \in \ker(\mathbf{A}) \setminus\{\mathbf{0}\}$，以及满足 $\operatorname{card}(S) \leqslant s$ 的 $S \subseteq[n]$，记 S_0 为 $\mathbf{v}$ 的绝对值最大的 s 个元素的指标集，S_1 为 $\mathbf{v}_{R^1}$ 的绝对值最大的 s 个元素的指标集，依次类推，记 S_k 为 $\mathbf{v}_{R^k}$ 的绝对值最大的 s 个元素的指标集，其中，$R^k=\overline{\bigcup_{i=0}^{k-1} S_i}$. 由于 $\mathbf{v}_{S_0}$ 是 s 稀疏向量，记

$$\left\|\mathbf{A v}_{S_0}\right\|_2^2=(1+t)\left\|\mathbf{v}_{S_0}\right\|_2^2$$

其中，$|t| \leqslant \delta_s$. 同时，对于 $k \geqslant 1$ 有

$$\left|\left\langle\mathbf{A v}_{S_0},\ \mathbf{A v}_{S_k}\right\rangle\right| \leqslant \sqrt{\delta_{2 s}^2-t^2}\left\|\mathbf{v}_{S_0}\right\|_2\left\|\mathbf{v}_{S_k}\right\|_2 \tag{4.4.16}$$

此时有

$$\begin{aligned}
\left\|\mathbf{A v}_{S_0}\right\|_2^2 & =\left\langle\mathbf{A v}_{S_0}, \mathbf{A v}_{S_0}\right\rangle=\left\langle\mathbf{A v}_{S_0}, \mathbf{A}\left(\mathbf{v}-\sum\nolimits_{k \geqslant 1} \mathbf{v}_{S_k}\right)\right\rangle \\
& =\left\langle\mathbf{A v}_{S_0}, \mathbf{A v}\right\rangle-\sum\nolimits_{k \geqslant 1}\left\langle\mathbf{A v}_{S_0}, \mathbf{A v}_{S_k}\right\rangle \\
& \leqslant\left|\left\langle\mathbf{A v}_{S_0}, \mathbf{A v}\right\rangle\right|+\sum\nolimits_{k \geqslant 1}\left|\left\langle\mathbf{A v}_{S_0}, \mathbf{A v}_{S_k}\right\rangle\right| \\
& \leqslant\left\|\mathbf{A v}_{S_0}\right\|_2\|\mathbf{A v}\|_2+\sum\nolimits_{k \geqslant 1} \sqrt{\delta_{2 s}^2-t^2}\left\|\mathbf{v}_{S_0}\right\|_2\left\|\mathbf{v}_{S_k}\right\|_2 \\
& \leqslant \sqrt{1+t}\left\|\mathbf{v}_{S_0}\right\|_2\|\mathbf{A v}\|_2+\sum\nolimits_{k \geqslant 1} \sqrt{\delta_{2 s}^2-t^2}\left\|\mathbf{v}_{S_0}\right\|_2\left\|\mathbf{v}_{S_k}\right\|_2 \\
& =\left\|\mathbf{v}_{S_0}\right\|_2\left(\sqrt{1+t}\|\mathbf{A v}\|_2+\sqrt{\delta_{2 s}^2-t^2} \sum\nolimits_{k \geqslant 1}\left\|\mathbf{v}_{S_k}\right\|_2\right)
\end{aligned}$$

令 v_k^{+} 与 v_k^{-} 分别表示 $\mathbf{v}$ 在支撑集 S_k 上的最大与最小绝对值，则有

$$\left\|\mathbf{v}_{S_k}\right\|_2 \leqslant \frac{1}{\sqrt{s}}\left\|\mathbf{v}_{S_k}\right\|_1+\frac{\sqrt{s}}{4}\left(v_k^{+}-v_k^{-}\right) \tag{4.4.17}$$

进一步有

$$\begin{aligned}
\sum_{k \geqslant 1}\left\|\mathbf{v}_{S_k}\right\|_2 & \leqslant \sum_{k \geqslant 1}\left(\frac{1}{\sqrt{s}}\left\|\mathbf{v}_{S_k}\right\|_1+\frac{\sqrt{s}}{4}\left(v_k^{+}-v_k^{-}\right)\right) \\
& \leqslant \frac{1}{\sqrt{s}}\left\|\mathbf{v}_{\overline{S_0}}\right\|_1+\frac{\sqrt{s}}{4} v_1^{+} \leqslant \frac{1}{\sqrt{s}}\left\|\mathbf{v}_{\overline{S_0}}\right\|_1+\frac{1}{4}\left\|\mathbf{v}_{S_0}\right\|_2
\end{aligned}$$

故综合上面多式有

$$\begin{aligned}(1+t)\left\|\mathbf{v}_{S_0}\right\|_2 &\leqslant \sqrt{1+t}\left\|\mathbf{A}\mathbf{v}\right\|_2+\sqrt{\delta_{2s}^2-t^2}\sum\nolimits_{k\geqslant 1}\left\|\mathbf{v}_{S_k}\right\|_2 \\ &\leqslant \sqrt{1+t}\left\|\mathbf{A}\mathbf{v}\right\|_2+\frac{\sqrt{\delta_{2s}^2-t^2}}{\sqrt{s}}\left\|\mathbf{v}_{\overline{S_0}}\right\|_1+\frac{\sqrt{\delta_{2s}^2-t^2}}{4}\left\|\mathbf{v}_{S_0}\right\|_2\end{aligned} \tag{4.4.18}$$

同时易知下式成立

$$\frac{\sqrt{\delta_{2s}^2-t^2}}{1+t}\leqslant\frac{\delta_{2s}}{\sqrt{1-\delta_{2s}^2}} \tag{4.4.19}$$

则（4.4.18）变为

$$\begin{aligned}\left\|\mathbf{v}_{S_0}\right\|_2 &\leqslant \frac{1}{\sqrt{1+t}}\left\|\mathbf{A}\mathbf{v}\right\|_2+\frac{\sqrt{\delta_{2s}^2-t^2}}{(1+t)\sqrt{s}}\left\|\mathbf{v}_{\overline{S_0}}\right\|_1+\frac{\sqrt{\delta_{2s}^2-t^2}}{4(1+t)}\left\|\mathbf{v}_{S_0}\right\|_2 \\ &\leqslant \frac{1}{\sqrt{1+t}}\left\|\mathbf{A}\mathbf{v}\right\|_2+\frac{\delta_{2s}}{\sqrt{1-\delta_{2s}^2}\sqrt{s}}\left\|\mathbf{v}_{\overline{S_0}}\right\|_1+\frac{\delta_{2s}}{4\sqrt{1-\delta_{2s}^2}}\left\|\mathbf{v}_{S_0}\right\|_2\end{aligned} \tag{4.4.20}$$

若 $\sqrt{1-\delta_{2s}^2}-\delta_{2s}/4>0$，即 $\delta_{2s}<4/\sqrt{17}$ 成立，（4.4.20）整理后即

$$\left\|\mathbf{v}_{S_0}\right\|_2\leqslant\frac{\sqrt{1-\delta_{2s}^2}}{\left(\sqrt{1-\delta_{2s}^2}-\delta_{2s}/4\right)\sqrt{1+t}}\left\|\mathbf{A}\mathbf{v}\right\|_2+\frac{\delta_{2s}}{\left(\sqrt{1-\delta_{2s}^2}-\delta_{2s}/4\right)\sqrt{s}}\left\|\mathbf{v}_{\overline{S_0}}\right\|_1 \tag{4.4.21}$$

同时，由 $|t|\leqslant\delta_s$，有 $\sqrt{1+t}\geqslant\sqrt{1-\delta_{2s}}>0$，代入式（4.4.21）有

$$\left\|\mathbf{v}_{S_0}\right\|_2\leqslant\frac{\sqrt{1+\delta_{2s}}}{\left(\sqrt{1-\delta_{2s}^2}-\delta_{2s}/4\right)}\left\|\mathbf{A}\mathbf{v}\right\|_2+\frac{\delta_{2s}}{\left(\sqrt{1-\delta_{2s}^2}-\delta_{2s}/4\right)\sqrt{s}}\left\|\mathbf{v}_{\overline{S_0}}\right\|_1 \tag{4.4.22}$$

与式（4.4.14）对比，要求

$$\rho=\frac{\delta_{2s}}{\left(\sqrt{1-\delta_{2s}^2}-\delta_{2s}/4\right)}<1$$

即 $\delta_{2s}<4/\sqrt{41}$，此时 $\delta_{2s}<4/\sqrt{17}$ 也成立. 因此当 $\delta_{2s}<4/\sqrt{41}$ 时（4.4.14）成立，故定理结论成立.

事实上，式（4.4.16）与式（4.4.17）还需要给出证明. 首先分析式（4.4.16），记 $\mathbf{a}=\mathbf{v}_{S_0}/\left|\mathbf{v}_{S_0}\right|$ 以及 $\mathbf{b}=\mathbf{v}_{S_k}/\left|\mathbf{v}_{S_k}\right|$，易知 $\mathrm{supp}(\mathbf{a})\cap\mathrm{supp}(\mathbf{b})=\varnothing$，且 $\mathbf{a}^{\mathrm{T}}\mathbf{b}=0$，且对于任给的 $\alpha,\beta\geqslant 0$，有

$$2\left|\langle \mathbf{Aa},\mathbf{Ab}\rangle\right|=\frac{1}{\alpha+\beta}\left[\left\|\mathbf{A}(\alpha\mathbf{a}+\mathbf{b})\right\|_2^2-\left\|\mathbf{A}(\beta\mathbf{a}-\mathbf{b})\right\|_2^2-\left(\alpha^2-\beta^2\right)\left\|\mathbf{Aa}\right\|_2^2\right]$$
$$\leqslant\frac{1}{\alpha+\beta}\left[(1+\delta_{2s})\left\|\alpha\mathbf{a}+\mathbf{b}\right\|_2^2-(1-\delta_{2s})\left\|\beta\mathbf{a}-\mathbf{b}\right\|_2^2-\left(\alpha^2-\beta^2\right)(1+t)\left\|\mathbf{a}\right\|_2^2\right]$$
$$=\frac{1}{\alpha+\beta}\left[(1+\delta_{2s})\left(1+\alpha^2\right)-(1-\delta_{2s})\left(1+\beta^2\right)-\left(\alpha^2-\beta^2\right)(1+t)\right]$$
$$=\frac{1}{\alpha+\beta}\left[\alpha^2(\delta_{2s}-t)+\beta^2(\delta_{2s}+t)+2\delta_{2s}\right]$$

取

$$\begin{cases}\alpha=\dfrac{\delta_{2s}+t}{\sqrt{\delta_{2s}^2-t^2}}\geqslant 0\\[2ex]\beta=\dfrac{\delta_{2s}-t}{\sqrt{\delta_{2s}^2-t^2}}\geqslant 0\end{cases}$$

代入上述不等式，则$\left|\langle \mathbf{Aa},\mathbf{Ab}\rangle\right|\leqslant\sqrt{\delta_{2s}^2-t^2}$，即（4.4.16）成立.

其次，（4.4.17）式的证明见下面引理.

综上所述，定理 4.4.9 得证. ■

引理 4.4.3 设$a_1\geqslant a_2\geqslant\cdots\geqslant a_s\geqslant 0$，则有

$$\sqrt{\sum_{i=1}^{s}a_i^2}\leqslant\frac{1}{\sqrt{s}}\sum_{i=1}^{s}a_i+\frac{\sqrt{s}}{4}(a_1-a_s) \tag{4.4.23}$$

该引理的证明涉及凸多面体上凸函数的优化问题，具体参考文献[10]，这里不再赘述. 上述约束等距特性的定义与性质为测量矩阵的可重构性能分析提供了工具，事实上，关于约束等距常数与约束正交常数还存在多种多样的表达形式，具体见表 4.4.1，其中的参数 K 为向量的稀疏度. 该表即第 1 章中的表 1.1.1，涉及很多学者的研究成果，这些成果无一不是朝着一个方向努力，即使得可重构条件更加紧致，以致应用范围更加广泛. 例如δ_{2K}的上界越大，其能够保证的测量矩阵可重构条件越宽泛，适用范围更广.

表 4.4.1　RIP 描述的若干可重构条件

RIP	提出者
$\delta_K+\theta_{K,K}+\theta_{K,2K}<1$	Candès and Tao[1]
$\delta_{2K}+\theta_{K,2K}<1$	Candès and Tao[25]
$\delta_{1.5K}+\theta_{K,1.5K}<1$	Cai，Xu and Zhang[7]
$\delta_{1.25K}+\theta_{K,1.25K}<1$	Cai，Wang and Xu[26]

续表

RIP	提出者
$\delta_{3K}+3\delta_{4K}<2$	Candès，Romberg and Tao[27]
$\delta_K<0.307$	Cai，Wang and Xu[28]
$\delta_{2K}<1/3$	Cohen，Dahmen and DeVore[11]
$\delta_{2K}<\sqrt{2}-1$	Candès[29]
$\delta_{2K}<0.4679$	Foucart[30]
$\delta_{bK}+b\delta_{(b+1)K}<b-1,\ b>1$	Chartrand[31]
$\delta_{aK}+b\delta_{(a+1)K}<b-1,\ b>1, a=b^{p/(2-p)}$	Chartrand and Staneva[32]
$\delta_{2K}<0.4931$	Mo and Li[33]

4.5 随机矩阵的可重构条件分析

本节考虑随机矩阵的可重构条件，这也是压缩感知中较早探讨的测量矩阵类型. 尽管前面几节分别探讨了零空间特性、相关性以及约束等距特性，并基于这些矩阵性质给出了其可重构条件. 但是始终有个问题没有解决，即什么样的矩阵满足这些条件？事实上，该问题目前尚未得到满意的回答. 例如基于约束等距特性的矩阵可重构条件分析中的核心指标是矩阵的约束等距常数，如何计算一般矩阵的约束等距常数呢？一般而言，这是个 NP-hard 问题. 因此，尽管我们得到了约束等距常数的上界，但是不能计算一般矩阵的约束等距常数，就难以验证是否满足定理的条件，即依然难以判定矩阵是否满足可重构条件. 考虑到随机矩阵的特殊结构，利用统计学相关结论可以检验其是否满足矩阵的可重构条件，这也是为什么压缩感知早期大部分以随机矩阵为测量矩阵的原因. 本节首先考虑了一类特殊结构的随机矩阵，即次高斯随机矩阵，并分析了其矩阵性质，进而从约束等距特性的角度分析随机矩阵的可重构条件，给出了相应的最小测量数.

4.5.1 次高斯随机矩阵的定义与性质

这里重点分析压缩感知中使用得最多的一类随机矩阵. 在 4.5 节中无特别说明，下面令大写斜体字母（如 X ）表示随机变量，大写斜体加粗字母（如 $\boldsymbol{X}$ ）表示一维随机向量，大写正体加粗字母（如 $\mathbf{X}$ ）表示随机矩阵，P 表示概率，E 表示取期望. 首先给出随机矩阵与次高斯矩阵的定义.

定义 4.5.1　设矩阵 $\mathbf{A}\in\mathbb{R}^{m\times n}$，若其元素为随机变量，则该矩阵称为随机矩阵.

定义 4.5.2　设矩阵 $\mathbf{A}\in\mathbb{R}^{m\times n}$，

（1）若 $\mathbf{A}$ 的元素是独立的拉德马赫变量，则称该矩阵为伯努利随机矩阵，其中拉德马赫随机变量 X 的分布律为

$$\begin{cases} P(X=+1)=0.5 \\ P(X=-1)=0.5 \end{cases} \tag{4.5.1}$$

（2）若 $\mathbf{A}$ 的元素是独立的标准高斯随机变量，则称该矩阵为高斯随机矩阵；

（3）若 $\mathbf{A}$ 的元素相互独立，且满足均值为 0、方差为 1 的次高斯随机变量，即存在常数 $\alpha,\beta>0$，使得该变量 X 对于任给的 $t>0$ 满足

$$P\left(|X|\geqslant t\right)\leqslant\beta\exp\left(-\alpha t^2\right) \tag{4.5.2}$$

则称该矩阵为次高斯随机矩阵.

由定义 4.5.2 可知，伯努利随机矩阵与高斯随机矩阵都是次高斯随机矩阵，且次高斯随机矩阵并不要求其元素是同分布的. 同时伯努利随机矩阵对应的随机变量的取值在实际应用中经常会等概率地取非负的两值. 此外，在后续的分析中还会经常涉及次指数随机变量，即若存在常数 $\alpha,\beta>0$，使得该变量 X 对于任给的 $t>0$ 满足

$$P\left(|X|\geqslant t\right)\leqslant\beta\exp\left(-\alpha t\right) \tag{4.5.3}$$

则称该矩阵为次指数随机矩阵.

定理 4.5.1　若 X 为均值为 0 的次高斯随机变量，等价于存在常数 $c>0$，对于任给的 $\theta\in\mathbb{R}$，有

$$E\left[\exp\left(\theta X\right)\right]\leqslant\exp\left(c\theta^2\right) \tag{4.5.4}$$

证明　（1）反向证明. 对于任给的 $\theta\in\mathbb{R}$ 以及 $t>0$，由指数函数的单调性有

$$P\left(X\geqslant t\right)=P\left(\exp\left(\theta X\right)\geqslant\exp\left(\theta t\right)\right)$$

进一步由马尔可夫不等式有

$$P\left(\exp\left(\theta X\right)\geqslant\exp\left(\theta t\right)\right)\leqslant E\left(\exp\left(\theta X\right)\right)\exp\left(-\theta t\right)$$

最后由（4.5.4）式有

$$E\left(\exp\left(\theta X\right)\right)\exp\left(-\theta t\right)\leqslant\exp\left(c\theta^2-\theta t\right)$$

综合上式，并取 $\theta=t/(2c)$，有

$$P\left(X\geqslant t\right)\leqslant\exp\left(-\frac{t^2}{4c}\right)$$

类似地可证

$$P\left(-X\geqslant t\right)\leqslant\exp\left(-\frac{t^2}{4c}\right)$$

联合上述两式有

$$P(|X| \geqslant t) \leqslant 2\exp\left(-\frac{t^2}{4c}\right)$$

此时，$\alpha=1/(4c)>0$，$\beta=2>0$，因此 X 为次高斯随机变量.

下面证明 X 的均值为 0. 考虑不等式 $1+\theta X \leqslant \exp(\theta X)$，对两侧取期望有

$$1+\theta E(X) \leqslant E(\exp(\theta X))$$

由定理条件（4.5.4）式，并当 $|\theta|<1$ 时泰勒展开有

$$1+\theta E(X) \leqslant E(\exp(\theta X)) \leqslant \exp(c\theta^2) \leqslant 1+\frac{c}{2}\theta^2+O(\theta^4)$$

当 $\theta \to 0$ 时，有 $E(X)=0$.

（2）正向证明作为练习，这里不再赘述.

因此，定理得证. ■

定理 4.5.1 给出了次高斯随机变量的等价形式，其中参数 c 一般称为次高斯参数，该等价形式在后续论述中会加以使用，下面进一步给出次高斯随机变量以及次高斯随机矩阵的一些性质.

定理 4.5.2　设 $X_1, X_2, \cdots, X_m$ 为独立的零均值次高斯随机变量序列，且有相同的次高斯参数 $c>0$，则任给 $\mathbf{a} \in \mathbb{R}^m$，随机变量 $Y=\sum_{i=1}^m a_i X_i$ 也是次高斯随机变量，且其高斯参数为 $c\|\mathbf{a}\|_2^2$.

证明　由定理条件可知，任给 $i \in [m]$ 及 $\theta \in \mathbb{R}$，由定理 4.5.1，有

$$E\left[\exp(\theta X_i)\right] \leqslant \exp(c\theta^2)$$

则进一步有

$$E\left[\exp(\theta Y)\right]=E\left[\exp\left(\theta \sum_{i=1}^m a_i X_i\right)\right]=E\left[\prod_{i=1}^m \exp(\theta a_i X_i)\right]$$

由随机变量序列的独立性以及上述不等式，有

$$E\left[\exp(\theta Y)\right]=\prod_{i=1}^m E\left[\exp(\theta a_i X_i)\right] \leqslant \prod_{i=1}^m \exp(c\theta^2 a_i^2)=\exp\left(c\|\mathbf{a}\|_2^2 \theta^2\right)$$

由定理 4.5.1 可知，Y 为次高斯随机变量，且其次高斯参数为 $c\|\mathbf{a}\|_2^2$. 因此，定理得证. ■

除了次高斯随机变量，对于次指数随机变量有类似的定理 4.5.2 的结果，见定理 4.5.3.

定理 4.5.3　设 $X_1, X_2, \cdots, X_m$ 为独立的零均值随机变量序列，且存在常数 $\alpha, \beta>0$，对任给 $i \in [m]$ 以及 $t>0$ 满足 $P(|X_i| \geqslant t) \leqslant \beta\exp(-\alpha t)$，则有

$$P\left(\left|\sum_{i=1}^{m} X_i\right| \geqslant t\right) \leqslant 2\exp\left(-\frac{(\alpha t)^2/2}{2\beta m+\alpha t}\right) \tag{4.5.5}$$

式（4.5.5）称为伯恩斯坦不等式，这里省略证明. 此外在随机矩阵的分析中，除了着眼于随机变量，还需要考察一维随机向量.

定义 4.5.3　设矩阵 $\boldsymbol{Y} \in \mathbb{R}^n$ 为随机向量，

（1）若任给向量 $\mathbf{x} \in \mathbb{R}^n$，有 $E\left(\left|\langle \boldsymbol{Y}, \mathbf{x}\rangle\right|^2\right) = \|\mathbf{x}\|_2^2$，则称 $\boldsymbol{Y}$ 为各向同性随机向量；

（2）若任给单位模长向量 $\mathbf{x} \in \mathbb{R}^n$，即满足 $\|\mathbf{x}\|_2^2 = 1$，有 $\langle \boldsymbol{Y}, \mathbf{x}\rangle$ 是次高斯随机变量，则称 $\boldsymbol{Y}$ 为次高斯随机向量.

可以发现，随机向量并非随机变量的简单推广，涉及随机变量间的各向同性以及独立性等问题，各向同性的次高斯随机向量并不要求各随机变量相互独立. 下面重点考虑以下形式随机矩阵 $\mathbf{A} = [\boldsymbol{Y}_1, \boldsymbol{Y}_2, \cdots, \boldsymbol{Y}_m]^{\mathrm{T}}$，其中，$\boldsymbol{Y}_1, \boldsymbol{Y}_2, \cdots, \boldsymbol{Y}_m$ 为各向同性的次高斯随机向量，且相互独立. 下面给出关于次高斯随机向量的一个定理.

定理 4.5.4　设 $\boldsymbol{Y} \in \mathbb{R}^n$ 为随机向量，若其元素为相互独立、均值为 0、方差为 1 的次高斯随机变量，且有相同的次高斯参数 $c > 0$，则 $\boldsymbol{Y}$ 是各向同性的次高斯随机向量，即任给单位模长向量 $\mathbf{x} \in \mathbb{R}^n$，$\langle \boldsymbol{Y}, \mathbf{x}\rangle$ 是次高斯随机变量，且其次高斯参数为 c.

证明　任给 $\mathbf{x} \in \mathbb{R}^n$，有

$$E\left(\left|\langle \boldsymbol{Y}, \mathbf{x}\rangle\right|^2\right) = E\left(\left|\sum\nolimits_{i=1}^{m} x_i Y_i\right|^2\right) = E\left(\left(\sum\nolimits_{i=1}^{m} x_i Y_i\right)^2\right)$$

$$= \sum_{i=1}^{m} x_i^2 E\left(Y_i^2\right) = \|\mathbf{x}\|_2^2$$

因此，$\boldsymbol{Y}$ 各向同性. 同时任给单位模长向量 $\mathbf{x} \in \mathbb{R}^n$，由定理 4.5.2，有 $\langle \boldsymbol{Y}, \mathbf{x}\rangle$ 也是次高斯矩阵，且次高斯参数为 $c\|\mathbf{x}\|_2^2 = c$，因此 $\boldsymbol{Y}$ 是各向同性的次高斯随机向量. ■

定理 4.5.4 表明，在构造次高斯随机向量时只需要其向量元素对应的随机变量满足一定的条件即可. 上述定义与定理都为下面进一步分析随机矩阵的可重构条件奠定了基础.

4.5.2　可重构条件分析

为了利用随机矩阵的性质分析其可重构条件，首先给出随机矩阵的集中不等式.

定理 4.5.5　设矩阵 $\mathbf{A} \in \mathbb{R}^{m\times n}$ 为随机矩阵，各行随机向量相互独立，且是各向同性的次高斯随机向量，则任给 $\mathbf{x} \in \mathbb{R}^n$ 以及 $t \in (0,1)$，有

$$P\left(\left|\frac{1}{m}\|\mathbf{A}\mathbf{x}\|_2^2-\|\mathbf{x}\|_2^2\right|\geqslant t\|\mathbf{x}\|_2^2\right)\leqslant 2\exp\left(-cmt^2\right) \tag{4.5.6}$$

其中，c 为依赖来次高斯参数的常数.

证明　事实上仅需证明任给单位模长向量 $\mathbf{x}\in\mathbb{R}^n$ 满足式(4.5.6)即可. 将随机矩阵 $\mathbf{A}\in\mathbb{R}^{m\times n}$ 的行随机向量经转置后记为 $\boldsymbol{Y}_1,\boldsymbol{Y}_2,\cdots,\boldsymbol{Y}_m\in\mathbb{R}^n$，并对任意单位模长向量 $\mathbf{x}\in\mathbb{R}^n$，考虑随机变量

$$Z_i=\left|\left\langle\boldsymbol{Y}_i,\mathbf{x}\right\rangle\right|^2-\|\mathbf{x}\|_2^2$$

其中 $i\in[m]$. 由于 $\boldsymbol{Y}_i$ 为相互独立的各向同性随机向量，故 $E(Z_i)=0$，且 $Z_1,Z_2,\cdots,Z_m$ 相互独立；同时由于 $\left\langle\boldsymbol{Y}_i,\mathbf{x}\right\rangle$ 是次高斯随机变量，故 Z_i 是次指数随机变量，即 Z_i 满足：任给 $t>0$ 有 $P\left(|Z_i|\geqslant t\right)\leqslant\beta\exp(-\alpha t)$，其中 $\alpha,\beta>0$ 为依赖于次高斯参数的常数. 此外，由于

$$\frac{1}{m}\|\mathbf{A}\mathbf{x}\|_2^2-\|\mathbf{x}\|_2^2=\frac{1}{m}\sum_{i=1}^m\left(\left|\left\langle\boldsymbol{Y}_i,\mathbf{x}\right\rangle\right|^2-\|\mathbf{x}\|_2^2\right)=\frac{1}{m}\sum_{i=1}^m Z_i$$

以及 $Z_1,Z_2,\cdots,Z_m$ 相互独立，由定理 4.5.3 有任给 $t>0$，

$$P\left(\left|\frac{1}{m}\sum_{i=1}^m Z_i\right|\geqslant t\right)=P\left(\left|\sum_{i=1}^m Z_i\right|\geqslant mt\right)\leqslant 2\exp\left(-\frac{(\alpha mt)^2/2}{2\beta m+\alpha mt}\right)=2\exp\left(-\frac{\alpha^2}{4\beta+2\alpha t}mt^2\right)$$

又由于定理条件 $t\in(0,1)$，因此有

$$P\left(\left|\frac{1}{m}\sum_{i=1}^m Z_i\right|\geqslant t\right)\leqslant 2\exp\left(-\frac{\alpha^2}{4\beta+2\alpha}mt^2\right)$$

因此定理得证. ■

基于集中不等式，可以通过算子范数与测量矩阵的可重构条件相关联，下面定理阐述了集中不等式与算子范数的关系.

定理 4.5.6　设矩阵 $\mathbf{A}\in\mathbb{R}^{m\times n}$ 为随机矩阵，且对任给 $\mathbf{x}\in\mathbb{R}^n$ 以及 $t\in(0,1)$，有

$$P\left(\left|\frac{1}{m}\|\mathbf{A}\mathbf{x}\|_2^2-\|\mathbf{x}\|_2^2\right|\geqslant t\|\mathbf{x}\|_2^2\right)\leqslant 2\exp\left(-cmt^2\right)$$

其中 $c>0$ 为一常数；同时任给满足 $\mathrm{card}(S)=s$ 的支撑集 $S\subseteq[n]$，以及 $\delta,\varepsilon\in(0,1)$，若

$$m\geqslant\frac{2}{3c}\delta^{-2}\left(7s+2\ln\left(2\varepsilon^{-1}\right)\right)$$

则有

$$P\left(\left\|\mathbf{A}_S^{\mathrm{T}}\mathbf{A}_S-\mathbf{I}\right\|_{2\to2}<\delta\right)\geqslant1-\varepsilon$$

证明　设 $\rho \in (0,0.5)$，单位球为 $B_S = \left\{\mathbf{x} \in \mathbb{R}^n, \operatorname{supp}(\mathbf{x}) \subseteq S, \|\mathbf{x}\|_1 \leqslant 1\right\}$，则存在 $U \subseteq B_S$，满足 $\operatorname{card}(U) \leqslant (1+2/\rho)^s$，且任给 $\mathbf{x} \in B_S$，有 $\min_{\mathbf{u}\in U} \|\mathbf{x}-\mathbf{u}\|_2 \leqslant \rho$. 由定理条件中的集中不等式有，任给 $t \in (0,1)$

$$\begin{aligned} P\left(\bigcup_{\mathbf{u}\in U} \left|\|\mathbf{A}\mathbf{u}\|_2^2 - \|\mathbf{u}\|_2^2\right| \geqslant t\|\mathbf{u}\|_2^2\right) &\leqslant \sum_{\mathbf{u}\in U} P\left(\left|\|\mathbf{A}\mathbf{u}\|_2^2 - \|\mathbf{u}\|_2^2\right| \geqslant t\|\mathbf{u}\|_2^2\right) \\ &\leqslant 2\sum_{\mathbf{u}\in U} \exp\left(-cmt^2\right) \leqslant 2\operatorname{card}(U)\exp\left(-cmt^2\right) \\ &\leqslant 2(1+2/\rho)^s \exp\left(-cmt^2\right) \end{aligned}$$

故任给 $\mathbf{u} \in U$，有

$$P\left(\left|\|\mathbf{A}\mathbf{u}\|_2^2 - \|\mathbf{u}\|_2^2\right| < t\|\mathbf{u}\|_2^2\right) \geqslant 1 - 2(1+2/\rho)^s \exp\left(-cmt^2\right)$$

由于 $\mathbf{u} \in U$，故 $\|\mathbf{u}\|_2 \leqslant 1$，且

$$P\left(\left|\|\mathbf{A}\mathbf{u}\|_2^2 - \|\mathbf{u}\|_2^2\right| < t\right) \geqslant P\left(\left|\|\mathbf{A}\mathbf{u}\|_2^2 - \|\mathbf{u}\|_2^2\right| < t\|\mathbf{u}\|_2^2\right) \geqslant 1 - 2(1+2/\rho)^s \exp\left(-cmt^2\right)$$

记 $\mathbf{B} = \mathbf{A}_S^{\mathrm{T}}\mathbf{A}_S - \mathbf{I}$，由算子范数的定义与性质有 $\|\mathbf{A}\mathbf{u}\|_2^2 - \|\mathbf{u}\|_2^2 = \langle \mathbf{B}\mathbf{u}, \mathbf{u}\rangle$，故

$$P\left(\left|\langle \mathbf{B}\mathbf{u}, \mathbf{u}\rangle\right| < t\right) \geqslant 1 - 2(1+2/\rho)^s \exp\left(-cmt^2\right)$$

进一步，任给 $\mathbf{x} \in B_S$，选择满足 $\|\mathbf{x}-\mathbf{u}\|_2 \leqslant \rho$ 的向量 $\mathbf{u} \in U$，有

$$\begin{aligned} \left|\langle \mathbf{B}\mathbf{x}, \mathbf{x}\rangle\right| &= \left|\langle \mathbf{B}\mathbf{u}, \mathbf{u}\rangle - \langle \mathbf{B}(\mathbf{x}+\mathbf{u}), \mathbf{B}(\mathbf{x}-\mathbf{u})\rangle\right| \\ &\leqslant \left|\langle \mathbf{B}\mathbf{u}, \mathbf{u}\rangle\right| + \left|\langle \mathbf{B}(\mathbf{x}+\mathbf{u}), \mathbf{B}(\mathbf{x}-\mathbf{u})\rangle\right| \\ &\leqslant t + \|\mathbf{B}\|_{2\to 2} \|\mathbf{x}+\mathbf{u}\|_2 \|\mathbf{x}-\mathbf{u}\|_2 \\ &\leqslant t + 2\rho\|\mathbf{B}\|_{2\to 2} \end{aligned}$$

上式左侧关于 $\mathbf{x}$ 在 B_S 取极大值，有

$$\|\mathbf{B}\|_{2\to 2} = \max_{\mathbf{x}\in B_S} \left|\langle \mathbf{B}\mathbf{x}, \mathbf{x}\rangle\right| \leqslant t + 2\rho\|\mathbf{B}\|_{2\to 2}$$

注意到 $\rho \in (0,0.5)$，有

$$\|\mathbf{B}\|_{2\to 2} \leqslant \frac{t}{1-2\rho}$$

令 $\delta = t/(1-2\rho)$，则

$$\begin{aligned} P\left(\|\mathbf{B}\|_{2\to 2} \leqslant \delta\right) &= P\left(\|\mathbf{B}\|_{2\to 2} \leqslant \frac{t}{1-2\rho}\right) \\ &\geqslant P\left(\left|\langle \mathbf{B}\mathbf{u}, \mathbf{u}\rangle\right| < t\right) \\ &\geqslant 1 - 2(1+2/\rho)^s \exp\left(-cmt^2\right) \end{aligned}$$

故欲使 $P\left(\|\mathbf{B}\|_{2\to 2}\leqslant\delta\right)\geqslant 1-\varepsilon$ 成立，只需要 $\varepsilon\geqslant 2(1+2/\rho)^s\exp\left(-cmt^2\right)$. 代入 $\delta=t/(1-2\rho)$ 有

$$m\geqslant\frac{1}{c(1-2\rho)^2}\delta^{-2}\left[\ln\left(1+\frac{2}{\rho}\right)s+\ln\left(2\varepsilon^{-1}\right)\right]$$

选择 $\rho=2/(\exp(3.5)-1)\approx 0.06$，则 $1/(1-2\rho)^2\leqslant 4/3$，且 $\ln(1+2/\rho)/(1-2\rho)^2\leqslant 14/3$，则当

$$m\geqslant\frac{2}{3c}\delta^{-2}\left[7s+2\ln\left(2\varepsilon^{-1}\right)\right]$$

时有 $P\left(\left\|\mathbf{A}_S^{\mathrm{T}}\mathbf{A}_S-\mathbf{I}\right\|_{2\to 2}<\delta\right)\geqslant 1-\varepsilon$. ■

定理 4.5.6 给出了定理结论成立的一个充分条件，但不是必要条件，从证明过程可知选择其他的参数数值，可以得到不同的充分条件. 同时定理 4.5.6 提供了一个使得算子范数接近于零的途径，即选择合适的参数 m，使得 δ 与 ε 同时很小即可. 基于该定理，下面讨论参数 m 与约束等距特性的关系.

定理 4.5.7　设矩阵 $\mathbf{A}\in\mathbb{R}^{m\times n}$ 为随机矩阵，且对任给 $\mathbf{x}\in\mathbb{R}^n$ 以及 $t\in(0,1)$，有

$$P\left(\left|\frac{1}{m}\|\mathbf{A}\mathbf{x}\|_2^2-\|\mathbf{x}\|_2^2\right|\geqslant t\|\mathbf{x}\|_2^2\right)\leqslant 2\exp\left(-cmt^2\right)$$

其中 $c>0$ 为一常数；同时设 $\delta,\varepsilon\in(0,1)$ 以及正整数 $s\in[n]$，若

$$m\geqslant\frac{2}{3c}\delta^{-2}\left[(9+2\ln(n/s))s+2\ln\left(2\varepsilon^{-1}\right)\right]$$

则有

$$P(\delta_s<\delta)\geqslant 1-\varepsilon$$

证明　由定理 4.4.2 可知

$$\delta_s=\max_{\substack{S\subseteq[n]\\ \mathrm{card}(S)\leqslant s}}\left\|\mathbf{A}_S^{\mathrm{T}}\mathbf{A}_S-\mathbf{I}\right\|_{2\to 2}$$

再由定理 4.5.6 有

$$\begin{aligned}P(\delta_s\geqslant\delta)&\leqslant\sum_{\substack{S\subseteq[n]\\ \mathrm{card}(S)=s}}P\left(\left\|\mathbf{A}_S^{\mathrm{T}}\mathbf{A}_S-\mathbf{I}\right\|_{2\to 2}\geqslant\delta\right)\\&\leqslant\binom{n}{s}2\left(1+\frac{2}{\rho}\right)^s\exp\left(-cm(1-2\rho)^2\delta^2\right)\\&\leqslant\left(\frac{en}{s}\right)^2 2\left(1+\frac{2}{\rho}\right)^s\exp\left(-cm(1-2\rho)^2\delta^2\right)\end{aligned}$$

故有

$$P(\delta_s < \delta) = 1 - P(\delta_s \geqslant \delta) \geqslant 1 - \left(\frac{en}{s}\right)^2 2\left(1+\frac{2}{\rho}\right)^s \exp\left(-cm(1-2\rho)^2\delta^2\right)$$

欲使 $P(\delta_s < \delta) \geqslant 1-\varepsilon$ 成立，仅需要

$$\varepsilon \geqslant \left(\frac{en}{s}\right)^2 2\left(1+\frac{2}{\rho}\right)^s \exp\left(-cm(1-2\rho)^2\delta^2\right)$$

整理后即可定理结论. ■

结合定理 4.5.5、定理 4.5.6 与定理 4.5.7 可知，当随机矩阵设矩阵的各行随机向量相互独立，且是各向同性的次高斯随机向量时，只要矩阵行数满足一定条件即可保证约束等距常数满足一定条件，进而可依据约束等距特性分析矩阵的可重构条件.

最后给出随机矩阵的可重构条件的一些说明. 其一，上述定理可以进一步在不同的参数下获得次高斯随机矩阵的多种具体的条件，在这些条件下可以保证该类随机矩阵的可重构条件. 其二，在压缩感知中使用广泛的高斯随机矩阵是次高斯随机矩阵的一种特例，上述定理中的条件自然能够保证高斯随机矩阵的可重构条件，只是这些条件可以进一步改进，得到更加紧致的可重构条件. 其三，上述定理主要通过约束等距特性建立了随机矩阵的可重构条件，事实上还可以零空间特性、相关性等为桥梁分析随机矩阵的可重构条件，目前已有很多结论. 其四，本部分的讨论主要是针对实空间的随机矩阵，但是相关结论同样可以推广到复空间，这里不再赘述. 最后需要强调的是，本节仅给出较为简单的几个定理，以及定理证明中需要的一些定义与性质，而关于随机矩阵的详尽阐述与可重构条件分析涉及较多的数理统计相关知识，本书为了更好地聚焦压缩感知这一主题，不再过多地涉及这些细节. 更多的参考资料请阅读文献[34]—[40].

4.6　测量矩阵的优化设计

测量矩阵的优化设计是指通过改变测量矩阵中元素的生成依据（确定性准则或随机分布）以及其相互之间的关系，使得给定稀疏度时，恢复信号所需的测量数最少；或者给定测量数时，可精确、稳定重构的信号稀疏度最大. 本部分重点利用相关性优化设计测量矩阵，主要是提供测量矩阵优化设计的一般思路，并为利用零空间特性与约束等距特性优化设计测量矩阵提供借鉴.

4.6.1　以相关性为准则的优化设计

基于相关性的测量矩阵的设计问题可以归结为：从 m 维（实或复）空间中选取 n 个（归一化）向量，使得这 n 个向量之间的相关性的最大值（即定义 4.3.1）最小. 该问题在多天线、多发射波形设计[41-42]，以及多描述编码（multiple description coding）[23]等问题中，均有一定的研究.

“相关性最小化”与许多数学问题相联系，例如：在 m 维空间中放置 n 条直线，使得这 n 条直线两两之间的 chordal 距离最大值最小[43]（直观地理解是使得这些直线尽量均匀分布）. 文献[44]考虑了基于 Delsarte Goethals（DG）编码 $\mathbb{Z}_4$ 线性表示的测量矩阵，其各列均匀分布于 m 维单位球的表面，它们之间的相关性取决于代数码字的性质. 文中的数值实验显示 DG 测量矩阵在重构概率上优于随机矩阵，但是重构时间上却更长. 令人遗憾的是，DG 测量矩阵是复数形式的，故物理实现困难，这限制了它在实际压缩成像系统中的应用.

相关性最优化的理想情况是：各列之间互相关性的最大值达到 Welch 下界 $\mu = O(1/\sqrt{m})$ [45]. 逼近 Welch 下界的矩阵的构造方法已在码分多址（code-division multiple access，CDMA）技术中被广泛研究，其中 Kasami 码[46]以其低互相关性的特点受到了广泛的关注. Kasami 序列可以分为两种：小集合（small set）和大集合（large set），前者是后者的一个子集，但是小集合中的序列的互相关值可以达到 Welch 下界，在此意义下，小集合序列是最优的. Kasami 序列具有 2^n-1 的周期，其中 n 为非负偶数. 令 $\mathbf{u}$ 为长度为 2^n-1 的 $(0,1)$ 二值序列，令 $\mathbf{w}$ 为对 $\mathbf{u}$ 进行 $2^{n/2}+1$ 抽取后得到的序列. 小集合 Kasami 序列可以通过下述方式产生

$$K_S(\mathbf{u},n,m)=\begin{cases}\mathbf{u}, & m=-1\\ \mathbf{u}\oplus T^m\mathbf{w}, & m=0,\cdots,2^{n/2}-2\end{cases} \tag{4.6.1}$$

其中 T 为左移算子，m 为移动参数，$\oplus$ 表示模 2 的加法.

进一步，若令 $\mathbf{v}$ 为对 $\mathbf{u}$ 进行 $2^{n/2}+1$ 抽取后得到的序列，k 和 m/n 分别为序列 $\mathbf{v}$ 和 $\mathbf{w}$ 的位移参数，则 $\bmod(n,4)=2$ 的大集合 Kasami 序列的构造如下：

$$K_L(\mathbf{u},n,k,m)=\begin{cases}\mathbf{u}, & k=-2,m=-1\\ \mathbf{v}, & k=-1,m=-1\\ \mathbf{u}\oplus T^k\mathbf{v}, & k=0,\cdots,2^n-2;\ m=-1\\ \mathbf{u}\oplus T^m\mathbf{v}, & k=-2;\ m=0,\cdots,2^{n/2}-2\\ \mathbf{u}\oplus T^m\mathbf{w}, & k=-1;\ m=0,\cdots,2^{n/2}-2\\ \mathbf{u}\oplus T^k\mathbf{v}\oplus T^m\mathbf{w}, & k=0,\cdots,2^n-2;m=0,\cdots,2^{n/2}-2\end{cases} \tag{4.6.2}$$

基于 Kasami 码的 $m\times n$ 测量矩阵可以按如下方式产生，首先确定参数 n（从而确定了 Kasami 序列的周期为 2^n-1）以及其他所需参数，然后按(4.6.1)或(4.6.2)式生成长度为 $m\times n$ 的 Kasami 码序列，最后将其重新排列为 $m\times n$ 矩阵即可. 图 4.6.1 比较了基于 Kasami 码生成的测量矩阵，以及等概率 $(0,1)$ 伯努利测量矩阵的相关性 μ 值（参见定义 4.3.1）. 计算过程中，$n=1024$，m 的取值范围为 $[0.2n,0.8n]$，

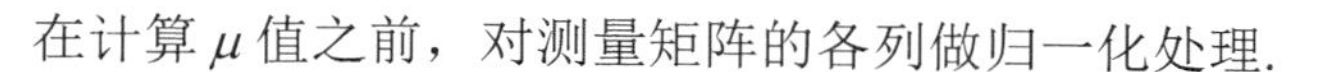

在计算 μ 值之前，对测量矩阵的各列做归一化处理.

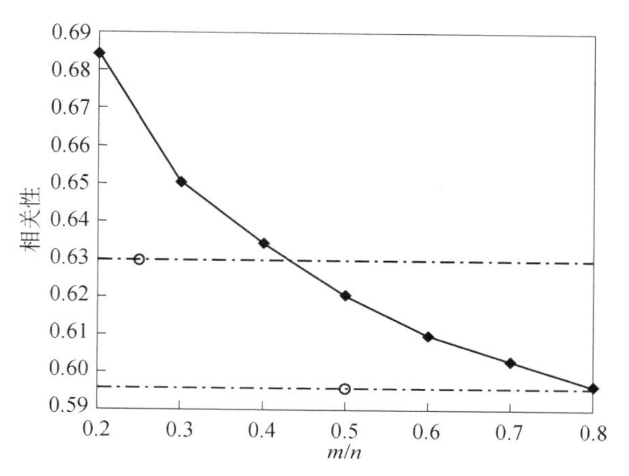

图 4.6.1　Kasami 矩阵和伯努利矩阵的互相关性比较

图 4.6.1 中两个圈点（及相应的虚线）分别为 $m=0.25n=256$ 和 $m=0.5n=512$ 时，Kasami 矩阵的 μ 值；实曲线为伯努利矩阵的 μ 值随 m/n 变化的结果. 可以看出，Kasami 矩阵的相关性明显较小. 为达到与 $m=0.25n$ 时 Kasami 矩阵的 μ 值，伯努利矩阵所需的测量数约为 $m=0.42n$ 左右；为达到与 $m=0.5n$ 时 Kasami 矩阵的 μ 值，伯努利矩阵所需的测量数大于 $m=0.8n$ 左右. 该分析显示，若设法利用 Kasami 矩阵代替伯努利矩阵，在同等重构精度下，有望大幅降低所需的测量数.

Fourier 矩阵在压缩成像的许多领域中，如雷达和核磁共振成像（magnetic resonance imaging，MRI）等，均有重要意义. 因此需要研究 Fourier 测量矩阵的优化设计问题：如何从 $n\times n$ 的 Fourier 变换矩阵中选取 m 行形成测量矩阵，即

$$\mathbf{F}(\mathbf{u})=\frac{1}{\sqrt{m}}\begin{bmatrix} 1 & e^{\mathrm{i}\frac{2\pi}{n}u_1} & \cdots & e^{\mathrm{i}\frac{2\pi}{n}u_1(n-1)} \\ 1 & e^{\mathrm{i}\frac{2\pi}{n}u_2} & \cdots & e^{\mathrm{i}\frac{2\pi}{n}u_2(n-1)} \\ \vdots & \vdots & \ddots & \vdots \\ 1 & e^{\mathrm{i}\frac{2\pi}{n}u_m} & \cdots & e^{\mathrm{i}\frac{2\pi}{n}u_m(n-1)} \end{bmatrix} \tag{4.6.3}$$

其中 $\mathbf{u}=[u_1,u_2,\cdots,u_m]\subseteq\{0,1,\cdots,n-1\}$ 为待优化的变量. 目标是寻找适当的 $\mathbf{u}$，使得 Fourier 测量矩阵 $\mathbf{F}(\mathbf{u})$ 达到 Welch 下界.

当 $\mathbf{u}$ 为 $\{n,m,\lambda\}$ 差分集（different set）时，$\mathbf{F}(\mathbf{u})$ 可以达到 Welch 下界. 称 $\{0,1,\cdots,n-1\}$ 的子集 $\mathbf{u}=[u_1,u_2,\cdots,u_m]$ 为 (n,m,λ) 差分集，若

$$m(m-1)\neq(u_i-u_j)\bmod n,\quad i\neq j \tag{4.6.4}$$

可取遍 λ 所有可能的非零值 $1,2,\cdots,n-1$.

目前仅有若干特殊 (n,m) 值下解析形式的差分集设计方法，表 4.6.1 中给出了若干例子. 但是对于任意给定的 (n,m)，回答“是否存在差分集，如果存在，如何解析地确定 $\mathbf{u}$ 使其成为差分集？”是困难的，尤其是对于 n 规模较大的压缩成像问题.

表 4.6.1　若干特殊的差分集示例

n	m	$\mathbf{u}$
7	3	$\{1,2,4\}$
13	4	$\{0,1,3,9\}$
11	5	$\{1,3,4,5,9\}$
31	6	$\{1,5,11,24,25,27\}$
15	7	$\{0,1,2,4,5,8,10\}$
37	9	$\{1,7,9,10,12,16,26,33,34\}$
73	9	$\{1,2,4,8,16,32,37,55,64\}$

既然设计差分集的目的是使得 Fourier 测量矩阵 $\mathbf{F}(\mathbf{u})$ 的互相关性达到 Welch 下界，那么很自然地想到，对于任意给定的 (n,m)，可以互相关性最小化为目标函数，对变量 $\mathbf{u}$ 进行优化，即

$$\min_{\mathbf{u}} \mu(\mathbf{F}(\mathbf{u})),\quad \mathbf{u}=[u_1,\cdots,u_m]\subseteq\{0,1,\cdots,n-1\} \tag{4.6.5}$$

其中 μ 的定义见定义 4.3.1.

图 4.6.2 比较了以（4.6.5）为目标函数，经过优化之后的 Fourier 测量矩阵，与随机从 $\{0,1,\cdots,n-1\}$ 中选择 m 个元素后形成测量矩阵的 μ 值. 其中计算过程中取 $n=1024$，m 的范围为 $[0.2n,0.8n]$.

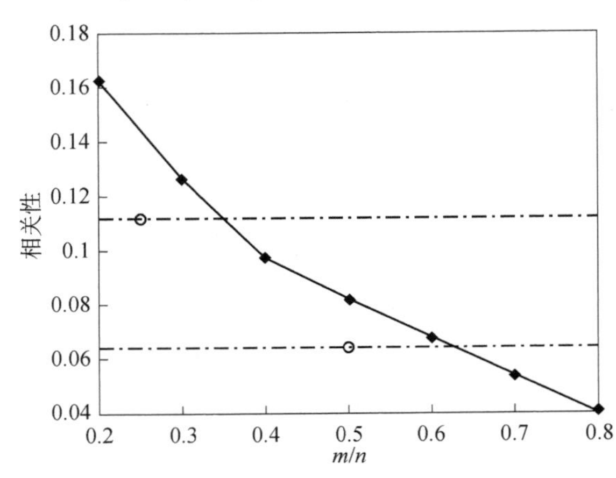

图 4.6.2　优化得到的 Fourier 测量矩阵和随机 Fourier 测量矩阵相关性比较

图 4.6.2 中两个圈点（及相应的虚线）分别为 $m=0.25n=256$ 和 $m=0.5n=512$ 时，经过优化后 Fourier 测量矩阵的 μ 值；实曲线为随机 Fourier 测量矩阵的 μ 值随 m/n 变化的结果. 可以看出，经过优化后 Fourier 测量矩阵的互相关性明显较小. 为达到与 $m=0.25n$ 时优化 Fourier 测量矩阵的 μ 值，随机 Fourier 矩阵所需的测量数约为 $m=0.35n$ 左右；为达到 $m=0.5n$ 时优化 Fourier 测量矩阵的 μ 值，随机 Fourier 矩阵所需的测量数大于 $m=0.62n$ 左右. 该分析显示，若对 Fourier 测量矩阵进行优化，在同等重构精度下，有望大幅降低所需的测量数.

4.6.2　以相关性函数为准则的优化设计

以定义 4.3.2 中的 ℓ_1 相关性函数作为描述指标，可以得到比相关性更弱的重构条件. 在此研究利用 ℓ_1 相关性函数作为准则的测量矩阵优化，数值仿真显示：ℓ_1 相关性函数还可以为测量矩阵的优化提供更好的目标函数.

Elad 在文献[47]中、Duarte-Carvajalino 在文献[48]中分别讨论了测量矩阵的优化问题，在这些工作中，本质上均是以相关性 μ 最小化为目标函数来优化测量矩阵. 在 ℓ_1 相关性函数研究的基础上，很自然地想到是否可以 $\mu_1(s)$ 为最小化为目标函数优化测量矩阵，即

$$\mathbf{A}_{\text{opt}}=\arg\min_{\mathbf{A}}\mu_{1,s}(\mathbf{A}) \tag{4.6.6}$$

其中，$\mu_{1,s}(\mathbf{A})$ 表示矩阵 $\mathbf{A}$ 的 $\mu_1(s)$.

事实上，通过数值研究我们发现，以 μ 和 $\mu_1(s)$ 为目标函数进行优化，得到的结果有一定的差别. 表 4.6.2 和表 4.6.3 列举了这样一个结果：对于高斯和伯努利测量矩阵，取 n 为 256，512 和 1024，m 为 $0.2n$，$0.5n$ 和 $0.8n$，首先生成 $n\times n$ 随机矩阵，其中的元素服从高斯或伯努利分布，其次分别以 μ 和 $\mu_1(s)$ 最小化为目标函数，从原随机矩阵中寻找 m 行，形成最优 $m\times n$ 测量矩阵（重新归一化，以保持测量矩阵的各列为单位模长）.

表 4.6.2　两种优化准则对高斯随机矩阵的优化结果

高斯随机矩阵		关于 μ 进行优化的结果		关于 $\mu_1(s)$ 进行优化的结果	
		μ	$\mu_1(s)/s$	μ	$\mu_1(s)/s$
$n=256$	$m=0.2n$	0.4899	0.3395	0.5887	0.3292
	$m=0.5n$	0.3145	0.2238	0.3668	0.2132
	$m=0.8n$	0.2538	0.1809	0.2898	0.1674
$n=512$	$m=0.2n$	0.3906	0.2710	0.4159	0.2648
	$m=0.5n$	0.2459	0.1733	0.2634	0.1690
	$m=0.8n$	0.1959	0.1401	0.2181	0.1329
$n=1024$	$m=0.2n$	0.3052	0.2079	0.3363	0.2023
	$m=0.5n$	0.1903	0.1310	0.2097	0.1297
	$m=0.8n$	0.1531	0.1039	0.1679	0.1032

表 4.6.3　两种优化准则对伯努利随机矩阵的优化结果

伯努利随机矩阵		关于 μ 进行优化的结果		关于 $\mu_1(s)$ 进行优化的结果	
		μ	$\mu_1(s)/s$	μ	$\mu_1(s)/s$
$n=256$	$m=0.2n$	0.5294	0.3412	0.6078	0.3333
	$m=0.5n$	0.3281	0.2180	0.3906	0.2102
	$m=0.8n$	0.2585	0.1727	0.3268	0.1659
$n=512$	$m=0.2n$	0.3922	0.2804	0.4706	0.2608
	$m=0.5n$	0.2656	0.1699	0.2734	0.1676
	$m=0.8n$	0.2098	0.1459	0.2683	0.1337
$n=1024$	$m=0.2n$	0.3073	0.2141	0.3171	0.2049
	$m=0.5n$	0.1992	0.1363	0.2070	0.1301
	$m=0.8n$	0.1526	0.1074	0.1697	0.1029

从表 4.6.2 和表 4.6.3 中可以看到：以 μ 为目标函数得到的测量矩阵的相关性小于以 $\mu_1(s)$ 为目标函数得到的测量矩阵的相关性（见两表的第 3 列与第 5 列，根据到 μ 和 $\mu_1(s)$ 的定义， $\mu_1(s)$ 需要除以稀疏度 s 之后才是可以与 μ 相比较的）；以 $\mu_1(s)$ 为目标函数得到的测量矩阵的 ℓ_1 相关性函数小于以 μ 为目标函数得到的测量矩阵的 ℓ_1 相关性函数（见两表的第 4 列与第 6 列）.

进一步，以 ℓ_1 相关性函数为目标函数进行测量矩阵的优化可以得到更优的结果. 数值实验表明：以 $\mu_1(s)$ 最小化为目标函数得到的测量矩阵，可以重构稀疏度更大的信号. 图 4.6.3 比较了以 $\mu_1(s)$ 和 μ 最小化为目标函数优化得到的不同测量矩阵下，稀疏重构的成功概率随信号稀疏度变化的曲线，其中带星号的曲线和带空心圈的曲线分别对应 μ 和 $\mu_1(s)$. 从图中可以看出，以 $\mu_1(s)$ 最小化为目标函数优化得到的测量矩阵，在给定的稀疏度下，成功重构原信号的概率有一定的提高.

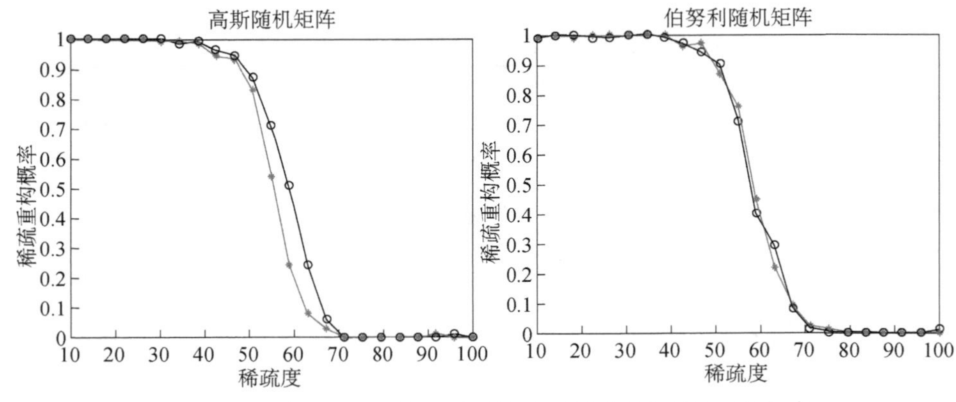

图 4.6.3　两种目标函数优化得到的测量矩阵下的稀疏重构概率

综上所述，测量矩阵可以相关性以及相关性函数为优化目标进行优化设计，还可以考虑利用零空间特性以及约束等距特性对测量矩阵进行优化设计. 此外，测量矩阵的优化设计还需要考虑其物理可实现性，例如在光学压缩成像中，对光场进行随机调制的数字微镜阵列具有压缩感知的随机测量的作用，此时对测量矩阵的优化设计需要考虑矩阵元素的非负性，即对光场不能进行负调制.

参 考 文 献

[1] Candès E，Tao T. Decoding by linear programming [J]. IEEE Transactions on Information Theory，2005，51：4203-4215.

[2] Baraniuk R，Davenport M，DeVore R，et al. A simple proof of the restricted isometry property for random matrices[J]. Constructive Approximation，2008，28：253-263.

[3] Zhang Y. A simple proof for recoverability of l1-minimization：Go over or under[R]. Rice University CAAM Technical Report TR05-09，2005.

[4] Zhang Y. Theory of compressive sensing via l1-minimization：A non-RIP analysis and extensions[R]. Rice University CAAM Technical Report TR08-11，2008.

[5] d'Aspremont A，Ghaoui L E. Testing the nullspace property using semidefinite programming[J]. Mathematical Programming，2011，127（1）：123-144.

[6] Donoho D L，Huo X. Uncertainty principles and ideal atomic decomposition[J]. IEEE Transactions on Information Theory，2001，47（7）：2845-2862.

[7] Cai T，Xu G，Zhang J. On recovery of sparse signals via l1 minimization[J]. IEEE Transactions on Information Theory，55：3388-3397.

[8] Cai T，Wang L，Xu G. Stable recovery of sparse signals and an oracle inequality[R]. IEEE Transactions on Information Theory，2010，56（7）：3516-3522.

[9] Tseng P. Further results on a stable recovery of sparse overcomplete representations in the presence of noise[J]. IEEE Transactions on Information Theory，2009，55：888-899.

[10] Foucart S，Rauhut H. A Mathematical Introduction to Compressive Sensing[M]. Applied and Numerical Harmonic Analysis book series. New York：Springer Science+Business Media，2013.

[11] Devore R，Dahmen W，Cohen A. Compressed sensing and best k-term approximation[J]. Journal of the American Mathematical Society，2009，22（1）：211-231.

[12] Donoho D L，Elad M. Optimally sparse representation in general （nonorthogonal） dictionaries via l1 minimization[R]. Proceedings of the National Academy of Sciences of the United States of

America，2003，100（5）：2197-2202.

[13] Elad M，Bruckstein A M. A generalized uncertainty principle and sparse representation in pairs of bases[J]. IEEE Transactions on Information Theory，2002，48（9）：2558-2567.

[14] Foucart S，Gribonval R. Real versus complex null space properties for sparse vector recovery[J]. Comptes Rendus Mathematique，2010，348（15/16）：863-865.

[15] Gribonval R，Nielsen M. Sparse representations in unions of bases[J]. IEEE Transactions on Information Theory，2003，49（12）：3320-3325.

[16] Fuchs J J. On sparse representations in arbitrary redundant bases[J]. IEEE Transactions on Information Theory，2004，50（6）：1341-1344.

[17] Gribonval R，Nielsen M. Highly sparse representations from dictionaries are unique and independent of the sparseness measure[J]. Applied and Computational Harmonic Analysis，2007，22（3）：335-355.

[18] Lai M J，Liu Y. The null space property for sparse recovery from multiple measurement vectors[J]. Applied and Computational Harmonic Analysis，2011，30（3）：402-406.

[19] Tropp J A. Recovery of short，complex linear combinations via l1 minimization[J]. IEEE Transactions on Information Theory，2005，51（4）：1568-1570.

[20] Gurevich S，Hadani R，Sochen N. On some deterministic dictionaries supporting sparsity[J]. Journal of Fourier Analysis and Applications，2008，14（5/6）：859-876.

[21] Maleki A. Coherence analysis of iterative thresholding algorithms[J]. In Proceedings of 47th Annual Allerton Conference on Communication，Control，and Computing，2009：236-243.

[22] Rudelson M，Vershynin R. On sparse reconstruction from Fourier and Gaussian measurements[J]. Communications on Pure and Applied Mathematics，2008，61（8）：1025-1045.

[23] Strohmer T，Heath R W. Grassmannian frames with applications to coding and communication[J]. Applied and Computational Harmonic Analysis，2003，14（3）：257-275.

[24] Tropp J A. Greed is good：Algorithmic results for sparse approximation[J]. IEEE Transactions on Information Theory，2004，50（10）：2231-2242.

[25] Candès E，Tao T. The Dantzing selector：Statistical estimation when p is much larger than n [J]. Annals of Statistics，2007，35（6）：2313-2351.

[26] Cai T，Wang L，Xu G. Shifting inequality and recovery of sparse signals[J]. IEEE Transactions on Signal Processing，2010，58（3）：1300-1308.

[27] Candès E，Romberg J，Tao T. Stable signal recovery from incomplete and inaccurate measurements[J]. Communications on Pure and Applied Mathematics，2006，59：1207-1223.

[28] Cai T，Wang L，Xu G. New bounds for restricted isometry constants[J]. IEEE Transactions Information Theory，2010，56（9）：4388-4394.

[29] Candès E. The restricted isometry property and its implications for compressed sensing[J]. Comptes Rendus Mathematique，2008，346：589-592.

[30] Foucart S. A note on guaranteed sparse recovery via l1-minimization[J]. Applied and Computational Harmonic Analysis，2010，29（1）：97-103.

[31] Chartrand R. Exact reconstruction of sparse signals via nonconvex minimization[J]. IEEE Signal Processing Letters，2007，14（10）：707-710.

[32] Chartrand R，Staneva V. Restricted isometry properties and nonconvex compressive sensing[J]. Inverse Problems，2008，24：1-14.

[33] Mo Q，Li S. New bounds on the restricted isometry constant δ_{2k}[J]. Applied and Computational Harmonic Analysis，2011，31 （3）：460-468.

[34] Donoho D L. High-dimensional centrally symmetric polytopes with neighborliness proportional to dimension[J]. Discrete and Computational Geometry，2006，35（4）：617-652.

[35] Chandrasekaran V，Recht B，Parrilo P A，et al. The convex geometry of linear inverse problems[J]. Foundations of Computational Mathematics，2012，12（6）：805-849.

[36] Candes E J，Tao T. Near-optimal signal recovery from random projections：Universal encoding strategies?[J]. IEEE Transactions on Information Theory，2006，52（12）：5406-5425.

[37] Kašin B S. Diameters of some finite-dimensional sets and classes of smooth functions[J]. Mathematics of the USSR-Izvestiya，1977，11（2）：317-333.

[38] Krahmer F，Ward R. New and improved Johnson-Lindenstrauss embeddings via the restricted isometry property[J]. SIAM Journal on Mathematical Analysis，2011，43（3）：1269-1281.

[39] Mendelson S，Pajor A，Tomczak-Jaegermann N. Uniform uncertainty principle for Bernoulli and Subgaussian ensembles[J]. Constructive Approximation，2008，28（3）：277-289.

[40] Rudelson M，Vershynin R. The Littlewood-Offord problem and invertibility of random matrices[J]. Advances in Mathematics，2008，218（2）：600-633.

[41] Love D J，Heath R W，Strohmer T. Grassmannian beamforming for multiple-input multiple-output wireless systems[J]. IEEE Transactions on Information Theory，2003，49（10）：2735-2747.

[42] Mukkavilli K，Sabharwal A，Erkip E，et al. On beamforming with finite rate feedback in multiple antenna systems[J]. IEEE Transactions on Information Theory，2003，49（10）：2562-2579.

[43] Conway J H，Hardin R H，Sloane N J A. Packing lines，planes，etc.：Packings in Grassmannian

space[J]. Experimental Mathematics，1996，5（2）：139-159.

[44] Calderbank R， Jafarpour S. Reed muller sensing matrices and the LASSO[J]. https://arxiv.org/abs/1004.4949.

[45] Welch L. Lower bounds on the maximum cross correlation of signals[J]. IEEE Transactions on Information Theory，1974，20（3）：397-399.

[46] Proakis G J. Digital Communications[M]. New York：McGraw Hill，1995.

[47] Elad M. Optimized projections for compressed sensing[J]. IEEE Transactions on Signal Processing，2007，55（12）：5695-5702.

[48] Duarte-Carvajalino J M，Sapiro G. Learning to sense sparse signals：Simultaneous sensing matrix and sparsifying dictionary optimization[J]. IEEE Transactions on Image Processing，2009，18（7）： 1395-1408.

第5章 压缩感知在光学成像中的应用

5.1 引 言

压缩感知与光学成像相结合形成了压缩成像理论与系统，压缩成像的精髓在于利用压缩感知理论在采样的同时实现压缩，不仅降低了采样数据量，更改变了传统“点对点”的成像方式，有望提升光学成像质量. 其一，压缩成像利用投影测量提高了采样的信噪比. 投影测量等价于测量场景各像元强度之“和”，因此提高了测量的总能量，进而可以有效地抵抗暗噪声与读出噪声的影响. 这一原理在压缩感知理论提出之前已经在多光谱成像领域得到广泛应用[1-2]. 其二，压缩成像可以提高采样的量子效率. 随机调制是压缩成像实现随机投影测量重要的前提，一般通过数字微镜阵列（digital micromirror device，DMD）或者空间光调制器（spatial light modulator，SLM）实现，随机调制器的填充因子往往大于探测器阵列. 例如DMD的填充因子可以达到90%，而电荷耦合元件（charge-coupled device，CCD）探测器与互补金属氧化物半导体（complementary metal oxide semi-conductor，CMOS）探测器的填充因子仅为50%左右，因而压缩成像具有更高的量子效率. 其三，压缩成像有望提高成像分辨率. 传统成像的分辨率主要取决于光学系统与探测器，而压缩成像主要取决于随机调制器. 一方面，随机调制器可以取代光学系统，如编码孔径成像，有效地克服光学系统衍射极限对高分辨率成像的影响；另一方面，在现有工艺水平下随机调制器像素尺寸已经达到微米级，远小于当前探测器的像素尺寸. 其四，压缩成像采用不同的系统设计还具有其他独特的优势. 例如，单像素成像系统能够使用传统面/线阵成像中无法使用的探测器，如光电倍增管或雪崩二极管，可以克服成像时的弱光问题. 成像方式的变革为光学遥感成像质量提升提供了新途径.

压缩成像的核心是基于压缩感知基本原理，通过成像系统设计充分发挥压缩成像的优势以及适应光学成像环境. 在前面章节中仅在理论层面探讨了压缩感知的基本理论，例如测量矩阵的优化设计还需考虑如何利用具体的光学器件完成压缩采样. 本章结合在近几年出现的计算光学和计算成像等领域中的发展，探讨了若干压缩成像的具体实现方式，通过数值仿真实验与物理仿真实验分析这些成像模式的性能. 当然这些探讨需要具备初步的光学成像的基础知识，包括光学系统设计、探测器等具体内容，限于篇幅这里不做详细介绍. 本章主要针对遥感光学成像背景，分别讨论焦平面编码高分辨率成像、运动补偿压缩成像、推扫式压缩成像以及其他常见压缩感知光学成像，重点是分析压缩感知与光学成像相结合的具体方式，特别是为了适应成像环境而做出的改进.

5.2　焦平面编码高分辨率成像

焦平面编码，是指在光学系统的焦平面处放置特定的光学器件，对焦平面光场进行编码，再由探测器记录编码后的光场. 利用焦平面编码的方式实现压缩采样，可以在不减小探测像素大小的情况下，实现图像分辨率的提高或者观测视场的增大.

5.2.1　焦平面编码压缩采样

假设探测器由大小为δ的像素组成，称δ为探测器分辨率；同时，设透镜的数值孔径为$N_a = L/f$，其中L为孔径大小，f为焦距，则称焦平面上的衍射极限分辨率为λ/N_a，其中λ为入射光波长. 另一方面，由焦平面上探测器像素决定的角分辨率为$\Delta\theta_\delta = \delta/f$；衍射极限决定的角分辨率为$\Delta\theta_\lambda = \lambda/L$. 一般而言，衍射极限决定的分辨率远优于探测器决定的分辨率，因此系统的分辨率由探测器决定.

从公式上看，为提高分辨率，可以减小探测器尺寸δ，但是考虑到现有的技术条件，很难做到大幅度地减小δ，特别是对于红外成像等使用的非硅光敏材料探测器. 本节根据压缩感知原理，利用焦平面编码技术，在不减小探测器尺寸的条件下，实现了图像空间分辨率的提高.

图 5.2.1 为16×16像素的编码模式的示意图，将它对应于4×4像素的探测器阵列上，其中每个探测器像素分别测量一个4×4像素子阵编码后的光强. 由于现有光学器件的限制，本节将编码掩膜设计为$(0,1)$二值的. 经过焦平面编码之

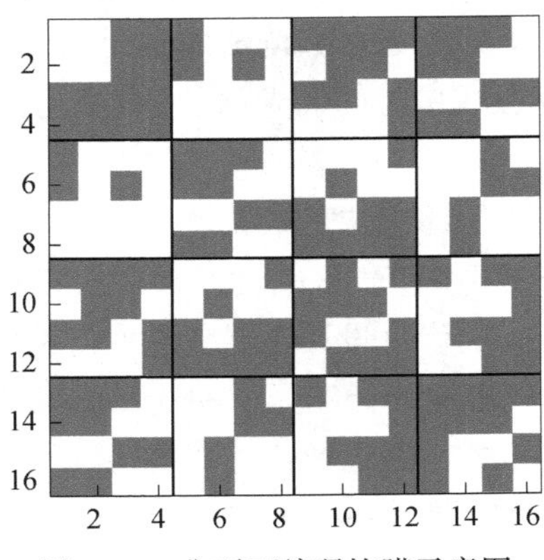

图 5.2.1　焦平面编码掩膜示意图

后，探测器得到的不是被观测场景的图像，而是其压缩采样，需通过稀疏优化算法重构图像. 决定图像的分辨率也不是探测器，而是编码掩膜的像素大小. 由于掩膜像素尺寸小于探测器像素，因此可以显著提高成像系统的分辨率.

探测器单个像素的测量可表示为

$$m=\int_A I(\mathbf{r})d\mathbf{r} \tag{5.2.1}$$

其中 m 为该像素的测量值，$I(\mathbf{r})$ 为焦平面上位置 $\mathbf{r}$ 处的光强，A 为像素的面积. 若对该像素的测量进行编码，则有

$$m=\int_\Omega p(\mathbf{r})I(\mathbf{r})d\mathbf{r} \tag{5.2.2}$$

其中 $p(\mathbf{r})$ 为对应于该像素的编码矩阵. Ω 为全部像素的面积. 将位置 $\mathbf{r}$ 进行离散化，则上式可以表示为

$$m=\mathbf{p}\cdot\mathbf{I} \tag{5.2.3}$$

其中 $\mathbf{p}$ 为将该像素对应的编码模式子阵转为行向量的结果，$\mathbf{I}$ 为该像素区域内光强转为列向量的结果. 由（5.2.3）式可知，m 为 $\mathbf{I}$ 的一次压缩采样，而重构 $\mathbf{I}$ 一般需要多个压缩采样.

获取多次压缩采样的一种可行方案是利用多路(multiplexing)技术，如图 5.2.2 所示. 图中描述了一个 4×4 的透镜阵列，各透镜的焦平面位置是相同的. 在这些透镜的焦平面上放置一个共用的探测器，每个透镜使用探测器的一部分，各透镜的图像互不重叠.

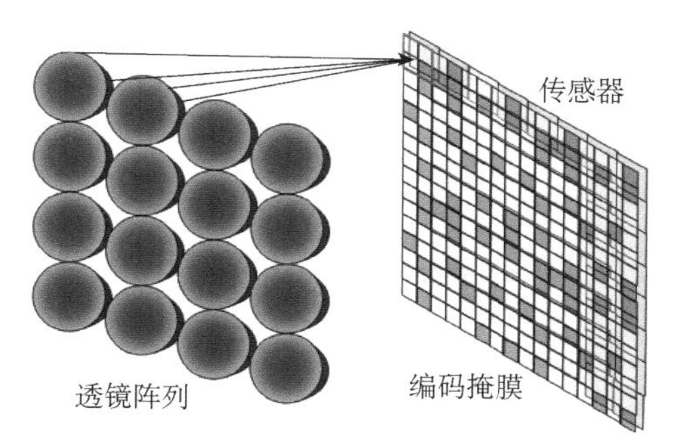

图 5.2.2 基于多路技术的焦平面编码示意图

设探测器各像素上均有一个 $n_m\times n_m$ 像素的掩膜子阵，同时设每个透镜对应于探测器上 $n_s\times n_s$ 像素大小的子区域，共有 $n_L\times n_L$ 个透镜. 若各透镜观测的景物是相同的，且每个透镜对应的探测器子区域中各像素上的掩膜编码方式是相同的，而各透镜之间的掩膜编码是不同的，则在这种模式下，单次曝光可以得到

$$M=(n_L\times n_L)\times(n_s\times n_s) \tag{5.2.4}$$

次测量，同时待重构的图像维数为

$$N=\left(n_m\times n_m\right)\times\left(n_s\times n_s\right) \tag{5.2.5}$$

根据压缩感知原理，可以使得 $M<N$ 时仍保证精确的图像重构，从而实现在不减小探测器阵元尺寸的条件下，提高图像的分辨率，且提高的比例为 $1-n_m/n_L$.

在图像重构过程中，如图 5.2.3 所示，测量数据即为探测器的输出值，而测量矩阵的每一行则由编码模式对应的矩阵行向量化后构成，由此即得到 $\mathbf{y}=\mathbf{A}\mathbf{x}$ ，再经过稀疏重构，即可得到图像.

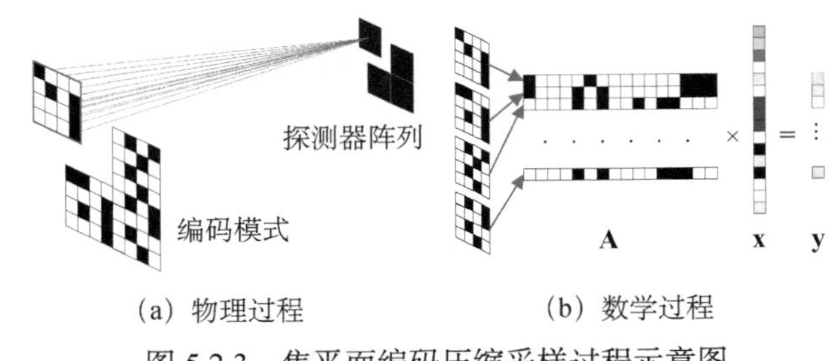

(a) 物理过程　　(b) 数学过程

图 5.2.3　焦平面编码压缩采样过程示意图

需要强调的是，该成像系统与现有多路光学成像系统最大的区别在于：传统的多路系统目标是在不改变分辨率的情况下，减小系统的焦距（根据公式 $\Delta\theta_\delta=\delta/f$ ，减小焦距 f 将降低分辨率），获取的图像维数仍等于探测器的阵元数；而本节通过使用焦平面编码掩膜进行压缩采样，可重构维数高于探测器阵元数的图像，实现分辨率提高（当然，本节的方法可以用于减小系统的焦距）.

值得指出，焦平面编码成像特别适合于探测器制造困难的谱段探测，例如红外成像，甚至 THz 成像等. 上文是以二维面阵探测器为例，阐述焦平面编码成像过程的，但其原理也适用于线阵探测器扫描成像.

5.2.2　编码的物理实现及智能成像模式

焦平面编码的一种实现方式，是在探测器感光像元的表面增加一层掩膜，掩膜上的像素是 (0,1) 二值的，分别表示不透光和透光，掩膜上像素的尺寸小于探测器像素的尺寸. 这种表面掩膜在物理实现上十分简单[3]，缺点在于一旦掩膜制作完成，其编码模式也就固定了，无法改变.

焦平面编码的另一种可选实现方式是 DMD 编码. DMD 是由约百万个微镜组成的阵列，每个微镜可以理解为一个像素，其尺寸大小约为 μm 量级. 通过控制主板，可以独立设置每个微镜的方向为 +10 °或 −10 °（参考值，可能略有不同），从而可将入射至其表面的光线反射至不同的方向，从而实现 (0,1) 二值编码. 主板的控制频率可以达到10^3 Hz 量级. 将二值的测量矩阵输入 DMD 控制主板，即可得到其物理实现. 将 DMD 置于光学系统的焦平面，入射到焦平面的光线经 DMD 的反射后即完成编码. 基于 DMD 的编码优势在于其可编程性，但满足像素尺寸、阵元数量和变化频率要求的 DMD 的制造，以及增加 DMD 后成像系统的复杂性、稳定性等问题仍需解决.

传统单孔径大场景监视系统的最大挑战是高复杂性和高成本. 成像系统的成本主要分为两类：探测器的成本和透镜/光学系统的成本. 探测器的像素数、功耗和数据率等均会随着视场的增大而急剧变大，其中某些因素的增大甚至是指数级的. 光学系统的孔径、尺寸、系统复杂度（光学器件的数量）和质量等也将随着视场的增大而非线性地增加.

众所周知，SAR 成像系统中，有 ScanSAR、StripSAR 和 SpotlightSAR 三种工作模式，以适应大场景和高分辨率之间不同的需要. 这三种成像模式主要是通过调整雷达天线的扫描方式实现的. 很自然地想到：是否可以在光学成像系统中实现变场景、变分辨率的侦察需求. 考虑利用 DMD 可编程的优势，同时结合对各多路透镜视场指向的控制，实现高分辨率成像和大场景成像之间的转换. 如图 5.2.4 所示，左图为高分辨率成像模式，正如上文所述，所有透镜的视场均指向同一场景区域，则场景的测量次数等于透镜数量. 右图为大场景成像模式，其中每四个透镜指向同一区域，十六个透镜观测的四个区域可以拼接成大场景图像；但增大观测区域带来的不利因素是观测次数的减少（本例中，各区域的观测次数为 4 次，而高分辨成像模式中场景的测量次数为 16 次）. 为了保持测量数与重构图像维数之间的关系，需使得 DMD 的若干相邻像素“捆绑”为一个“大像素”，作为整体进行控制. 如图 5.2.5 所示，左图为高分辨成像模式下 DMD 编码模式，每个微镜均独立控制；而右图为大场景成像模式下的 DMD 编码模式，其中每 4 个相邻的像素组成一个“大像素”作为整体进行控制，因此等效的像素数为原来的1/4，相应的分辨率降低为原来的 1/2.

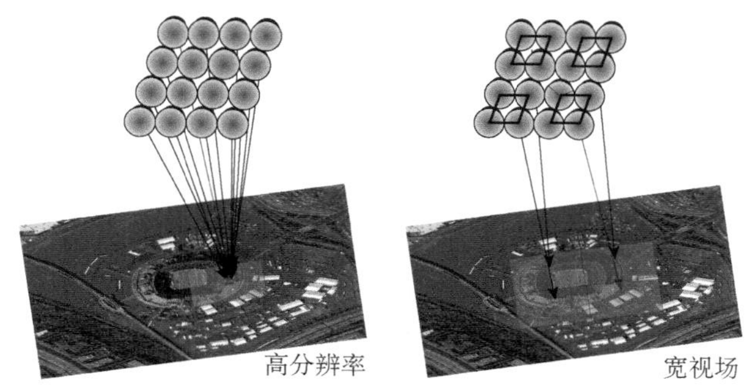

图 5.2.4　高分辨率（左图）与大场景（右图）成像模式对比

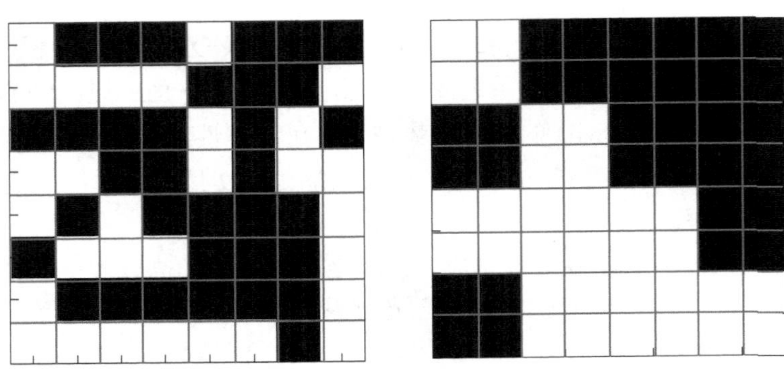

图 5.2.5　高分辨率（左图）与大场景（右图）成像 DMD 的模式对比

在上述基础上，若成像系统中还可以加入反馈机制，则基于 DMD 的焦平面编码还可以实现变分辨率智能感知. 在执行监视任务时，控制透镜指向和 DMD 编码模式使成像系统工作于大场景模式. 若能实时回传数据并完成图像重构，经识别发现感兴趣目标后，控制所有透镜的视场均指向该目标所在区域，同时调整 DMD 使其每个微镜均独立工作，则可以实现感兴趣目标的高分辨成像.

5.2.3　数值仿真实验

首先，通过数值仿真分析焦平面编码成像的性能. 仿真选用的场景如图 5.2.6 所示，这是一幅光学遥感影像，大小为 512×512 像素，其中的景物丰富，可以较好地评价成像方法的性能. 综合表示精度、计算速度等因素，本次仿真中选用 Daubechies 小波（滤波器长度为 4）作为稀疏表示基函数. 测量矩阵中的元素服从等概率 (0, 1) 二值伯努利分布. 仿真中各参数的选取、各透镜中测量矩阵的实现，以及重构的图像和重构误差 PSNR 如图 5.2.7 所示.

图 5.2.6　焦平面编码成像数值仿真选用的场景

$n_L=6$的透镜阵列, 每个透镜对应的焦平面编码模式如上图所示, 其中$n_m=8$, 分辨率提高33%, 重构图像（右图）误差: PSNR = 26.67dB

$n_L=5$的透镜阵列, 每个透镜对应的焦平面编码模式如上图所示, 其中$n_m=8$, 分辨率提高60%, 重构图像（右图）误差: PSNR = 23.41dB

$n_L=4$的透镜阵列, 每个透镜对应的焦平面编码模式如上图所示, 其中$n_m=8$, 分辨率提高100%, 重构图像（右图）误差: PSNR = 21.45dB

图 5.2.7　焦平面编码成像数值仿真结果

从图中可以看出，当$n_L=6$时，图像重构的质量较好；当$n_L=5$时，视觉上重构图像质量有一定退化；当$n_L=4$时，图像质量退化严重. 考虑到编码掩膜的物理实现简单，33%（$n_L=6$时）的分辨率提高是可观的. 事实上，通过测量矩阵和稀疏重构算法的进一步优化，分辨率提高仍有一定潜力.

第二个数值仿真是变分辨率智能成像，仍选用 Daubechies 小波（滤波器长度为 4）作为稀疏表示基函数. 测量矩阵中的元素服从等概率$(0,1)$二值伯努利分布. 取透镜阵列的参数$n_L=6$、焦平面编码参数$n_m=8$，根据前一个仿真实验，这组参数在高分辨率成像模式下可以得到较高质量的图像. 在大视场成像模式下，调整透镜的视场指向，使得其中每个2×2子阵指向同一区域（此时等效$\tilde{n}_L=2$），则可形成3×3共 9 个这样的区域，从而观测场景面积扩大为原来的 9 倍. 与此同时，为了避免观测次数带来的影响，将 DMD 中每 4 个相邻的像素组成一个“大像素”，组合后的等效参数$\tilde{n}_m=2$.

在本次仿真的大场景成像模式中，注意到$\tilde{n}_L=\tilde{n}_m$，即待估图像的维数等于测量次数，所以测量矩阵可以选为单位矩阵，直接测量得到“图像”（与传统光学成像类似），无需进行稀疏约束图像重构，从而为图像的实时判读、目标识别的系统的反馈控制节约时间. 由于 DMD 的“像素尺寸”将为原来的1/4，因此可知在该组参数设置下，大场景成像的分辨率为高分辨模式的1/4. 图 5.2.8 显示了变分辨率智能感知的数值仿真实现结果.

图 5.2.8 中，左图为大场景成像模式得到的图像，假设在需对该场景中的航站楼区域（图中用方框圈出）进行重点侦察，则可调整镜头视场指向以及 DMD 的编码模式对其进行高分辨率成像，结果如右图所示，其中可以清楚分辨停机坪上有一架飞机（右图圈出），这在大场景成像模式下是无法区分的. 此外，还可以观察到左图的场景范围是右图的$3\times3=9$倍，而右图的分辨率为左图的 4 倍.

图 5.2.8　变分辨率智能感知数值仿真结果

5.3　运动补偿压缩成像

遥感成像时，成像系统与成像场景间一般具有相对运动，而传统压缩成像（例如单像素成像）一般要求静态成像条件，即成像系统与成像目标间相对静止，因此压缩成像应用于遥感场景时必须要考虑平台的运动. 鉴于目前光学遥感成像时成像平台的运动情况一般可以通过轨道参数计算给出，故可以假设成像系统与成像场景间的相对运动已知. 在运动情况已知的前提下，首先对运动环境下压缩采样进行建模，研究运动对压缩采样造成的影响；而后，结合压缩感知框架下的稀疏约束重构，提出了逐帧重构方法与联合重构方法，并进行了性能分析.

此外还可以考虑超分辨成像，即如何从成像场景中更加有效地获取数据以及如何从获取的数据中重构高分辨率的图像，从成像场景中获取的数据可以是低分辨率的图像，也可以是其某种变换. 例如，法国 Spot-5 卫星通过超模模式提高采样带宽，进而更加有效地获取数据以提高图像分辨率；再如，利用图像的稀疏特性等先验信息或者融合多幅低分辨率图像可以从获取的数据中高分辨率地重构图像，实现图像分辨率的提高. 当成像系统与成像场景间存在相对运动时，压缩采样数据除了含有原始图像像元信息，还含有图像亚像元信息. 虽然运动使得采样过程变得复杂，但是其可以更加高效地获取图像信息，即提高了图像信息获取的效率. 在逐帧重构与联合重构时还可以考虑恢复原始图像中亚像元的信息. 所以，本节还分析了采样模型中蕴含的亚像元信息以实现超分辨成像.

5.3.1　运动压缩采样

当成像系统与成像目标间具有相对运动时，成像目标与单像素压缩成像系统在不同采样时间具有如图 5.3.1 所示的成像几何关系，其中所示的有全场景、每次采样对应的场景、运动的方向等因素.

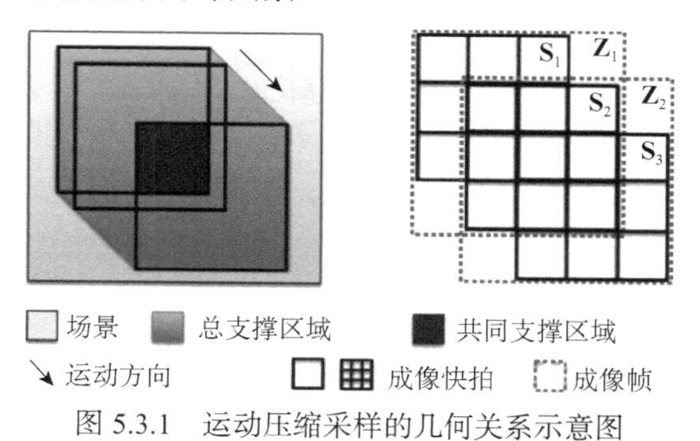

图 5.3.1　运动压缩采样的几何关系示意图

假设在运动的情况下共有 K 个采样，即快拍，每一快拍对应的随机调制矩阵为 $\mathbf{\Phi}_k \in \mathbb{R}^{n\times n}$，相应场景对应的图像矩阵为 $\mathbf{S}_k \in \mathbb{R}^{n\times n}$，则单像素探测器的测量值 y_k 为

$$y_k = \boldsymbol{\phi}_k^{\mathrm{T}} \mathbf{s}_k \tag{5.3.1}$$

其中，$\boldsymbol{\phi}_k = v(\mathbf{\Phi}_k)$ 且 $\mathbf{s}_k = v(\mathbf{S}_k)$，这里 $v(\cdot)$ 为矩阵的矢量化函数. 运动使得每一快拍对应的场景图像发生变化，由于我们假设平台为低速运动，所以假设相邻的快拍对应的场景图像位于同一个框架 $\mathbf{Z} \in \mathbb{R}^{(n+1)\times(n+1)}$，下面我们建立图像 $\mathbf{S}_k$ 与其所对应的框架之间的关系.

如图 5.3.2 所示，假设任意图像的像元能量在此像元区域均匀分布，因此，图像的任一像元被其所对应的框架分为四个部分，即此像素的能量等于框架中其所覆盖的四个像元的加权求和，其中权系数正比于四部分的面积. 假设像元的边长为一个单位，运动方向如图 5.3.2 所示，则在测量时刻 t 的快拍所对应的四部分分别为

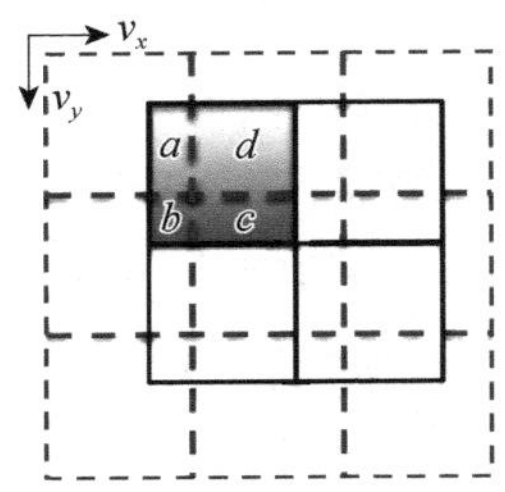

图 5.3.2 运动补偿光学压缩成像图像（实线）与其对应的框架（虚线）

$$\begin{cases} a=\left(1+[v_x t]-v_x t\right)\left(1+[v_y t]-v_y t\right) \\ b=\left(1+[v_x t]-v_x t\right)\left(v_y t-[v_y t]\right) \\ c=\left(v_x t-[v_x t]\right)\left(v_y t-[v_y t]\right) \\ d=\left(v_x t-[v_x t]\right)\left(1+[v_y t]-v_y t\right) \end{cases} \tag{5.3.2}$$

其中，v_x 与 v_y 分别表示在两个方向的运动速度，且 $a+b+c+d=1$，$[x]$ 表示不超过 x 的最大整数. 则第 k 个快拍场景图像可以表示为

$$\mathbf{s}_k=\mathbf{T}_k\mathbf{z} \tag{5.3.3}$$

其中，$\mathbf{z}=v(\mathbf{Z})$ 且有

$$\mathbf{T}_k=\begin{bmatrix} \mathbf{T}_k^1 & \mathbf{T}_k^2 & \mathbf{0} & \cdots & \mathbf{0} \\ \mathbf{0} & \mathbf{T}_k^1 & \mathbf{T}_k^2 & \cdots & \mathbf{0} \\ \vdots & \vdots & \vdots & \ddots & \vdots \\ \mathbf{0} & \mathbf{0} & \mathbf{0} & \cdots & \mathbf{T}_k^2 \end{bmatrix}_{n^2\times(n+1)^2} \tag{5.3.4}$$

其中

$$\mathbf{T}_k^1=\begin{bmatrix} a & b & 0 & \cdots & 0 \\ 0 & a & b & \cdots & 0 \\ \vdots & \vdots & \vdots & \ddots & \vdots \\ 0 & 0 & 0 & \cdots & b \end{bmatrix},\quad \mathbf{T}_k^2=\begin{bmatrix} c & d & 0 & \cdots & 0 \\ 0 & c & d & \cdots & 0 \\ \vdots & \vdots & \vdots & \ddots & \vdots \\ 0 & 0 & 0 & \cdots & d \end{bmatrix} \tag{5.3.5}$$

注意到具有相同的指标的 $\left([v_x t],[v_y t]\right)$ 快拍对应相同的框架，因此，所有的框架可以用 $\left([v_x t],[v_y t]\right)$ 作为其坐标. 如果运动使得成像系统在采样过程中快过数

个像元，则对应多个框架. 同理我们可以建立任一框架与总场景 $\mathbf{X}$ 间的关系：

$$\mathbf{z} = \mathbf{U}\mathbf{x} \tag{5.3.6}$$

其中，$\mathbf{U}$ 为框架到场景的抽取矩阵，$\mathbf{x} = \nu(\mathbf{X})$. 则联合上述公式，可以获得建立运动条件下测量数据与场景间的关系：

$$\mathbf{y} = \mathbf{\Phi}(\{\boldsymbol{\phi}_k\}, \{\mathbf{T}_k\}, \mathbf{U})\mathbf{x} + \boldsymbol{\varepsilon} \tag{5.3.7}$$

其中，$\mathbf{\Phi}$ 是关于调制矩阵 $\{\boldsymbol{\phi}_k\}$，$\{\mathbf{T}_k\}$ 与 $\mathbf{U}$ 的投影测量矩阵.

压缩采样模型（5.3.7）仅是在成像系统理想条件下的模型，主要考虑的是平台运动对投影测量的影响，还需进一步考虑凝视条件下光学成像系统中的光学系统、探测器、电子学等因素对成像的影响. 由于凝视条件下光学成像系统的调制传递函数（modulation transfer function，MTF）可以分解到光学系统、探测器、电子学等多个环节，故假设经过系统地面标定以及在轨测试后，光学成像系统的整体 MTF 已知，则运动压缩采样模型可进一步精确为

$$\mathbf{y} = \mathbf{\Phi}(\mathbf{h} * \mathbf{x}) + \boldsymbol{\varepsilon} \tag{5.3.8}$$

其中，$\mathbf{h}$ 为光学成像系统的整体 MTF 对应的点扩散函数，将卷积算子写成矩阵相乘的形式后，模型（5.3.8）可重新写为

$$\mathbf{y} = \mathbf{\Phi}\mathbf{H}\mathbf{x} + \boldsymbol{\varepsilon} \tag{5.3.9}$$

记为

$$\mathbf{y} = \mathbf{A}\mathbf{x} + \boldsymbol{\varepsilon} \tag{5.3.10}$$

其中，$\mathbf{A} = \mathbf{\Phi}\mathbf{H}$. 综上所述，运动压缩采样模型包含了平台运动、投影测量、光学系统、探测器等影响成像质量的因素，为图像重构提供了模型基础.

5.3.2　图像稀疏重构

基于运动压缩采样模型可以在压缩感知框架下进行图像重构. 若成像系统与成像场景间的相对运动速度很大，每次压缩测量对应的图像皆不同，即图像间没有任何关系，则几乎不可能依靠单个投影测量数据重构原始图像，即压缩成像没有任何意义，所以这里假设运动速度很小，使得每个图像帧都含有多个测量数据，以满足压缩成像的测量条件.

假设成像场景上总图像 $\mathbf{X}$ 含有 L 个图像帧 $\mathbf{Z}_1, \mathbf{Z}_2, \cdots, \mathbf{Z}_L$，且对于其中任一图像帧 $\mathbf{Z}_l$，其含有 K_l 个投影测量数据，即含有 K_l 个对应的图像 $\left\{\mathbf{S}_k^l\right\}_{k=1}^{K_l}$，所以共有 $m = \sum_{l=1}^{L} K_l$ 个测量数据 $\left\{y_k^l\right\}_{k=1}^{K_l}$，同时设每个测量数据 y_k^l 对应的随机调制矩阵为 $\mathbf{\Phi}_k^l$. 关于图像重构，考虑两种重构方法：逐帧重构与联合重构. 逐帧重构与联合重构都考虑了同一图像帧内测量数据间的运动补偿，但是逐帧重构仅利用图像帧

内的测量数据来重构此帧图像，而联合重构利用全部测量数据重构总图像. 注意到 $y_k^l=\left(\boldsymbol{\phi}_k^l\right)^{\mathrm{T}}\mathbf{s}_k^l$. 其中，$\boldsymbol{\phi}_k^l=v(\boldsymbol{\Phi}_k^l)$，$\mathbf{s}_k^l=v(\mathbf{S}_k^l)$，且测量 y_k^l 对应的图像 $\mathbf{s}_k^l$ 与其所在图像帧 $\mathbf{Z}_l$ 间存在转移矩阵 $\mathbf{T}_k^l$，使得 $\mathbf{s}_k^l=\mathbf{T}_k^l\mathbf{z}_l$，其中，$\mathbf{z}_l=v(\mathbf{Z}_l)$，则

$$y_k^l=\left(\boldsymbol{\phi}_k^l\right)^{\mathrm{T}}\mathbf{T}_k^l\mathbf{z}_l \tag{5.3.11}$$

其中，$k=1,2,\cdots,K$，$l=1,2,\cdots,L$. 进一步，对于任一图像帧 $\mathbf{Z}_l$，测量数据 $\left\{y_k^l\right\}_{k=1}^{K_l}$ 可以写成矩阵形式：

$$\mathbf{y}^l=\mathbf{W}^l\mathbf{z}_l \tag{5.3.12}$$

其中，$l=1,2,\cdots,L$，且 $\mathbf{W}^l=\left[\left(\mathbf{T}_1^l\right)^{\mathrm{T}}\boldsymbol{\phi}_1^l,\left(\mathbf{T}_2^l\right)^{\mathrm{T}}\boldsymbol{\phi}_2^l,\cdots,\left(\mathbf{T}_{K_l}^l\right)^{\mathrm{T}}\boldsymbol{\phi}_{K_l}^l\right]^{\mathrm{T}}$. 则基于上述采样模型，逐帧重构可以表示为下面压缩感知中经典的稀疏重构模型：

$$\widehat{\boldsymbol{\alpha}}_l=\arg\min_{\boldsymbol{\alpha}_l}\|\boldsymbol{\alpha}_l\|_1\quad \text{s.t.}\left\|\mathbf{y}^l-\mathbf{W}^l\boldsymbol{\Psi}\boldsymbol{\alpha}_l\right\|_2^2\leqslant\boldsymbol{\varepsilon} \tag{5.3.13}$$

其中，$\boldsymbol{\Psi}\in\mathbb{C}^{(n+1)^2\times(n+1)^2}$ 为图像帧的稀疏表示基，图像帧可以通过 $\widehat{\mathbf{z}}_l=\boldsymbol{\Psi}\widehat{\boldsymbol{\alpha}}_l$ 重构获得. 对全部的图像帧重复上述重构过程可以得到总图像.

逐帧重构过程说明其仅是利用图像帧内的信息，但是相邻图像帧之间含有大部分的重叠区域，如果能够在重构中利用这些信息便可以进一步提高重构图像质量. 下面考虑联合重构方法，设 $\mathbf{U}_l$ 为图像帧 $\mathbf{Z}_l$ 与总图像 $\mathbf{X}$ 间的抽取矩阵，即 $\mathbf{z}_l=\mathbf{U}_l\mathbf{x}$，则

$$\mathbf{y}^l=\mathbf{W}^l\mathbf{U}_l\mathbf{x} \tag{5.3.14}$$

其中，$l=1,2,\cdots,L$. 对于全部的采样数据，式（5.3.14）可以进一步写成矩阵形式

$$\mathbf{y}=\mathbf{V}\mathbf{x} \tag{5.3.15}$$

其中，$\mathbf{y}=\left[\left(\mathbf{y}^1\right)^{\mathrm{T}},\left(\mathbf{y}^2\right)^{\mathrm{T}},\cdots,\left(\mathbf{y}^L\right)^{\mathrm{T}}\right]^{\mathrm{T}}$，且 $\mathbf{V}=\left[\left(\mathbf{W}^1\mathbf{U}_1\right)^{\mathrm{T}},\left(\mathbf{W}^2\mathbf{U}_2\right)^{\mathrm{T}},\cdots,\left(\mathbf{W}^L\mathbf{U}_L\right)^{\mathrm{T}}\right]^{\mathrm{T}}$. 所以，总图像可以经过稀疏重构得到：$\widehat{\mathbf{x}}=\boldsymbol{\Psi}\widehat{\boldsymbol{\beta}}$，其中 $\boldsymbol{\Psi}\in\mathbb{C}^{(n+L)^2\times(n+L)^2}$ 为稀疏表示基，且

$$\widehat{\boldsymbol{\beta}}=\arg\min_{\boldsymbol{\beta}}\|\boldsymbol{\beta}\|_1\quad \text{s.t.}\left\|\mathbf{y}-\mathbf{V}\boldsymbol{\Psi}\boldsymbol{\beta}\right\|_2^2\leqslant\boldsymbol{\varepsilon} \tag{5.3.16}$$

则联合重构考虑了图像帧间的重叠特性，具有较高的重构精度.

在上述两种重构方法中，我们都没有通过描述投影测量矩阵可重构条件的约束等距特性、零空间特性、相关性等指标来分析矩阵的可重构性能. 到目前为止，已知完全随机矩阵与部分随机的结构化矩阵已经可以在数学上证明其可重构条件，但是对于确定性结构矩阵来说，其可重构条件仍然是个公开问题. 这里，我们利用下面的数学仿真实验与半物理仿真实验说明上述投影测量矩阵的可行性. 此

外，通过运动压缩采样模型与运动重构方法可知，运动补偿压缩成像方法不仅限于匀速直线运动，还可以是曲线运动等其他已知的运动情况，下面的仿真实验可以说明这一点.

下面分析在上述运动压缩采样过程下的超分辨成像方法，这里的超分辨成像具体是指亚像元成像，即图像分辨率超过由随机调制器像元大小决定的图像分辨率. 相对运动为实现亚像元成像提供了可能. 首先将参考图像的任一像元细分为 2×2 的阵列，即等价于此像元阵列中的四个像元共享随机调制器中同一个调制像元. 注意到这种细分格式在静态压缩成像时没有任何亚像元效果，原因在于细分导致投影测量矩阵的相关性变强，进而可重构条件变差. 但是，运动会使得同一细分的像元阵列中的像元可能受到不同随机调制器像元的调制，进而降低投影测量矩阵的相关性，所以在运动情况下这种细分格式有望实现超分辨成像. 在运动补偿压缩成像的运动压缩采样模型中可以考虑细化后的成像场景为参考图像，类似地可以建立运动采样模型：

$$\mathbf{y}=\mathbf{V}_s\mathbf{x}_s \tag{5.3.17}$$

其中，$\mathbf{x}_s$ 为细化后的参考图像，$\mathbf{V}_s$ 为对应于运动条件下细化参考图像的投影测量矩阵，则经过稀疏约束重构，超分辨重构图像可以表示为：$\hat{\mathbf{x}}_s=\mathbf{\Psi}_s\hat{\boldsymbol{\beta}}_s$，其中 $\mathbf{\Psi}_s\in\mathbb{C}^{(n+L)^2\times(n+L)^2}$ 为稀疏表示基，且

$$\hat{\boldsymbol{\beta}}_s=\arg\min_{\boldsymbol{\beta}_s}\|\boldsymbol{\beta}_s\|_1 \quad \text{s.t.}\|\mathbf{y}-\mathbf{V}_s\mathbf{\Psi}_s\boldsymbol{\beta}_s\|_2^2\leqslant\boldsymbol{\varepsilon} \tag{5.3.18}$$

这里，$\mathbf{\Psi}_s$ 为对应于重构超分辨图像的稀疏表示基. 注意到投影测量矩阵由随机矩阵、Toeplitz 矩阵与抽取矩阵复合而成，在后面的仿真实验中可以发现此投影测量矩阵的有效性，但是从数学理论上证明确定性结构化矩阵的可重构条件依然是个公开问题.

同时基于运动采样模型与细分格式的运动超分辨成像具有方向性. 超分辨的方向与相对运动方向一致. 关于所提的超分辨方法有以下几点需要特别注意. 第一，此方法实现的是亚像元成像，能够突破由随机调制器决定的图像分辨率；第二，若已知运动方向可以根据此方向设计细分格式，避免由均匀细分造成的大计算量；第三，若运动速度足够慢，则可以进一步细分参考图像，实现更高分辨率图像的重构；第四，可以设计不同运动形式实现更加复杂细致的图像超分辨成像，例如结合水平运动与竖直运动可以实现各向同性超分辨成像.

5.3.3　仿真实验

为了充分验证上述运动补偿压缩成像方法的有效性，本部分考虑运动补偿压缩

成像的数学仿真实验与半物理仿真实验.

5.3.3.1 数学仿真实验

这里主要考虑两类场景图像：人造图像“Chessboard”与自然场景图像“Dog”，其中前者具有更加丰富的边缘细节. 关于运动，令压缩成像系统在时序采样时间内平行于成像场景分别沿水平方向与竖直方向运动 20 与 10 个像元. 此外，设空间光调制器（SLM）具有维度 32×32，实现对接收图像的高斯随机调制，DCT 基用来对图像进行稀疏表示. 在运动压缩采样中，采样率定义为采集数据量与总图像像元个数之比，本次仿真实验中设为 0.6. 在实际成像过程中，成像系统不可避免地混入噪声，这里假设为高斯白噪声，其中信噪比为 20dB. 关于图像重构，分别考虑逐帧重构方法与联合重构方法，其中稀疏重构算法选择基追踪算法，评价指标为均方根误差（root mean square error，RMSE）.

首先，利用传统静态压缩成像方法，即在逐帧重构时不考虑采样时的运动因素，作为逐帧重构与联合重构的对比方法，在上述仿真条件下，重构结果如图 5.3.3 所示， 从图像视觉质量可以发现，若不考虑运动因素，静态重构图像质量非常差；运动补偿压缩成像充分考虑了采样时的运动，所以逐帧重构相比静态重构大大提高了重构质量，联合重构同时考虑了图像帧间的重叠区域，进一步提高了重构图像质量. 表 5.3.1 为图 5.3.3 中重构图像的 RMSE，定量分析结果与图像的视觉质量一致. 同时，比较“Chessboard”图像与“Dog”图像可知后者具有较高的重构质量，这源于后者具有较少的图像细节.

（a）原始图像 （b）静态重构 （c）逐帧重构 （d）联合重构

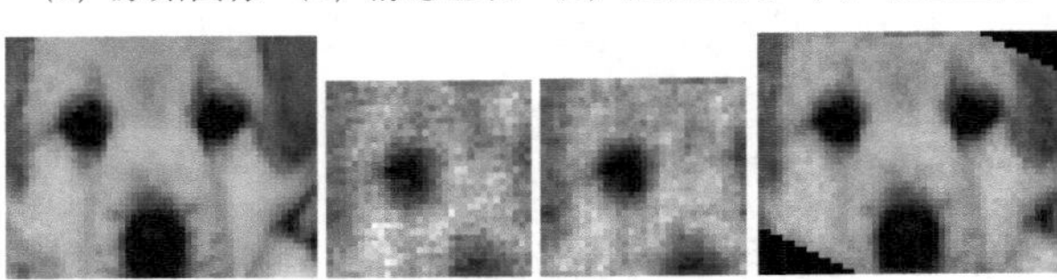

（e）原始图像 （f）静态重构 （g）逐帧重构 （h）联合重构

图 5.3.3 运动补偿压缩成像与静态压缩成像结果

表 5.3.1　运动补偿压缩成像与静态压缩成像的重构误差（RMSE）

重构方法	静态重构	逐帧重构	联合重构
“Chessboard”图像	0.229	0.102	0.054
“Dog”图像	0.138	0.089	0.046

由于联合重构具有最好的重构效果，下面重点分析联合重构方法在不同采样率以及不同信噪比下的重构效果. 首先，令压缩采样率分别为 0.25，0.35，0.45，0.55，0.65 与 0.75，联合重构图像与重构误差分别如图 5.3.4 与表 5.3.2 所示，可以发现，随着采样率的增加，重构图像质量迅速提高，当采样率达到 0.45 时，重构图像具有较好的视觉质量. 下面分析不同的信噪比下图像重构的质量，分别令信噪比为 5dB，10dB，15dB，20dB 与 25dB，则重构结果分别如图 5.3.5 与表 5.3.3 所示，随着信噪比（signal to noise ratio，SNR）的提高，重构质量迅速提高.

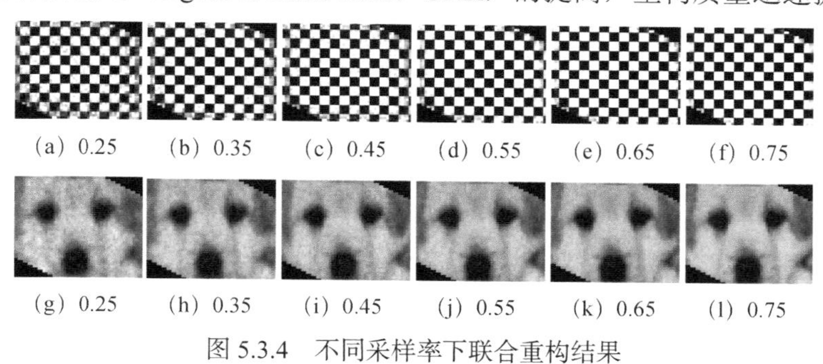

图 5.3.4　不同采样率下联合重构结果

表 5.3.2　不同采样率下联合重构误差（RMSE）

采样率	0.25	0.35	0.45	0.55	0.65	0.75
“Chessboard”图像	0.179	0.113	0.084	0.067	0.053	0.047
“Dog”图像	0.098	0.089	0.058	0.051	0.046	0.044

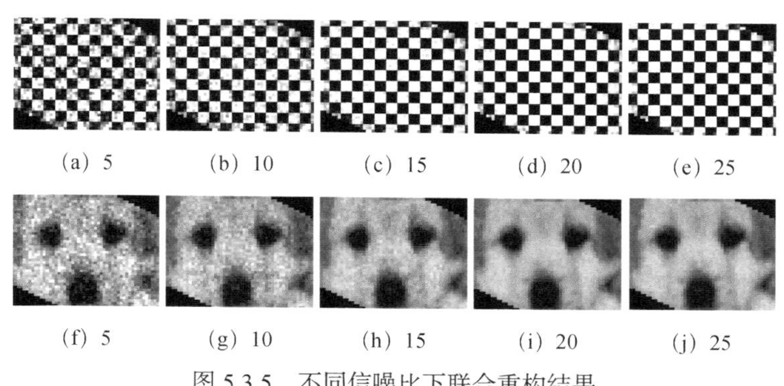

图 5.3.5　不同信噪比下联合重构结果

表 5.3.3　不同信噪比下联合重构误差（RMSE）

信噪比	5	10	15	20	25
“Chessboard”图像	0.225	0.146	0.084	0.058	0.050
“Dog”图像	0.152	0.098	0.067	0.048	0.042

下面针对曲线运动对两幅图像进行仿真实验，相关参数与直线运动一样，仿真结果如图 5.3.6 所示，可以发现曲线运动情况下运动补偿压缩成像依然有效. 同时注意观察曲线与直线情况下联合重构的图像还可以发现，同一幅重构图像在不同的区域重构质量也不尽相同，为此考虑重构图像的误差分布图，进一步将其归一化定义为归一化重构误差分布图，则联合重构图像的归一化误差分布如图 5.3.7 所示. 可以发现，无论运动如何，具有较大误差的像素主要分布在总图像的边缘区域，在共同支撑区域重构误差很小，原因在于运动情况下共同支撑域的像素比边缘区域的像素具有更多的采样数据，所以在运动压缩成像时应该将感兴趣的目标放置于共同支撑区域，以提高其成像质量.

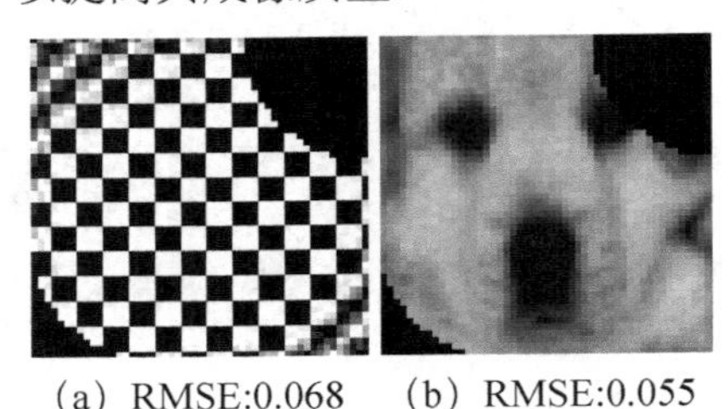

（a）RMSE:0.068　（b）RMSE:0.055

图 5.3.6　曲线运动下联合重构结果

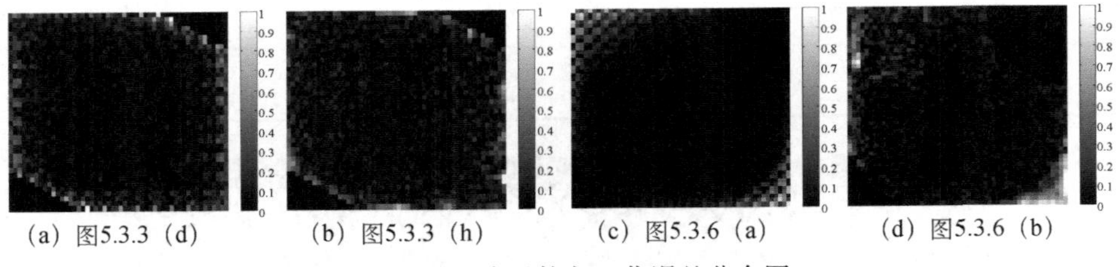

(a) 图5.3.3 (d)　(b) 图5.3.3 (h)　(c) 图5.3.6 (a)　(d) 图5.3.6 (b)

图 5.3.7　联合重构归一化误差分布图

下面分析运动超分辨成像，该方法不仅克服了运动带来的问题，还充分利用运动特点实现了图像的超分辨重构，这里利用仿真实验说明本方法的有效性，以及分析此超分辨方法的特点. 输入的高分辨图像作为原始场景，其中 2×2 的子块经过同一个随机调制系数调制，这里随机调制器的维数为 16×16，则对应低分辨率图像的任一像元等价于高分辨率图像相应的 2×2 子块的均值. 此外，高斯随机矩阵与 DCT 矩阵分别作为投影测量矩阵与稀疏表示矩阵，压缩采样率设为 0.6，成像系统具有加性高斯白噪声（additive Gaussian Noise，AWGN），其中信噪比为 20dB，细分格式考虑 2×2 细分，且重构算法考虑基追踪算法. 既然成像过程中存在相对运动，则成像区域要大于静态成像结果. 若在采样过程中，成像系统沿竖直与水平方向分别运动 n_x 与 n_y 个像元，则运动补偿压缩成像与运动超分辨成像的图像维数分别是 $(16+n_x)\times(16+n_y)$ 与 $(32+n_x)\times(32+n_y)$. 下面采用运动补偿压缩成像方法作为对比方法，以原始高分辨图像作为标准图像，分别分析超分辨成像方法与对比方法的成像效果，其中评价指标为 RMSE. 首先，选取测试图像如图 5.3.8（a）所示，设定 $n_x=n_y=1$，则对应的低分辨率图像如图 5.3.8（b）所示，两种成像方法所成的结果分别列于图 5.3.8（c）与图 5.3.8（d），这里为了便于利用评价指标进行定量比较，将低分辨率图像与运动补偿所成图像都进行了 2 倍最邻近插值，其中定量结果如表 5.3.4 所示. 不论图像视觉效果还是定量比较结果都表明，运动补偿压缩成像不能突破系统决定的图像分辨率，同时运动超分辨成像比运动补偿成像具有更高的成像质量，突破了由成像系统决定的图像分辨率.

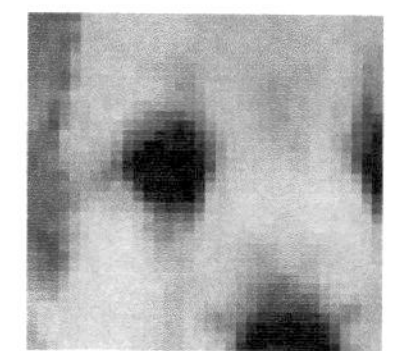
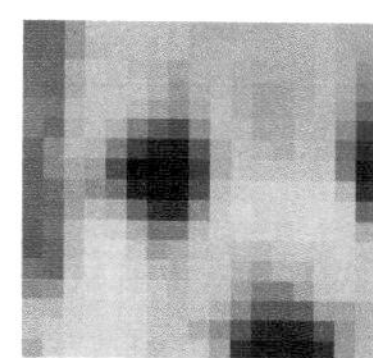
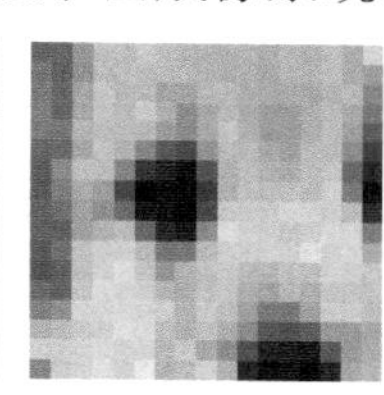
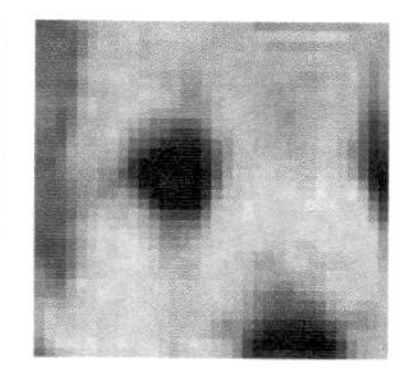

（a）高分辨率图像（b）低分辨率图像（c）运动补偿压缩成像（d）运动超分辨成像

图 5.3.8　“Dog”图像的成像结果

表 5.3.4　“Dog”图像重构结果（RMSE）

重构方法	低分辨率图像	运动补偿压缩成像	运动超分辨成像
RMSE	0.0689	0.0775	0.0239

下面，我们验证运动超分辨成像具有的方向性. 考虑运动形式：$n_x=0$，$n_y=1$，即运动沿水平方向. 测试图像分别如图 5.3.9（a）、（d）与（g）所示，其条纹目标分别具有不同的方向. 由运动超分辨成像机理分析可知其超分辨与运动方向一致，所以可以预测竖条图像具有最好的超分辨性能，斜条图像次之，横条图像最差，图 5.3.9 所示的运动超分辨成像结果与预测一致. 对于横条图像来说，尽管其与运动方向垂直，但是由表 5.3.5 所示的数据表明其图像质量依然有所提升，原因在于图像重构时的稀疏先验约束.

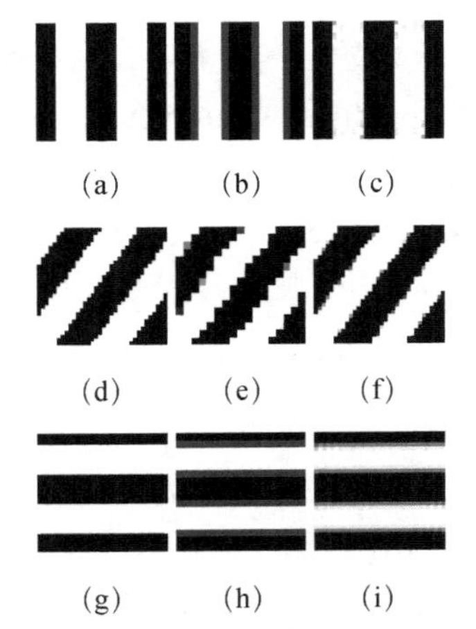

图 5.3.9　高分辨率（左）、低分辨率（中）与运动超分辨（右）图像

表 5.3.5　不同方向图像重构结果（RMSE）

图像	竖条图像	斜条图像	横条图像
低分辨图像	0.3535	0.2628	0.3535
运动超分辨成像	0.0420	0.1680	0.2273

为了进一步突出本方法的优越性，我们与双相位编码（double phase encoding）超分辨方法[4]进行比较，测试图像使用 USAF（united states air force）分辨率板. 高分辨率图像（图 5.3.10（a））中任一 2×4 子块经过平均得到低分辨率图像（图 5.3.10（b）），在相同的采样数据下，由对比方法与运动超分辨方法所成图像分别如图 5.3.10（c）与（d）所示，可以发现对比方法相比于低分辨率图像实现了超分辨重构，但是其无法超越成像系统决定的图像分辨率，本方法突破这一限制实现了亚像元成像.

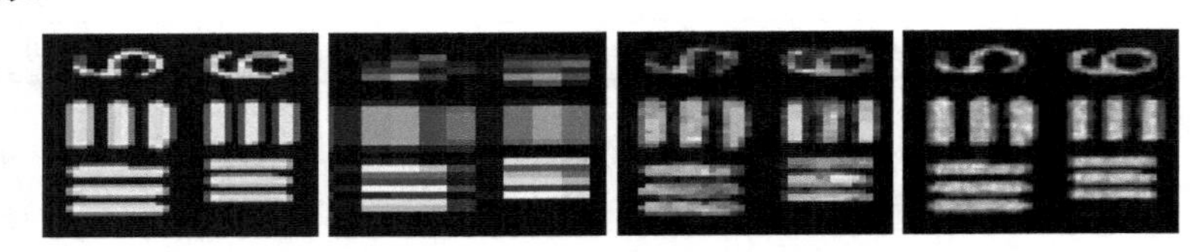

(a) 高分辨率图像　(b) 低分辨率图像　(c) 双相位编码　(d) 运动超分辨

图 5.3.10　USAF 板图像的超分辨成像结果

5.3.3.2　物理仿真实验

本部分考虑运动补偿压缩成像的半物理仿真实验，其中实验室环境下的单像素压缩成像系统如图 5.3.11 所示，其中成像目标放置于电控运动平台上，可以模

拟成像系统与成像目标间的相对运动. 成像目标以及静态环境下压缩成像结果如图 5.3.12 所示，其中成像目标，即光学分辨率板，含有两组线对：0.94mm 细线对与 1.88mm 粗线对. 由于成像分辨率的限制，静态环境下成像结果中仅能分辨粗线对. 为了验证运动补偿压缩成像的可行性，在压缩采样过程中，光学分辨率板随平台分别运动 0.94mm 与 1.88mm，即分别对应着 5 与 10 个图像像元，这里压缩采样率为 0.6；关于重构方法，选择稀疏约束下的联合重构方法与传统重构方法，重构结果如图 5.3.13 所示，可以发现运动对于传统重构结果影响很大，且运动速度越快影响越大；同时，运动补偿压缩成像结果与静态环境下成像结果（图 5.3.12（b））几乎一样，因此通过运动补偿压缩成像可以较好地克服运动因素. 注意到在四幅重构图像中上面一组粗线对总是能够很好地重构出来，这源于运动方向与此组粗线对的方向一致. 此外，还可以得到结论：尽管运动采样获得了图像亚像元的信息，但是重构方法中没有考虑超分辨重构，因此图像分辨率没有超过静态环境下压缩成像分辨率，即在全部重构图像中细线对始终都没有清晰地重构出来.

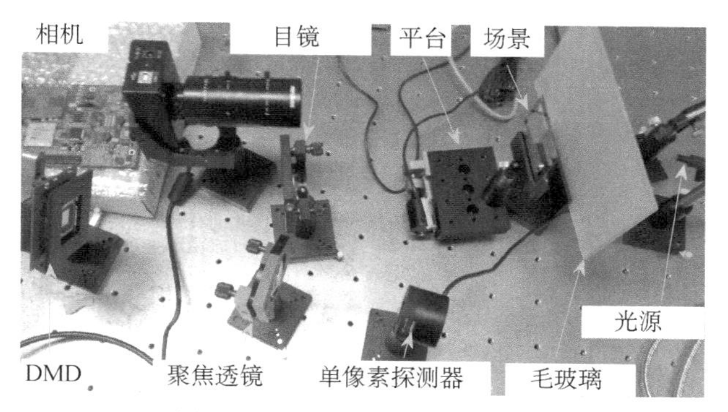

图 5.3.11　单像素压缩成像系统

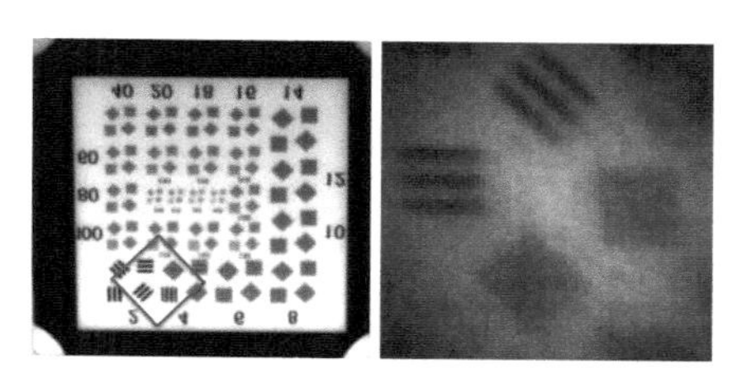

（a）成像目标　（b）静态成像

图 5.3.12　成像目标与静态压缩成像结果

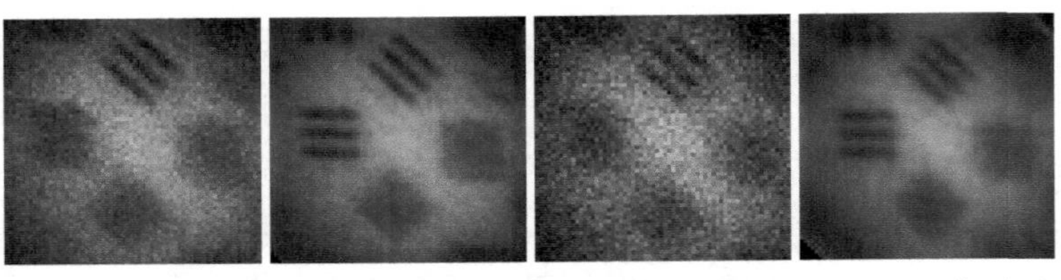

(a) 静态重构 (5)　(b) 联合重构 (5)　(c) 静态重构 (10)　(d) 联合重构 (10)

图 5.3.13　分别运动 5 与 10 个像元时的重构结果

下面进一步利用运动超分辨成像方法，可以实现亚像元成像. 这里尽管与上述实验环境相同，但是设置有差异，主要体现在 DMD 的使用方式上，为了验证超分辨成像能力，这里将 2×2 个 DMD 小镜片组合成一个随机调制单元，因此采用联合重构时的图像分辨率相比图 5.3.12（b）要低，如图 5.3.14（a）所示；而采用超分辨成像时，重构结果如图 5.3.14（b）所示，获得的图像分辨率与图 5.3.12（b）相当，因此运动超分辨成像是可行的.

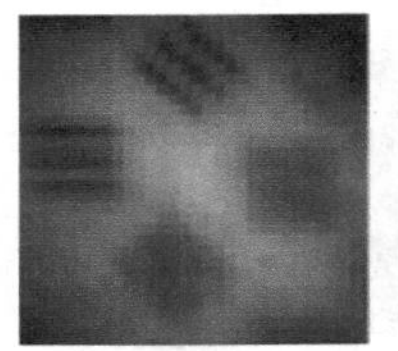

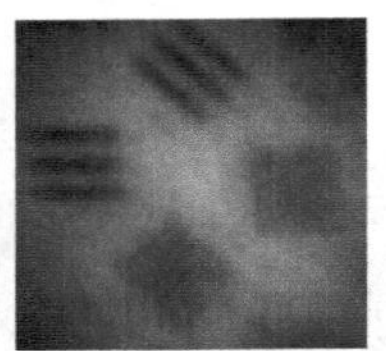

(a) 低分辨率图像　(b) 高分辨率图像

图 5.3.14　运动超分辨成像结果

5.4　推扫式压缩成像

目前，高分辨率成像是光学遥感成像的迫切需求，但是成像系统较大的硬件实现难度、光学遥感复杂的成像环境与高分辨带来高数据率等严重制约着光学遥感高分辨率成像. 压缩成像理论为解决这一问题提供了很好的理论基础与方法途径，但是现有的光学压缩成像系统还不能完全适应光学遥感的成像环境，如成像平台的运动环境、远场成像与高系统稳定性等.

现有的光学压缩成像系统几乎都是在实验室环境下进行系统设计的，对（星载）光学遥感成像环境的适应性较差. 例如，单像素类压缩成像系统尽管将探测器像元的数目减小至最低，但是在光学遥感成像时的采样效率还是很低，且时序测量不适合星载的运动成像环境；焦平面编码压缩成像系统采用多路技术实现多次测量，这无疑大大增加了目前成像系统的复杂度，且对光学系统的调控精度要求也较高；CMOS 压缩成像系统可以认为是对传统成像系统改变最小的一种成像系统，但是其仅仅降低了测量的数据量，不会对测量的质量有明显的提高；随机相位调制压缩成像系统需要在光场的 Fourier 域进行操作，对复数据的测量使得成像系统的复杂度依然较高；随机透镜压缩成像系统优势较为明显，但是其制造工艺要求很高；无透镜压缩成像系统仅能对近场场景成像，不适合光学遥感的远场成像. 因此，需要仔细分析现有压缩成像系统在光学遥感成像中的优势与不足，扬长避短，设计适合光学遥感压缩成像的系统方案.

5.4.1　系统构成

光学遥感压缩成像系统既要适合光学遥感成像环境，又要满足高分辨率成像这一迫切需求，所以压缩成像系统设计的基本原则为：①实现高分辨率成像；②适合星载运动环境；③系统具有高稳定度与低复杂度. 根据这些设计原则，本部分继承了单像素压缩成像系统与焦平面编码压缩成像系统的优势，并结合星载推扫式成像模式，提出了推扫式压缩成像系统. 其系统结构图与系统光路图如图 5.4.1 所示，其中，空间光调节器位于成像透镜组的一次像面上，用于实现对光场的随机调制；调整透镜与透镜组（成像透镜）分别位于空间光调节器的两侧，调整透镜实现对随机调制后光场的规整，去除杂散光；调整透镜之后分别为柱形透镜与线阵探测器，其中柱形透镜实现对光场一个方向的汇聚，线阵探测器则位于柱形透镜的焦线上，实现对汇聚光强的测量. 外围电路则包括缓存单元、计算单元与存储器，其中，缓存单元与空间光调节器相联，实现对空间光调节器加载设计好的投影测量矩阵；存储器与线阵探测器相联，实现对线阵探测器测量结果的存储；计算单元分别与缓存单元和存储器相联，收集投影测量矩阵数据与探测数据，并根据准备好的稀疏约束重构算法精确重构原始图像. 当然，在实际的光学遥感压缩成像系统的外围电路与成像器件可能分别位于地面与卫星，其通过无线通信实现互联.

在此压缩成像系统中，空间光调节器为液晶控制单元，如图 5.4.2 所示，其在刻有条状透明金属氧化膜的双层透明玻璃板中填充液晶，每个条状金属氧化膜均匀平行排列，其宽度可以自由控制（尽量小），金属氧化膜中留有间隙以防止短路. 液晶控制单元主要实现对光场随机调制，通过电路控制单元发出的控制信号独立地开或关，从而控制光线的通过与遮挡. 此外，空间光调节器的一个维度需与柱形透镜的汇聚维平行，且由空间光调节器沿此维度随机调制的光场可由柱形透镜完全汇聚于探测器的某一探元上.

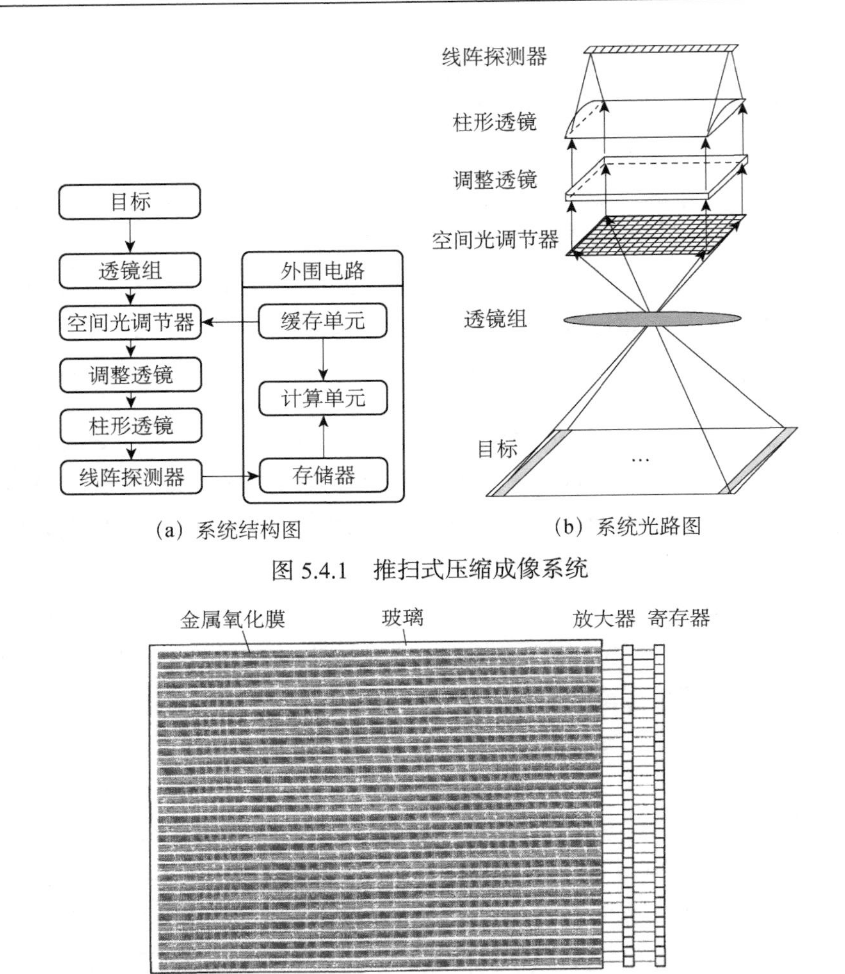

(a) 系统结构图　　(b) 系统光路图

图 5.4.1　推扫式压缩成像系统

图 5.4.2　空间光调节器

5.4.2　工作原理

下面简单介绍推扫式压缩成像系统的工作原理. 假设光学遥感成像系统在星载环境下的运动方向与柱形透镜的汇聚维垂直，即平行于线阵探测器所在的方向. 进一步假设空间光调节器上加载的矩阵为$\mathbf{\Phi}$，其中$\mathbf{\Phi}$的列矢量对应柱形矩阵的汇聚维. 则在成像系统运动的环境下，成像视场内垂直于运动方向的线场景$\mathbf{x}_i$的反射光线可依次经过空间光调节器的每一列；在其经过第k列时，首先受到空间光调节器第k列的随机调制，调制后的光场经过调整透镜入射到柱形透镜，由于此光场平行于柱形透镜的汇聚维，所以经柱形透镜汇聚于位于其焦点的线阵探测器的第k个探元，进而得到其强度测量值$y_k^i = \boldsymbol{\phi}_k^{\mathrm{T}}\mathbf{x}_i$，其中，$\boldsymbol{\phi}_k$为投影测量矩阵$\mathbf{\Phi}$的

第 k 列. 当场景 $\mathbf{x}_i$ 的反射光线由于运动经过空间光调节器的任一列时，测量模型写成矩阵形式为

$$\mathbf{y}^i = \mathbf{\Phi}^{\mathrm{T}} \mathbf{x}_i \tag{5.4.1}$$

其中，$\mathbf{y}^i = \left[y_1^i, y_2^i, \cdots, y_K^i \right]^{\mathrm{T}}$，$K$ 为每个线场景的采样个数. 则经过稀疏约束重构可由测量数据恢复原始图像. 依次对成像视场中的全部线场景进行上述相同的压缩成像可以得到面场景图像，或者可以将多个线场景的图像联合重构，其中测量模型为

$$\begin{bmatrix} \mathbf{y}^1 \\ \mathbf{y}^2 \\ \vdots \\ \mathbf{y}^L \end{bmatrix} = \begin{bmatrix} \mathbf{\Phi}^{\mathrm{T}} & \mathbf{0} & \cdots & \mathbf{0} \\ \mathbf{0} & \mathbf{\Phi}^{\mathrm{T}} & \cdots & \mathbf{0} \\ \vdots & \vdots & \ddots & \vdots \\ \mathbf{0} & \mathbf{0} & \cdots & \mathbf{\Phi}^{\mathrm{T}} \end{bmatrix} \begin{bmatrix} \mathbf{x}_1 \\ \mathbf{x}_2 \\ \vdots \\ \mathbf{x}_L \end{bmatrix} \tag{5.4.2}$$

其中，L 为线场景个数. 联合重构的优势在于可以提高成像目标的信号维数，进而提高其稀疏度. 当然联合重构需要合适选择参数 L，使得式（5.4.2）对应的稀疏约束重构适合当前的计算能力，同时满足时间需求.

推扫式压缩成像系统非常适合光学遥感成像. 其一，星载的运动环境留给成像系统采样的时间非常有限，推扫式采样根据运动特点实现了“空域”的多次测量；其二，推扫式压缩成像系统的空间光调制器为静态的，即在成像过程中不对编码做任何改变，甚至可以完全固定编码模式，因此成像系统的稳定度较高，同时降低了系统复杂度；其三，可以充分体现压缩成像的优势，提高了采样信噪比，降低了采样数据量；最后，其具有高分辨成像的潜质.

此外，推扫式压缩成像系统还具有较好的扩展性. 图 5.4.1（b）所示的光路图仅为线阵探测器，其可以进一步扩展为面阵探测器，而其他光学器件保持不变. 如图 5.4.3（a）所示，从这一侧视光路图可知，经过柱形透镜汇聚的光场皆入射到其焦点位置，由位于焦点的单像素探测器接收；当线阵探测器扩充为面阵探测器，不妨设扩充为原来的四倍，即侧视图由单像素探测器变为四像素探测器，此时探测器的位置要稍远离柱形透镜，如图 5.4.3（b）所示，四像素探测器接收的光场分别来自原光场的四个部分，分别对应线场景的四个部分，分别实现对此四个部分的压缩测量.

在利用推扫式压缩成像系统实现压缩测量时，需要根据成像系统相对成像场景的运动速度严格设计采样的积分时间. 通常来说，如果积分时间过短，则采样的信噪比较低，影响成像质量；反之，积分时间过长，则会造成成像线场景间的采

样重叠，也会影响成像质量. 注意到 5.3 节研究的运动补偿压缩成像方法，当积分时间较长时，也可以采用运动压缩采样模型，实现精确图像重构；还可以考虑运动超分辨成像方法，利用较长的积分时间实现超分辨图像重构. 因此，推扫式压缩成像系统在实现压缩成像时具有很高的自由度.

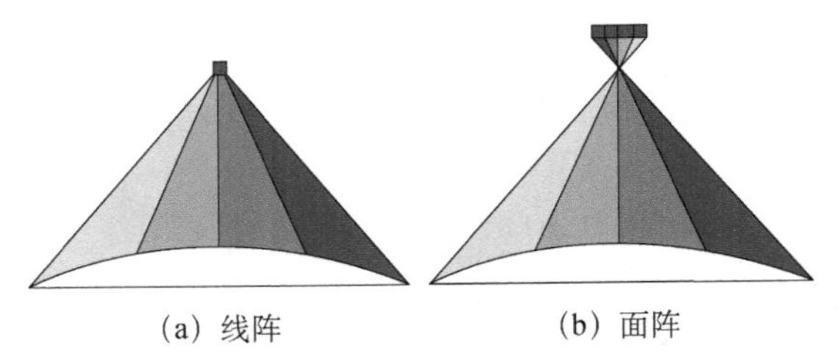

图 5.4.3　推扫式压缩成像系统的柱形透镜与探测器（侧视图）

5.4.3　性能分析

推扫式压缩成像系统主要目的是提高成像系统的成像分辨率，因此需要设计相关系统参数并计算推扫式压缩成像系统的具体成像指标，以验证其成像性能，同时为实际系统设计提供参考. 下面所有变量都采用国际制标准单位.

假设光学系统的成像透镜具有孔径 D 与焦距 f，则其 F 数为 $F=f/D$，且对于谱段为 λ 的可见光，光学系统的角分辨率与线分辨率分别为

$$\begin{cases}\delta_\theta = 1.22\lambda/D \\ \delta_l = f\delta_\theta = 1.22\lambda F\end{cases} \tag{5.4.3}$$

且光学系统的截止频率为 $f_d = 1/(\lambda F)$，据此可以进一步设计探测器探元的尺寸. 现有光学遥感成像系统的分辨率大多是探测器受限的，而推扫式压缩成像系统的分辨率主要是由空间光调制器决定的. 因此，假设空间光调节器的微元与面阵探测器的探元尺寸分别为 p_s 与 p_c，以及卫星的轨道高度为 H，则在侧视角度为零时推扫式压缩成像系统的空间分辨率为

$$\mathrm{GSD} = p_s H/f \tag{5.4.4}$$

若成像视场角为 θ，则成像视场为 $\mathrm{SW}=\theta H$，且空间光调节器垂直于运动方向的维数为 $n_s^1 = \mathrm{SW/SDG}$. 若探测器垂直运动方向的维数为 n_c^1，则此方向每一个探元对应 n_s^1/n_c^1 个图像像素，当给定压缩采样比 r_{cs} 时，空间光调节器与探测器平行于运动方向的维数皆为 $n_s^2 = n_c^2 = r_{cs}\, n_s^1/n_c^1$. 由轨道高度可计算卫星相对成像场景的运动速度 v_g，则进一步得到推扫式压缩成像系统的积分时间

$$T_{\mathrm{int}} = \mathrm{GSD}/v_g \tag{5.4.5}$$

即采样的行频率为 $f_r = 1/T_{\text{int}}$. 若采样量化位数为 Q，则采样数据率为

$$R = Qf_r n_c^1 n_c^2 \tag{5.4.6}$$

以上考虑的是推扫式压缩成像系统的空间分辨率与采样数据率，下面考虑与成像质量紧密关联的探测器测量信噪比. 假设入瞳光谱辐照度为 B，光学系统的透过率为 τ，则探测器接收到的光谱辐照度为

$$B_0 = \frac{B\tau\pi}{4F^2} \tag{5.4.7}$$

假设探测器的量子效率为 η，空间光调节器的通透率为 τ_s，结合空间光调节器微元的尺寸 p_s 与积分时间 T_{int}，可进一步计算探测器每一探元接收到的能量

$$E = B_0 A_s T_{\text{int}} \tau_s \eta n_s^1 / n_c^1 \tag{5.4.8}$$

其中，$A_s = p_s^2$ 为空间光调节器的微元面积. 由于在谱段 λ 处由光子激发的电子能量为 $E_0 = hc/\lambda$，其中 c 为光速，h 为普朗克常量，则每一个探元激发的电子数为

$$N = E/E_0 \tag{5.4.9}$$

若成像系统的均方根噪声电子数为 N_{rms}，则采样信噪比为

$$\text{SNR} = \frac{N}{N_{\text{rms}}} = \frac{B\tau\pi p_s^2 T_{\text{int}} \tau_s \eta \lambda n_s^1}{4F^2 hc N_{\text{rms}} n_c^1} \tag{5.4.10}$$

推扫式压缩成像系统由于改变了成像系统，因此其信噪比计算公式与传统光学遥感成像具有很大不同.

根据上述指标关系，在一定的系统参数下可以计算成像系统的性能参数. 其中，推扫式压缩成像系统的系统参数如表 5.4.1 所示. 经过计算，成像系统的性能参数如表 5.4.2 所示. 为了说明推扫式压缩成像系统的优势，我们同样分析了传统推扫式光学遥感成像系统在相同的成像系统参数下的主要成像性能参数，如表 5.4.3 所示. 可以发现，相对于传统成像系统，推扫式压缩成像系统所需的探测器仅为 520×128 的面阵探测器，硬件实现难度低，而传统成像系统需要含 40000 个探元的线阵探测器，且要达到相同的空间分辨率，探元尺寸要远小于当前的工艺水平，因此其实现难度较大；关于成像的空间分辨率，推扫式压缩成像系统要远优于传统成像系统，这源于空间光调节器的微元尺寸要小于探测器的阵元尺寸；此外，虽然推扫式压缩成像系统的积分时间小于传统成像系统，但是由于前者是压缩采样，具有“求和”过程，因此，其采样信噪比依然高于传统成像系统；推扫式压缩成像系统的数据率要大于传统成像系统，这是因为推扫式压缩成像系统实现的是高分辨率成像，若在相同的成像视场与成像分辨率条件下比较两者的数据率，显然压缩成像系统具有更低的数据率.

表 5.4.1　推扫式压缩成像系统参数

系统参数	取值	系统参数	取值
轨道高度	500km	孔径	2m
空间光调节器微元尺寸	3m	波长	0.5m
探测器探元尺寸	10m	均方根电子数	50
探测器垂直运动方向的维数	128	视场角	1.1458°
压缩采样率	0.5	入瞳辐照度	$40\,\mathrm{W/m^2}$
空间光调节器通透率	0.5	光学系统透过率	0.5
焦距	20m	量子效率	0.5
量化位数	11	成像谱段	0.5μm

表 5.4.2　推扫式压缩成像系统性能参数

性能参数	取值	性能参数	取值
F 数	10	光学系统角分辨率	1.74×10^{-5} °
探测器维数	520×128	光学系统线分辨率	6.1μm
空间光调节器维数	$(1.33\times10^5)\times128$	空间分辨率	0.075m
运动速度	6.6km/s	视场	10km
采样行速率	88kHz	积分时间	1.14×10^{-5}s
探元激发电子数	3.1×10^3	数据率	64.5Gbps
采样信噪比	17.92dB		

表 5.4.3　传统成像系统性能参数

性能参数	取值
探测器维数	40000×1
空间分辨率	0.25m
积分时间	3.79×10^{-5}s
采样信噪比	12.54dB
数据率	11.6Gbps

5.4.4　物理仿真实验

本部分主要考虑推扫式压缩成像系统的物理仿真实验，其实验光路如图 5.4.4 所示，本实验光路图的特点是目标图像位于电控平移台上，电控平移台的平移距离为 $12\ \mathrm{mm}$，位置控制精度为 $1\ \mu\mathrm{m}$，用来模拟成像过程中成像系统与成像目标的相对运动，其他实验器件与上部分的实验相同. 探测器、DMD 与电控平移台分别与计算机相连.

本实验的调控软件主要有 DMD 调控软件、数据采集软件、电控平移台控制软件和综合调控软件. DMD 调控软件主要加载设计好的随机矩阵；数据采集软件负责收集测量数据；电控平移台控制软件用来控制电动平移台的运动；而综合调控软件主要协调数据采集与平台运动. 通过上述物理仿真实验的简略说明可以发现，本实验光路图与所提的推扫式压缩成像系统设计方案还是存在较大不同，这源于物理实验器件的限制，主要包括透射式空间光调制器、CCD 线阵探测器等. 因此，本实验光路图实际为等效实验，即将原来线阵探测器对柱形透镜汇聚后光场能量的一次测量等效为单像素探测器依次对此光场能量的测量，这依赖于 DMD 的逐行调制与单像素探测器的序贯测量.

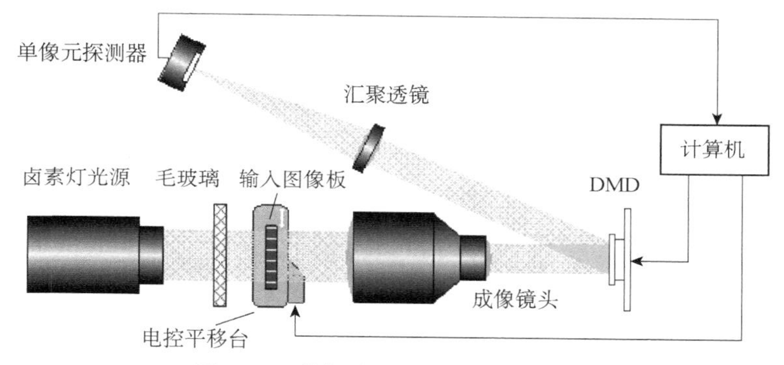

图 5.4.4　推扫式压缩成像实验光路图

推扫式压缩成像系统参数的设置与单像素压缩成像实验基本相同. 主要不同点在于 DMD 的加载矩阵与调控方式，其加载的投影测量矩阵如图 5.4.5（a）所示. 在系统搭建过程中，需注意空间匹配，即柱形透镜的出射光线需要汇聚于探测器上；在压缩采样过程中，需注意时间匹配，即目标图像的运动、DMD 的调控与探测器的测量需要一致. 压缩采样的测量数据如图 5.4.5（b）所示，其中，每一行为同一时刻等效线阵探测器的测量，每一列为等效线阵探测器一个探元的时序测量. 经过适当规整，可以精确地定位同一线场景对应的压缩测量数据，进而经过稀疏约束模型获得重构图像.

在实验中，成像目标图像为图 5.3.12（a）所示的光学分辨板的一组线对，在不同采样率下的成像结果如图 5.4.6 所示. 可见，尽管随着采样率的增加图像质量得到提高，但是相比于单像素压缩成像实验的结果，推扫式压缩成像效果较差，其原因在于目标图像的维数. 推扫式压缩成像系统本质上是对线目标成像的，而前者是对面场景成像的，由于二维面目标图像比一维线目标图像具有更好的稀疏性，因此在相同的采样率下，推扫式压缩成像性能较差. 改善其性能的一种方法是增加 DMD 的调制维数，等价增加线目标图像的长度，使目标图像具有更好的稀疏性. 表 5.4.4 所示的定量分析结果同样表明这一事实，需要增加 DMD 调制的维度. 这样，推扫式压缩成像系统便可以实现大场景或者高分辨成像.

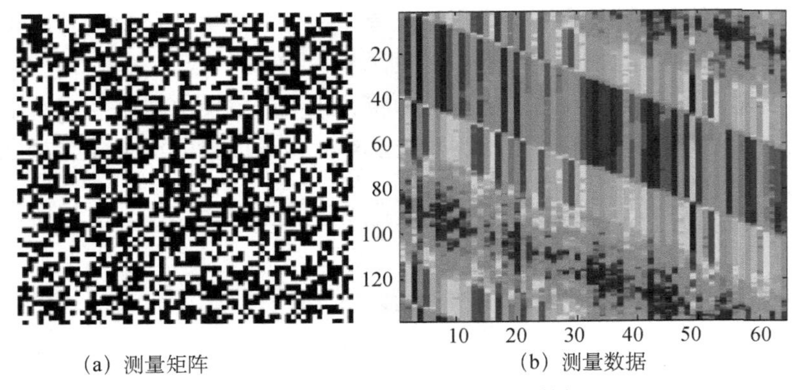

(a) 测量矩阵　　(b) 测量数据

图 5.4.5　推扫式压缩成像实验数据

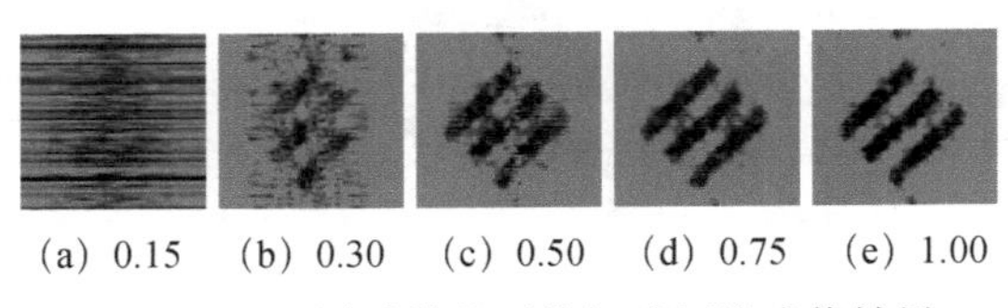

(a) 0.15　(b) 0.30　(c) 0.50　(d) 0.75　(e) 1.00

图 5.4.6　不同采样率下推扫式压缩成像结果

表 5.4.4　推扫式压缩成像系统重构图像的结构相似度

采样率	0.15	0.30	0.50	0.75	1.00
结构相似度	0.11	0.43	0.72	0.92	1.00

5.5　其他常见压缩感知光学成像

5.5.1　单像素压缩成像

单像素压缩成像系统[5]是最早将压缩感知理论与光学成像系统相结合的典范. 其系统构成如光路图 5.5.1 所示，由光源出射的光线照射到物体上，物体反射的光线经成像透镜成像于一次像面上，由位于一次像面的 DMD 随机调制后反射至汇聚透镜，汇聚透镜将由 DMD 调制后的光线汇聚于位于其焦点处的单像素探测器，最后，由单像素探测器记录汇聚后的光线能量. 其新颖之处在于探测器是单像素探测器，而非面阵探测器. 这一特点源于其采用新颖的成像原理，即压缩成像. 由压缩成像的基本原理可知，单像素压缩成像系统两个非常重要的器件在于 DMD

与单像素探测器. DMD 是实现随机调制的一种器件，由数百万个静电驱动的微镜阵列构成，实现二值编码. 接收器采用单像素探测器，可以提供更多选择，如光电倍增管、雪崩二极管等.

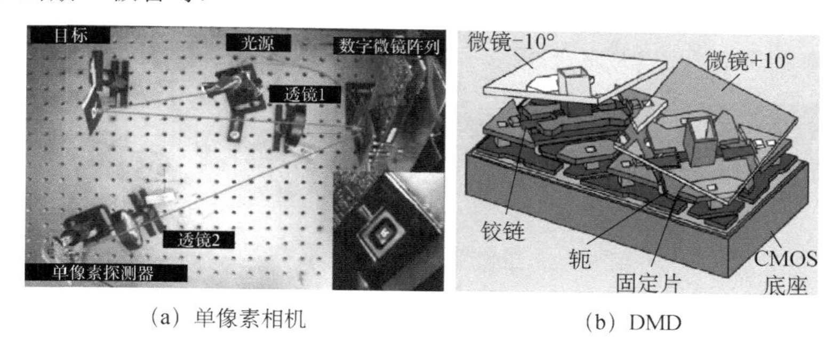

(a) 单像素相机　　(b) DMD

图 5.5.1　单像素压缩成像系统[5]

单像素压缩成像系统可以有效地实现压缩成像，充分地验证了压缩成像原理的正确性. 其优势主要在于两个方面：其一，DMD 的可编程性可以方便实现对原始场景的随机调制；其二，单像素探测器可以具有很高的探测效率，如高的量子效率、高的信噪比等. 但是，单像素压缩成像系统应用于光学遥感成像还面临一些问题，如 DMD 的微镜尺寸、微镜阵列维数以及微镜翻转频率与时序测量方式等.

为了验证压缩成像原理，本部分主要进行单像素压缩成像系统的物理仿真实验. 根据压缩成像基本原理，设计如图 5.5.2 所示的实验光路图，其中，卤素灯光源及高稳定电源输出的光功率波动小于 0.4%，用以提供均匀背照光源；毛玻璃用来将光场进一步均匀化；成像镜头为定倍率成像镜头，其光学畸变小于 0.2%，负责将目标图像成像在 DMD 表面上；DMD 的微元维数为1024×768，实现对成像光场的随机调制；汇聚透镜的孔径为 40mm，焦距为 120mm，将 DMD 反射光场汇聚于单像素探测器；光功率计及探头用作单像素探测器，其测量精度为 0.2%. 计算机分别与 DMD 和探测器相连，用来实现对 DMD 的调控与接收探测器测量的数据.

在上述物理仿真实验系统的基本框架下进行系统的参数设置. 稀疏表示基为 Daubieches 小波，由于利用 DMD 实现随机调制，投影测量矩阵选择为伯努利随机矩阵，重构算法为基追踪算法. 为了节省采样与重构的时间，这里仅用64×64维度的镜阵，对应着64×64的图像；为了提高 DMD 反射效率，这里考虑将 DMD 相邻的12×12数字微镜联合调制，即此12×12个数字微镜共享同一个调制系数. 此外，在进行压缩测量时进行完全采样，以便于测试不同采样率下的重构质量. 重构图像的评价指标依然选择结构相似度，这里将基于完全测量数据的重构图像视为真实图像.

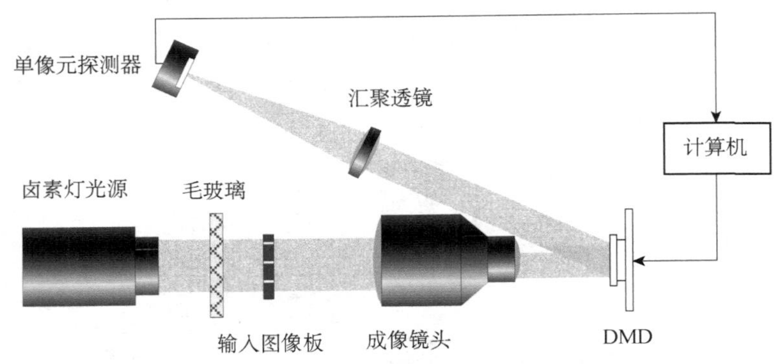

图 5.5.2　单像素压缩成像实验光路图

压缩成像所采用的目标图像如图 5.5.3（a）所示，为一个汉字“中”，可以近似视为仅有（0，1）的二值图像. 对目标图像的压缩成像结果如图 5.5.3 所示，可以发现重构图像质量随着采样率的提高而迅速提高，当采样率达到 0.50 时，重构图像具有较好的视觉效果，从表 5.5.1 所示的定量分析结果同样可知，当采样率达到 0.50 时，结构相似度值大于 0.8，一般被认为重构质量较好. 最后补充说明一点：重构图像“中”字的倾斜源自 DMD 的倾斜. 对比于数学仿真实验，物理仿真实验涉及更加实际的系统噪声、测量误差等因素，因此其具有更高的可信度. 单像素压缩成像系统的半物理仿真实验不仅验证压缩成像原理的正确性，还初步分析了采样率等成像参数对成像性能的影响.

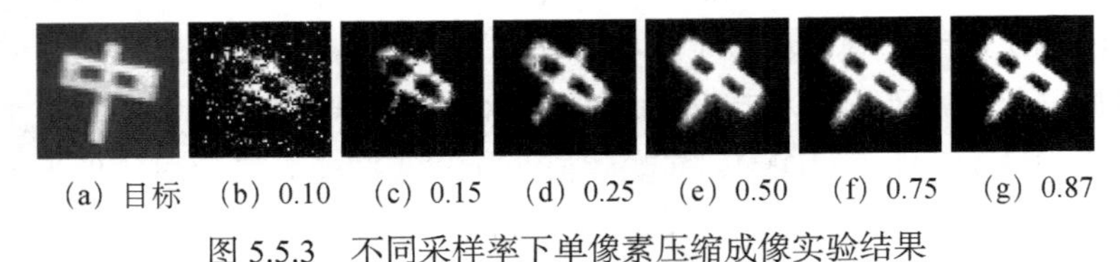

(a) 目标　(b) 0.10　(c) 0.15　(d) 0.25　(e) 0.50　(f) 0.75　(g) 0.87

图 5.5.3　不同采样率下单像素压缩成像实验结果

表 5.5.1　单像素压缩成像系统重构图像的结构相似度

采样率	0.10	0.15	0.25	0.50	0.75	0.87
结构相似度	0.23	0.41	0.62	0.84	0.97	1.00

5.5.2　CMOS 低数据率成像

电荷耦合器件 CCD（charge coupled device）和互补金属氧化物半导体 CMOS（complementary metal oxide semiconductor）均采用感光元件作为影像捕获的基本手段，它们的核心都是一个感光二极管（photodiode），该二极管在接受光线照射之后能够产生输出电流，而电流的强度则与光照的强度对应.

在接受光照之后，感光元件产生对应的电流，在 CCD 传感器中，每一个感光元件都不对此作进一步的处理，而是将它直接输出到下一个感光元件的存储单元，结合该元件生成的模拟信号后再输出给第三个感光元件，依次类推，直到结合最后一个感光元件的信号才能形成统一的输出. CMOS 是一种有源像素探测器（active pixel sensor，APS），传感器中每一个感光元件都直接整合了放大器和模数转换逻辑，每一个感光元件都可产生最终的数字输出.

传统的概念中，CCD 在影像品质等方面优于 CMOS，而 CMOS 则具有低成本、低功耗，以及高整合度的特点. 不过，随着探测器技术的进步，两者的差异正逐渐减小，新一代的 CCD 传感器一直在功耗上作改进，而 CMOS 传感器则在改善分辨率与灵敏度方面的不足. 利用 CMOS 每个像素均可编程的特点，通过适当的电路和模拟域的操作，可以实现特定投影测量矩阵的压缩采样. 基于 CMOS 的投影测量过程如图 5.5.4 所示[6-8]. 假设需对位于光学系统焦平面的 CMOS 探测器上的 $\mathbf{x}$ 分块进行测量，先将其每一列中各像素的电流根据基尔霍夫定律相加，得到的结果是一个加权线性组合；权系数由根据矩阵 $\mathbf{\Phi}_1^{\mathrm{T}}$ （即 $\mathbf{\Phi}_1$ 的转置）生成的电压决定. 第二步的操作在模拟域的向量-矩阵乘法（vector-matrix multiplier，VVM）中完成，其中的向量为前一步得到的结果，矩阵由可编程的 $\mathbf{\Phi}_2$ 决定. 最后得到的结果 $\mathbf{y}=\mathbf{\Phi}_1^{\mathrm{T}}\mathbf{x}\mathbf{\Phi}_2$，这就是所需要的压缩测量.

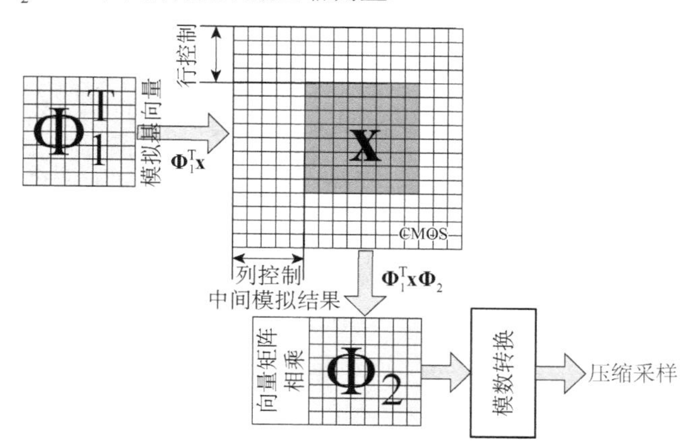

图 5.5.4 CMOS 模拟域压缩采样过程示意图

CMOS 压缩采样主要优点在于，压缩采样是通过 CMOS 外围电路在模拟域完成的. 经过模拟域的压缩，有效地降低数据率，故而可以减低 A/D 转化速率，同时也可以降低数据存储和传输的压力. 可以用于对 A/D 转化和数据传输有苛刻要求的成像应用场合，如对军用超高速图像获取等具有重要的意义.

下面通过仿真实验验证基于 CMOS 压缩采样的成像方法的性能. 注意到 CMOS 压缩采样设计中，要求测量矩阵可以写成行、列分离的形式，而前文所述的高斯或伯努利随机矩阵不具备这样的性质，因此需要进行测量矩阵的特别设计. 一种自然的想法是选用可行列分离的二维变换，这里我们考虑 Noiselet[9]和 DCT 变换. 其中 Noiselet 是与小波变换正交的，符合“测量矩阵与稀疏表示矩阵相关性尽可能最小”的原则；DCT 已在数据压缩中被广泛采样，对其低频部分进行采样，能很好地保持图像的信息.

同时，为了便于电路设计的实现，进一步考虑对 DCT 变换矩阵进行量化，使其只在 $(-1,0,1)$ 中取值，称量化后的 DCT 变换矩阵为 Quantized Cosine Transform（QCT）. 由于 QCT 只在 $(-1,0,1)$，因此对于实现压缩采样的 CMOS 外围电路设计而言，复杂度的降低、稳健性的提高是显著的. 甚至这种三值的 QCT 矩阵还可以推广到焦平面掩膜中，注意到通过两块 $(0,1)$ 二值掩膜作差，即可实现 $(-1,0,1)$ 三值 QCT. 具体进行压缩采样时，也是将图像分为 8×8 的小块进行计算的. 图 5.5.5 分别显示了 8×8 的 Noiselet，DCT 和 QCT 矩阵的 Kronecker 积（64×64）. 压缩采样时，从 8×8 矩阵中选取前 m 行后，再计算其 Kronecker 积构成测量矩阵，此时压缩前后的数据率之比为 $64:m^2$.

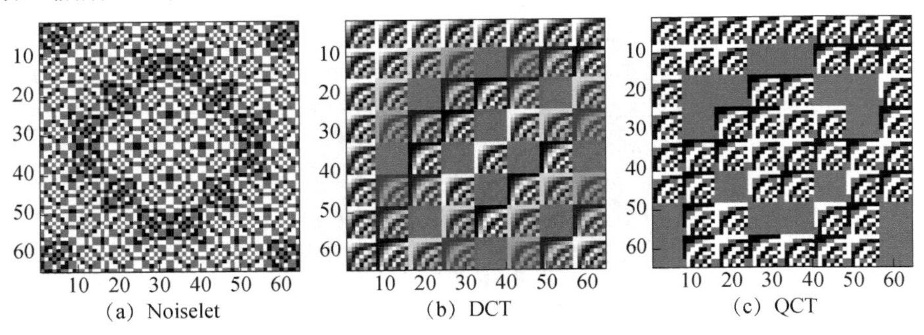

图 5.5.5 Noiselet，DCT 和 QCT 三种测量矩阵

图 5.5.6 显示的数值仿真对比了不同数据率下（分别取 $m=6,5,4$）的成像结果. 从图中可以看出，当 $m=6,5$ 时，三种测量矩阵对应的图像重构质量相差不大，当 $m=4$，即压缩后数据率为原来的 $1/4$ 时，Noiselet 的重构误差相对较大，但场景中的主要景物仍清晰可辨. 最后，由于 QCT 在不影响成像质量的条件下，可以简化外围电路设计，因此建议选择 QCT 作为 CMOS 低数据率成像中的测量矩阵.

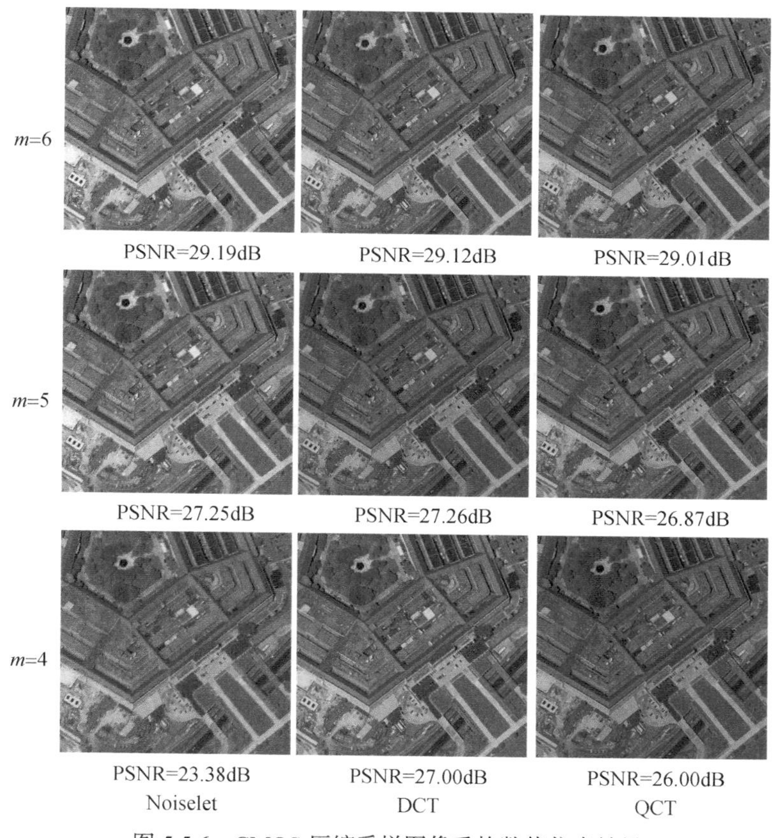

图 5.5.6　CMOS 压缩采样图像重构数值仿真结果

5.5.3　随机相位调制高分辨成像

Stern 和 Javidi[10]研究了一种对透镜后光场的相位进行随机调制的方式实现压缩采样，但是在该文中的采样机制下，重构图像的维数等于探测器的阵元数，因此并不能提高成像分辨率. Romberg[11]和 Tropp[12]提出了基于随机卷积或随机相位调制的压缩采样机制，并给出了相应的理论证明，但他们的采样机制涉及高维的矩阵向量乘法，将极大影响稀疏重构算法的效率. 在此继承并拓展了随机相位调制在扩展信号空间带宽积[13]方面的优势，并结合稀疏选择机制，提出了一种新的基于随机相位调制的压缩采样方式. 利用该方法，能在不增加探测器阵元数的条件下，提高成像分辨率（或等价地，在不降低图像分辨率的条件下，有效地减少探测器的阵元数）. 同时，本节的压缩采样方式保证了在稀疏重构过程不涉及高维矩阵与向量的乘法，从而可显著提高计算效率.

基于随机相位调制的压缩成像过程如图 5.5.7 所示，进入系统的入射光线首先经过 Fourier 变换透镜；然后通过一个空间光学调制器（spatial light modulator，SLM），其作用是在通过它各个像素的光线上加入一个预先设置好的随机相位，本节称之为随机相位调制；随后对调制后的光场进行逆 Fourier 变换；接着，将光场通过一个本节称之为“随机稀疏采样”的器件（可由掩膜完成），随机地选择部分光线通过；最后，利用探测器阵列记录出射光场. 在同等分辨率要求下，该探测器阵列的阵元数少于传统阵列.

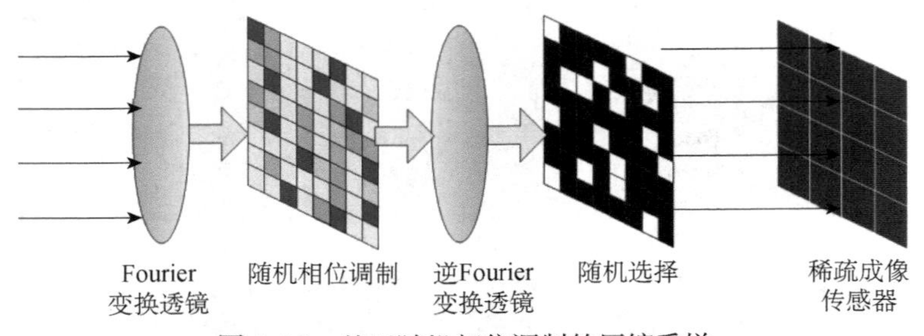

图 5.5.7　基于随机相位调制的压缩采样

随机相位调制可通过 SLM 完成，典型的 SLM 由液晶像素组成，每个像素均可独立控制. 在 Fourier 变换透镜的焦平面上放置一个 SLM，在通过它的各个像素的光线中加入一个随机相位. 设将入射光场离散得到 $\sqrt{N}\times\sqrt{N}$ 维信号 $\mathbf{x}$，通过 Fourier 变换透镜后的光场为 $\mathcal{F}(\mathbf{x})$，其中 $\mathcal{F}(\cdot)$ 表示 Fourier 变换. 随机相位调制可数学描述为一个 $\sqrt{N}\times\sqrt{N}$ 矩阵 $\mathbf{\Sigma}$，其各元素为 $\exp\left(-\mathrm{i}\pi\cdot\theta_{k,l}\right)$，$1\leqslant k,l\leqslant\sqrt{N}$，其中 $\theta_{k,l}$ 为 $[-1,1]$ 均匀分布的随机变量. 定义任意两个相同维数矩阵之间的运算“$\odot$”为它们相应元素的乘积. 经过随机相位调制，并通过逆 Fourier 变换透镜后的光信号为

$$\mathbf{z}=\mathcal{F}^{-1}\left(\mathbf{\Sigma}\odot\mathcal{F}(\mathbf{x})\right)\tag{5.5.1}$$

其中 $\mathcal{F}^{-1}(\cdot)$ 表示逆 Fourier 变换. 分析上式可知，如果没有随机相位调制，则逆 Fourier 变换透镜处的出射信号即为原信号. 而相位调制的作用就是改变原光信号频谱相位的相关性，使得具有“白噪声”的性质，从而在逆 Fourier 变换后，信号的能量在像平面上均匀散布.

图 5.5.8 以一个矩形脉冲为例，说明随机相位调制的作用. 左图表示了原矩形脉冲的时频分布，其在时间域上能量是相对集中的. 右图为该信号通过随机相位调制后的结果，因为仅是相位上的调制，所以不改变原信号频域能量分布，但由于信号的频谱相位被“白化”，所以逆 Fourier 变换后的信号在能量不再集中，而

是散布在整个时域. 随机相位调制具有拓宽原信号时间（空间）带宽积的作用. 信号在时域被拓宽的好处在于整个时域上各个采样点均含有原矩形脉冲的部分信息. 从而只要在时域任何位置获得足够多采样，而不是必须在原矩形脉冲存在的时刻进行采样，也可以恢复原脉冲信号.

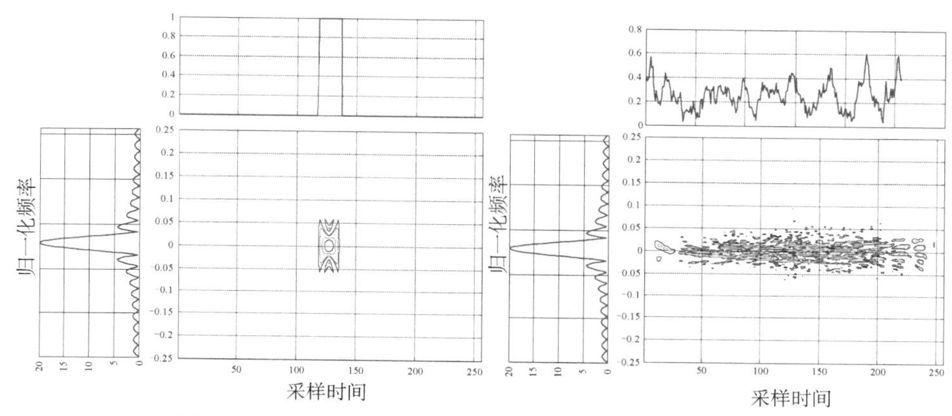

图 5.5.8　随机相位调制拓宽信号时间带宽积的作用示意图

完成随机相位调制后需进行稀疏采样，过程如下：构造 $\sqrt{N}\times\sqrt{N}$ 矩阵 $\mathbf{S}$，并将其分成若干小块，每块含有 $Q=N/M$ 个元素，从中随机选择一个元素赋值为 1，其余赋值为 0. 将 $\mathbf{S}$ 与信号 $\mathbf{z}$ 进行 $\odot$ 运算，得到的最终输出信号

$$\mathbf{y}=\mathbf{S}\odot\mathbf{z}=\mathbf{S}\odot\mathcal{F}^{-1}\left(\boldsymbol{\Sigma}\odot\mathcal{F}(\mathbf{x})\right) \tag{5.5.2}$$

中非零元素只有信号 $\mathbf{z}$ 的 $1/Q$，这样，采样所需探测器阵列的阵元数也只需原来的 $1/Q$. 同时需要强调的是，“随机”选择是重要的，因为根据第 4 章中的讨论，随机矩阵能以较高的概率满足重构条件；否则，若“等间隔”从 Q 中选择一个测量，则重构精度较差. 另一个角度的解释是：等间隔地抽取，相当于降低采样概率，可能造成信号频谱的混叠，影响重构精度.

Romberg[11]提出的 Randomly Pre-Modulated Summation（RPMS）机制，也能达到降低探测器阵元数量的目的. 但是 RPMS 的机制类似于空变的卷积过程，在稀疏优化重构时，涉及高维矩阵和向量之间的乘法. 而本节提出的随机相位调制，再分块随机稀疏采样的机制可用 Fourier 变换和矩阵之间的 $\odot$ 运算实现，不需要将图像先变为列向量再进行处理，从而避免高维矩阵和向量之间的相乘，可以节省计算时间和内存消耗.

最后通过数值仿真验证随机相位调制高分辨成像性能. 注意到图像为 512×512 像素，列向量化后的维数为 262144 维，若采用 RPMS 机制，则需要涉及 262144×262144 矩阵和 262144×1 维向量运算，而 262144×262144 的矩阵（双精度型）已经超出了 Matlab R2009b 中矩阵维数的最大允许值. 然而，本节的稀疏采样方法只需涉及 512×512 矩阵之间的 $\odot$ 运算，复杂度成指数降低. 取 $Q=4$，则在不降低图像分辨率的条件下，探测器的像素可以减少至原来的1/4，图 5.5.9 比较了随机稀疏采样与等间隔采样之间，重构性能的差别. 从图中可以看出，随机稀疏采样的图像重构精度明显优于等间隔采样；探测器阵元数为原来的1/4（或者等价地：探测器每一维的尺寸均为原来的1/2）时，本节的随机相位调制成像方法仍能获取清晰的图像.

(a) PSNR=25.09dB

(b) PSNR=22.48dB

图 5.5.9　随机相位调制高分辨成像数值仿真结果（(a) 随机稀疏采样；(b) 等间隔采样）

5.5.4　压缩感知量子成像

自从第一个实验由 Pittman 等[14]于 1995 年完成以来，量子成像的理论与实验研究得到了迅速的发展. 2000 年，Boto 等指出多光子纠缠系统可突破瑞利衍射极限：N-光子系统可以提高 N 倍空间分辨率. 近年来，Gatti[15]、Kishore[16]、Cai[17]、Zhai[18] 和 Bai[19]等研究了利用随机热光源（chaotic thermal radiation）替代纠缠的光子进行量子成像. 由于热光源比纠缠光子更容易获得，因此更具有实际意义. 热光源量子成像的基础是 Hanbury-Brown 和 Twiss（HBT）[20]在 1956 年证明的光强的空间二阶相关理论. 热光源量子成像具有传统光学成像系统不可比拟的特点：①物像分离的非局部性[21]；②突破衍射分辨率的极限，提高成像系统空间分辨率等.

然而，光强的空间二阶相关理论表明，热光辐射的最大相关值为 50%，所以图像的对比度调制最大值仅为 33%[21]. 同时，量子成像需要进行多次测量以积累一定数量的采样数据，成像 SNR 越高，所需的数据量越大[22]，这将消耗大量的数据获取时间. 因此，需要研究如何利用尽量少的测量数据进行高对比度、高 SNR 成像.

典型的热光源量子成像系统如图 5.5.10 所示，随机热光源辐射的光束通过分束器分为完全相同的两束：一束称为检测光束，使其照射被成像物体，利用光学器件将透射的光束会聚为一点，并由“单像素”光电检测器记录该点光强；另一束为参考光束，由 CCD 阵列直接记录光强. 通过计算光电检测器记录的点光强与 CCD 阵列记录的光强之间的互相关性，可获得物体的像. 值得注意的是，CCD 并没有对准物体的透射光，而是对准光源. 这种非局部特性，使得量子成像又被称为“鬼成像”.

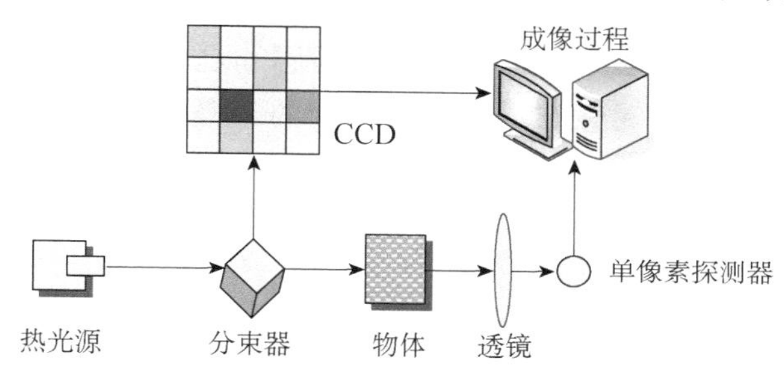

图 5.5.10　热光源量子成像系统示意图

设单像素光电检测器获得的测量数据为 $y_j, j=1,\cdots,M$ ，M 为测量次数，CCD 阵列获得数据为 $\mathbf{\Phi}_j, j=1,\cdots,M$ ，其中每个 $\mathbf{\Phi}_j$ 均为一个矩阵. 传统的热光源量子成像原理为光强的空间二阶相关，即计算 y_j 与 $\mathbf{\Phi}_j$ 之间的相关性：

$$R=\sum_j\left(y_j\cdot\mathbf{\Phi}_j\right)\Big/\left(\sum_j y_j\cdot\sum_j\mathbf{\Phi}_j\right) \tag{5.5.3}$$

相关性 R 即反映了物体的图像.（5.5.3）式的成像结果存在两个问题：①图像的对比度过低，根据光强空间二阶相关公式，图像的对比度理论最大值为 33%，实际过程中若考虑噪声等因素，对比度将更低；②为了得到高信噪比的图像，需要大量的测量数据，从而使得数据获取过程相当耗时. 不同于利用光强二阶相关理论，利用压缩感知理论可以重新描述量子成像的数据获取过程，并对经典压缩感知重构方法进行了改进，得到了使其在测量噪声较大时仍能得到较好的成像结果.

将每个 CCD 阵列的测量值 $\mathbf{\Phi}_j$（列）向量化为 $\boldsymbol{\phi}_j$，再将 $\boldsymbol{\phi}_j$ 转置为行向量 $\boldsymbol{\phi}_j^{\mathrm{T}}$，并将 M 个行向量逐列排成矩阵 $\mathbf{\Phi}$，下文称之为测量矩阵. 另一方面，将单像素光电检测器的测量数据排为列向量 $\mathbf{y}$，设 N 维（N 等于 CCD 阵列的阵元数）未知图像为 $\mathbf{x}$，则量子成像数据获取过程可表示为线性系统：

$$\mathbf{y}=\mathbf{\Phi}\cdot\mathbf{x} \tag{5.5.4}$$

一般而言，由于 $M<N$ ，故上述方程无法采用最小二乘方法进行求解. 压缩感知

理论指出，若图像 $\mathbf{x}$ 满足“稀疏性”，即存在某表示基 $\mathbf{\Psi}$，使得 $\mathbf{x}=\mathbf{\Psi}\cdot\boldsymbol{\alpha}$，且 $\boldsymbol{\alpha}$ 的非零（或几乎为零）的系数个数 $K \ll N$；进一步，若矩阵 $\mathbf{\Phi}$ 满足可重构条件，则可通过（5.5.5）式的最优化过程获得高质量的图像：

$$\mathbf{x}_s=\arg\min\left\{\left\|\mathbf{y}-\mathbf{\Phi}\cdot\mathbf{\Psi}\cdot\boldsymbol{\alpha}\right\|_2^2+\lambda\left\|\boldsymbol{\alpha}\right\|_1\right\} \tag{5.5.5}$$

其中 $\mathbf{x}_s$ 即为稀疏重构图像，λ 为控制稀疏约束强度的参数.

Candès 等指出高斯矩阵可几乎以概率 1 满足 RIP，而随机热光源的性质决定测量矩阵 $\mathbf{\Phi}$ 正是近似高斯的，因此压缩感知理论可成功地应用于量子成像领域. 值得一提的是，（5.5.5）式重构得到的 $\mathbf{x}_s$ 是被成像物体透射光强（即图像 $\mathbf{x}$）的直接估计，而不是如（5.5.3）式中 R 那样是光强的空间二阶相关，因此图像 $\mathbf{x}_s$ 的对比度由物体直接决定，不再局限于式（5.5.3）结果中 33%的最大值.

实际测量过程不可避免地将受到各种噪声的影响，半实物仿真实验分析了不同 SNR 噪声影响下的性能，所谓半实物仿真，是指测量矩阵 $\mathbf{\Phi}$ 的数据是通过实验获得的实测数据（本次实验的测量次数为 2000 次），而图像 $\mathbf{x}$ 为数字仿真所得. 图 5.5.11（a）为仿真的双缝图像，该图像可用 DCT 函数很好地稀疏表示. 图 5.5.11（b）和（c）分别为当 SNR 为 40dB 时，相关成像和稀疏成像的成像结果，其中稀疏表示矩阵为 DCT 矩阵.

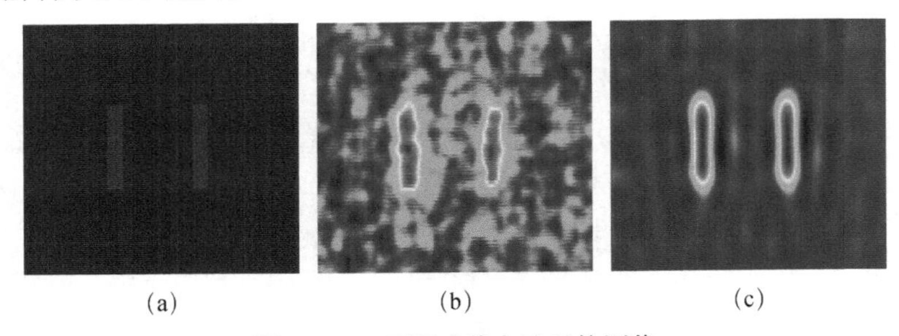

(a)　(b)　(c)

图 5.5.11　不同成像方法重构图像

进一步利用热光源量子成像的实验验证算法的性能，实验设备如图 5.5.12 所示，由半导体激光器 1 产生光源，然后经过设备 2—6 的反射和衰减后，通过旋转的毛玻璃（7）产生随机热光源，再由1:1分束器（8）分为相同的两束光线. 其中一束由二维面阵 CCD（9）记录；另一束光束通过物体掩膜（10）后，由二维面阵 CCD（11）记录，然后再将其每帧的二维测量值加和模拟得到一个“单像素检测器”的测量值. 本次实验中，测量次数为 2000 次.

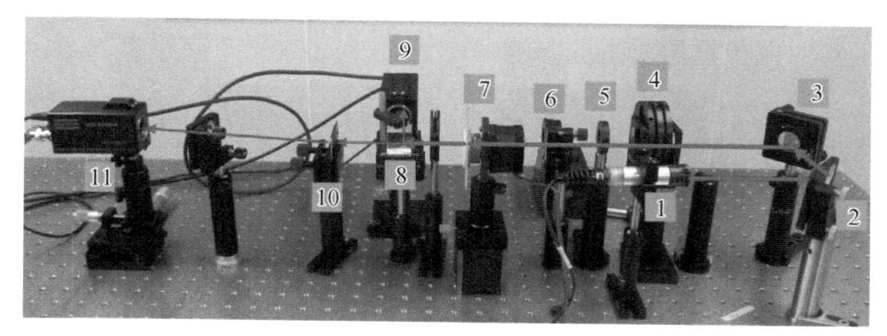

图 5.5.12　量子成像的实验设备

图 5.5.13（a）为被成像物体掩膜，图 5.5.13（b）为相关成像结果，图 5.5.13（c）为稀疏成像结果，其中稀疏表示矩阵取为 DCT 矩阵. 显然，图 5.5.13（c）在对比度、图像背景噪声等图像质量指标方面均显著优于 5.5.13（b）. 经过初步估计，为达到图 5.5.13（c）的效果，若采用相关成像方法，需要的测量次数需要 10 倍以上.

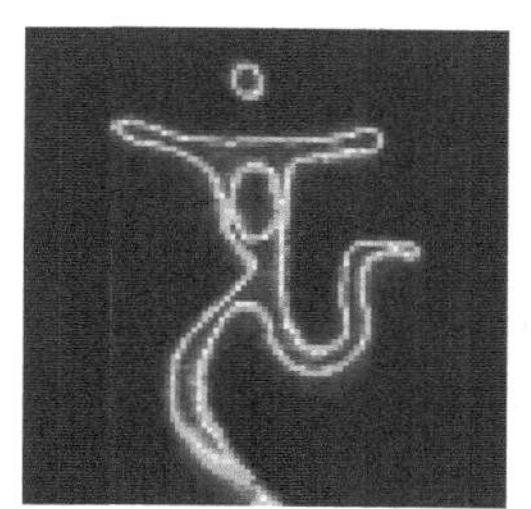
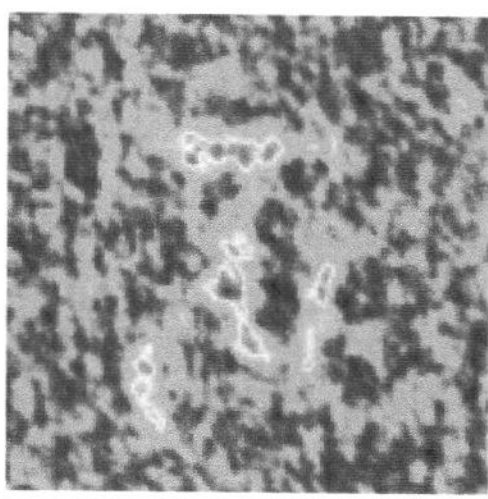
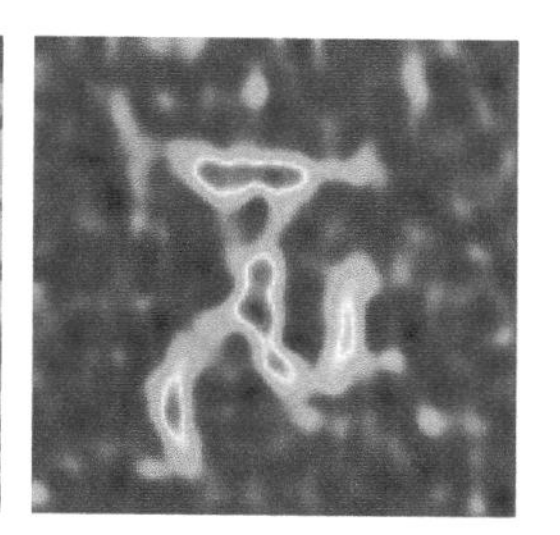
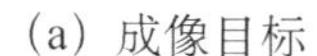

（a）成像目标　　（b）相关成像结果　　（c）稀疏成像结果

图 5.5.13　压缩感知随机热光源量子成像实验结果

另一个实验验证了压缩感知量子成像在提高分辨率（当光源的散斑大于 CCD 阵元尺寸时）方面的效果. 实验中，物体掩膜是宽度为 0.1mm、高度为 0.7mm、间距为 0.2mm 的双缝. 从光源到物体掩膜的距离为 44cm，该设置使得传统量子成像的散斑较大，从而在图像中无法清晰地分辨双缝，如图 5.5.14（a）所示. 图 5.5.14（b）为利用稀疏重构算法得到图像，从图中可以较清晰地区分双缝. 在图 5.5.14（b）中，每条矩形的宽度大约 15 像素、高度大约 110 像素，它们之间相隔大约 34 像素，考虑到 CCD 阵元的尺寸大约 6.77μm，可知重构图像与实际物体的尺寸相符.

热光源量子成像原理中“物像”分离的优势可以扩展到其他应用领域，但是传统成像方法固有的缺陷在一定程度上限制了其推广. 压缩感知量子成像方法可以克服传统方法需要的测量次数多、图像对比度低等缺陷. 特别地，还针对实验中测量噪声较强的特点，在经典的 ℓ_1 范数约束的基础上，加入图像全变差的约束，从而抑制噪声对图像重构质量的影响.

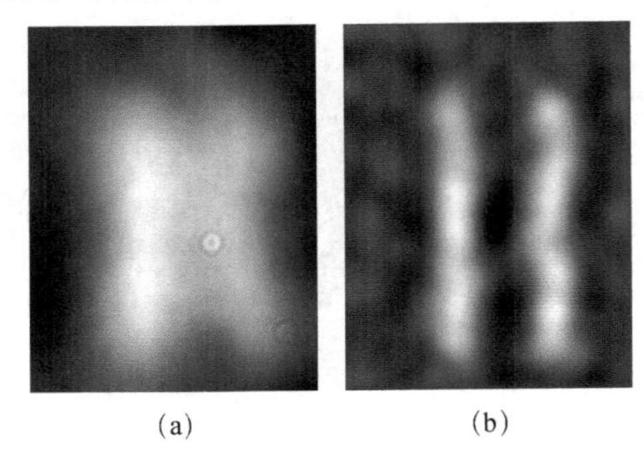

(a) (b)

图 5.5.14 压缩感知量子成像提高分辨率实验结果

关于压缩感知在光学成像中的应用，更多的阅读资料强参考文献[23]—[31].

参 考 文 献

[1] Swift R D，Wattson R B，Decker J A，et al. Hadamard transform imager and imaging spectrometer[J]. Applied Optics，1976，15（6）：1595-1609.

[2] Streeter L，Burling-Claridge G R，Cree M J，et al. Comparison of Hadamard imaging and compressed sensing for low solution hyperspectral imaging[C]. International Conference on Image，Vision and Computing，New Zealand，Christchurch NZL，2008：1-6.

[3] Feldman D J B M，Pitsianis N，Guo J P，et al. Compressive optical MONTAGE photography[C]. Photonic Devices and Algorithms for Computing VII，Proc. of SPIE，2005，5907：590708.

[4] Rivenson Y，Stern A，Javidi B. Single exposure super-resolution compressive imaging by double phase encoding[J]. Optics Express，2010，18（14）：15094-15103.

[5] Duarte M F，Davenport M A，Takhar D，et al. Single-pixel imaging via compressive sampling[J]. IEEE Signal Processing Magazine，2008，25（2）：83-91.

[6] Jacques L，Vandergheynst P，Bilbet A，et al. CMOS compressed imaging by random convolution[C]. Proceeding of ICASSP，2009.

[7] Robucci R，Chiu L K，Gray J，et al. Compressive sensing on a CMOS separable transform image sensor[C]. Proceeding of ICASSP，2008.

[8] Kawahito S，Yoshida M，Sasaki M，et al. A CMOS image sensor with analog two-dimensional DCT-based compression circuits for one-chip cameras[J]. IEEE Journal of Solid-State Circuits，1997，32（12）：2030-2041.

[9] Coifman R，Geshwind F，Meyer Y. Noiselets[J]. Applied and Computational Harmonic Analysis，2001，10：27-44.

[10] Stern A，Javidi B. Random projections imaging with extended space-bandwidth product[J]. Journal of Display Technology，2007，3（3）：315-320.

[11] Romberg J. Compressive sensing by random convolution[J]. SIAM Journal on Imaging Sciences，2009，2（4）：1098-1128.

[12] Tropp J A，Laska J N，Duarte M F，et al. Beyond Nyquist：Efficient sampling of sparse bandlimited signals[J]. IEEE Transactions on Information Theory，2010，56（1）：520-544.

[13] Lohmann A W. Space-bandwidth product of optical signals and systems[J]. Journal of the Optical Society of America A，1996，13（3）：470-473.

[14] Pittman T B，Shih Y H，Strekalov D V，et al. Optical imaging by means of two-photon quantum entanglement[J]. Physics Review A，1995，52（5）：3429-3432.

[15] Gatti A，Brambilla E，Bache M，et al. Correlated imaging，quantum and classical[J]. Physics Review A，2004，70：013802-1.

[16] Kishore T K，Jonathan P D. Vortex phase qubit：Generating arbitrary，counterrotating，counterrotating，coherent superpositions in Bose-Einstein condensates via optical angular momentum beams[J]. Physical Review Letters，2005，95（17）：173601.

[17] Cai Y J，Zhu S Y. Ghost imaging with blackbody radiation[J]. Physics Review E，2005，71：056607-1.

[18] Zhai Y，Chen X，Zhang D，et al. Two-photon interference with true thermal light[J]. Physics Review A，2005：72：043805.

[19] Bai Y，Han S. Ghost imaging with thermal light by third-order correlation[J]. Physics Review A，2007，76：043828.

[20] Hanbury-Brown R，Twiss R Q. Correlation between photons in two coherent beams of light[J]. Nature，1956，177（27）：27-29.

[21] Shih Y H. Quantum imaging[J]. IEEE Journal of Selected Topic in Quantum Electronics，2007，13（4）：1016-1030.

[22] Gong W，Han S. Super-resolution ghost imaging via compressive sampling reconstruction[J]. Quantum Physics，2009，10：1-4.

[23] Thapa D，Raahemifar K，Lakshminarayanan V. Less is more：Compressive sensing in optics and image science[J]. Journal of Modern Optics，2015，62（3）：169-183.

[24] Knarr S H，Lum D J，Schneeloch　J，et al. Compressive direct imaging of a billion-dimensional

optical phase space[J]. Physical Review A，2018，98（2）：023854.

[25] Wang Y R，Tang C Y，Chen Y T，et al. Adaptive temporal compressive sensing for video with motion estimation[J]. Optical Review，2018，25（2）：215-226.

[26] Lei C，Guo B S，Cheng Z Z，et al. Optical time-stretch imaging：Principles and applications[J]. Applied Physics Reviews，2016，3（1）：1-14.

[27] Graham M G，Steven D J，Miles J P. Single-pixel imaging 12 years on：A review[J]. Optics Express，2020，28（19）：28190-28208.

[28] Yaroslavsky L P. Compression，restoration，resampling，"compressive sensing"：Fast transforms in digital imaging[J]. Journal of Optics，2015，17（7）：073001.

[29] Tanida J. Multi-aperture optics as a universal platform for computational imaging[J]. Optical Review，2016，23（5）：859-864.

[30] Howland G A. Compressive sensing for quantum imaging[D]. University of Rochester，PhD thesis，2014.

[31] Arce G R，Brady D J，Carin L，et al. Compressive coded aperture spectral imaging：An introduction[J]. IEEE Signal Processing Magazine，2014，31（1）：105-115.

第 6 章　压缩感知在雷达成像中的应用

6.1　引　　言

雷达也是遥感侦察的主要手段之一，与传统光学成像及红外成像技术相比，雷达成像不受天气与光照等条件的限制，可以穿透云层、薄雾、硝烟等散射介质，对感兴趣的目标或区域进行全天时、全天候的成像. 低频段雷达还具有一定的穿透能力，能对隐蔽物体进行成像和探测.

然而在雷达成像领域，随着雷达成像分辨率的提高，传统的采样方式给系统设计带来了很多困难. 如高距离分辨率需要超大宽带信号，同时要求采样系统具有很高的采样率，这对硬件系统提出了很高的要求. 从数学视角看雷达成像，可以将其视为数学逆问题，即通过观测数据反演目标或区域信息. 由于观测条件的限制，如带宽、观测角等，观测过程始终是病态的，需要挖掘目标的先验信息提升雷达成像性能. 鉴于目标的稀疏先验的广泛存在性，稀疏先验同样可以用于雷达成像，因此压缩感知自然可以推广应用于雷达成像领域. 这应用一般有两种主要形式：其一，以正则化的形式通过在成像过程中添加稀疏约束提升成像质量或者在雷达图像处理中添加稀疏约束提升图像质量；其二，直接改进雷达采样的方式，获取雷达压缩采样数据，通过稀疏重构获取高质量雷达图像. 从应用效果上看，第二种形式更加直接，成像质量提升度更高；但是从应用方便程度上看，以正则化形式添加稀疏约束不需要改变采样过程，应用更加高效.

压缩感知雷达具有很多优势. 其一，降低系统的采样率. 高分辨率雷达要求高的 A/D 速率，例如 0.1 米分辨率 SAR 理论上所需要的信号带宽为 1.5GHz，在雷达系统中对于如此带宽的信号采样十分困难. 而压缩感知可以有效降低信号采样率. 其二，提高成像质量. 压缩感知利用先验信息往往可以获得比传统雷达成像更好的雷达图像，例如传统匹配滤波不可避免地出现主瓣宽度与高旁瓣，而压缩感知能够降低主瓣宽度以及抑制旁瓣. 其三，降低数据量. 高分辨和大场景雷达成像的需求，会导致海量采样数据，给数据存储与传输造成了很大困扰. 压缩感知可以作用于雷达距离向与方位向的采样过程，通过压缩采样减少数据量. 其四，增加测绘带宽度. 雷达测绘带宽度受限于脉冲重复频率，这种制约在步进频率雷达中尤其常见. 压缩感知能够降低所需的频点数，进而增加测绘带宽度. 最后，提高抗干扰性. 压缩感知中测量矩阵常用随机矩阵，这种随机性不仅通过可重构条件保证了信号的高精度重建，还能够增加对手的侦破难度，提升雷达的抗干扰性能.

本章安排如下. 6.2 节讨论了随机噪声雷达的成像问题，解决了传统成像方法背景噪声电平高的问题. 6.3 节讨论了在不损失分辨率的条件下，降低数据接收系统数据率的雷达成像方法，从而缓解 A/D 转换以及数据存储与传输系统的压力. 6.4 节针对 SAR 图像受相干斑噪声影响严重这一问题，利用压缩感知的基本原理设计图像增强的点目标增强和区域目标增强正则化模型.

6.2　低数据率 ISAR 成像

Inverse Synthetic Aperture Radar（ISAR）成像在空间监视等方面有着重要的应用. 显然，分辨率越高的 ISAR 图像，具有越多的信息. 传统 ISAR 成像系统的距离向分辨率取决于发射信号的带宽；提高分辨率意味着增加发射信号的带宽. 同时，根据 Shannon 采样定理，为实现无混叠成像，信号采样频率必须大于两倍的信号带宽（即 Nyquist 频率）. 不断增加的分辨率需求给信号接收系统，如 A/D 转换和数据存储设备，带来了难以承受的压力. 因此，需要研究低数据率（指低于 Nyquist 频率）下的信号采样与高分辨率成像方法.

目前已有部分文献讨论低于 Nyquist 频率的信号采样与精确重构方法. Vetterli 等[1]指出，许多信号可以根据它们的“有限新息率”而非带宽，设计合适的核函数，进行采样和重构. 该采样体制可以突破 Nyquist 频率的限制. 这里考虑了一种基于压缩采样与最小 ℓ_1 范数稀疏重构的低数据 ISAR 成像方法. 其中，压缩采样通过“随机化”与“积分器”完成，该方法与“随机卷积”方法[2]有一定的类似，不同的是我们采用 $(0,1)$ 随机序列，而随机卷积采用 $(-1,1)$ 随机序列. 这个看似微小的改变，将极大地降低最小 ℓ_1 范数重构过程中的计算复杂度，提高成像过程速度.

6.2.1　ISAR 回波模型及非理想运动补偿

ISAR 图像是被雷达波所照射目标的电磁散射系数（强度）的反映. 所谓“成像”，就是通过雷达回波，反演目标的散射系数.

图 6.2.1 列举了一种典型的 ISAR 成像几何，其中 u_1Ov_1 和 uOv 分别为雷达固连和目标固连坐标系，φ 为两个坐标系之间的转角. 坐标之间的转换为

$$\begin{cases} u = u_1\cos\varphi - v_1\sin\varphi, \\ v = u_1\sin\varphi - v_1\cos\varphi, \end{cases} \quad \begin{cases} u_1 = u\cos\varphi - v\sin\varphi \\ v_1 = u\sin\varphi - v\cos\varphi \end{cases} \tag{6.2.1}$$

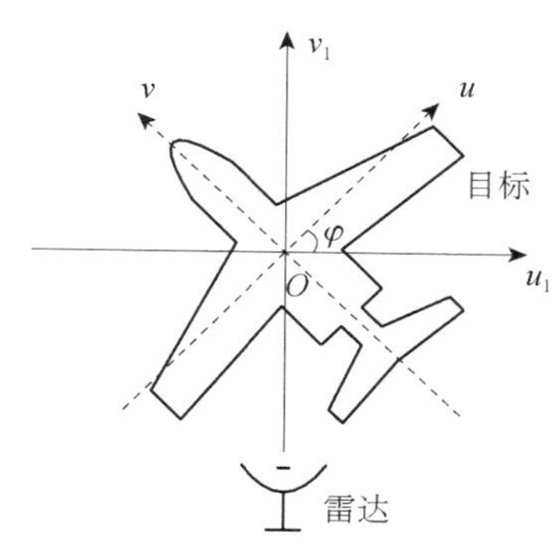

图 6.2.1　ISAR 成像几何

在该成像几何下，雷达回波可表示为

$$y(\varphi,t)=\iint x(u,v)s\left(t-2R_\varphi/c\right)dudv \tag{6.2.2}$$

其中 $s(t)$ 为发射信号， c 表示光速， $x(u,v)$ 为目标电磁散射系数.

ISAR 成像系统通常采用解线性调频信号接收方法，即将雷达回波与参考信号进行混频得到中频信号. 一般地，选取发射信号为线性调频信号

$$s(t)=\exp\left\{\mathrm{i}2\pi\left(f_c t+\frac{\gamma t^2}{2}\right)\right\} \tag{6.2.3}$$

其中 f_c 为载频， γ 为调频率.

以 $s(t-2R_0/c)$，即距离为 R_0 的 O 点处的回波为参考信号进行混频，则得到解线性调频后的信号为

$$\tilde{y}(\varphi,t)=\iint x(u,v)\exp\left\{-\mathrm{i}2\pi\frac{2}{c}\left[\left(f_c+\gamma\left(t-\frac{2R_0}{c}\right)\right)\left(R_\varphi-R_0\right)-\gamma\frac{\left(R_\varphi-R_0\right)^2}{c}\right]\right\}dudv \tag{6.2.4}$$

上式指数项中的第二项称为视频剩余相位（residual video phase，RVP），可采用适当的方法消去. 消去视频剩余相位后的中频信号为

$$\tilde{y}(\varphi,t)=\iint x(u,v)\exp\left\{\mathrm{i}2\pi\kappa\left(R_\varphi-R_0\right)\right\}dudv \tag{6.2.5}$$

其中 $\kappa=2/c\left(f_c+\gamma\left(t-2R_0/c\right)\right)$.

根据远场近似，联合上述式子，可得

$$\tilde{y}(\varphi,t)=\iint x(u,v)\exp\left\{-\mathrm{i}2\pi\kappa\left(v\cos\varphi-u\sin\varphi\right)\right\}dudv \tag{6.2.6}$$

通过观察可知，对(6.2.6)式作关于 (φ,κ) 的二维 Fourier 变换，则可重构得到 ISAR 图像，即

$$\hat{x}(u,v)=\int_{\varphi_{\min}}^{\varphi_{\max}}\int_{\kappa_{\min}}^{\kappa_{\max}}\tilde{y}(\varphi,\kappa)\exp\{\mathrm{i}2\pi\kappa(v\cos\varphi-u\sin\varphi)\}d\kappa d\varphi \qquad (6.2.7)$$

在 ISAR 成像系统中，$\Delta\varphi=\varphi_{\max}-\varphi_{\min}$ 为累积的转角，其决定了图像的方位向分辨率，即 $c/(2f_c\Delta\varphi)$. 通常，一个发射脉冲对应于一个转角的取值，脉冲的发射时间称为“慢时间”. 因此，转角与慢时间之间存在一一对应关系.

另一方面，根据 κ 的定义，可得 $\kappa_{\max}-\kappa_{\min}=c/(2B)$，其中 B 为信号带宽. κ 的范围决定了图像的距离向分辨率，因此在传统 ISAR 成像系统中，日益增长的高分辨率需求给 A/D 转换等数据采集系统造成了无法承受的压力.

如（6.2.7）所示的基于二维 Fourier 变换的成像处理是一个理想的模型，在实际处理中，需要对非理想的运动进行补偿. 一般的 ISAR 成像系统工作时交替发射宽、窄带信号，宽带信号用于成像，窄带则用于确定雷达与目标（散射中心）之间的距离. 测量得到的距离，类似于（6.2.4）中的 R_0，用于得到解线性调频所需的参考信号. 这种工作方式保证了各条脉冲回波分别进行一维 Fourier 变换后，得到的高分辨率距离像（high resolution range profiles，HRRP）之间的包络具有相似的结构. 然而，各距离像之间，仍存在不同的时延和初相，在方位向成像处理之间，需要进行校正，称之为（基于回波数据的）运动补偿. 运动补偿通常分为包络对齐和初相校正，后者也称为自聚焦.

常用的包络对齐的方法有相关法[3]，最小 ℓ_1 或 ℓ_2 范数方法[4]和最小熵[5]方法等. 相关法的计算简单、效率较高，但对各一维距离像包络的微小变化较为敏感；ℓ_1 或 ℓ_2 范数最优化方法在成像目标带有游动部件时能获得较好的效果；最小熵方法是在计算复杂度和对包络变化适应性方面一种较好的折中. 图 6.2.2 对比了仿真产生的三个点目标包络对齐前（左图）各脉冲回波的一维距离像，以及包络对齐后（右图）的各脉冲一维距离像. 对齐方法采用的是最小熵方法，其精度约为 1/4—1/8 个距离单元.

图 6.2.2　各脉冲一维距离像包络对齐前（左图）后（右图）的对比

包络对齐之后的各脉冲回波之间，仍存在不同的初始相位，即

$$\tilde{y}(\varphi,\kappa)=e^{\mathrm{i}\vartheta(\varphi)}\int\int\sigma(u,v)\exp\left\{-\mathrm{i}2\pi\left(R_\varphi-R_0\right)\right\}dudv \tag{6.2.8}$$

初始相位 $e^{\mathrm{i}\vartheta(\varphi)}$ 的存在破坏了各条回波之间的相干性，在方位向成像之前，必须进行补偿. 注意到对于固定的 φ，即一条回波，初始相位是不随距离单元变化的. 因此可以选取其中的一个或若干个合适的距离单元，进行初相的估计；然后再对该条回波的每个距离单元进行校正. 典型的初相校正或自聚焦方法有：加权最小二乘[6]、相位梯度自聚焦[7]等.

运动补偿是 ISAR 实测数据处理中的一个重要环节，但本章主要关心新的采样和图像重构方法，因此不再对运动补偿问题进行展开讨论，有兴趣的读者可以参看相关文献. 以下的讨论均假设理想的 ISAR 回波模型.

6.2.2　回波信号的压缩采样

为了在压缩感知的理论框架下考虑 ISAR 成像问题，首先需要将模型（6.2.6）进行离散化. 假设雷达波照射的成像区域可划分为 $\sqrt{N}\times\sqrt{N}$ 像素的二维离散化网格

$$\left\{\mathbf{r}_n=\left(u_{n_1},v_{n_2}\right),1\leqslant n_1,n_2\leqslant\sqrt{N},n=(n_1-1)\sqrt{N}+n_2\right\} \tag{6.2.9}$$

网格的总像素数 N 为完全平方数. 令 $\mathbf{x}=\left\{x(\mathbf{r}_n)\right\}_{n=1}^{N}$ 为网格各像素点上的散射系数，集合 $\left\{\mathbf{r}_{n_k}\right\}_{k=1}^{K}$ 为目标散射点在网格中对应的位置. 这里，假设 $K\ll N$，当且仅当 $n\in\left\{n_k\right\}_{k=1}^{K}$（即该网格内有目标的散射点）时，有 $x(\mathbf{r}_n)\neq 0$，即目标散射点在整个网格中是“稀疏的”，该假设是符合 ISAR 成像图像特点的.

进一步，不失一般性，假设解线性调频后的雷达回波信号为 $\sqrt{M}\times\sqrt{M}$ 像素的二维离散化网格

$$\mathbf{y}=\left\{\tilde{y}\left(\varphi_{m_1},\kappa_{m_2}\right),1\leqslant m_1,m_2\leqslant\sqrt{M}\right\} \tag{6.2.10}$$

其中 M 也为完全平方数. 该离散化是很自然的，因为雷达回波就是以离散的形式记录的.

将 $\mathbf{x}$ 和 $\mathbf{y}$ 分别排列为 $N\times1$ 和 $M\times1$ 维的列向量，则（6.2.6）可重写为离散线性系统的形式

$$\mathbf{y}=\mathbf{\Phi}\cdot\mathbf{x} \tag{6.2.11}$$

其中 $M\times N$ 矩阵 $\mathbf{\Phi}$ 的第 m 行、第 n 列元素为

$$\exp\left\{-\mathrm{i}2\pi\kappa_{m_2}\left(y_{n_2}\cos\varphi_{m_1}-x_{n_1}\sin\varphi_{m_1}\right)\right\} \tag{6.2.12}$$

其中 m 和 n 满足 $m=(m_1-1)\sqrt{M}+m_2$ 和 $n=(n_1-1)\sqrt{N}+n_2$.

根据（6.2.11），若得到了解线性调频后的回波 $\mathbf{y}$ 和矩阵 $\mathbf{\Phi}$，则目标散射点的位置（$\mathbf{x}$ 中非零元素的位置）和相应的散射系数（非零元素的数值），可通过求解线性系统的逆问题得到. 然而对于 ISAR 成像问题，尤其是在压缩感知框架下，采样率和测量数据远少于传统体制时，测量矩阵 $\mathbf{\Phi}$ 往往是病态的. 因此，经典的最小二乘估计：$\hat{\mathbf{x}}_{LS}=\left(\mathbf{\Phi}^{\mathrm{T}}\mathbf{\Phi}\right)^{-1}\mathbf{\Phi}^{\mathrm{T}}\mathbf{y}$ 是不可行的.

根据压缩感知理论，若测量矩阵 $\mathbf{\Phi}$ 满足重构条件，则求解如（6.2.13）的最小 ℓ_1 范数问题，即可实现 $\mathbf{x}$ 的高精度重构：

$$\min\|\mathbf{x}\|_1 \quad \text{s. t.} \ \|\mathbf{y}-\mathbf{\Phi x}\|_2 \leqslant \sigma \tag{6.2.13}$$

式（6.2.13）考虑了标准差 σ 为随机测量噪声.

基于 Fourier 变换的传统成像方法中，图像的距离向分辨率和方位向分辨率分别由发射信号的带宽和目标相对雷达的累积转角决定. 而基于（6.1.13）的压缩感知 ISAR 成像方法则不同，由于它本质上是一个参数估计的过程，因此若 $\mathbf{x}$ 中非零元素的位置估计是正确的，那么 ISAR 图像的分辨率便由成像区域的离散化划分 $\{\mathbf{r}_n\}_{n=1}^N$ 的网格间距决定，这使得基于最小 ℓ_1 范数的图像重构方法能够突破传统成像系统的分辨率约束而实现超分辨. 然而需要指出的是，这并不意味着可以通过无限细化划分 $\{\mathbf{r}_n\}_{n=1}^N$ 的网格间距实现分辨率的不断提升，因为为了保证 $\mathbf{x}$ 的精确估计，可重构条件给出了网格像素 N、测量数据 M 以及目标散射系数的稀疏度 K 之间的约束关系.

在传统 Fourier 变换成像方法的基础上，也有文献研究高分辨 ISAR 成像方法. 例如，文献[8]提出了一种根据现代谱估计理论建立的高分辨率成像方法：APES（amplitude and phase estimation of a sinusoid）. 然而，诸如此类的方法需要计算 Hankle 矩阵，涉及大量运算和难以承受的内存消耗. 同时，这些方法也是建立在 Shannon 定理基础上的，在采样率低于 Nyquist 频率时无法成像. 它们的超分辨效果也无法与最小 ℓ_1 范数方法相比，这将在下文中通过数值实验进一步说明.

为了导出最小 ℓ_1 范数 ISAR 成像中测量矩阵 $\mathbf{\Phi}$ 需满足的条件，将（6.2.12）重写为

$$\exp\left\{-\mathrm{i}2\pi\kappa_{m_2}\left(-\sin\varphi_{m_1},\cos\varphi_{m_1}\right)\cdot\left(x_{n_1},y_{n_2}\right)\right\} \tag{6.2.14}$$

根据可重构条件的研究和文献[9]和[10]，可知，若设计合理的信号发射和接收方式，使得

$$\kappa_{m_2}\left(-\sin\varphi_{m_1},\cos\varphi_{m_1}\right) \tag{6.2.15}$$

均匀分布于它们的定义域上；进一步，若测量数满足

$$M \geqslant O\left(K\log^2(K)\log\left(\frac{N}{M}\right)\log\left(\alpha^{-1}\right)\right) \tag{6.2.16}$$

其中 $\alpha \in (0,1)$，则测量矩阵 $\mathbf{\Phi}$ 将以大于 $1-\alpha$ 的概率满足 RIP.

下面将分别从距离向和方位向两个方面展开进一步的讨论. 对于距离向采样，以一条脉冲回波为例，图 6.2.3 表示了压缩采样方法. 图中的解线性调频过程与传统的 ISAR 成像系统相同，其后的“随机化”（randomization）和“积分器”（integration）是压缩采样过程的核心. 随机化过程即是将解线性调频后的信号与随机 $(0,1)$ 序列 $r(t)$ 相乘，其中 $r(t)$ 为模拟信号，且满足：

（1）每一次实现的持续时间为 $1/f_N$， f_N 为 Nyquist 频率；

（2）每 Q 次实现中，有且仅有一次为 1，其余 $Q-1$ 次均为零；

（3）值 1 出现的位置为服从 $\{1,2,\cdots,Q\}$ 中均匀分布的随机变量.

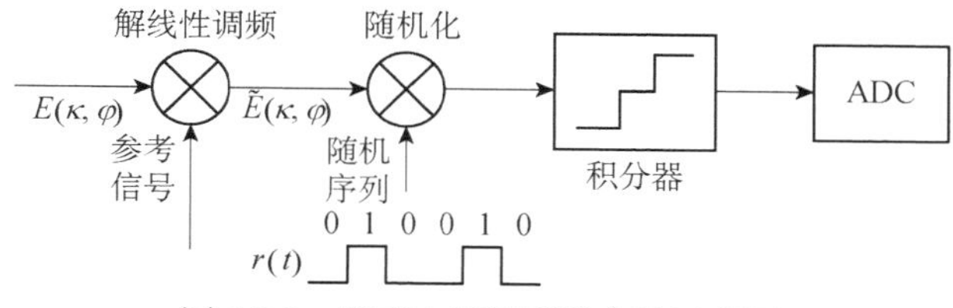

图 6.2.3　距离向压缩采样方法示意图

与随机序列相乘后的信号进入积分器，积分器的积分时间为 Q/f_N 秒，即每隔 Q/f_N 秒输出一次该时段内的累加信号. 以上操作均可使用硬件在信号模拟域完成. 积分器之后的 A/D 采样速率为 f_N/Q，仅为 Nyquist 采样率的 $1/Q$，可以极大地降低对 A/D 采样硬件系统的要求.

在描述了距离向采样方法之后，有必要强调在随机化过程中采用 $(0,1)$ 序列的意义. 将设根据 Nyquist 频率采样得到的距离向回波为

$$\mathbf{y}_{1\times L} = \left(\tilde{y}\left(\varphi_{m_1},\kappa_1\right),\ldots,\tilde{y}\left(\varphi_{m_1},\kappa_L\right)\right)^{\mathrm{T}} \tag{6.2.17}$$

其中 L 为回波的长度. 随机化和积分器的作用可以数学表示为

$$\mathbf{y}_{1\times\sqrt{M}} = \mathbf{P}\mathbf{y}_{1\times L} \tag{6.2.18}$$

其中 $\mathbf{y}_{1\times\sqrt{M}}$ 为一条距离向脉冲的压缩采样， $\sqrt{M}\times L$ 的矩阵 $\mathbf{P}$ 可以表示为

$$\mathbf{P} = \begin{bmatrix} r_{1,1},\cdots,r_{1,Q} & \mathbf{0} & \cdots & \mathbf{0} \\ \vdots & \vdots & \ddots & \vdots \\ \mathbf{0} & \mathbf{0} & \cdots & r_{\sqrt{M},1},\cdots,r_{\sqrt{M},Q} \end{bmatrix} \tag{6.2.19}$$

矩阵第 i 行（ $i=1,2,\cdots,\sqrt{M}$ ）中的元素 $r_{i,d}$ （ $d=1,2,\cdots,Q$ ）为随机序列 $r(t)$ 的在

$t \in \left[(d-1)/f_N, d/f_N\right]$ 时段内的一次实现，矩阵的第 i 行仅有 $r_{i,1},\ldots,r_{i,D}$ 这 Q 个元素可能非零，其他均为零. 若 $r(t)$ 取为 $(0,1)$ 随机序列，则矩阵 $\mathbf{P}$ 可具体化为

$$\mathbf{P}=\begin{bmatrix} \underbrace{0,\cdots,1,\cdots,0}_{Q} & \mathbf{0} & \cdots & \mathbf{0} \\ \vdots & \vdots & \ddots & \vdots \\ \mathbf{0} & \mathbf{0} & \cdots & \underbrace{1,\cdots,0,\cdots,0}_{Q} \end{bmatrix} \tag{6.2.20}$$

其中每一行均有一个长度为 Q 的 (0,1) 随机序列，值 1 仅出现一次，且出现的位置在 $\{1,2,\cdots,Q\}$ 中均匀分布. 如此设置的 $\mathbf{P}_1$ 使得压缩采样 $\mathbf{y}_{1\times\sqrt{M}}$ 在传统 Nyquist 频率采样 $\mathbf{y}_{1\times L}$ 中大致均匀分布，即 $\mathbf{y}_{1\times\sqrt{M}}$ 中对应的 $\kappa_{l_i}, i=1,2,\cdots,\sqrt{M}$ 在 $\mathbf{y}_{1\times L}$ 对应的 $\kappa_l, l=1,2,\cdots,L$ 中大致均匀分布.

与本节的 (0,1) 随机序列不同，随机卷积使用 $(-1,+1)$ 序列，即矩阵 $\mathbf{P}$ 的具体形式为

$$\mathbf{P}_2=\begin{bmatrix} \underbrace{-1,\cdots,1,\cdots,-1}_{Q} & \cdots & \mathbf{0} \\ \vdots & \ddots & \vdots \\ \mathbf{0} & \cdots & \underbrace{1,\cdots,-1,\cdots,-1}_{Q} \end{bmatrix} \tag{6.2.21}$$

其中每一行均为长度为 Q 的 $(-1,+1)$ 随机序列，且 -1 和 $+1$ 出现的概率相等. 与该序列相比，本节的 (0,1) 序列可使得稀疏重构的涉及的计算更加简单高效，如在最小 ℓ_1 范数过程中，通常需要涉及多次 $\mathbf{P}^{\mathrm{T}}\mathbf{y}_{1\times\sqrt{M}}$ 的运算，若 $\mathbf{P}=\mathbf{P}_2$，则需完成一个 $L\times\sqrt{M}$ 矩阵和 $\sqrt{M}\times 1$ 维向量的乘法；而 $\mathbf{P}=\mathbf{P}_1$ 时，$\mathbf{P}_1^{\mathrm{T}}\mathbf{y}_{1\times\sqrt{M}}$ 的运算可以通过如下方式实现：

（1）生成一个 $L\times 1$ 维的零向量；

（2）根据 $\mathbf{P}_1$ 矩阵中值 1 出现的位置（即 $\mathbf{y}_{1\times\sqrt{M}}$ 各元素在 $\mathbf{y}_{1\times L}$ 中相应的位置），将相应位置上的零向量赋为 $\mathbf{y}_{1\times\sqrt{M}}$ 中的值.

上述过程不涉及矩阵与向量的乘法，只需简单的内存操作就可以. 考虑到最小 ℓ_1 范数过程中将进行多次 $\mathbf{P}^{\mathrm{T}}\mathbf{y}_{1\times\sqrt{M}}$ 运算，故 $\mathbf{P}_1^{\mathrm{T}}\mathbf{y}_{1\times\sqrt{M}}$ 可以大幅提高计算效率.

该例子还只是在一维距离向的例子，当涉及二维成像时，若将所有距离向的回波均排成一个列向量，则矩阵 $\mathbf{P}$ 的列数将变为 M，同时行数也将成平方级地增加，于是矩阵 $\mathbf{P}$ 的总维数将成四次方增加，矩阵向量相乘的计算量显著提高，本节的 (0,1) 随机序列带来的优势将更加明显.

方位向压缩采样体制比距离向略微简单. 传统的 ISAR 雷达按特定的脉冲重复频率（pulse repetition frequency，PRF）发射脉冲，并以相同的频率接收回波（设计成像雷达系统的脉冲重复频率时，需要考虑 Nyquist 频率的限制）. 方位向压缩采样只需使得相应的方位角序列$\left\{\varphi_{m_1}, m_1=1,2,\cdots,\sqrt{M}\right\}$在范围$[\varphi_{\min},\varphi_{\max}]$内满足均匀随机分布（或者等价地说，使得慢时间采样序列在其取值范围内均匀分布），且序列中相邻点之间的最小距离由ω/f_{PRF}确定的约束值，其中ω为方位角平均转动角速度，f_{PRF}为传统 ISAR 成像系统的 PRF 值. 此外，不失一般性，可以假设$(\varphi_{\min}+\varphi_{\max})/2=0$，于是有$[\varphi_{\min},\varphi_{\max}]=[-\Delta\varphi/2,\Delta\varphi/2]$；更进一步，假设累积转角$\Delta\varphi$为小量，即$\sin(\Delta\varphi)\approx\Delta\varphi$且$\cos(\Delta\varphi)\approx 1$. 根据上述假设，不难得到：按本章方式获取的距离向和方位向采样，经过（6.2.15）后，在其定义域中“近似”满足随机均匀分布（与真正的均匀分布不同，这里的距离向和方位向随机采样之间间隔的最小值需要满足 Nyquist 频率的限制）. 若总采样数M满足（6.2.16），则求解（6.2.13）式即可完成基于压缩感知的 ISAR 成像.

6.2.3　仿真实验

本节通过数值实验分析基于压缩感知的 ISAR 成像的性能，主要内容包括：在最小ℓ_1范数成像方法与传统 ISAR 成像方法的对比，以及最小ℓ_1范数稀疏重构成像性能随数据量和 SNR 的变化.

仿真实验中，利用专业软件对 A10 飞机的电磁散射进行仿真以产生$\sqrt{N}\times\sqrt{N}$的原始雷达回波数据（$N=256^2$）. A10 飞机的三维模型以及产生回波数据的所用的雷达成像参数如图 6.2.4 和表 6.2.1 所示. 由于仅为原理性验证，距离向压缩采样中随机化和积分器等对应的硬件部分，本实验采用数字仿真的形式实现. 在距离向压缩采样时，分别设置$D=2,5$，则相应的 A/D 采样速率可降低至传统成像系统的$1/2, 1/5$；在方位向采样部分，采用选取全部数据和随机均匀选取$1/2$数据两种模式；经过距离向和方位向的适当组合，总的数据量分别为$M=0.5N$（距离向$Q=2$且方位向全选），$M=0.25N$（距离向$Q=2$且方位向随机均匀选取$1/2$）和$M=0.1N$（距离向$Q=5$且方位向随机均匀选取$1/2$）.

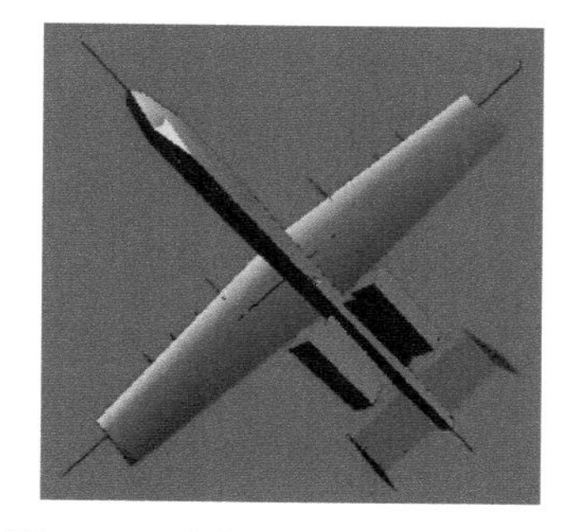

图 6.2.4　成像目标 A10 飞机模型

表 6.2.1　电磁散射计算中的雷达成像参数

成像参数	取值
信号载频	9GHz （X 波段）
信号带宽	200MHz
方位角范围	44°—47°
俯仰角	60°
采样数	256×256

此外，数值实验中，还可以在软件生成的回波数据中按二维均匀分布随机选取 $M=0.5N$ ，$M=0.25N$ 和 $M=0.1N$ 的数据. 需要说明的是，按这种方式进行采样只能降低数据量，但并不能降低 A/D 转换的速率，因而对实际的 ISAR 成像系统的改进意义不大. 下文中，称这种采样方式为 Scheme Ⅱ，本节提出的压缩采样方式为 Scheme Ⅰ；Scheme Ⅱ采样数据的成像结果可作为标准，衡量 Scheme Ⅰ采样的成像性能.

最后，还将在回波数据上加入幅度服从高斯分布，相位服从均匀分布的随机噪声，以讨论不同 SNR 下压缩感知 ISAR 成像性能.

6.2.3.1　最小 ℓ_1 范数成像与传统成像的比较

首先，比较了最小 ℓ_1 范数稀疏重构成像方法与传统 Fourier 变换，以及 APES 等传统高分辨成像方法的得到结果. 当用全部 $\sqrt{N}\times\sqrt{N}$ 回波数据进行成像时，基于 Fourier 变换的传统成像方法得到的图像强散射点的旁瓣很强，可能掩盖弱散射点，同时图像的分辨率也较低；基于现代谱分析的 APES 高分辨成像方法，以及基于压缩感知的 ISAR 成像方法均能抑制强散射点的旁瓣，并提高图像的分辨率，但是后者的效果更加显著.

当压缩采样数据量分别为 $M=0.5N$ ，$M=0.25N$ 和 $M=0.1N$ 时，基于 Fourier 变换，以及 APES 方法成像结果中，只有两个强散射点，其他较弱的散射点均淹没于背景噪声电平中（图 6.2.5），该结果类似于随机噪声雷达中随机采样造成背景噪声电平较高的现象；另一方面，在基于压缩感知的 ISAR 成像结果中，仍能得到目标各散射点清晰图像，且图像的视觉效果随数据量的减少并不明显.

$M=N$

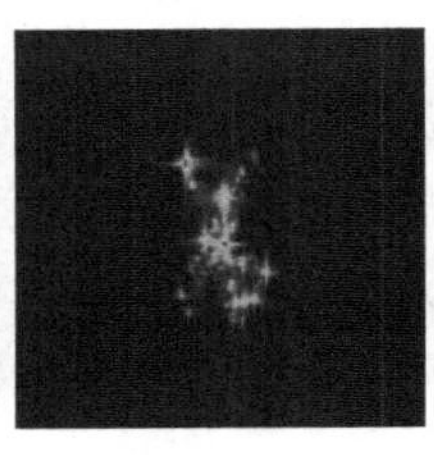

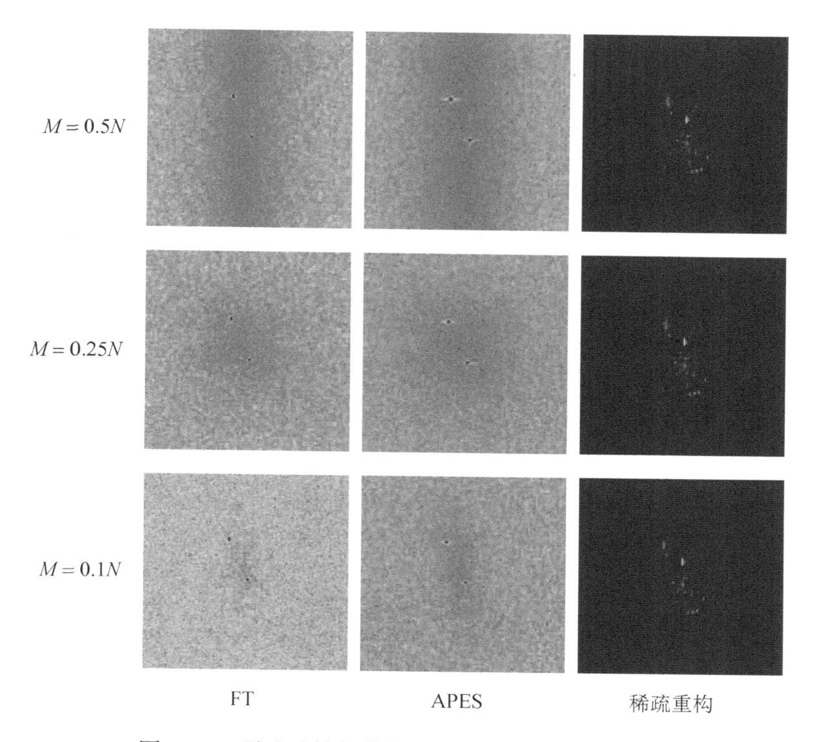

图 6.2.5　稀疏重构与传统成像方法获取图像的比较

6.2.3.2　最小 ℓ_1 范数成像性能随数据量与 SNR 的变化

数据量 $M=N$，$M=0.5N$，$M=0.25N$ 和 $M=0.1N$，信噪比分别为 40dB、30dB 和 20dB 下，Scheme Ⅰ 和 Scheme Ⅱ 的成像结果分别列于图 6.2.6—图 6.2.8；同时，为了给出量化比较，各种情况下成像结果的 RMSE 列于表 6.2.2，这里将 $M=N$ 且无噪声时压缩感知的 ISAR 成像结果作为真值. 从图 6.2.6—图 6.2.8 和表 6.2.2 中可以看出：随着采样数和 SNR 的减少，基于 Scheme Ⅰ 和 Scheme Ⅱ 采样数据的图像重构性能均逐渐变差. 基于 Scheme Ⅱ 随机采样的重构结果一致地优于 Scheme Ⅰ，但是差别不是很明显. 考虑到 Scheme Ⅰ 下对 A/D 转换速率的改进，如此小的重构性能牺牲是值得的.

(a) $M=N$

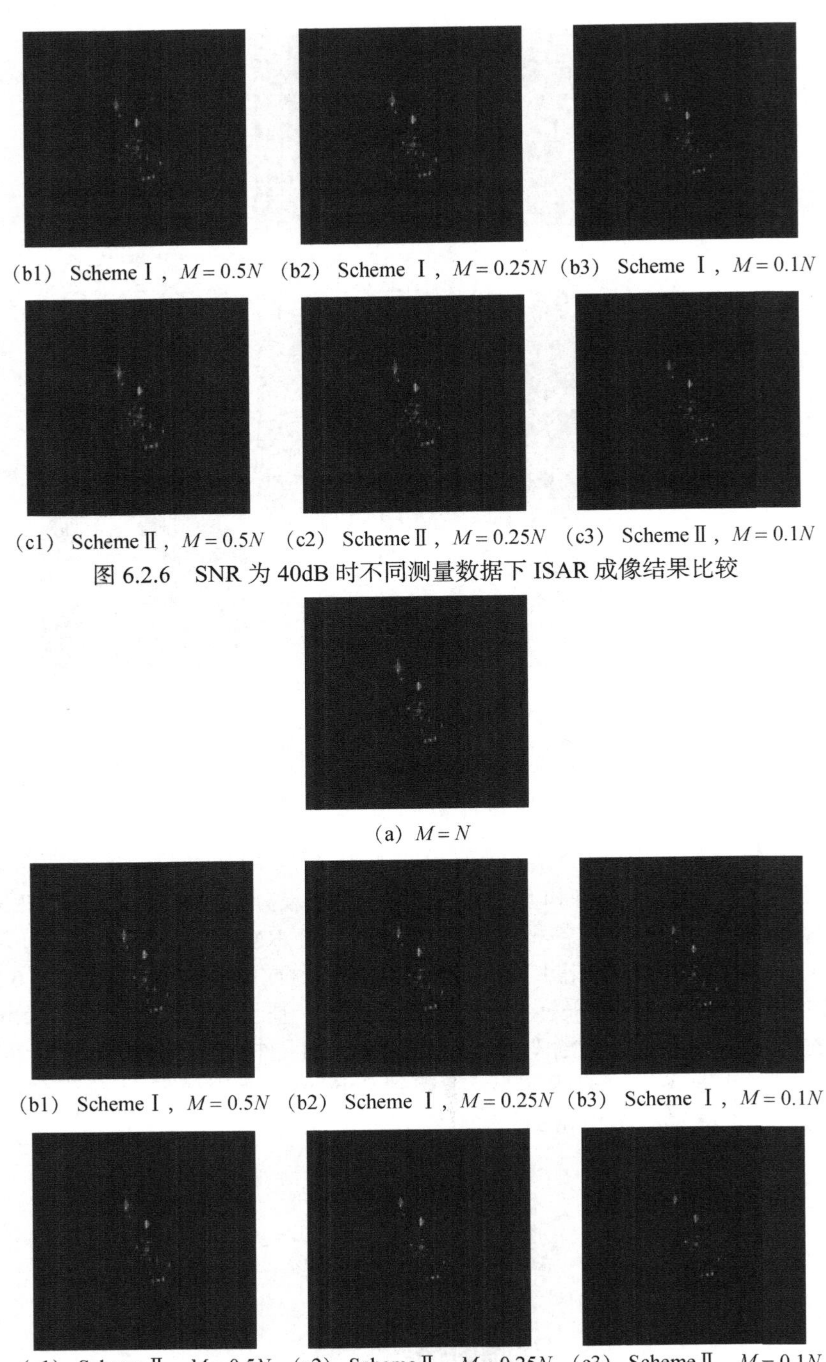

(b1) Scheme Ⅰ, $M = 0.5N$ (b2) Scheme Ⅰ, $M = 0.25N$ (b3) Scheme Ⅰ, $M = 0.1N$

(c1) Scheme Ⅱ, $M = 0.5N$ (c2) Scheme Ⅱ, $M = 0.25N$ (c3) Scheme Ⅱ, $M = 0.1N$

图 6.2.6 SNR 为 40dB 时不同测量数据下 ISAR 成像结果比较

(a) $M = N$

(b1) Scheme Ⅰ, $M = 0.5N$ (b2) Scheme Ⅰ, $M = 0.25N$ (b3) Scheme Ⅰ, $M = 0.1N$

(c1) Scheme Ⅱ, $M = 0.5N$ (c2) Scheme Ⅱ, $M = 0.25N$ (c3) Scheme Ⅱ, $M = 0.1N$

图 6.2.7 SNR 为 30dB 时不同测量数据下 ISAR 成像结果比较

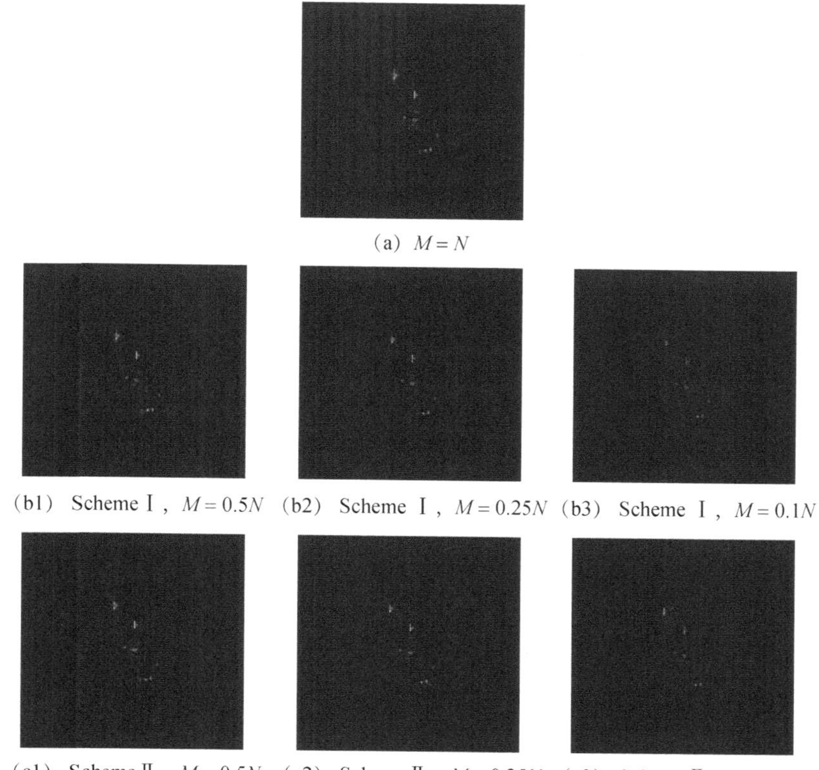

(a) $M=N$

(b1) Scheme Ⅰ, $M=0.5N$　(b2) Scheme Ⅰ, $M=0.25N$　(b3) Scheme Ⅰ, $M=0.1N$

(c1) Scheme Ⅱ, $M=0.5N$　(c2) Scheme Ⅱ, $M=0.25N$　(c3) Scheme Ⅱ, $M=0.1N$

图 6.2.8　SNR 为 20dB 时不同测量数据下 ISAR 成像结果比较

表 6.2.2　成像结果均方根误差随数据量和 SNR 的变化

SNR/dB	Scheme	$M=N$	$M=0.5N$	$M=0.25N$	$M=0.1N$
40	I	0.0141	0.0191	0.0259	0.0303
	II		0.0175	0.0232	0.0287
30	I	0.0350	0.0374	0.0406	0.0449
	II		0.0364	0.0385	0.0420
20	I	0.1248	0.1259	0.1346	0.1429
	II		0.1238	0.1303	0.1362

本节提出了一种低速率采样，同时可以保持高分辨率的 ISAR 成像方法. 该方法在距离向回波接收系统中加入随机化和积分器硬件，在模拟域降低回波的数据率，从而减轻 A/D 转化的压力；同时，在方位向，也可以在 PRF 确定的采样率基础上，对方位角序列进行随机均匀采样，按本节压缩采样方式生成的测量数据，可以满足重构条件；同时，相比于随机卷积等方式，还可以极大地降低求解 ℓ_1 范

数最优化时的计算量. 此外，本节 $(0,1)$ 序列通过随机化和积分器之后的值，其动态范围并没有改变；而 $(-1,+1)$ 序列则不然，经过随机卷积之后的序列，其动态范围变大，对后续的量化等处理有较大的影响.

在数值实验部分，通过电磁仿真软件产生的原始数据，并在此基础上通过数值仿真的方式，按本节提出的压缩采样生成测量数据，比较了传统的 Fourier 变换和 APES 方法，与最小 ℓ_1 范数方法成像结果之间的差别. 结果表明最小 ℓ_1 范数成像方法即使在只有 10%原始数据的条件下，仍能得到高分辨率的 ISAR 图像. 同时仿真结果也表明，只要 SNR 在合理范围之内，压缩采样数据最小 ℓ_1 范数成像方法均能够稳定成像.

6.3　随机噪声雷达稀疏重构成像

为实现高分辨距离向成像，传统的合成孔径雷达发射频率有规律调制的大宽带信号，如线性调频（linear frequency modulation，LFM）信号、频率步进（step frequency）信号等，其数据处理方法基于经典的 Shannon 采样定理，为了抑制信号频谱混叠造成的距离像模糊，必须保证对回波脉冲采样的频率大于信号带宽. 过高的采样率对 A/D 转换系统和数据存储系统造成极大的压力.

随机噪声雷达（random noise radar）[11-12]采用频率随机调制的方式，可抑制回波脉冲欠采样带来的距离向模糊，从而可以低于 Nyquist 频率的速率进行采样. 但是由于随机变量的自相关特性，这种随机调频雷达存在背景噪声电平较高，容易淹没弱散射点的问题. 文献[13]和[14]特别研究了此问题的解决方法，但是该方法复杂且效果有限. 本节基于压缩感知理论，提出利用稀疏重构方法进行随机调频雷达距离向成像，可明显地压制背景噪声电平，且图像的分辨率可突破瑞利准则，实现超分辨. 本节的研究是发射信号设计与稀疏性信息利用的结合，是对新型高分辨成像雷达系统设计和数据处理算法一次有益探讨.

6.3.1　随机调频信号及其成像性质

成像雷达实现距离向高分辨率的一般方式是发射大时间带宽积的信号，如线性调频信号、频率步进信号等. 设成像雷达发射信号为 $p(t), t\in T$，其中 T 为脉冲时间宽度. 同时，设测绘带地距宽度为 W，其近、远端斜距分别为 $r_{\min}$ 和 $r_{\max}$，测绘带内某距离向直线上的散射系数分布为 $x(r), r\in W$. 则该距离线的雷达回波可表示为

$$y(t)=\int_{r_{\min}}^{r_{\max}} p\left(t-\frac{2r}{c}\right)\cdot x(r)dr+n(t) \tag{6.3.1}$$

其中 $n(t)$ 为观测噪声. 由（6.3.1）式可以看出，接收信号本质上是发射信号 $p(t)$ 与被观测区域散射系数 $x(r)$ 的卷积. 利用发射信号 $p(t)$ 与 $y(t)$ 进行解卷积，即可得到被观测区域的散射系数. 对（6.3.1）式进行离散化，设脉冲回波为 N 维向量，并设被观测区域的散射系数可用序列 $x(r_k), k=1,\cdots,K$ 描述，则有

$$y(t_m)=\sum_{k=1}^{K} p\left(t_m-\frac{2r_k}{c}\right)\cdot x(r_k)+n(t_m),\quad k=1,\cdots,K,\ m=1,\cdots,M \tag{6.3.2}$$

随机调频雷达发射信号的频率不是像频率步进等信号那样有规律地变化，而是在一定的带宽内，按一定的分布随机地变化. 即

$$p(t_m)=\exp\left[\mathrm{i}2\pi\left(f_c+f_{\xi(m)}\right)\cdot t_m\right] \tag{6.3.3}$$

其中 $f_{\xi(m)}$ 为随机变量 f_ξ 的一次实现. f_ξ 服从的典型分布有：①均匀分布 $\mathcal{U}(-B/2,B/2)$；②零均值，方差为 $(B/3)^2$ 的高斯分布 $\mathcal{N}\left(0,(B/3)^2\right)$.

将随机调频雷达的发射信号代入（6.3.2）中，同时为了讨论的方便，且不失一般性，令 $f_c=0$，最后得到成像处理前的雷达回波为

$$y(t_m)=\sum_{k=1}^{K}\exp\left[\mathrm{i}2\pi f_{\xi(m)}\cdot\left(t_m-\frac{2r_k}{c}\right)\right]\cdot x(r_k)+n(t_m) \tag{6.3.4}$$

取发射信号 $p(t_m)$ 的共轭，并作长度为 τ 的平移，得到矢量

$$\mathbf{p}(\tau)=\left[\exp\left[-\mathrm{i}2\pi f_{\xi(1)}(t_1-\tau)\right],\cdots,\exp\left[-\mathrm{i}2\pi f_{\xi(m)}(t_m-\tau)\right]\right]^{\mathrm{T}} \tag{6.3.5}$$

并与雷达回波矢量 $\mathbf{y}=\left[y(t_1),y(t_2),\cdots,y(t_M)\right]^{\mathrm{T}}$ 作相关处理，得到

$$\begin{aligned}C(\tau)&=\mathbf{p}^{\mathrm{T}}(\tau)\cdot\mathbf{y}/M\\&=\sum_{m=1}^{M}\sum_{k=1}^{K}\exp\left[\mathrm{i}2\pi f_{\xi(m)}\left(\tau-\frac{2r_k}{c}\right)\right]\cdot x(r_k)\Big/M+\sum_{m=1}^{M}\exp\left[-\mathrm{i}2\pi f_{\xi(m)}(t_m-\tau)\right]\cdot n(t_m)\end{aligned} \tag{6.3.6}$$

若暂不考虑（6.3.6）式中第二个等式右端第二项，即噪声项的影响. 当 $\tau\notin\{2r_k/c\}_{k=1}^{K}$ 时，由于 f_ξ 的随机性，（6.3.6）式相当于 M 个零均值的复随机变量求和，其值决定了成像处理的背景噪声电平（noise floor），M 越大背景噪声电平越接近零. 当 $\tau\in\{2r_k/c\}_{k=1}^{K}$ 时，$C(\tau)=x(r_k)$，即得到了各散射点的散射系数. 当 τ 在一定范围内变化时，得到 $C(\tau)$ 曲线，其各峰值的位置反映了散射点的位置，峰值的强度代表了散射点的强度，这就是雷达距离向相关成像的基本原理.

随机变量 f_ξ 的性质对距离像分辨率和背景噪声电平都有一定的影响，（6.3.7）

式给出了 $f_\xi \sim \mathcal{U}(-B/2, B/2)$ 和 $f_\xi \sim \mathcal{N}\left(0, (B/3)^2\right)$ 时，含背景噪声电平的模糊函数，从中可以看出，远离主瓣处的背景噪声电平约为 $1/M$：

$$\begin{cases} G_g(\Delta r) = (1-1/M)\exp\left[-\left(4\pi\Delta r(B/3)/c\right)^2\right] + 1/M \\ G_u(\Delta r) = (1-1/M)\operatorname{sinc}^2(2\pi\Delta r B/c) + 1/M \end{cases} \tag{6.3.7}$$

图 6.3.1 显示了按（6.3.6）式计算的随机调频信号的相关输出，和按（6.3.7）式计算的模糊函数理论值. 输入参数为：信号载频 9.6GHz、信号带宽 500MHz、数据维数 1200. 为了消除发射信号随机性的影响，相关成像的输出为 500 次 Monte-Carlo 仿真的平均结果. 其中左上图为均匀分布随机调频信号 Monte-Carlo 仿真计算的均值；左下图为均匀分布随机调频信号模糊函数的理论计算值；右上图为高斯分布随机调频信号 Monte-Carlo 仿真计算的均值；右下图为高斯分布随机调频信号模糊函数的理论计算值.

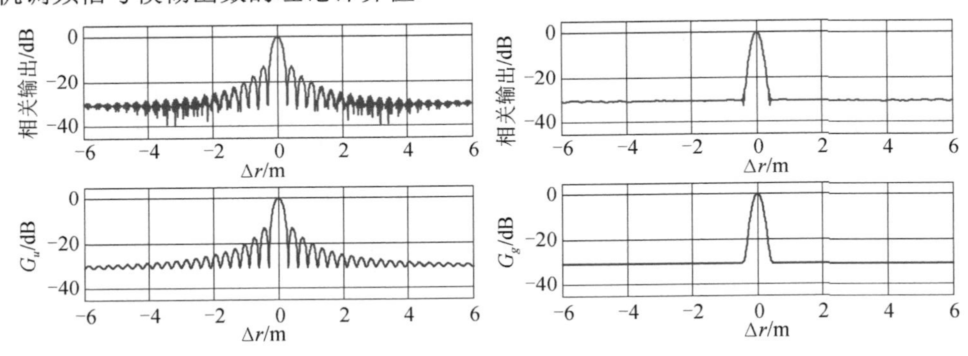

图 6.3.1　Monte-Carlo 仿真计算与模糊函数理论值的对比

从图 6.3.1 中可以看出：①在信号带宽相同时，随机调频信号的距离像分辨率与一般宽带雷达距离向分辨率 $c/2B$ 相当；②随机调频信号背景噪声电平高于线性调频信号，可能淹没弱小目标，需要特殊的算法抑制背景噪声电平；③服从均匀分布的随机调频信号的旁瓣特性类似于线性调频信号，而服从高斯分布的随机调频信号的旁瓣电平较低. 由于高斯分布随机调频信号的这个优点，以下主要讨论该信号.

随机调频信号在采样低于 Shannon 定理要求时，仍能实现无模糊成像；同时，若相邻脉冲之间的随机频率 f_ξ 具有不同的实现，则它们之间的相关性很小，从而当其他脉冲回波混入当前回波时，几乎不会造成干扰.

6.3.2　稀疏重构成像

为了抑制随机调频信号的背景噪声电平，并提高主瓣的分辨率. 本节将压缩感知理论引入雷达成像过程. 为了讨论方便，将回波信号的形成过程表示成线性系统. 为此，将测距带近距至远距的区间 $[r_{\min}, r_{\max}]$ 离散化为 $\{r_n\}_{n=1}^{N}$，各散射点的位置 r_k 可能为其中的一个元素. 构造 $M \times N$ 矩阵 $\mathbf{\Phi}$，其第 m 行、第 n 列元素为 $\exp\left[\mathrm{i}2\pi f_{\xi(m)} \cdot \left(t_m - 2r_n/c\right)\right]$. 按如下方式形成 N 维矢量 $\mathbf{x} = \left[x_1, \cdots, x_N\right]^{\mathrm{T}}$，其中的元素满足

$$x_n = \begin{cases} x(r_k), & r_n \in \{r_k\}_{k=1}^{K} \\ 0, & \text{其他} \end{cases} \tag{6.3.8}$$

于是，雷达生成过程可以表示为

$$\mathbf{y} = \mathbf{\Phi} \cdot \mathbf{x} \tag{6.3.9}$$

从形式上看，由于 $\mathbf{y}$ 和 $\mathbf{x}$ 是已知的，可通过线性最小二乘方法计算 $\mathbf{x}$，进而得到散射点的位置和强度. 但由于矩阵 $\mathbf{\Phi}$ 是病态的，从而无法用最小二乘方法. 压缩感知理论指出，若待估参数 $\mathbf{x}$ 满足稀疏性：$K \ll N$，且适当地选择 f_{ξ}，使得矩阵 $\mathbf{\Phi}$ 满足重构条件，则通过求解

$$\min \|\mathbf{x}\|_1 \quad \text{s.t.} \|\mathbf{y} - \mathbf{\Phi} \cdot \mathbf{x}\|_2 \leqslant \sigma \tag{6.3.10}$$

可得到 $\mathbf{x}$，其中 σ 为观测噪声标准差.

当距离向上目标散射呈现面目标特性时，利用一定的基函数或字典对散射系数进行分解，使得分解后的系数满足稀疏性条件，即只有少数几个表示系数非零，则仍可使用稀疏重构算法进行成像，此时的估计模型为

$$\min \|\boldsymbol{\alpha}\|_1 \quad \text{s.t.} \|\mathbf{y} - \mathbf{\Phi\Psi}\boldsymbol{\alpha}\|_2^2 \leqslant \varepsilon \tag{6.3.11}$$

其中 $\mathbf{\Psi}$ 为稀疏表示矩阵，$\boldsymbol{\alpha}$ 为相应的表示系数. 利用 Littlewood-Paley 基对面目标进行表示，并将目标散射系数的求解转化为正交小波基下表示系数的估计. 建立稀疏约束优化模型后，利用稀疏重构算法求解就可以完成雷达图像重构.

6.3.3　仿真实验

稀疏重构成像的分辨率与相关成像的分辨率估计不同. 相关成像的分辨率取决于发射信号的模糊度函数（自相关函数）；而稀疏重构是通过参数估计的方法进行成像，分辨率取决于对测绘带 $[r_{\min}, r_{\max}]$ 离散化的精细度，散射点强度估计的准确度和估计的背景噪声电平取决于估计噪声方差. 本小节通过 Monte-Carlo 仿真计算，对比稀疏重构成像和相关成像的性能.

6.3.3.1　稀疏成像点目标分辨率

设距离-0.2m 和 0m 处各有一个散射强度为 1 的点目标，利用高斯分布的随机调频信号对其分别进行相关成像和稀疏重构成像，信号的载频为 9.6GHz、带宽 500MHz、回波信噪比 10dB、数据维数 1200. 图 6.3.2 比较了两种成像方法的分辨率，其中稀疏重构成像时，对 $[r_{\min}, r_{\max}]$ 离散化的间隔为 0.02m. 为消除随机性的影响，进行了 500 次 Monte-Carlo 仿真并取平均后的结果. 从图 6.3.2 中可以看出，由于带宽的限制，相关成像无法区分两个相距为 0.2m 的点目标，而由于离散化的间隔为 0.02m，稀疏重构成像能明显区分这两个点目标. 同时，稀疏重构成像的背景噪声电平（–41.91dB）远低于相关成像（–26.91dB）. 设置精细的离散化间隔理论上可提高分辨率，但是会增加信号的维数、提高计算复杂度，实际处理中应综合考虑选择.

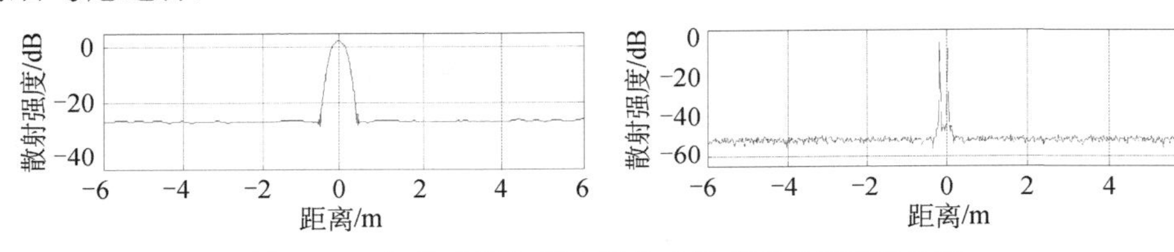

图 6.3.2　相关成像与稀疏重构成像对于点目标的比较

6.3.3.2　成像背景噪声电平随回波 SNR 和数据维数变化

在 0m 处设置一个散射强度为 1（0dB）的点目标，利用载频为 9.6GHz、带宽 500MHz、服从高斯分布的随机调频信号，在不同的回波信噪比（SNR）和不同的数据维数 N 下，两种成像方式的背景噪声电平，结果如表 6.3.1 和表 6.3.2 所示，两表中均为单个散射点目标，散射强度为 0dB，前者 $N=120$、后者 $\mathrm{SNR}=5\mathrm{dB}$. 从表中可以看出，回波噪声 SNR 和数据维数 N 对相关成像的背景噪声电平影响较大，而稀疏重构成像的背景噪声电平一直维持在较低的水平.

表 6.3.1　成像背景噪声电平随回波噪声 SNR 变化的比较

回波噪声 SNR/dB	−5	0	5	10
相关成像/dB	−24.15	−27.92	−29.67	−30.68
稀疏重构成像/dB	−48.13	−48.41	−48.68	−49.45

表 6.3.2　成像背景噪声电平随数据维数（采样点个数）变化的比较

采样点个数 N	1200	800	400	200
相关成像/dB	−29.67	−26.67	−23.94	−22.0587
稀疏重构成像/dB	−48.68	−48.22	−43.99	−42.65

6.3.3.3　面目标稀疏重构成像

设距离向测绘范围 –100m—100m 的目标散射系数呈面目标特性，则其在 Haar 小波表示下满足稀疏性，利用载频为 9.6GHz、带宽 500MHz、服从高斯分布的随机调频信号对其进行成像，回波 SNR = 10dB，成像结果如图 6.3.3 所示，为了消除随机性影响，进行 500 次 Monte-Carlo 仿真取平均结果. 成像结果显示稀疏重构估计得到的目标 Radar Cross Section（RCS）更为精确，其 RMSE 值为 1.13，而由于背景噪声电平过高（RMSE = 2.78），相关成像得到的 RCS 过高，散射强度较小部分容易被淹没.

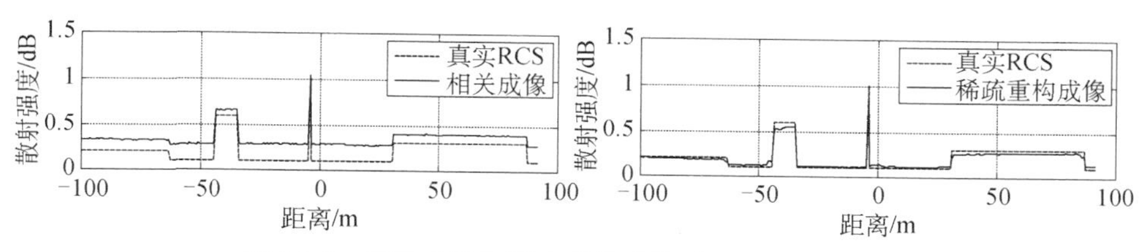

图 6.3.3　相关成像与稀疏重构成像对于面目标的比较

以上实验分别从点目标分辨率、成像背景噪声电平和面目标 RCS 重构误差三个方面验证了高斯分布随机调频信号下，稀疏重构成像的性能验证了高斯分布随机调频信号下的稀疏重构成像性能.

本部分讨论了随机噪声雷达的稀疏重构成像算法，并通过 Monte-Carole 仿真对比分析了其与经典相关成像算法的性能. 结果显示，稀疏重构算法在点目标分辨率、背景噪声电平的抑制和面目标 RCS 重构误差方面，均具有明显优势. 同时，稀疏重构算法对比回波噪声的 SNR、采样数据的维数等因素的敏感性较小，因此用于实际系统时更稳健.

本部分的讨论集中于距离向成像. 众所周知，成像雷达的设计中，方位向高分辨率和距离向宽测绘带的需求是一对矛盾. 若采用线性调频信号进行成像，方位向无模糊成像要求 PRF 大于方位向多普勒带宽. 但若发射信号为随机噪声，且各脉冲之间是独立的，则在方位向采样不满足 Nyquist 频率时，仍能实现无模糊、高分辨成像. 因此，随机噪声雷达可以突破传统限制，实现高分辨大测绘带成像.

6.4　SAR 图像特征增强

SAR 相干成像的特点使得所获取的 SAR 图像受相干斑噪声影响严重. 相干

斑噪声通常表现为乘性噪声，从而常用的图像滤波方法不能直接用于 SAR 图像处理，需结合相干斑噪声的特点设计相应的处理算法.

目前常用的 SAR 图像相干斑抑制方法可分为五类. 第一类是多视处理. 它首先分割合成孔径的多普勒带宽，对分割的孔径分别成像，然后进行平均处理. 多视处理以损失图像空间分辨率为代价来抑制相干斑噪声，这在实际应用中是不可取的[15-16]. 第二类是基于局部统计参数的滤波方法. 这类方法包括著名的 Lee 滤波[16-18]、Kuan 滤波[19]、Frost 滤波[20]、Gamma MAP 滤波[21]及其改进版本等. 这类方法需要选取一个图像窗口，并基于该窗口内的一些统计特性来构造滤波器. 窗口大小的选择是该类滤波算法的重要环节，选得过小，则噪声得不到有效抑制；选得过大，则图像中的纹理信息变得模糊. 第三类是基于多分辨分析的方法. 这类方法得益于小波分析在图像处理领域的成功应用，包括两种实现方式：取对数变换与不取对数变换. 前者考虑到相干斑噪声的乘性特性，通过取对数变换将乘性噪声转化为加性的，然后利用小波去噪方法来处理[22-24]. 这种实现方式存在如下问题：对数变换后的噪声一般不服从高斯分布，且其均值也非零，而小波去噪方法（尤其是软阈值方法）通常是基于噪声服从零均值高斯分布这一假设导出的. 后者没有或较少考虑相干斑乘性特性，割裂了相干斑噪声与图像的耦合性. 第四类是正则方法. 这类方法的优点表现为模型形式灵活，可根据噪声的统计特性进行修改. 正则模型通常包含两项以上：一项为数据逼近项，反应相干斑噪声在不同数据域的统计特性；其余项为正则项，起到保护和增强图像中目标特征的作用[25-26,27-30]. 第五类是变分方法. 这类方法包括相干斑抑制各向异性扩散（SRAD）方法[31] 以及改进的 PM 扩散方法[32] 等. 事实上，上述几类滤波方法是紧密联系的，如 SRAD 方法可认为是 Lee 滤波方法的推广[31]；小波模型、正则模型与变分模型又具有天然的联系，具体可参考文献[31]，[33]，[34]. 总的来说，一个好的 SAR 图像特征增强方法应该具有以下性质：

- 均匀区域的相干斑噪声得到充分抑制；
- 边缘和强散射点等特征信息得到有效保护和增强；
- 阴影区域得到较好保护.

本节主要研究两类正则模型：点目标增强和区域目标增强正则模型. 在建立点目标增强正则模型时，采用 ln 函数来度量图像的稀疏性，建立 SAR 复数域的正则模型. 区域目标增强正则模型是在 SAR 功率域中基于相干斑噪声服从 Gamma 分布建立的.

6.4.1　点目标增强的正则模型

本节利用 ln 函数度量 SAR 图像的稀疏性，在 SAR 频域建立正则模型，接着将 SAR 频域数据转化为复数据，得到复数域正则解的解析表达式，简化了模型求解过程. 该方法不需要迭代，并且将正则参数的确定归结为阈值的选择问题. 最后基于广义交叉检验（GCV）准则实现了阈值的自适应选取.

SAR 成像是一个典型的逆问题，需添加先验信息使问题适定. 由于 SAR 幅度图像表现为：强散射点对应幅度值大，而背景区域幅度值小，并且幅度值大的点在整幅图像中所占的比例非常小，这符合稀疏性先验[35]. SAR 频域成像模型为[26]

$$\mathbf{g} = \mathbf{Tf} + \boldsymbol{\varepsilon} \tag{6.4.1}$$

其中，$\mathbf{g}$ 为频域复回波数据，$\mathbf{T}$ 为复的 SAR 成像投影算子，$\mathbf{f}$ 为场景后向散射系数，为 N 维列向量，$\boldsymbol{\varepsilon}$ 表示噪声，该模型描述了场景后向散射系数与回波数据的直接关系.

基于观测模型（6.4.1），Cetin 等利用 ℓ_p（$0 < p \leqslant 1$）范数度量图像的稀疏性，建立 SAR 图像点目标增强的正则模型[26]

$$\hat{\mathbf{f}} = \arg\min_{\mathbf{f}} \|\mathbf{g} - \mathbf{Tf}\|_2^2 + \lambda \|\mathbf{f}\|_p^p \tag{6.4.2}$$

其中，$\lambda > 0$ 为正则参数. 文献[36]用 ln 作为稀疏性的度量函数，建立正则模型，成功运用于图像中直线的检测，取得很好的效果. 本节借鉴其思想，利用该稀疏性度量函数，在 SAR 频域建立正则模型

$$\hat{\mathbf{f}} = \arg\min_{\mathbf{f}} \|\mathbf{g} - \mathbf{Tf}\|_2^2 + \lambda \sum_{k=1}^{N} \ln\left(|f_k|\right) \tag{6.4.3}$$

通常成像投影算子 $\mathbf{T}$ 较难获得精确表示，并且在频域建立正则模型时，$\mathbf{T}$ 的存在使得模型迭代求解计算量很大[26]. 所以考虑将 SAR 频域数据转化为复数据，建立正则模型，可以实现模型的快速求解，而且正则参数能够自适应选取. 考虑复数域观测模型

$$\mathbf{g} = \mathbf{f} + \mathbf{e} \tag{6.4.4}$$

其中，此处假设 $\mathbf{g}$ 和 $\mathbf{f}$ 分别为复数域观测噪声图像和真实图像，$\mathbf{e}$ 表示观测噪声. 对于 SAR 图像域模型（6.4.4），我们建立类似于（6.4.3）的正则模型，其中相应的 $\mathbf{T}$ 为单位矩阵，同时利用变分原理建立 Euler-Lagrange 方程有

$$\left(\mathbf{I} + \mathrm{diag}\left(\frac{\lambda}{2|f_k|^2}\right)\right)\mathbf{f} = \mathbf{g} \tag{6.4.5}$$

其中 $\mathbf{I}$ 表示单位矩阵，则不动点迭代式为

$$f_k^{(n+1)} = \frac{g_k}{1+0.5\lambda \Big/ \left|f_k^{(n)}\right|^2}, \qquad k=1,2,\cdots,N \tag{6.4.6}$$

由迭代收敛性，两边取极限整理得

$$f_k + \frac{\lambda}{2f_k^*} = g_k \tag{6.4.7}$$

式中 f_k^* 表示 f_k 的共轭. 令 $f_k = f_k^R + \mathrm{i}f_k^I$，$g_k = g_k^R + \mathrm{i}g_k^I$，则上式可写为

$$\begin{cases}\left(f_k^R\right)^2 + \left(f_k^I\right)^2 - \left(g_k^R f_k^R + g_k^I f_k^I\right) + \lambda/2 = 0 \\ g_k^R f_k^I - g_k^I f_k^R = 0\end{cases} \tag{6.4.8}$$

该方程有解的条件为 $|g_k|^2 > 2\lambda$，此时得到收敛解的表达式

$$\hat{f}_k = \frac{g_k + r_k\sqrt{|g_k|^2 - 2\lambda}}{2} I\left(|g_k| > \sqrt{2\lambda}\right), \qquad k=1,2,\cdots,N \tag{6.4.9}$$

其中，$r_k = g_k/|g_k|$ 为方向矢量，$I(\cdot)$ 为示性函数.

下面讨论正则参数 λ 的选取，选取的标准是使得广义交叉检验（GCV）函数最小. GCV 准则广泛用于评估参数平滑，基本思想为图像中某一像素点的值可以用其附近的值来估计. Jansen 将 GCV 准则用于小波软阈值去噪中的最优阈值选取，证明了 GCV 阈值是渐近最优的，取得了很好的图像去噪效果[37]. 令 $\mathrm{Th} = \sqrt{2\lambda}$，则收敛解可表示为

$$\hat{f}_k = \theta(g_k) = \frac{g_k + r_k\sqrt{|g_k|^2 - \mathrm{Th}^2}}{2} I\left(|g_k| > \mathrm{Th}\right), \qquad k=1,2,\cdots,N \tag{6.4.10}$$

由上式可以看出，SAR 复数域特征增强相当于对原始图像做一个阈值处理，而正则参数的确定就对应阈值的选取问题.

假设原信号为规则信号，意味着当前点的值 f_k 可以近似由其邻域值线性表示. 所以，通过邻域 g_k 的线性组合 $\tilde{g}_k$ 可以在某种程度上消除噪声的干扰，于是将 $\theta(\tilde{g}_k)$ 预测 g_k 的能力作为最优阈值选择的衡量. 称

$$\mathrm{OCV} = \frac{1}{N}\sum_{k=1}^{N}\left|g_k - \theta(\tilde{g}_k)\right|^2 \tag{6.4.11}$$

为 OCV（ordinary cross validation）函数，它可以得到所要求的光滑性与匹配性的折中[37]. 最优的阈值应该使 $\theta(\tilde{g}_k)$ 尽可能准确地预测 g_k，即通过最小化 OCV 函数来获得近似最优正则参数.

对于给定的 SAR 图像，$\sum_{k=1}^{N}|g_k|^2$ 为确定的常数，故得到的最优正则参数为

$$\overline{\mathrm{Th}} = \arg\min_{\mathrm{Th}} \#\left\{k, |g_k| > \mathrm{Th}\right\} \cdot \mathrm{Th}^2 \tag{6.4.12}$$

为了减小计算时搜索的范围，在上式中最佳参数选择范围可以缩小到一个有限的范围. 针对 MSTAR 图像的幅度值通常是一个比较小（杂波的幅度值接近于零）的值的特点，本节实验中取 $\overline{\mathrm{Th}} \in \{0, 0.01, \cdots, 1\}$.

在实验中，利用实测 MSTAR 数据进行自适应增强处理，采用目标杂波比来衡量处理效果，验证方法的有效性. 目标杂波比（TCR）是定量度量图像目标和背景杂波对比度、背景抑制的一个指标[38]，其定义为图像中目标区域内幅度最强的像素幅度和其周围杂波强度之比. 目标杂波比的值越大则表明目标对背景杂波的对比度越强、背景抑制越充分. 图 6.4.1 和图 6.4.2 为采用 MSTAR 数据（HB03335.015 以及 HB03335.017）实验的结果，（a）为原始图像，（b）为采用 Cetin 方法处理的结果[26]，（c）为 $\#\{k, |g_k| > \mathrm{Th}\} \cdot \mathrm{Th}^2$ 变化的曲线，用来确定正则参数，（d）为本节方法处理后的图像. 表 6.4.1 为不同处理方法的耗时和 TCR 值，表明两种方法增强后图像的 TCR 值明显高于原始图像值，很好地说明图像特征增强的效果及必

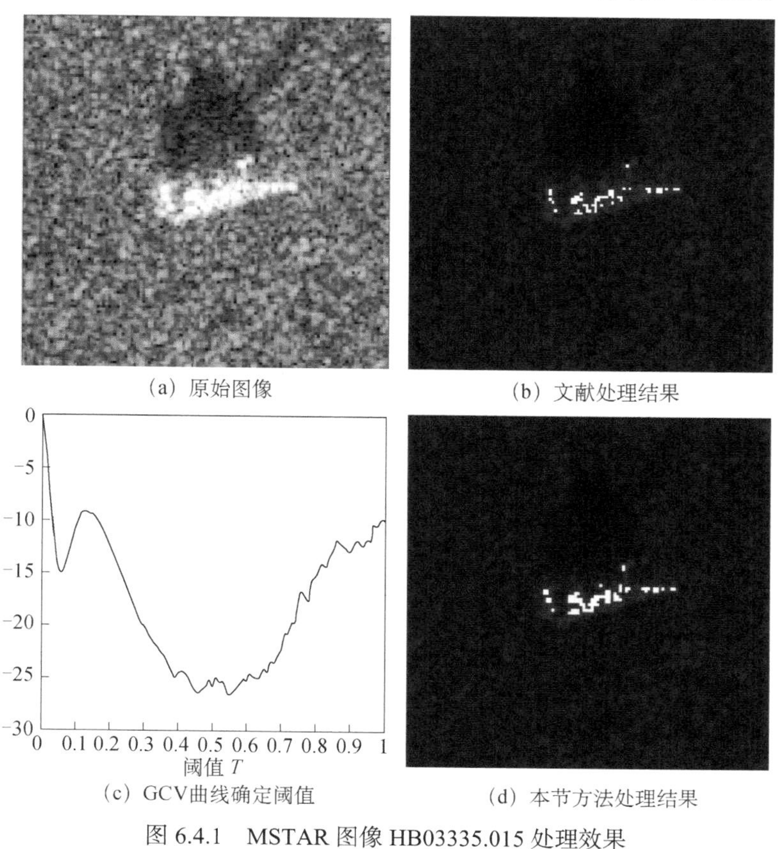

（a）原始图像　（b）文献处理结果　（c）GCV曲线确定阈值　（d）本节方法处理结果

图 6.4.1　MSTAR 图像 HB03335.015 处理效果

要性. 本节方法结果尽管稍弱于文献方法，但实施过程不需要迭代，只需按照（6.4.12）式确定近似最优阈值，然后按照（6.4.10）式进行阈值处理，大大提高算法的智能化和运行速度.

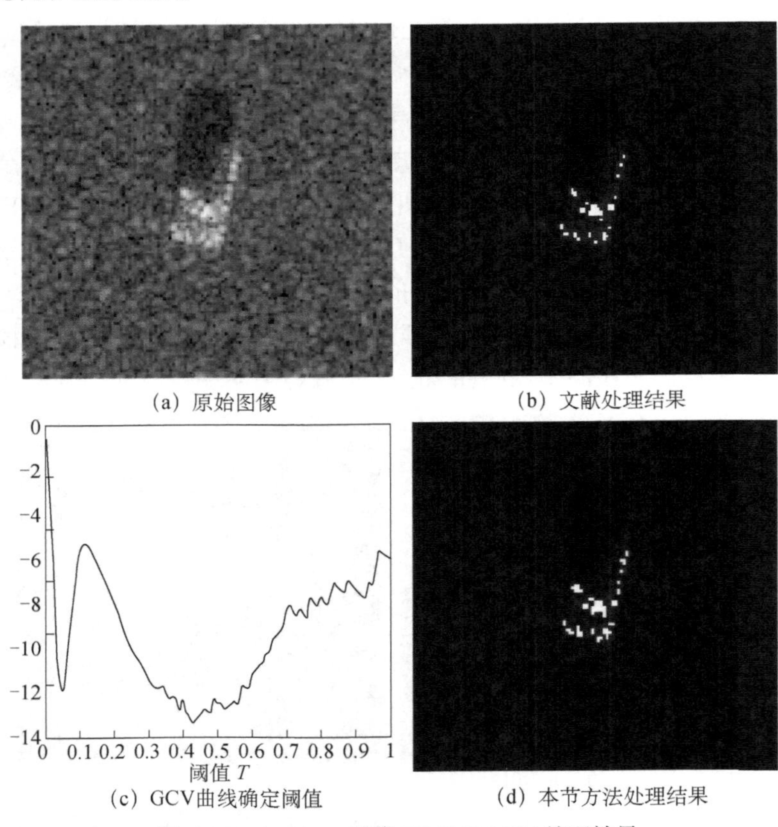

(a) 原始图像　(b) 文献处理结果　(c) GCV曲线确定阈值　(d) 本节方法处理结果

图 6.4.2　MSTAR 图像 HB03335.017 处理效果

表 6.4.1　不同方法耗时及 TCR 比较

图像编号		HB03335.015	HB03335.017
原始图像的 TCR 值		28.27	30.86
文献方法结果	TCR 值	52.44	57.31
	时间/s	1.23	2.90
本节方法结果	TCR 值	51.90	56.09
	时间/s	0.23	0.25

6.4.2　点目标和区域目标增强的正则模型

一个好的 SAR 图像目标增强方法不仅能充分抑制均匀区域的相干斑噪声，同时也能保护图像中的目标特征. 在含噪的情况下，针对 SAR 观测模型（6.4.1），Cetin 等提出了 SAR 特征增强的正则模型[26]

$$\hat{\mathbf{f}}=\arg\min_{\mathbf{f}}\|\mathbf{g}-\mathbf{Tf}\|_2^2+\lambda_1\|\mathbf{f}\|_p^p+\lambda_2\|\nabla|\mathbf{f}|\|_p^p \tag{6.4.13}$$

其中，$\lambda_1>0$ 和 $\lambda_2>0$ 为正则参数，$|\mathbf{f}|$ 表示复向量 $\mathbf{f}$ 的幅度，且 ∇ 为梯度的离散近似. 最近，Soccorsi 将模型（6.4.13）中的点增强项利用 Huber-Markov 随机场模型替代[27]. Cetin 等提出的正则模型（6.4.13）可从贝叶斯框架得到[26]. 假设模型（6.4.1）中的观测噪声是独立同分布的复高斯噪声，且观测场的先验分布为

$$p_{\mathbf{f}}(\mathbf{f})\propto\exp\left(-\mu\left(\lambda_1\|\mathbf{f}\|_p^p+\lambda_2\|\nabla|\mathbf{f}|\|_p^p\right)\right) \tag{6.4.14}$$

其中，μ 为一个常数，则 $\mathbf{f}$ 的最大后验估计为（6.4.13）的解. 可知，模型（6.4.13）中的第二项和第三项表示 $\mathbf{f}$ 的先验信息.

利用 $\|\mathbf{f}\|_p^p$ 正则项的原因在于许多目标识别方法依赖于 SAR 图像中的强散射点的信息，且 ℓ_p 范数约束可以增强图像中的特征，因为当 $p<2$ 的 ℓ_p 范数约束在谱估计中可以获得比 ℓ_p 范数约束更高分辨率的谱估计[39]. 因此，ℓ_p 约束可以抑制图像中的假目标，且增强散射点的可识别性. 由统计的观点看，ℓ_p 范数的导出是基于假设图像 $\mathbf{f}$ 服从独立同分布的广义高斯分布. 由于基于区域的特征如物体的形状、阴影和背景区域经常用于 SAR 目标分类和识别，因此，Cetin 等利用约束 $\|\nabla|\mathbf{f}|\|_p^p$（$p\approx1$）抑制图像中均匀区域的相干斑噪声，且保护图像的边缘信息. 需要说明的是，关于 $\mathbf{f}$ 优化（6.4.13）的目标函数是非常困难的，因为 $|\mathbf{f}|$ 是关于 $\mathbf{f}$ 的实部和虚部的非线性函数.

由于正则模型（6.4.13）需要 SAR 成像系统的信息，然而在大多数情况下，关于成像系统的信息是部分已知或者未知的，阻碍了模型（6.4.13）的实际应用. 因此，我们考虑 SAR 功率域的复原模型. 为方便记，在不引起混淆的情况下，仍记功率图像为 $\mathbf{f}$，而观测图像为 $\mathbf{g}$. 在一个乘性噪声模型中，长度为 N 的图像 $\mathbf{g}$ 为原始图像 $\mathbf{f}$ 与噪声 $\mathbf{s}$ 的乘积：

$$g_k=f_k s_k,\quad k=1,2,\cdots,N \tag{6.4.15}$$

其中，$\mathbf{s}$ 表示相干斑噪声. 本节所提的正则模型为

$$\hat{\mathbf{f}}=\arg\min_{\mathbf{f}} L\sum_{k=1}^{N}\left(\log(f_k)+\frac{g_k}{f_k}\right)+\lambda_1\sum_{k=1}^{N}\ln(f_k)+\lambda_2|\nabla\mathbf{f}| \tag{6.4.16}$$

该模型含有三项：数据逼近项基于假设相干斑噪声服从 Gamma 分布得到；两个惩罚项分别起到抑制均匀区域的相干斑噪声和保护图像中强散射点的作用.

模型（6.4.16）考虑 SAR 功率图像域中基于总变分约束的图像增强模型. 由假设相干斑噪声服从 Gamma 分布，给定 $\mathbf{f}$，可得条件概率密度函数

$$p_{\mathbf{g}|\mathbf{f}}\left(\mathbf{g}\mid\mathbf{f}\right)=\frac{L^{L}}{\mathbf{f}^{L}\Gamma\left(L\right)}\mathbf{g}^{L-1}\exp\left(-L\frac{\mathbf{g}}{\mathbf{f}}\right) \tag{6.4.17}$$

文献[28]通过最小化下式得到经典的 MAP 估计

$$L\sum_{k=1}^{N}\left(\log\left(f_k\right)+\frac{g_k}{f_k}\right)+\lambda\left|\nabla\mathbf{f}\right| \tag{6.4.18}$$

其中，数据逼近项由 Gamma 分布的假设得到，且正则项由假设图像 $\mathbf{f}$ 服从 Gibbs 先验[28]，$\lambda>0$ 为正则参数.

文献[29]，[40]—[42]中的分析表明（6.4.18）的目标函数并不是对所有的 f_k 都是凸的，且建议对（6.4.15）取对数变换，将乘性噪声转化为加性噪声. 转化后的观测模型变为

$$\log\left(g_k\right)=\log\left(f_k\right)+\log\left(s_k\right),\qquad k=1,2,\cdots,N \tag{6.4.19}$$

在下文中，记 $\mathbf{v}=\log\left(\mathbf{g}\right)$，$\mathbf{u}=\log\left(\mathbf{f}\right)$ 且 $\boldsymbol{\varepsilon}=\log\left(\mathbf{s}\right)$. 随机变量 $\boldsymbol{\varepsilon}$ 的概率密度函数可写为 $p_{\boldsymbol{\varepsilon}}\left(\boldsymbol{\varepsilon}\right)=L^{L}\exp\left(L\boldsymbol{\varepsilon}-\exp\left(\boldsymbol{\varepsilon}\right)\right)/\Gamma\left(L\right)$，从而给定 $\mathbf{u}$ 后，$\mathbf{v}$ 的条件密度函数为

$$p_{\mathbf{v}|\mathbf{u}}\left(\mathbf{v}\mid\mathbf{u}\right)=L^{L}\exp\left(L\left(\mathbf{v}-\mathbf{u}\right)-\exp\left(\mathbf{v}-\mathbf{u}\right)\right)/\Gamma\left(L\right) \tag{6.4.20}$$

因此，MAP 估计通过最小化下式得到[29,40-42]

$$L\sum_{k=1}^{N}\left(u_k+\exp\left(v_k-u_k\right)\right)+\lambda\left|\nabla\mathbf{u}\right| \tag{6.4.21}$$

文献[29]，[40]—[42]表明（6.4.21）中的目标函数是严格凸且强制的，因此可用优化算法得到其唯一最小点.

注意到（6.4.18）和（6.4.21）的目标函数仅含有惩罚项 $\left|\nabla\mathbf{f}\right|$ 与 $\left|\nabla\mathbf{u}\right|$，用于去除图像中均匀区域的背景噪声，但缺乏保持图像中类似于强散射点的目标特征. 因此，正则模型（6.4.18）和（6.4.21）处理的图像在抑制均匀区域的相干斑噪声时效果较好，但是以平滑图像中的目标特征为代价. 借鉴文献[27]中的思想，我们在模型（6.4.21）的基础上添加目标增强项，即得式（6.4.16）.

与模型（6.4.18）相比较，本节的模型具有保持图像中强散射目标特征的性能. 我们接下来分析比较正则模型(6.4.13)、模型(6.4.16)、模型(6.4.18)和模型(6.4.21)在处理 SAR 图像时的性能.

（1）模型（6.4.16）和模型（6.4.18）的目标函数的区别在于模型（6.4.16）拥

有另外的约束 $\sum_{k=1}^{N}\ln\left(f_k\right)$. 该约束的作用为保护处理图像后的目标特征. 坦率地说，添加约束 $\sum_{k=1}^{N}\ln\left(f_k\right)$ 将使得模型(6.4.16)更难求解，而且在利用增广 Lagrange 方法求解时，模型增加的计算是细微的. 这两个模型的主要问题在于目标函数是非凸的，因此，没有理论保证最小点的唯一性.

（2）考虑正则模型（6.4.18）和（6.4.21）. 模型（6.4.18）直接利用观测数据 $\mathbf{g}$ 建立，就像我们在上面分析的一样，其并不是对所有的 f_k 都是凸的. 模型（6.4.21）是基于加性噪声观测模型（6.4.19）建立的，为凸模型，从而可以获得其全局最优解，但是，需要注意的是对原始图像取对数变换可能会在处理后图像中引入不想要的伪目标. 在这种意义下，改进模型(6.4.21)并不一定比模型(6.4.18)更优. 目前，虽然没有理论保证模型（6.4.18）最小点的唯一性，如果能设计较好的迭代算法，且选择好的初始值，我们可能获得好的图像增强效果.

（3）模型(6.4.16)和(6.4.13)的主要区别在于两个方面. 其一为数据逼近项. 模型（6.4.13）中该项利用 SAR 投影算子 $\mathbf{T}$，并且基于假设观测噪声服从独立同分布的复高斯分布推导. 在模型（6.4.16）中，该项的推导是利用假设相干斑噪声服从 Gamma 分布. 进一步，模型（6.4.13）中的变量是复数值的，而我们的模型是关于实向量的. 另一个区别在于第二个惩罚项. 模型（6.4.13）中该项基于复向量 $\mathbf{f}$ 的幅度，利用 ℓ_p 范数总变分，而模型（6.4.16）中该项基于实向量 $\mathbf{u}$ 的约束，且用总变分. 正如我们在上面分析的一样，$|\mathbf{f}|$ 关于 $\mathbf{f}$ 的实部和虚部的非线性特征使得模型（6.4.13）的求解非常困难.

（4）需要说的是，正则模型（6.4.13）可能获得更优的图像增强性能，因为其利用了 SAR 成像系统的先验信息，而我们的模型(6.4.16)适合于几乎所有的 SAR 图像，范围更广. 虽然我们可能会遇到其他类型的相干斑噪声，但可以方便地从贝叶斯框架的角度通过改变数据逼近项修改正则模型.

现在，利用仿真和实测数据验证所提方法的有效性. 我们比较本节方法(即模型（6.4.16））与 Lee 滤波[16]、Gamma-MAP 滤波[21]和 SRAD[31]方法的性能. 首先，利用仿真数据验证不同方法处理 SAR 图像的性能. 仿真数据在图 6.4.3 中显示，其中清晰图像包含点散射、线特征和面特征等丰富的特征. 噪声图像通过将原始清晰图像与参数 $L=15$ 的 Gamma 噪声相乘得到. 由处理结果可知，Lee 滤波和 Gamma-MAP 滤波不能抑制目标区域的相干斑噪声，SRAD 和本节方法在抑制相干斑噪声方面的性能良好. 同时，Gamma-MAP 滤波在保护目标特征方面性能良好，但是复原图像中包含伪目标；SRAD 不能较好地保护图像中的边缘和散射点目标；而本节方法能在这些方面具有较好的性能.

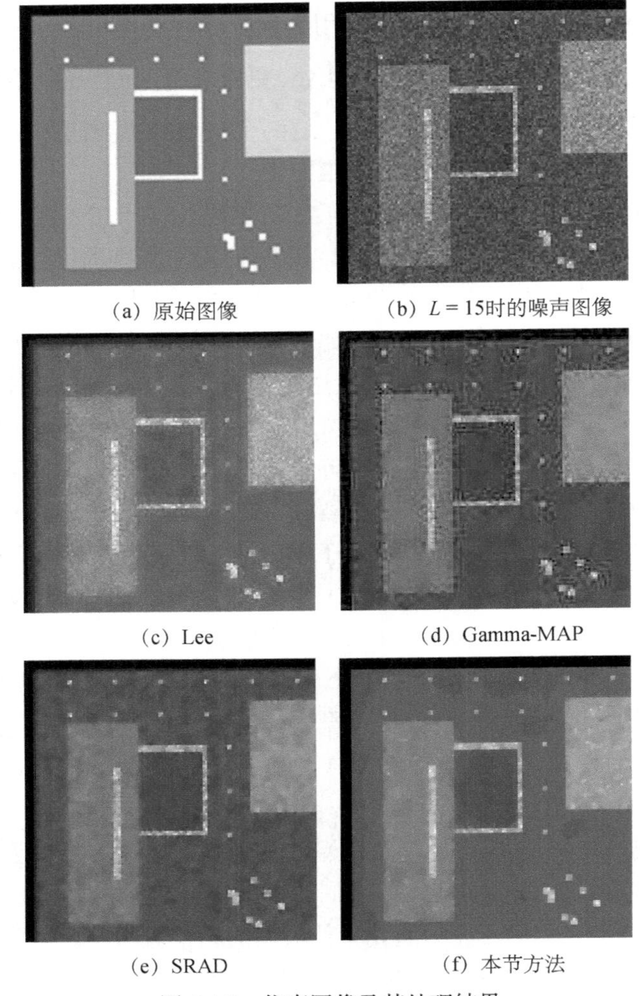

(a) 原始图像　(b) $L=15$时的噪声图像

(c) Lee　(d) Gamma-MAP

(e) SRAD　(f) 本节方法

图 6.4.3　仿真图像及其处理结果

接下来利用 Sandia 实验室实测 SAR 数据验证所提方法的有效性. 利用 TCR、等效视数（ENL）和边缘保护指数（EKI）三个指标评价处理图像的性能. 等效视数主要用来评价均匀区域相干斑噪声的抑制效果，等效视数 ENL 越大时说明相干斑抑制越好，反之相干斑抑制越差. 由于 SAR 图像中的目标也是一种边缘，因此可用边缘保护指数来衡量对图像的边缘和目标的保护程度，EKI 的取值越大表明边缘保持越好，反之则越差.

图 6.4.4 显示了实测图像及其不同方法处理的结果，并选取区域放大图显示在图 6.4.5 中，可知，所有这些方法均能较好地抑制相干斑噪声，Lee 滤波和 SRAD

增强图像中的边缘、阴影和强散射点目标被平滑；Gamma-MAP 滤波在抑制噪声和保护目标特征时性能良好，但是不能抑制目标区域旁边的相干斑噪声，因此，增强后图像中具有大量的假目标；本节所提出的方法一方面充分地抑制均匀区域的背景噪声，另一方面能较好地保护图像中的目标特征.

（a）原始图像

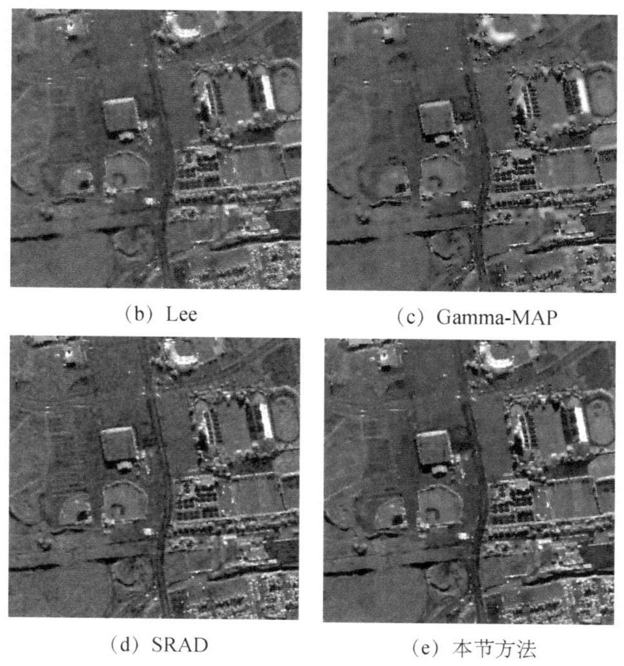

（b）Lee　　（c）Gamma-MAP

（d）SRAD　　（e）本节方法

图 6.4.4　Sandia 实验室实测图像及其处理结果

表 6.4.2 利用 TCR、ENL 和 EKI 指标评价了不同方法处理实际图像的性能. 可知，Lee 滤波能较好地抑制相干斑噪声，但会平滑目标特征. 虽然 Gamma-MAP 滤波器在增强图像时性能较好，但是在处理图像中目标区域附近含有大量伪目标.

SRAD 在抑制相干斑噪声和保护目标特征方面是一个折中. 本节方法既能充分地抑制相干斑噪声，也能较好地保护图像中的目标特征.

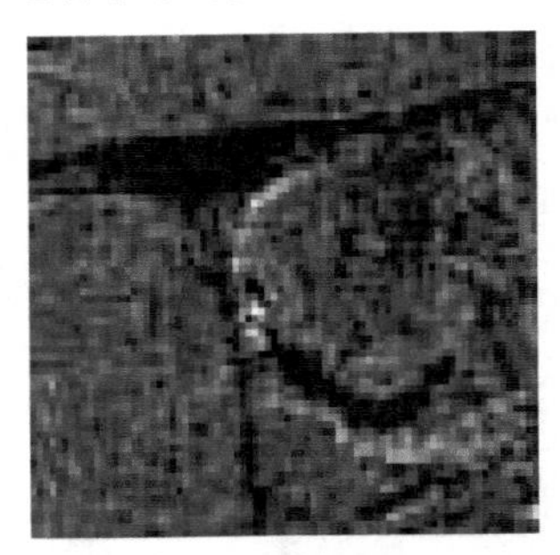

(a) 原始图像

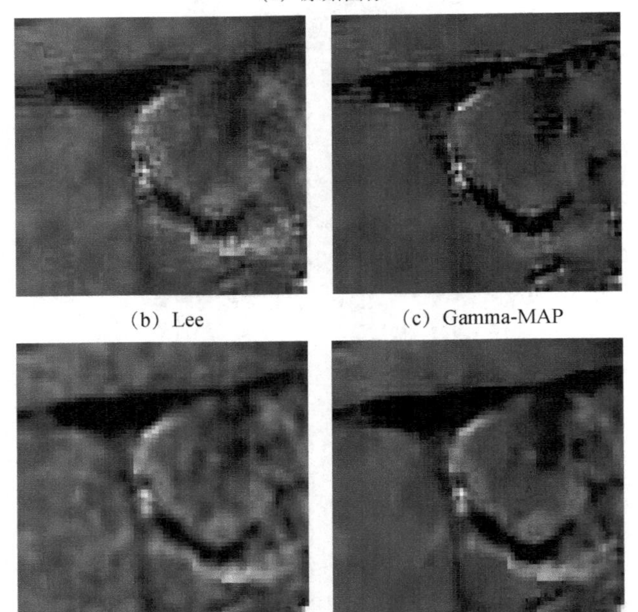

(b) Lee　(c) Gamma-MAP

(d) SRAD　(e) 本节方法

图 6.4.5　Sandia 实验室实测图像处理结果局部放大图

表 6.4.2　实测图像不同方法处理后的结果评价

评价指标	Lee	Gamma-MAP	SRAD	本节方法
TCR	10.06	11.66	10.58	11.62
ENL	122.07	173.14	82.95	137.98
EKI	0.6518	0.7143	0.6783	0.6810

参考文献

[1] Vetterli M，Marziliano P，Blu T. Sampling signals with finite rate of innovation[J]. IEEE Transcations on Signal Processing，2002，50（6）：1417-1428.

[2] Romberg J. Compressive sensing by random convolution[J]. SIAM Journal on Imaging Sciences，2009，2（4）：1098-1128.

[3] Chen C，Andrews H C. Target-motion-induced radar imaging[J]. IEEE Transactions on Aerospace and Electronic Systems，1980，16（1）：2-14.

[4] Xing M，Bao Z. A new method for the range alignment in ISAR imaging[J]. Journal of Xidan University，2000，27（1）：93-96，109.

[5] Wang G Y，Bao Z. The minimum entory criterion of range aligment in ISAR motion compensation[C]. Proceedings of conference rada'97，Edinburgh UK，1997：14-16.

[6] Ye W，Yeo T S，Bao Z. Weight least-squares estimation of phase error for SAR/ISAR autofocus[J]. IEEE Transactions on Geoscience and Remote Sensing，1999，27（5）：2487-2494.

[7] Wahl D E，Eichel P H，Ghigetia D C. Phase gradient autofocus-robust tool for high resolution SAR phase correction[J]. IEEE Transactions on Aerospace and Electronic Systems，1994，30（3）：827-835.

[8] Li J，Stoica P. An adaptive filtering approach to spectral estimation and SAR imaging[J]. IEEE Transactions on Signal Processing，1996，44（6）：1469-1484.

[9] Rauhut H. Stability results for random sampling of sparse trigonometric polynomials[J]. IEEE Transactions on Information Theory，2008，54（12）：5661-5670.

[10] Fannjiang A C. Compressive inverse scattering：Ⅱ. Multi-shot SISO measurements with born scatterers[J]. Inverse Problems，2010，26（3）：035009.

[11] Axlesson S. Random noise radar/sodar with ultrawideband waveforms[J]. IEEE Transactions on Geoscience and Remote sensing，2007，45（5）：1099-1114.

[12] Axelsson S. Analysis of random step frequency radar and comparison with experiments[J]. IEEE Transactions on Geoscience and Remote sensing，2007，45（4）：890-904.

[13] Axelsson S. Improved clutter suppression in random noise radar[C]. Proceeding of URSI Commision F Symp. Microw. Remote Sens. Earth，Oceans，Ice and Atmos.，Ispra，Italy，2005.

[14] Kulpa K S，Czekala Z. Ground clutter suppression in noise radar[C]. Proceeding of Radar IEE/IEEE International Radar Conference，Toulouse，France，2004.

[15] Ovliver C，Quegan S. Understanding Synthetic Aperture Radar Images[M]. Norwood，MA：

Artech House，1998.

[16] Lee S J. Digital image enhancement and noise filtering by use of local statistics[J]. IEEE Transactions Pattern Analysis and Machine Intelligence，1980，2（2）：165-168.

[17] Lee J. Refined filtering of image noise using local statistics[J]. Computer Graphics and Image Processing，1981，15（14）：380-389.

[18] Lee J，Wen J，Ainsworth T，et al. Improved sigma filter for speckle filtering of SAR imagery[J]. IEEE Transactions Geoscience and Remote Sensing，2009，47（1）：202-213.

[19] Kuan D，Sawchuk A，Chavel P. Adaptive noise smoothing filter for images with signal-dependent noise[J]. IEEE Transactions on Pattern Analysis and Machine Intelligence，1985，7：165-177.

[20] Frost V，Stiles J，Shanmugan K，et al. A model for radar images and its application to adaptive digital filtering of multiplicative noise[J]. IEEE Transactions on Pattern Analysis and Machine Intelligence，1980，4：157-166.

[21] Lopes A，Nezry E，Laur H. Structure detection and statistical adaptive speckle filtering in SAR images[J]. International Journal on Remote Sensing，1993，14（9）：1735-1758.

[22] Xie H，Pierce L，Ulaby F. SAR speckle reduction using wavelet denoising and markov random field modeling[J]. IEEE Transactions on Geoscience and Remote Sensing，2002，40（10）：2196-2212.

[23] Dai M，Peng C，Chan A，et al. Bayesian wavelet shrinkage with edge detection for SAR image despeckling[J]. IEEE Transactions on Geoscience and Remote Sensing，2004，42：1642-1648.

[24] Solbo S，Eltoft T. Homomorphic wavelet-based statistical despeckling of SAR images[J]. IEEE Transactions on Geoscience and Remote Sensing，2004，42（4）：711-721.

[25] Huang Y，Ng M，Wen Y. A new total variation model for multiplicative noise removal[J]. SIAM Journal on Imaging Science，2009，2（1）：20-40.

[26] Cetin M，Karl W. Feature-enhanced synthetic aperture radar image formation based on nonquadratic regularization[J]. IEEE Transactions on Image Processing，2001，10（4）：623-631.

[27] Soccorsi M，Gleich D，Datcu M. Huber-Markov model for complex SAR image restoration[J]. IEEE Geoscience and Remote Sensing Letters，2010，7（1）：63-67.

[28] Aubert G，Aujol J. A variational approach to removing multiplicative noise[J]. SIAM Journal on Applied Mathematics，2008，69（4）：925-946.

[29] Jin Z，Yang X. Analysis of a new variational model for multiplicative noise removal[J]. Journal of Mathematical Analysis and Applications，2010，362：415-426.

[30] Bioucas-Dias J，Figueiredo M. Multiplicative noise removal using variable splitting and

constrained optimization[J]. IEEE Transactions on Image Processing，2010，19（7）：1720-1730.

[31] Yu Y， Acton S. Speckle reducing anisotropic diffusion[J]. IEEE Transactions on Image Processing，2002，11（11）：1260-1270.

[32] 谢美华，王正明. 基于正则化变分模型的 SAR 图像增强方法[J]. 红外与毫米波学报，2005，35（6）：69-73.

[33] Barash D. A fundamental relationship between bilateral filtering，adaptive smoothing，and the nonlinear diffusion equation[J]. IEEE Transactions on Pattern Analysis and Machine Intelligence，2002，24（6）：844-847.

[34] Steidl G，Weickert J，Brox T，et al. On the equavalence of soft wavelet shrinkage，total variation diffusion，total variation regularization，and SIDEs[J]. SIAM Journal on Numerical Analysis，2004，42：686-713.

[35] 谢美华. 基于偏微分方程模型的图像去噪与分辨率增强技术研究[D]. 长沙：国防科技大学，2005.

[36] Aggarwal N，Karl W. Line detection in images through regularized hough transform[J]. IEEE Transactions on Image Processing，2006，15（3）：582-591.

[37] Jansen M，Malfait M，Bultheel A. Generalized cross validation for wavelet thresholding[J]. Signal Processing，1997，56（1）：33-44.

[38] Benitz G R. High-definition vector imaging[J]. Lincoln Laboratory Journal，1997，10（2）：147-170.

[39] Chen S，Donoho D，Saunders M. Atomic decomposition by basis pursuit[J]. SIAM Review，2001，43（1）：129-159.

[40] Huang S，Zhu J. Recovery of sparse signal using OMP and its variants：Convergence analysis based on RIP[J]. Inverse Problems，2011，27（3）：035003.

[41] Figueiredo M，Nowak R，Wright S. Gradient projection for sparse reconstruction：Application to compressed sensing and other inverse problems[J]. IEEE J. Select. Top. Signal Process.：Special Issue on Convex Optimization Methods for Signal Process.，2007，1（4）：586-598.

[42] Steidl G，Teuber T. Removing multiplicative noise by Douglas-Rachford splitting methods[J]. Journal of Mathematical Imaging and Vision，2010，36（2）：168-184.

第 7 章　压缩感知在其他领域中的应用

7.1　引　　言

压缩感知除了可以应用于光学成像与雷达成像,在其他领域也有广泛的应用,如医学成像、信息与通信等，本章重点关注于波达角估计（DOA）、图像复原以及光谱解混等领域.

DOA（又称为无线电测向定位）是电子侦察与电子对抗的重要组成部分，有助于在现代密集、复杂多变的电磁环境中为分选、识别信号提供重要的目标波达方向信息，实现对敌方设施的监测、情报解惑或者引导对敌干扰及火力摧毁，为掌握高技术信息战的主动权发挥重要作用. 军事侦察的需求大大促进了无线电测向定位技术的快速发展，新的测向定位技术不断涌现. 常用的测向方法主要有幅度法、相位法、比幅—比相法、多普勒法、时间差以及空间谱等方法. 不同的测向体制使用不同的测向天线,总的分为两类:单传感器天线和多传感器天线阵列. 利用阵列传感器进行辐射源测向可以捕获更多的信息，利于后续的处理. 阵列测向已形成完整的框架体系，并广泛应用于雷达、通信、水声、地震勘测和医学成像等军事和民用领域. 然而，面对越来越高的测向精度需求和复杂电磁环境下小样本、低信噪比等环境现实，传统的阵列测向方法显得力不从心，能否改进和完善现有阵列测向的体系框架，进一步挖掘更多辐射源信息，利用新的数学工具解决面临的问题和需求,已成为阵列测向研究的新方向. 近年来,许多基于压缩感知理论和辐射源空间稀疏性的阵列测向方法也被提出. 已有的研究结果表明，基于辐射源空间稀疏性的阵列测向方法适用于多种场景，包括辐射源相邻较近、快拍数据个数少、辐射源空间相关和辐射源个数未知等情形，为克服传统方法的局限、提高测向性能产生了显著效果. 此外,稀疏测向方法具有显著的抗噪性,且通常情况下不受辐射源相关与否的影响,具有良好的应用普适性. 本章将针对低信噪比、少快拍数、目标运动等场景进一步研究阵列测向的稀疏超分辨方法，以提高阵列测向的性能.

图像复原问题的来源是图像退化，是指图像在形成、记录、处理、传输过程中由于成像系统、记录设备、处理方法和传输介质的不完善，导致的图像质量下降. 具体地说,常见的退化原因大致有成像系统的像差或有限孔径或存在衍射、成像系统的离焦、成像系统与景物的相对运动、底片感光特性曲线的非线性、显示器显示时失真、遥感成像中大气散射和大气扰动、遥感摄像机的运动和扫描速度不稳定、系统各个环节的噪声干扰、模拟图像数字化引入的误差等. 稀疏约束正则模型也为图像复原问题提供了新的方法途径. 传统的稀疏约束图像复原模型直接利用降质图像建立正则模型，进行求解即获得复原结果，但是，降质算子的紧性使得系统的相关性接近于 1，利用现有理论无法保证模型解的性能. 本章通过引入稳定因子与降质图像作用，降低了系统的相关性，进而基于图像的稀疏性建立新的正则模型，并分析了其收敛性.

高光谱图像解混问题旨在从混合的物质光谱测量数据中，分离出纯净物质成分（称为端元）以及纯净物质成分对应的比例系数，也叫丰度系数. 由于高光谱成像设备有限的空间分辨率，每一个空间像素点采集到的光谱数据往往是多种端元的混合形式，因此确定其中有哪些端元及其相应的占比关系成为高光谱遥感图像应用中的重要研究课题. 高光谱图像解混问题就是从测量数据中，恢复端元矩阵和满足一定条件的丰度矩阵的逆问题. 大体上说，根据端元矩阵是否已知，可将高光谱图像解混问题分为两大类. 当端元矩阵未知的时候，高光谱解混问题是一个从测量数据中恢复端元矩阵和丰度矩阵的典型双变量逆问题，称之为非监督解混；否则为半监督光谱解混问题. 目前，总变分约束、加权稀疏约束以及低秩约束等多种先验信息用于光谱解混，这也为压缩感知在光谱解混中的应用提供了良好基础.

本章针对上述三个不同领域中的数学逆问题，利用压缩感知基本思想，通过挖掘先验信息实现逆问题的稳健求解.

7.2　波达角估计

随着压缩感知理论和稀疏重构算法的不断发展，阵列测向的稀疏重构方法也在蓬勃发展. 已有研究结果表明，稀疏测向方法适用于多种场景，包括辐射源距离较近、快拍数据个数少、辐射源空间相关和个数未知等情形. 然而，目前已有的稀疏测向方法仍然面临一些亟须解决的问题. 针对利用阵列接收数据或其协方差矩阵作为观测数据域的稀疏测向算法的测向精度不够高这一问题，提出了利用信号子空间的稀疏测向新方法.

7.2.1　稀疏重构建模

当前大多数稀疏测向方法以阵列接收数据或其协方差矩阵作为观测数据，测向性能受到一定限制. 稀疏测向新方法以辐射源信号子空间作为观测数据域，建立其稀疏表示模型，将阵列测向问题转化为基于 ℓ_1 范数极小化的辐射源信号幅度稀疏重构问题. 所提方法将信号的稀疏重构作用于信号子空间而摒弃了噪声部分，具有更加显著的抗噪性和鲁棒性. 首先，利用阵列接收数据的协方差矩阵提出一种基于信号稀疏重构的方法（简称为 sSSR-AC 算法）. 在此基础上给出信号子空间的稀疏表示，建立关于信号能量的稀疏重构模型，并利用二阶锥规划（second order cone programming，SOCP）来求解该稀疏重构问题. 我们称这种方法为 sSSR-SS 算法.

设 K 个远场窄带信号从方位角 $\boldsymbol{\theta}=[\theta_1,\theta_2,\cdots,\theta_K]^{\mathrm{T}}$ 入射到由 M 个阵元组成的均匀线阵，那么含噪的阵列接收信号表示为

$$\mathbf{y}(t)=\mathbf{A}(\theta)\mathbf{s}(t)+\mathbf{n}(t),\qquad t=1,2,\cdots,L \tag{7.2.1}$$

其中，$\mathbf{s}(t)=[s_1(t),s_2(t),\cdots,s_K(t)]^{\mathrm{T}}$ 是入射信号矢量，$s_k(t)$ 是第 k 个信号的波形，$\mathbf{n}(t)$ 是零均值的加性高斯白噪声，噪声协方差矩阵为 $\mathbf{R}_{\mathbf{n}}=\sigma^2\mathbf{I}$，噪声与辐射源信号相互独立. L 是快拍数据个数. $\mathbf{A}(\theta)$ 表示阵列流形矩阵，可表示为

$$\mathbf{A}(\theta)=[\mathbf{a}(\theta_1),\mathbf{a}(\theta_2),\cdots,\mathbf{a}(\theta_K)] \tag{7.2.2}$$

其中，$\mathbf{a}(\theta_k)$ 为第 k 个辐射源的阵列导向矢量，定义为

$$\mathbf{a}(\theta_k)=\left[\exp(-\mathrm{i}2\pi f_0\tau_{1,k}),\exp(-\mathrm{i}2\pi f_0\tau_{2,k}),\cdots,\exp(-\mathrm{i}2\pi f_0\tau_{M,k})\right]^{\mathrm{T}} \tag{7.2.3}$$

这里，$\tau_{m,k}$ 为 θ_k 的函数，表示第 k 个辐射源信号到达第 m 个阵元与到达参考阵元的传播时间延迟. 阵列接收数据的协方差矩阵写为

$$\mathbf{R}_{\mathbf{y}}=E\left(\mathbf{y}(t)(\mathbf{y}(t))^{\mathrm{H}}\right)=\mathbf{A}\mathbf{R}_{\mathbf{s}}\mathbf{A}^{\mathrm{H}}+\sigma^2\mathbf{I} \tag{7.2.4}$$

其中，$\mathbf{R}_{\mathbf{s}}=E\left(\mathbf{s}(t)(\mathbf{s}(t))^{\mathrm{H}}\right)$ 为信号源的协方差矩阵，H 为矩阵的共轭转置.

7.2.1.1 sSSR-AC 算法

由于入射辐射源自然地稀疏分布在方位空间上，可以对方位空间进行划分获得一个空间采样集合 $\Theta=[\vartheta_1,\vartheta_2,\cdots,\vartheta_N]^{\mathrm{T}}$，其中 $N\gg K$. 为描述方便，假设 $\boldsymbol{\theta}$ 的元素集合包含于 Θ 的元素集合. $\mathbf{x}(t)=[x_1(t),x_2(t),\cdots,x_N(t)]^{\mathrm{T}}$ 由入射辐射源信号矢量 $\mathbf{s}(t)$ 补零得到，即如果存在 $\theta_k=\vartheta_n$，则 $x_n(t)=s_k(t)$，否则 $x_n(t)=0$. 因此，$\mathbf{x}(t)$ 是一个 K 稀疏矢量. 相应地，$\boldsymbol{\Phi}(\Theta)\in\mathbb{C}^{M\times N}$ 是 $\mathbf{A}(\theta)$ 从 $\boldsymbol{\theta}$ 到 Θ 的扩展矩阵，即

$$\boldsymbol{\Phi}(\Theta)=[\mathbf{a}(\vartheta_1),\mathbf{a}(\vartheta_2),\cdots,\mathbf{a}(\vartheta_K)] \tag{7.2.5}$$

因此，阵列接收数据（7.2.1）可以表示为 $\boldsymbol{\Phi}(\Theta)$ 的一个稀疏线性组合

$$\mathbf{y}(t)=\boldsymbol{\Phi}(\Theta)\mathbf{x}(t)+\mathbf{n}(t),\qquad t=1,2,\cdots,L \tag{7.2.6}$$

同时协方差矩阵（7.2.4）可重写为

$$\mathbf{R}_{\mathrm{y}}=\mathbf{\Phi}\mathbf{R}_{\mathrm{s}}\mathbf{\Phi}^{\mathrm{H}}+\sigma^2\mathbf{I} \tag{7.2.7}$$

其中，$\mathbf{R}_{\mathrm{x}}=E\left(\mathbf{x}(t)\left(\mathbf{x}(t)\right)^{\mathrm{H}}\right)$. 假设辐射源信号在空间上是相互独立的，那么有 $\mathbf{R}_{\mathrm{x}}=\mathrm{diag}\left(\sigma_1^2,\sigma_2^2,\cdots,\sigma_N^2\right)$，$\sigma_n^2$ 表示第 n 个潜在辐射源信号的能量. 因此，(7.2.7) 可改写成

$$\mathbf{r}=\mathbf{\Psi}\mathbf{p}+\sigma^2\mathbf{I}_{\mathrm{v}} \tag{7.2.8}$$

其中，$\mathbf{r}=v\left(\mathbf{R}_{\mathrm{y}}\right)\in\mathbb{C}^{M^2\times 1}$，$\mathbf{I}_{\mathrm{v}}=v(\mathbf{I})\in\mathbb{R}^{M^2\times 1}$，$\mathbf{\Psi}=\left[\mathbf{b}(\vartheta_1),\mathbf{b}(\vartheta_2),\cdots,\mathbf{b}(\vartheta_N)\right]\in\mathbb{C}^{M^2\times N}$，$\mathbf{b}(\vartheta_n)=\left(\mathbf{a}(\vartheta_n)\right)^{\mathrm{H}}\otimes\mathbf{a}(\vartheta_n)\in\mathbb{C}^{M^2\times 1}$，$\mathbf{p}=\left[\sigma_1^2,\sigma_2^2,\cdots,\sigma_N^2\right]^{\mathrm{T}}$，上面 $v(\cdot)$ 表示矩阵矢量化算子，$\otimes$ 表示 Kronecker 积. 且任给 $n\in[N]$，若 $x_n(t)=0$，则 $\sigma_n^2=0$，因此 $\mathbf{p}$ 也是一个 K 稀疏矢量. 此时，阵列测向问题就转化为利用阵列接收数据 $\mathbf{y}(t)$ 和已知的过完备基 $\mathbf{\Phi}$ 重构稀疏信号 $\mathbf{p}$ 的问题.

由于 $\mathbf{p}$ 是 K 稀疏的且 $K\ll N$，可以通过求解以下 ℓ_1 范数极小化问题得到其稀疏估计

$$\widehat{\mathbf{p}}=\arg\min_{\mathbf{p}}\|\mathbf{p}\|_1 \quad \text{s.t.}\|\mathbf{r}-\mathbf{\Psi}\mathbf{p}\|_2\leqslant\eta \tag{7.2.9}$$

进而入射辐射源的波达角估计可以由 $\widehat{\mathbf{p}}$ 的峰值元素对应的指标来确定. 称上述测向方法为 sSSR-AC，根据前面的方法描述易知，sSSR-AC 不需要知道真实辐射源的个数. 尽管在数学上可以利用观测模型（7.2.6）式建立稀疏重构模型，但其仅使用一个快拍数据进行稀疏重构，相比而言，综合利用了多个快拍数据的观测模型（7.2.8）具有更加显著的测向性能. 当然，求解（7.2.9）式存在一个缺点：问题规模和算法的计算量随着阵元数的增加而显著增长. 下面提出的改进方法可以克服这一缺点.

7.2.1.2　sSSR-SS 算法

为了克服 sSSR-AC 计算量上的缺点，在此引入子空间分解. 对阵列接收数据的协方差矩阵进行奇异值分解以获得辐射源信号子空间. 如果子空间的维数小于阵元个数，则利用该信号子空间代替协方差矩阵作为观测数据域. 该子空间方法可以减少优化问题的规模和求解算法的计算量. 与此同时，子空间分解的方法保留了信号子空间而摒弃了噪声子空间，因此可以提高算法的抗噪性和测向准确性.

对阵列接收数据的协方差矩阵 $\mathbf{R}_{\mathrm{y}}$ 进行奇异值分解：$\mathbf{R}_{\mathrm{y}}=\mathbf{U}\mathbf{\Sigma}\mathbf{U}^{\mathrm{H}}$，那么，矩阵 $\mathbf{U}$ 的前 K 列表示信号子空间的基矢量，则 K 为该信号子空间的维数. 在阵列测向问题中，阵元个数 M 通常不会很大，因此奇异值分解的计算量很小. 这里我们并不是常规地用这 K 个特征矢量的线性组合来表示信号子空间，而是将它们进行平行排

列组成的矩阵作为信号子空间，数学表达如下所述. 设 $\mathbf{D}=\left[\mathbf{I}_k,\mathbf{0}\right]^{\mathrm{T}}\in\mathbb{R}^{M\times K}$，其中 $\mathbf{0}$ 是一个维数为 $K\times(M-K)$ 的零矩阵，那么这些特征矢量的平行排列可表示为

$$\mathbf{Z}=\mathbf{U}\mathbf{\Sigma}\mathbf{D}=\mathbf{R}_{\mathrm{y}}\mathbf{U}\mathbf{D} \tag{7.2.10}$$

式（7.2.10）两边同时乘以 **UD** 后，有

$$\mathbf{Z}=\mathbf{\Phi}\mathbf{R}_{\mathrm{x}}\left(\mathbf{\Phi}^{\mathrm{H}}\mathbf{U}\mathbf{D}\right)+\sigma^2\mathbf{U}\mathbf{D} \tag{7.2.11}$$

其中，$\mathbf{Z}\in\mathbb{C}^{M\times K}$. 令 $\mathbf{\Omega}=\mathbf{D}^{\mathrm{H}}\mathbf{U}^{\mathrm{H}}\mathbf{\Phi}\in\mathbb{C}^{K\times N}$，并记其第 n 列为 $\mathbf{w}_n$，其中 $n=1,2,\cdots,N$. 类似（7.2.8），式（7.2.11）可重写为

$$\mathbf{z}=\mathbf{\Xi}\mathbf{p}+\sigma^2\mathbf{e} \tag{7.2.12}$$

其中，$\mathbf{z}=v(\mathbf{Z})\in\mathbb{C}^{MK\times 1}$，$\mathbf{e}=v(\mathbf{UD})\in\mathbb{C}^{MK\times 1}$，$\mathbf{p}=\left[\sigma_1^2,\sigma_2^2,\cdots,\sigma_N^2\right]^{\mathrm{T}}$，$\mathbf{\Xi}=[\xi_1,\xi_2,\cdots,\xi_N]\in\mathbb{C}^{MK\times N}$，且 $\xi_n=\mathbf{w}_n^{\mathrm{H}}\otimes\mathbf{a}\left(\vartheta_n\right)\in\mathbb{C}^{MK\times 1}$，则 $\mathbf{p}$ 的估计为

$$\widehat{\mathbf{p}}=\arg\min_{\mathbf{p}}\|\mathbf{p}\|_1 \quad \text{s.t.}\|\mathbf{z}-\mathbf{\Xi}\mathbf{p}\|_2\leqslant\delta \tag{7.2.13}$$

问题（7.2.13）也可以由内点法求解. 这里称上述方法为 sSSR-SS，与方法（7.2.9）相比，当 $K<M$ 时，sSSR-SS 的计算量要比 sSSR-AC 小.

7.2.2　实验分析

下面通过实验来检验提出的两种阵列测向方法 sSSR-AC 和 sSSR-SS 的性能. 首先，利用实测数据和数值仿真分别对比由这两种方法与几种典型算法 L1-SVD[1]、OGSBI-SVD[2]和 MUSIC[3]的空间谱. 然后，通过比较阵列测向的均方根误差（RMSE）来分析它们的统计性能. 在以下实验中用均匀线阵接收数据，阵元个数为 $M=8$，阵元间距 d 等于入射信号波长的一半. 入射信号在空间上不相关. 对算法 L1-SVD、MUSIC、sSSR-AC 和 sSSR-SS，采用等间隔的均匀空间采样集合 $\mathbf{\Theta}$，且空间采样间隔为 $\Delta\vartheta=0.1°$. OGSBI-SVD 算法作为无网格方法的典型代表参与实验对比. 实验利用的快拍数据个数为 $L=256$.

7.2.2.1　空间谱

首先，通过实测数据验证本节提出的两种测向方法 sSSR-AC 和 sSSR-SS 在实际应用中的有效性. 实验中使用的实测数据由 8 阵元的均匀线阵在微波暗室中获取到的. 在暗室条件下使噪声尽量小. 在进行阵列测向之前，先对阵列接收数据进行了相位校正和幅度校正.

图 7.2.1 对比了各种测向算法的空间谱. 在图 7.2.1（a）中，两个辐射源的真实方位角为 $-6.25°$ 和 $7.05°$. 由实验结果可知，与 L1-SVD 一样，sSSR-AC 和 sSSR-SS 能够显著分辨两个辐射源，它们具有比 MUSIC 算法高得多的分辨率. 在图 7.2.1

（b）中，入射辐射源的真实方位角为 $-6.25°$ 和 $0°$，角度距离比图 7.2.1（a）小. 此时，本节提出的方法和 L1-SVD 算法依然能够区分这两个辐射源，而 MUSIC 算法的谱峰已不明显. 在图 7.2.1 中，OGSBI-SVD 算法的谱峰均不显著.

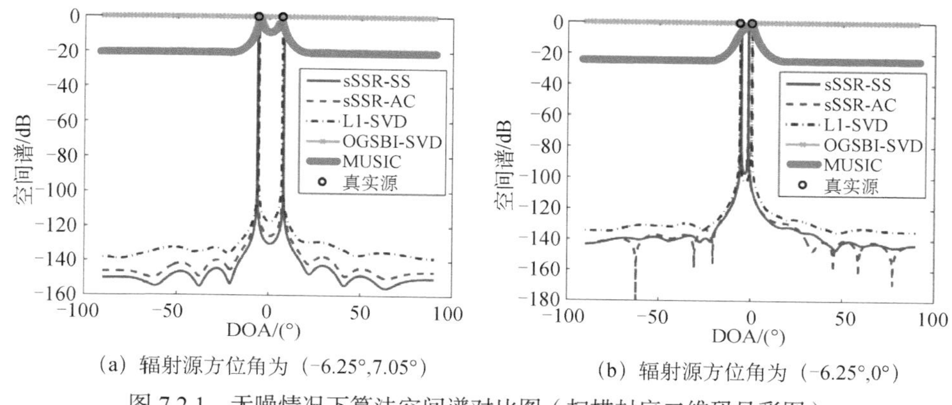

（a）辐射源方位角为（$-6.25°$,$7.05°$）　　（b）辐射源方位角为（$-6.25°$,$0°$）

图 7.2.1　无噪情况下算法空间谱对比图（扫描封底二维码见彩图）

在图 7.2.2 的实验中设置的信噪比为 -5dB，各算法的空间谱如图所示. 图 7.2.2（a）中两个辐射源的入射方位角为 $-5°$ 和 $5°$，而图 7.2.2（b）中的两个辐射源入射方位角为 $-5°$ 和 $0°$. 由实验结果可见，sSSR-SS 算法在这两种不同的角度距离设置下具有一致的谱峰. 当信噪比较低且辐射源角度距离较小时，sSSR-SS 仍然具有显著的测向性能. 同时，由图 7.2.2 所示结果可知，sSSR-AC 算法在低信噪比情况下出现了伪峰. 尽管如此，如果辐射源个数已知的情况下，该算法的测向准确性很高，如表 7.2.1 所示.

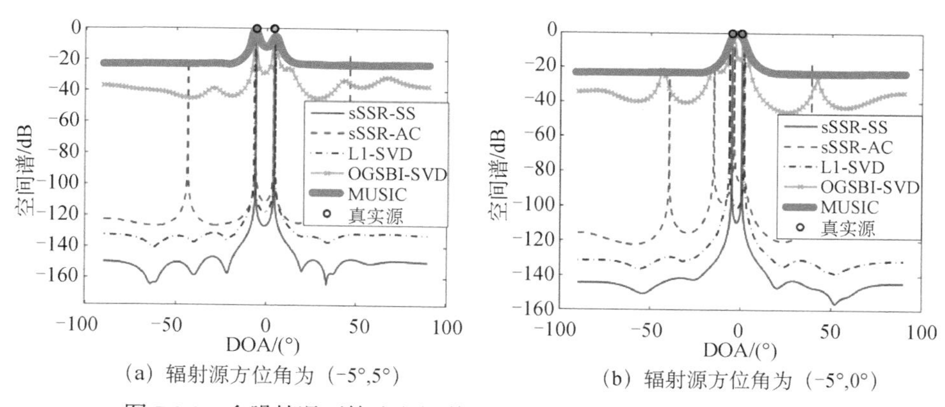

（a）辐射源方位角为（$-5°$,$5°$）　　（b）辐射源方位角为（$-5°$,$0°$）

图 7.2.2　含噪情况下算法空间谱对比图（扫描封底二维码见彩图）

sSSR-SS 算法需要执行奇异值分解，因此该算法要求辐射源个数先验已知.

然而，通过以下实验发现 sSSR-SS 算法对辐射源个数的估计误差并不敏感. 利用图 7.2.1（a）的实验数据和参数设置，在图 7.2.3 中给出 sSSR-SS 算法的空间谱，不同的是在执行该算法时假设的辐射源个数分别为 $K=1,3,5,7$，而真实的辐射源个数为 2. 由图示结果可知，在不同的辐射源个数设置下，sSSR-SS 算法得到的空间谱差异非常微小. 实验结果表明，sSSR-SS 算法对辐射源个数的估计准确与否不敏感.

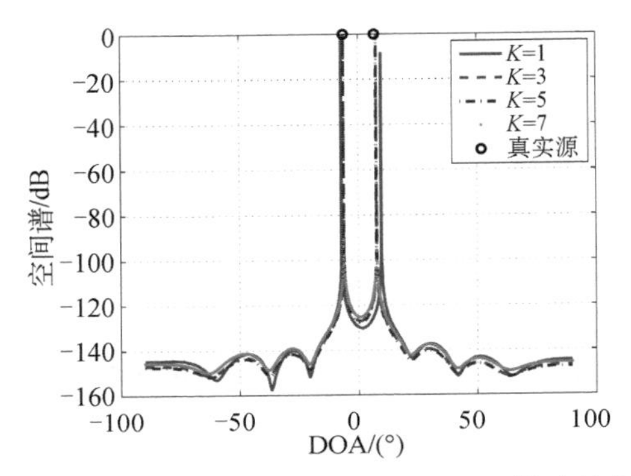

图 7.2.3　不同辐射源个数假设下 sSSR-SS 算法的空间谱

对于多辐射源场景，一个值得注意的问题是本节提出的方法最多能够分辨多少个辐射源. 与 L1-SVD 算法类似，当辐射源之间相距不是很近的情况下，本节方法可以分辨 $M-1$ 个辐射源，图 7.2.4 所示实验结果验证了这一点. 在图 7.2.4 的实验中，7 个辐射源分别从 $-60°$，$-40°$，$-20°$，$0°$，$20°$，$40°$ 和 $60°$ 入射到 8 阵元的均匀线阵上，信噪比为 -5dB. 在此实验中，sSSR-SS 和 sSSR-AC 均在真实方位角附近具有显著的谱峰.

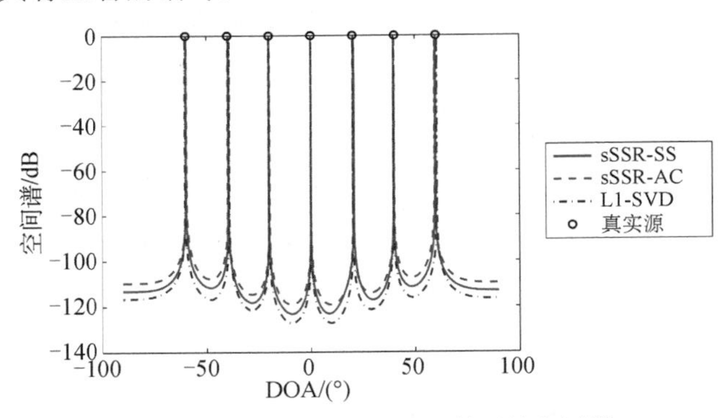

图 7.2.4　$M-1$ 个辐射源入射下的空间谱

以上对比结果表明，本节所提的阵列测向方法 sSSR-AC 和 sSSR-SS 是有效的. 根据空间谱的比较，发现它们具有如下优点：具有比几种典型算法更好的测向性能，不依赖于辐射源个数的准确估计，最多可以同时分辨 $M-1$ 个入射辐射源等. 特别地，sSSR-SS 算法具有很好的抗噪性能. 这些推断将通过以下统计性能的对比实验得到进一步验证.

7.2.2.2　RMSE

本小节比较各种算法 L1-SVD，OGSBI-SVD，MUSIC，sSSR-AC 和 sSSR-SS 的测向均方根误差，均方根误差由 500 次独立试验计算得到. 利用实测数据得到的各种算法的均方根误差如表 7.2.1 所示. 从实验结果发现，在单个辐射源或者辐射源角度距离较大的情况下，sSSR-SS 和 sSSR-AC 的测向准确性与 L1-SVD 和 MUSIC 算法相近；当辐射源角度距离较小时，sSSR-SS 和 sSSR-AC 的测向准确性略低于 L1-SVD 算法，但是显著高于 MUSIC 算法. 与图 7.2.1 所示结果类似，sSSR-SS 和 sSSR-AC 总是优于 OGSBI-SVD 算法. 表 7.2.1 所示结果表明，在实际应用中 sSSR-SS 和 sSSR-AC 具有优秀的测向性能.

表 7.2.1　波达角估计均方根误差（RMSE）

DOA 方法	0°	−6.25°	7.05°	−6.25°, 0°	0°, 7.05°	−6.25°, 7.05°
sSSR-SS	0.1423	0.1194	0.0605	1.5447	1.0955	0.5803
sSSR-AC	0.1423	0.1194	0.0605	1.8943	1.2457	0.6024
L1-SVD	0.1423	0.1197	0.0605	0.5746	0.2388	0.5307
OGSBI-SVD	0.7579	0.8815	0.5326	14.2306	11.4163	1.9361
MUSIC	0.1423	0.1197	0.0605	8.1617	6.8539	0.9076

图 7.2.5（a）给出了关于信噪比的测向均方根误差曲线. 信噪比以步长 2dB 从 −12dB 增加到 0dB. 图中的 CRLB 表示波达角估计的克拉默-拉奥下届（Cramer-Rao lower bound，CRLB）. 假设两个辐射源分别从 $-5°+\Delta\theta$ 和 $5°+\Delta\theta$ 入射到阵列上，其中 $\Delta\theta$ 在方位角区间 $[-1°,1°]$ 均匀随机地产生. 因此，辐射源通常不在空间采样集合 $\boldsymbol{\Theta}$ 上，且角度间隔总为 $10°$. 图 7.2.5（a）表明，sSSR-SS 算法的均方根误差曲线最接近 CRLB，而 sSSR-AC 算法的均方根误差也总是小于 L1-SVD 和 OGSBI-SVD 算法，且当信噪比小于 −6dB 时，该算法显著优于 MUSIC 算法. 该实验结果再次证实了所提方法具有显著的测向性能和抗噪性. 以下实验检验不同辐射源角度距离下 sSSR-SS 和 sSSR-AC 算法的测向性能. 假设两个辐射源分别从 $-\theta+\Delta\theta$ 和 $\theta+\Delta\theta$ 入射到均匀线阵上，其中 $\Delta\theta$ 在方位角区间 $[-1°,1°]$ 均匀随机地产生，那么角度距离则为 2θ. 设 $\theta=2,3,\cdots,30$， $\mathrm{SNR}=0\mathrm{dB}$. 关于角度距离的均方根

误差曲线如图 7.2.5（b）所示. 实验结果表明，当角度距离小于12°时，sSSR-SS 和 sSSR-AC 算法的测向误差小于其他对比算法，当角度距离大于12°时，它们的测向性能与其他算法相当. 这一结果说明，本节所提方法具有更加显著的超分辨性能.

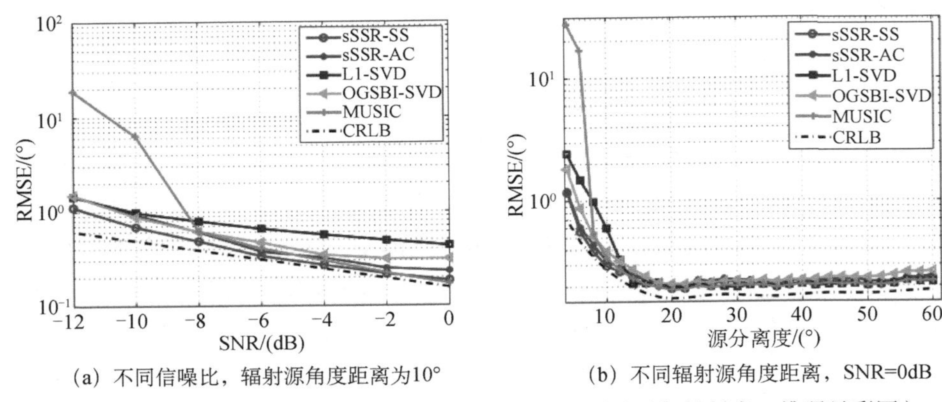

(a) 不同信噪比，辐射源角度距离为10°　　(b) 不同辐射源角度距离，SNR=0dB

图 7.2.5　不同信噪比与角度距离下 DOA 估计均方根误差（扫描封底二维码见彩图）

最后比较各种算法在不同阵元个数下的计算复杂度. 两个辐射源的入射角设置与图 7.2.5 一致，信噪比为 0dB，而阵元个数以步长 2 从 8 增加到 20. 图 7.2.6 显示了由 500 次独立试验得到的各种算法的平均运行时间. 该实验在装备有 Window XP 系统的个人电脑上用 Matlab 进行的，CPU 为 4GHz. 由实验结果可知，sSSR-AC 算法的计算量关于阵元个数 M 是二次的，验证了前面理论分析的结果. sSSR-SS 算法比 L1-SVD 和 sSSR-AC 算法的计算量小. 尽管 OGSBI-SVD 和 MUSIC 算法比 sSSR-SS 算法快，但是由前面的实验表明它们的阵列测向准确性要低得多.

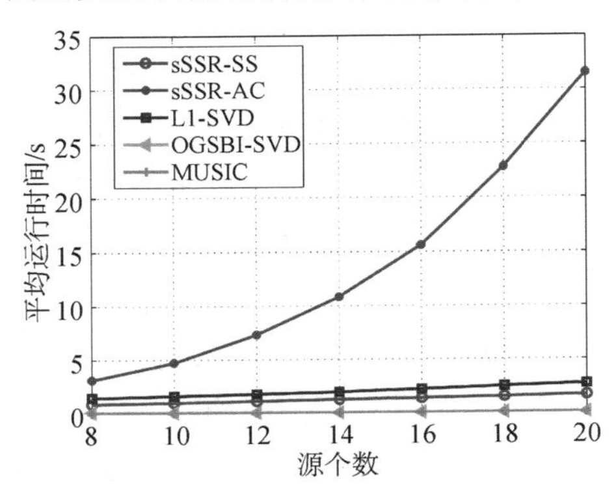

图 7.2.6　在不同阵元个数下各种算法的平均运行时间（扫描封底二维码见彩图）

本小节中不同算法的统计性能比较进一步验证了本节所提算法的优势，即更好的分辨率，最多可分辨 $M-1$ 个辐射源，不依赖或不敏感于辐射源的真实个数等. 特别地，基于子空间分解方法的 sSSR-SS 算法能够减少计算量且具有优良的抗噪性. 当然，上述算法要求对方位空间进行离散化并假设辐射源分布在该空间采样集合上，而实际上辐射源通常不在该集合上. 当空间采样集合的采样间隔较大时，网格失配导致的稀疏表示模型误差和测向误差也较大；当采样间隔较小时，阵列流形矩阵的列相关性就大，可重构性能较差，因此需要进一步改进 DOA 估计方法.

7.3　图 像 复 原

7.3.1　稀疏重构建模

考虑图像降质模型

$$\mathbf{g}=\mathbf{H}\mathbf{f}+\mathbf{e} \tag{7.3.1}$$

其中 $\mathbf{f}\in\mathbb{R}^{n^2}$ 为矢量化的 $n\times n$ 原始清晰图像，$\mathbf{H}\in\mathbb{R}^{n^2\times n^2}$ 为空不变点扩展函数（PSF）对应的线性模糊算子，$\mathbf{e}\in\mathbb{R}^{n^2}$ 为高斯白噪声，$\mathbf{g}\in\mathbb{R}^{n^2}$ 为观测的含噪模糊图像. 我们可以将 $\mathbf{Hf}$ 重写为 $\mathbf{Hf}=\mathbf{h}\otimes\mathbf{f}$，其中 $\mathbf{h}$ 为 PSF（假设已知）. 图像复原旨在利用观测的模糊图像 $\mathbf{g}$ 和模糊算子 $\mathbf{H}$ 的信息估计原始清晰图像 $\mathbf{f}$. 由于 $\mathbf{H}$ 为线性紧算子，由（7.3.1）估计 $\mathbf{f}$ 为一个病态问题，需要利用 $\mathbf{f}$ 的先验信息使得该问题变为适定. 这里利用清晰图像在完备和超完备表示基上的稀疏性建立图像复原的正则模型.

这里首先给出常用的三类图像复原模型. 第一类为 Tikhonov 正则模型[6]，其在约束 $\|\mathbf{g}-\mathbf{Hf}\|_2\leqslant\varepsilon$ 下恢复图像使得 $\mathcal{L}\mathbf{f}$ 具有最小的 ℓ_2 范数，其中 $\mathcal{L}$ 表示某种有限差分算子，且 ε 表示噪声水平. 我们可以将正则模型写为

$$\min_{\mathbf{f}}\frac{1}{2}\|\mathbf{g}-\mathbf{Hf}\|_2^2+\lambda\|\mathcal{L}\mathbf{f}\|_2^2 \tag{7.3.2}$$

其中，$\lambda>0$ 为正则化参数. 显然，（7.3.2）的目标函数为二次的，可以简单地获得其解析解 $\widehat{\mathbf{f}}=\left(\mathbf{H}^{\mathrm{T}}\mathbf{H}+2\lambda\mathcal{L}^{\mathrm{T}}\mathcal{L}\right)^{-1}\mathbf{H}^{\mathrm{T}}\mathbf{g}$. 文献[7]—[12]中的分析表明虽然精确求解（7.3.2）非常简单，但是复原后的图像可能会过度光滑，造成图像中的细节纹理和边缘的模糊. 第二类正则方法称为总变分方法（total variation，TV）[7-8]，其基于清晰图像属于有界变差（bounded variation，BV）空间这一假设. TV 正则模型为

$$\min_{\mathbf{f}}\frac{1}{2}\|\mathbf{g}-\mathbf{Hf}\|_2^2+\lambda\|\nabla\mathbf{f}\|_2^2 \tag{7.3.3}$$

文献[12]中的分析表明总变分复原模型能有效地保持图像中的边缘，但复原图像中的纹理信息通常被平滑. 这主要是因为总变分模型的“阶梯效应”. 文献[13]和[14]也分析了总变分模型的“阶梯效应”. 但是，由于具有较好的边缘保持效果，总变

分正则模型仍广泛应用于图像处理中. 最近，一些学者提出了原始对偶算法[11,15]、迭代阈值算法[16-18]等快速求解总变分正则模型（7.3.3）. 第三类方法利用原始图像在特定变换和字典上的稀疏性[19-22]. 特别地，令 $\mathbf{D}\in\mathbb{R}^{n^2\times m^2}$ 为一个完备或超完备的字典，且 $\mathbf{f}$ 表示为 $\mathbf{f}=\mathbf{D}\boldsymbol{\alpha}$，其中 $\boldsymbol{\alpha}\in\mathbb{R}^{m^2}$ 为表示系数向量. 定义 $\boldsymbol{\Phi}=\mathbf{HD}\in\mathbb{R}^{n^2\times m^2}$，则模型（7.3.1）可以重写为

$$\mathbf{g}=\boldsymbol{\Phi}\boldsymbol{\alpha}+\mathbf{e} \tag{7.3.4}$$

超完备字典通常能有效地描述图像中丰富的纹理特征信息，此时我们有 $n\leqslant m$，从而 $\mathbf{f}$ 在 $\mathbf{D}$ 上有无限种分解. 在这些分解中，我们感兴趣的是最稀疏的一种表示，其通过求解如下 ℓ_1 最小化问题：

$$\min_{\boldsymbol{\alpha}}\|\boldsymbol{\alpha}\|_1 \quad \text{s.t.}\|\mathbf{g}-\boldsymbol{\Phi}\boldsymbol{\alpha}\|_2\leqslant\varepsilon \tag{7.3.5}$$

若要通过求解优化问题（7.3.5）恢复稀疏向量 $\boldsymbol{\alpha}$，需要测量矩阵 $\boldsymbol{\Phi}$ 的相关性非常小. 令 $\mathbf{D}=[\mathbf{d}_1,\mathbf{d}_2,\cdots,\mathbf{d}_{m^2}]$，则 $\boldsymbol{\Phi}$ 可以重写为 $\boldsymbol{\Phi}=\mathbf{HD}=[\boldsymbol{\phi}_1,\boldsymbol{\phi}_2,\cdots,\boldsymbol{\phi}_{m^2}]$，其中 $\boldsymbol{\phi}_i=\mathbf{h}\otimes\mathbf{d}_i$，$i=1,2,\cdots,m^2$. 即 $\boldsymbol{\Phi}$ 的每一列 $\boldsymbol{\phi}_i$ 为 $\mathbf{h}$ 与 $\mathbf{d}_i$ 的卷积，但是在降质模型（7.3.1）中，$\mathbf{h}$ 起到低通滤波的作用，从而 $\boldsymbol{\Phi}$ 的相关性将会变大，因为 $\boldsymbol{\phi}_i$ 的能量集中在其低频部分. 在这种情况下，尚没有理论表明求解模型（7.3.5）能恢复稀疏向量，因为 $\boldsymbol{\Phi}$ 的相关性很大.

稀疏重构模型（7.3.5）可以成为直接稀疏表示（Direct SP）重构模型，下面考虑正则化稀疏表示（Regularized SP）重构模型. 设算子 $\mathbf{A}$ 作用于模糊图像 $\mathbf{g}$ 获得观测数据，即

$$\mathbf{u}=\mathbf{Ag}=\mathbf{AHf}+\mathbf{Ae} \tag{7.3.6}$$

令 $\mathbf{K}=\mathbf{AH}$，$\tilde{\mathbf{e}}=\mathbf{Ae}$，则式（7.3.6）可以重写为

$$\mathbf{u}=\mathbf{Kf}+\tilde{\mathbf{e}}=\boldsymbol{\Psi}\boldsymbol{\alpha}+\tilde{\mathbf{e}} \tag{7.3.7}$$

其中，$\boldsymbol{\Psi}=\mathbf{KD}=\mathbf{A}\boldsymbol{\Phi}$. Regularized SP 方法的关键是设计一个算子 $\mathbf{A}$ 来降低 $\boldsymbol{\Psi}$ 的相关性. 算子 $\mathbf{A}$ 本质上为一个正则算子，其使得 $\mathbf{AH}$ 逐点收敛到单位算子. 由观测模型（7.3.6）可建立复原模型（即 Regularized SP 模型）为

$$\min_{\boldsymbol{\alpha}}\|\boldsymbol{\alpha}\|_1 \quad \text{s.t.}\|\mathbf{u}-\boldsymbol{\Psi}\boldsymbol{\alpha}\|_2\leqslant\varsigma \tag{7.3.8}$$

正则化模型（7.3.8）和（7.3.5）在形式上是一致的，并且都用到了稀疏先验，但是正则化模型（7.3.8）能获得比模型（7.3.5）更优的图像复原效果.

从相关性角度看，由于紧算子 $\mathbf{H}$ 的作用，$\boldsymbol{\Phi}$ 具有强相关性，另一方面，$\mathbf{AH}$ 逐点收敛到单位算子，从而 $\boldsymbol{\Psi}=\mathbf{AHD}$ 逼近字典 $\mathbf{D}$. 因此，模型（7.3.7）中的 $\boldsymbol{\Psi}$ 相关性小于（7.3.4）中 $\boldsymbol{\Phi}$ 的相关性. 由稀疏信号恢复条件，利用（7.3.8）将获得更优的稀疏信号恢复效果. 我们可能会质疑上述分析，因为相关性条件仅是 ℓ_1 最小化优化问题的充分条件，然而，一些数值实验表明 $\boldsymbol{\Phi}$ 的弱相关性将导致更优的信号

恢复效果[23-24]. 事实上，如果设计 $\mathbf{\Phi}$ 使得 $\mu(\mathbf{\Phi})$ 尽可能小，更多的稀疏信号可通过求解模型（7.3.8）得到恢复.

还可从算法收敛速度方面分析模型的优越性. 预条件是一种用来加速迭代算法（如共轭梯度等）收敛速度的方法[25-26]. 通常来说，为了加快一种迭代算法的收敛性，预条件通常为系统矩阵逆的近似. 我们可以看到，Direct SP 的正则化模型（7.3.5）利用观测模型（7.3.4）构造，但是 Regularized SP 的正则化模型（7.3.8）基于观测模型（7.3.7）构造. 事实上算子 $\mathbf{A}$ 为一个正则算子，其使得 $\mathbf{AH}$ 收敛到单位算子. 这也就是说，$\mathbf{A}$ 近似系统矩阵 $\mathbf{H}$ 的逆，从而 $\mathbf{A}$ 为一个预条件. 因此，求解模型（7.3.8）所用的迭代步数将比求解模型（7.3.5）少.

下面从相关性的角度分析 Direct SP 复原模型的性能，并且证明在模型（7.3.4）中 $\mathbf{\Phi}$ 的相关性将由紧算子 $\mathbf{H}$ 的作用而变大.

对于图像复原模型（7.3.5），假设向量 $\boldsymbol{\alpha}$ 拥有至多 K 个非零元素. Donoho 和 Flesia 在文献[27]中证明在无噪情况下，条件 $K<1/(2\mu)+1/2$ 保证利用 ℓ_1 最小化能精确恢复稀疏向量 $\boldsymbol{\alpha}$. 对于含噪观测模型（7.3.1），其中 $\|\mathbf{e}\|_2\leqslant\delta$，若 $K<1/(2\mu)+1/2$，则由（7.3.5）重构的稀疏向量 $\hat{\boldsymbol{\alpha}}$ 与稀疏向量真值 $\boldsymbol{\alpha}$ 满足 $\|\hat{\boldsymbol{\alpha}}-\boldsymbol{\alpha}\|_2\leqslant\sqrt{3(1+\mu)}\big/(1-(2K-1)\mu)\cdot(\varepsilon+\delta)$. 这些结论表明为了稳定地恢复一个 K 稀疏向量，相关性需满足 $\mu<1/(2K-1)$. 关于该结论的详细证明过程可参考文献[28]，在该文中，作者进一步构造了一个富有技巧性的反例表明条件 $K<1/(2\mu)+1/2$ 对于无噪情况下恢复 K 稀疏向量是紧致的.

注意到 $\mathbf{H}$ 为线性紧算子，它将每一个有界集映射到一个列紧集. 就像文献[29]分析的一样，$\mathbf{HD}$ 的相关性将以极大的概率接近于 1. 特别地，如果 $\mathbf{D}$ 为一个完备基，则 $\mu(\mathbf{D})=0$，但是 $\mu(\mathbf{HD})$ 接近于 1. 即线性紧算子 $\mathbf{H}$ 将会使得 $\mathbf{D}$ 中的原子相关性变大. 事实上，可以证明对于任意一个紧算子 $\mathbf{H}$ 和任意的字典 $\mathbf{D}$，相关性 $\mu(\mathbf{HD})$ 将以极大的概率很大. 假设 $\mathbf{H}$ 为两个赋范空间 $\mathcal{X}$ 和 $\mathcal{Y}$ 的线性紧算子. 给定 $\mathcal{X}$ 上任意的字典 $\mathbf{D}$，$\mathbf{HD}$ 的相关性将以极大的概率很大. 特别地，随着字典 $\mathbf{D}$ 中的列数增加，相关性 $\mu(\mathbf{HD})$ 将以极大的概率接近于 1[30].

尽管对于线性紧算子 $\mathbf{H}$，$\mu(\mathbf{HD})$ 将会很大，但是需要说明的是相关性仅仅是一个保证估计 $\boldsymbol{\alpha}$ 有较好性能的充分条件，即为了使得估计 $\boldsymbol{\alpha}$ 具有很好的效果，可能不需要很小的相关性. 有时也能利用具有非常大的相关性的 $\mathbf{\Phi}$ 恢复具有较好性能的估计 $\boldsymbol{\alpha}$. 目前并没有理论分析表明小的相关性将导致好的估计 $\boldsymbol{\alpha}$. 因此，看上去减小 $\mathbf{\Phi}$ 的相关性将毫无意义，但是 Elad[23]和 Daurte-Carvajalino，Sapiro[24]的工作表明训练一个字典具有小的相关性将使得恢复出的稀疏向量具有好的性能. 在此也基于这种理念：利用弱相关性的字典将使得估计稀疏向量 $\boldsymbol{\alpha}$ 具有好的性能.

下面将从相关性的角度分析 Regularized SP 模型的性能. 一种正则化策略就是要引入一个稳定因子 $\mathbf{W}_\tau$，此时正则算子 $\mathbf{A}$ 定义为 $\mathbf{R}_\tau$，即

$$\mathbf{R}_\tau \mathbf{g} = \mathcal{F}^{-1}\left(\frac{\mathbf{W}_\tau}{\mathbf{H}}\mathcal{F}(\mathbf{g})\right) \tag{7.3.9}$$

其中，$\mathcal{F}$ 与 $\mathcal{F}^{-1}$ 分别表示 Fourier 变换与 Fourier 逆变换，且 $\mathbf{W}_\tau$ 定义为

$$\mathbf{W}_\tau = \frac{|\mathbf{H}|}{|\mathbf{H}|+\tau} \tag{7.3.10}$$

已经证明式（7.3.9）为模型（7.3.1）的一个正则解，因为算子 $\mathbf{R}_\tau\mathbf{H}$ 逐点收敛到单位算子[31]. 对于 Regularized SP 复原模型（7.3.8），可知 $\mathbf{\Psi} = \mathbf{R}_\tau\mathbf{HD}$，因为算子 $\mathbf{R}_\tau\mathbf{H}$ 逐点收敛到单位算子，此时 $\mathbf{\Psi} \approx \mathbf{D}$. 特别地，如果 $\mathbf{D}$ 为一组正交基，$\mathbf{\Psi}$ 的相关性将很小. 因此，需要引入一个正则算子 $\mathbf{R}_\tau$ 乘以 $\mathbf{H}$ 以减小 $\mathbf{\Psi}$ 的相关性.

在图 7.3.1 中显示了 $\mathbf{\Phi}^{\mathrm{T}}\mathbf{\Phi}$ 和 $\mathbf{\Psi}^{\mathrm{T}}\mathbf{\Psi}$ 的绝对值，其中降质算子 $\mathbf{H}$ 为长度 11 的高斯模糊算子且考虑两种正交基：离散余弦变换（DCT）和离散 Haar 小波变换. $\mathbf{\Phi}$ 的相关性等于 $\mathbf{\Phi}^{\mathrm{T}}\mathbf{\Phi}$ 绝对值中非对角线元素的最大值. 可以看到，在 $\mathbf{\Phi}^{\mathrm{T}}\mathbf{\Phi}$ 的对角线元素之外，仍然存在一些值很大的元素. 如果我们设置 DCT 为稀疏表示基 $\mathbf{D}$，通过计算可得 $\mu(\mathbf{\Phi}_{\mathrm{DCT}}) = 0.9459$，且 $\mu(\mathbf{\Psi}_{\mathrm{DCT}}) = 0.7776$. 如果设置 Haar 小波变换为稀疏表示基 $\mathbf{D}$，通过计算可得 $\mu(\mathbf{\Phi}_{\mathrm{Haar}}) = 0.5443$，且 $\mu(\mathbf{\Psi}_{\mathrm{Haar}}) = 0.2056$. 结果表明利用 $\mathbf{R}_\tau$ 与 $\mathbf{\Phi}$ 相乘可以降低 $\mathbf{R}_\tau\mathbf{\Phi}$ 的相关性.

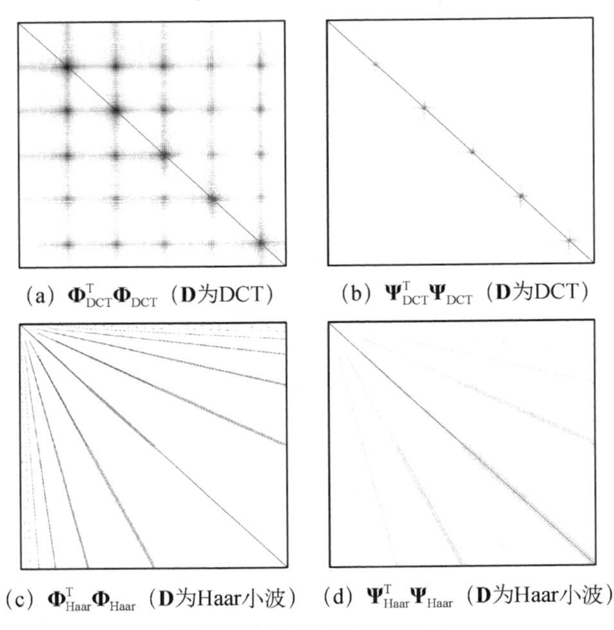

(a) $\mathbf{\Phi}_{\mathrm{DCT}}^{\mathrm{T}}\mathbf{\Phi}_{\mathrm{DCT}}$（$\mathbf{D}$为DCT）　(b) $\mathbf{\Psi}_{\mathrm{DCT}}^{\mathrm{T}}\mathbf{\Psi}_{\mathrm{DCT}}$（$\mathbf{D}$为DCT）

(c) $\mathbf{\Phi}_{\mathrm{Haar}}^{\mathrm{T}}\mathbf{\Phi}_{\mathrm{Haar}}$（$\mathbf{D}$为Haar小波）　(d) $\mathbf{\Psi}_{\mathrm{Haar}}^{\mathrm{T}}\mathbf{\Psi}_{\mathrm{Haar}}$（$\mathbf{D}$为Haar小波）

图 7.3.1　矩阵绝对值图像

为了说明相关性 $\mu(\mathbf{\Phi})$ 随着 $\mathbf{D}$ 列数的增加将以极大的概率接近于 1，我们利用 DCT 字典 $\mathbf{D}$ 和长度为 11 的均值模糊算子 $\mathbf{H}$ 验证. 图 7.3.2 显示了仿真结果. 为了便于比较，也画出了 $\mathbf{\Psi}$ 取不同参数 $\tau=0.01$ 和 $\tau=0.05$ 时，相关性 $\mu(\mathbf{\Psi})$ 的变化曲线. 可以看到，对所有这三种矩阵，相关性随着 m^2 的增加而增大，且对 $\mathbf{\Psi}$ 取参数 $\tau=0.01$ 和 $\tau=0.05$ 时的相关性均小于 $\mu(\mathbf{\Phi})$. 特别地，随着 m^2 的增加，相关性 $\mu(\mathbf{\Phi})$ 将接近于 1.

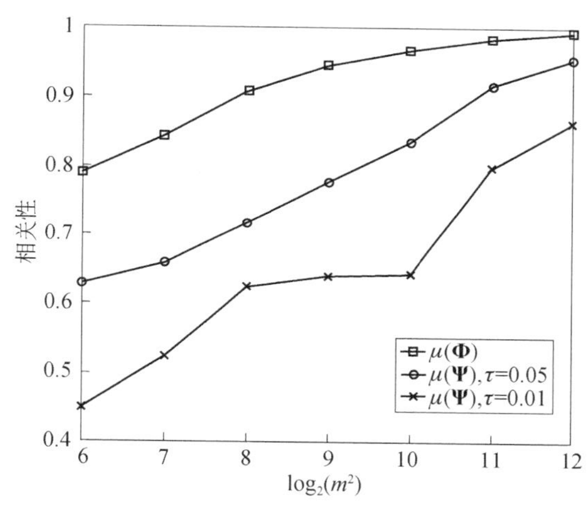

图 7.3.2　$\mathbf{\Phi}$ 和 $\mathbf{\Psi}$ 的相关性随着 $\mathbf{D}$ 的列数变化的曲线

另外值得注意的是，当对观测向量 $\mathbf{g}$ 利用算子 $\mathbf{R}_\tau$ 作用时，$\mathbf{u}$ 中的噪声特性改变了. 即观测噪声 $\mathbf{R}_\tau\mathbf{e}$ 不再是高斯白噪声. 具体说，算子 $\mathbf{R}_\tau$ 作用后有两方面的变化：一方面，可以减轻 $\mathbf{H}$ 对观测数据的影响，因为算子 $\mathbf{R}_\tau\mathbf{H}$ 逐点收敛到单位算子；另一方面，将高斯白噪声转化为色噪声. 为了从贝叶斯框架精确地建立正则模型，我们可以在噪声为高斯白噪声的假设下推导 $\mathbf{R}_\tau\mathbf{e}$ 的统计特征，但是，推导 $\mathbf{R}_\tau\mathbf{e}$ 的统计特征是很复杂的. 进一步，即使能推导出 $\mathbf{R}_\tau\mathbf{e}$ 的统计分布，其形式可能并不是通常熟知的分布函数，也不方便建立正则模型. 因此，我们基于 $\mathbf{R}_\tau\mathbf{e}$ 为高斯白噪声的假设建立正则化模型（7.3.8）. 令人惊奇的是，数值实验表明该假设也能得到较好的图像复原效果. 关于参数 τ 的选取，我们发现若设置小的 τ 时，$\mathbf{R}_\tau\mathbf{e}$ 的方差是非常杂乱的，复原图像中可能存在一些虚假的假目标. 因此，设置小的 $\mathbf{R}_\tau\mathbf{e}$ 能导致建立的稀疏表示模型具有小的相关性，但是图像复原的效果并不理想. 下面将在数值实验部分比较 Regularized SP 模型中选择不同的 τ 值时获得的图像复原性能.

7.3.2　实验分析

本部分利用仿真实验验证 Regularized SP 方法复原图像的性能，并与图像复原的 ForWaRD 方法[32]，TV-FISTA 方法[16]和 Direct SP 方法[22]进行比较. 由于文献[16]中的实验结果表明他们的方法能取得比 TwIST 方法[18]更优的图像复原性能，我们略去了与 TwIST 方法的比较. 在所有的仿真实验中，正则算子 $\mathbf{R}_\tau$ 中的参数取为 $\tau = 0.05$. 结果表明，所提出的 Regularized SP 方法在图像复原的性能和算法速度上均具有优势.

考虑利用四幅 512×512 的 Lena、Boston、Barbara 和 Fishing Boat 作为原始图像. 同时考虑四种模糊算子：均匀模型（AB）、高斯模糊（GB）、运动模糊（MB）和圆盘模糊（DB）. 所有这些模糊算子通过 Matlab 代码“fspecial”生成，其中尺寸设置为 11×11 . 降质图像通过将原始图像与上述模糊算子进行卷积，然后加上标准差为 $\sigma = 1$ 的高斯白噪声生成. 对于 Direct SP 和 Regularized SP 方法，选用复数小波变换[64-65]作为稀疏表示图像的工具. 此外，利用迭代阈值算法求解 Direct SP 和 Regularized SP 模型，利用峰值信噪比（PSNR）和结构相似度（SSIM）来评价不同方法复原图像的性能，其中，SSIM 综合衡量两幅图像的亮度、对比度和结构差异，取值介于 0 和 1 之间，取值为 1 意味着两幅图像完全一致.

从图 7.3.3 到图 7.3.6 显示了上述四种方法复原不同模糊核算子的结果. 表 7.3.1 比较了这些复原图像的 PSNR 和 SSIM 值，其中加粗数字表示每个对比指标中最大的值. 可知，在大部分情况，Regulairzed SP 方法复原的图像具有更大的 PSNR 和 SSIM 值. 结果表明 Regularized SP 方法复原图像可比现有一些方法具有更优的性能. 比较图 7.3.5 和图 7.3.6 中的复原图像，我们发现 TV-FISTA 方法能较好地保持图像中的边缘信息，但是通常会抹去复原图像中的纹理信息.

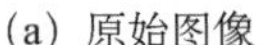

(a) 原始图像

(b) 均匀模糊降质图像

(c) ForWaRD

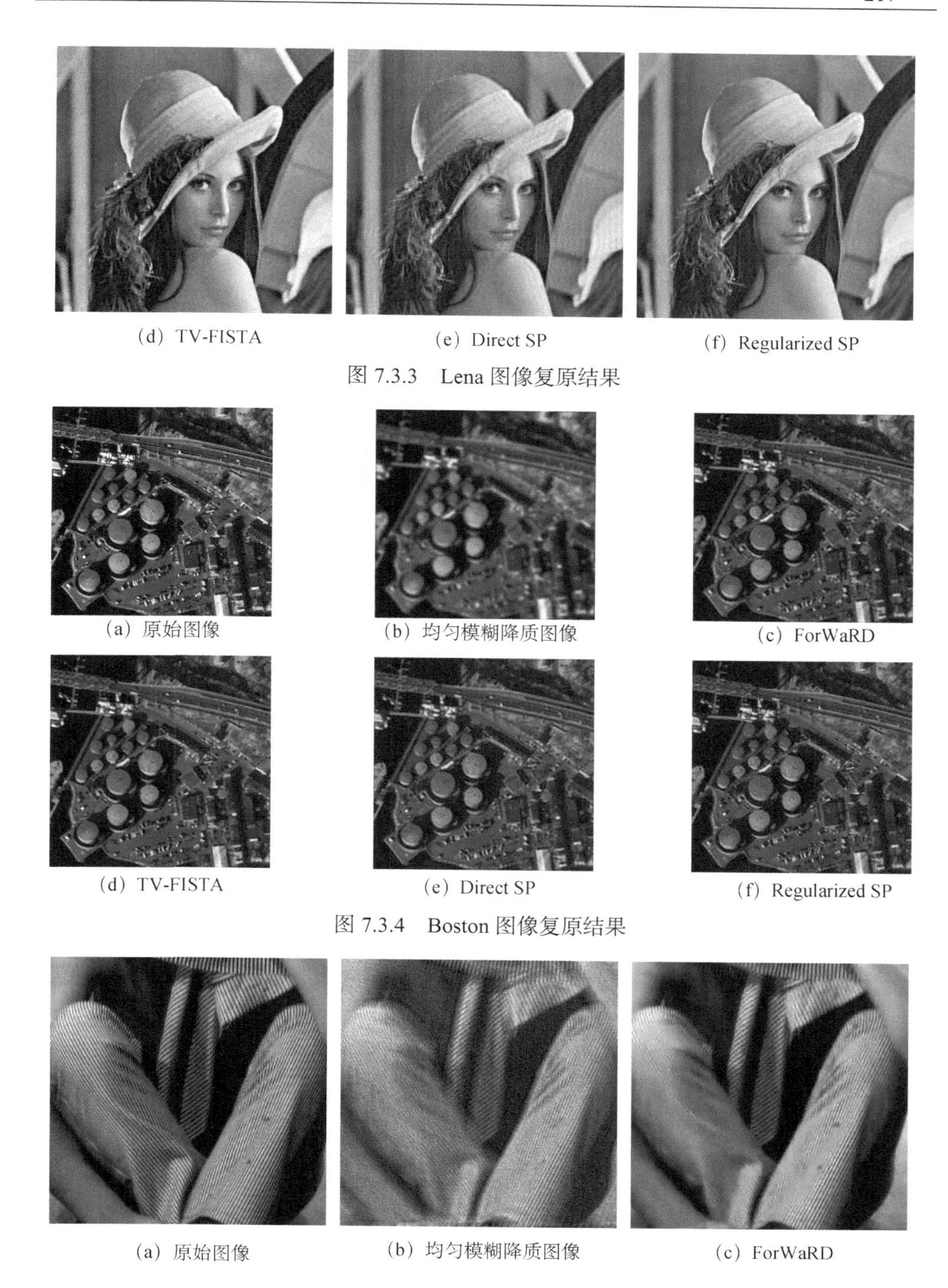

(d) TV-FISTA　(e) Direct SP　(f) Regularized SP

图 7.3.3　Lena 图像复原结果

(a) 原始图像　(b) 均匀模糊降质图像　(c) ForWaRD

(d) TV-FISTA　(e) Direct SP　(f) Regularized SP

图 7.3.4　Boston 图像复原结果

(a) 原始图像　(b) 均匀模糊降质图像　(c) ForWaRD

(d) TV-FISTA

(e) Direct SP

(f) Regularized SP

图 7.3.5　Barbara 图像复原结果

(a) 原始图像

(b) 均匀模糊降质图像

(c) ForWaRD

(d) TV-FISTA

(e) Direct SP

(f) Regularized SP

图 7.3.6　Fishing Boat 图像复原结果

表 7.3.1　不同方法复原图像的评价

图像	模糊算子	模糊图像		ForWaRD		TV-FISTA		Direct SP		Regularized SP	
		PSNR	SSIM	PSNR	SSIM	PSNR	SSIM	PSNR	SSIM	PSNR	SSIM
Lena	AB	24.51	0.6970	29.85	0.8293	30.46	0.8348	29.39	0.7916	**31.27**	**0.8533**
	GB	26.04	0.7521	29.47	0.8272	29.94	0.8272	29.29	0.8118	**30.46**	**0.8421**
	MB	25.46	0.7617	32.52	0.8783	32.59	0.8578	32.13	0.8710	**33.99**	**0.8933**
	DB	25.57	0.7307	31.46	0.8596	31.37	0.8243	31.07	0.8357	**32.74**	**0.8782**

续表

图像	模糊算子	模糊图像		ForWaRD		TV-FISTA		Direct SP		Regularized SP	
		PSNR	SSIM	PSNR	SSIM	PSNR	SSIM	PSNR	SSIM	PSNR	SSIM
Boston	AB	20.76	0.5086	26.53	0.7827	27.84	**0.8239**	26.37	0.7550	**28.17**	0.8203
	GB	22.29	0.6179	25.84	0.7552	26.64	0.7929	26.37	0.7550	**27.03**	**0.7945**
	MB	20.82	0.5611	28.42	0.8452	30.87	0.8788	28.99	0.8287	**31.41**	**0.8933**
	DB	21.79	0.5730	28.42	0.8399	29.25	0.8496	28.60	0.8193	**29.99**	**0.8668**
Barbara	AB	21.84	0.5584	24.31	0.7053	24.24	0.7031	24.14	0.6772	**24.68**	**0.7153**
	GB	22.52	0.6076	23.62	0.6744	23.63	0.6730	23.57	0.6600	**23.88**	**0.6778**
	MB	22.17	0.5988	26.70	0.8082	27.01	0.8071	27.01	0.7953	**29.26**	**0.8746**
	DB	22.39	0.5943	25.09	0.7475	25.00	0.7450	24.98	0.7222	**25.55**	**0.7702**
Fishing Boat	AB	22.66	0.5218	28.13	0.7659	29.02	**0.7903**	27.84	0.7473	**29.18**	**0.7903**
	GB	23.98	0.6029	26.85	0.7234	27.48	0.7365	26.76	0.7139	**27.82**	**0.7470**
	MB	23.15	0.5765	29.67	0.8078	30.03	0.7852	29.62	0.8040	**31.34**	**0.8383**
	DB	23.56	0.5706	28.99	0.7857	29.34	0.7876	28.87	0.7716	**29.94**	**0.8085**

求解 Direct SP 模型和 Regularized SP 模型均需要迭代阈值算法进行数值求解. 图 7.3.7 比较了这两种算法复原图像的均方误差（MSE）随着迭代步数的变化，其中观测数据为利用平均算子模糊的 Lena 图像. 结果表明，为了获得具有同样精度（或者具有同样 MSE）的估计，Regularized SP 方法需要的迭代步数远远少于 Direct SP 方法. 同时，Regularized SP 方法能恢复比 Direct SP 方法具有更小 MSE 值的图像，因此，该方法复原的图像具有更大的 PSNR 值.

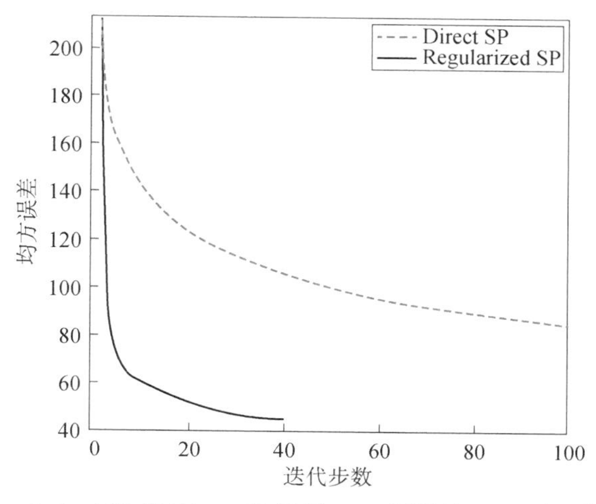

图 7.3.7　Regularized SP 和 Direct SP 复原 Lena 图像的 MSE 随迭代步数的变化

上述所有的仿真实验固定 $\tau=0.05$. 接下来考虑 τ 的取值对 Regularized SP 方

法复原图像的影响. 图 7.3.8 展示了复原图像的 PSNR 和 SSIM 值随着τ的变化. 观测数据为均匀算子模糊的 Lena 图像. 可知，对于小的τ，复原图像的 PSNR 和 SSIM 值将随着τ的增加而增大，但是，对于大的τ，复原图像 PSNR 和 SSIM 值将随着τ的增加而减小. 特别地，取得最优的 PSNR 和 SSIM 值的τ分别取值为 0.05 和 0.06.

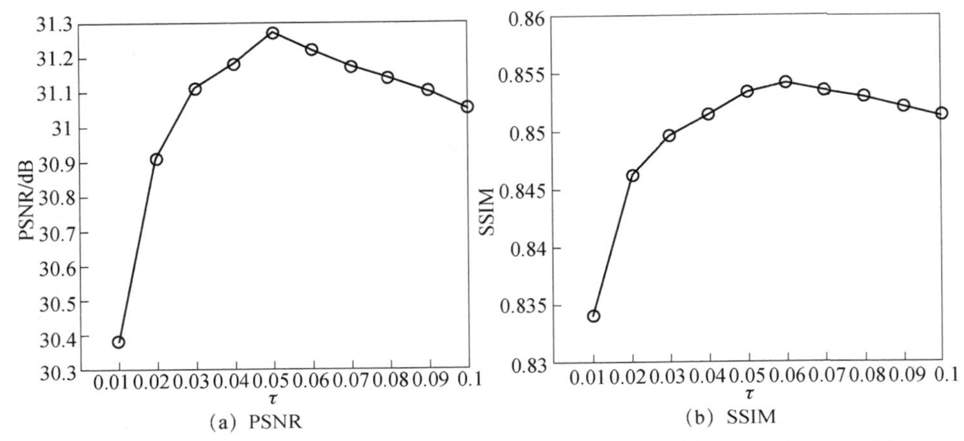

图 7.3.8　Regularized SP 中 $\mathbf{R}_\tau$ 算子取不同τ时复原 Lena 的 PSNR 和 SSIM 值

最后考虑 Direct SP 和 Regularized SP 方法在不同噪声水平σ下的性能，其中对 Regularized SP 方法设置$\tau = 0.05$. 图 7.3.9 显示了 PSNR 和 SSIM 值随着噪声水平的变化曲线. 观测数据为均匀算子模糊的 Lena 图像，并且添加噪声水平分别为$\sigma = 0.5, 1, 1.5, 2$的高斯白噪声. 可知，PSNR 和 SSIM 值随着噪声水平的增加而降低. 可以发现，对于上述情况 Regularized SP 方法复原图像的性能均优于 Direct SP 方法.

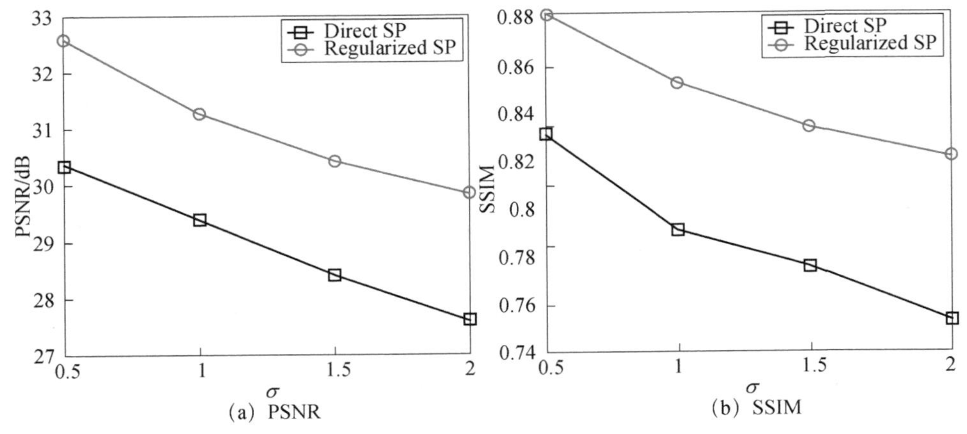

图 7.3.9　Direct SP 和 Regularized SP 复原 Lena 的 PSNR 和 SSIM 值随σ的变化

7.4　光 谱 解 混

相比于传统的多光谱成像技术，高光谱成像由于使用更窄的成像谱段而具有更高的光谱分辨率，从而能够获得成像区域的精细光谱特征，因此高光谱图像常常被用来反演地表物质分布细节，在生态学[33]、环境科学[34]、精准农业以及军事等领域具有很广泛的应用.

7.4.1　光谱解混模型

由于需要进行分光等操作，为了保证成像信噪比，高光谱成像在获得高光谱分辨率的同时会牺牲部分空间分辨性能，因此高光谱成像传感器的空间分辨率相对较低. 例如美国机载可见和红外成像光谱仪（airborne visible infrared imaging spectrometer，AVIRIS）系统，具备 224 个谱段，$10^{-2}\mu$m 的光谱分辨率，但其空间分辨率仅 20m. 若图像中一个像元中只包含一种物质，我们称之为纯像元，但由于空间分辨率的限制，高光谱图像中的一个空间像元往往对应于地面上的一个小的区域，由于地物分布的复杂性，一个像元往往包含多种物质的组合，我们称之为混合像元. 需要注意的是，这里的纯像元的定义是相对的，并不绝对是纯净的某种元素，而是由具体的成像问题决定的. 比如说研究城市规划问题时为了区分建筑物和植被，所有仅包含建筑物的像元都认为是纯像元. 但是，为了研究某一种植被的分布情况时，纯像元的定义就又会根据所研究的目标来确定.

为了描述像元的混合机理，假设不同物质之间没有光谱的相互作用，仅考虑宏观尺度上的光谱混合，并且每一束入射光仅仅和一种物质相互作用，可以得到线性混合模型，如图 7.4.1 所示，传感器接收到的混合信号是像元中所包含的不同物质光谱响应曲线的线性组合. Hapke[35]指出，在线性混合模型下，每种物质的混合比例就是各自在成像区域内的相对面积. 之后的研究者们在实验室条件下验证了这一结论. 将测量噪声考虑进来，线性混合模型的数学模型可表示为

$$\mathbf{y}=\mathbf{A}\mathbf{x}+\mathbf{n} \tag{7.4.1}$$

其中，矩阵 $\mathbf{A}\in\mathbb{R}^{d\times m}$ 中的每一列代表一种物质的光谱响应，称之为端元，$\mathbf{x}\in\mathbb{R}^{m}$ 为对应测量数据 $\mathbf{y}\in\mathbb{R}^{d}$ 在所有端元下的表示系数，又称为丰度向量. 根据丰度向量的物理含义，通常对丰度向量具有如下两种约束条件：

（1）非负约束：$x_i\geqslant 0$，其中，$i\in[m]$；

（2）求和为 1：$\sum_{i=1}^{m}x_i=1$.

当同时考虑图像中所有像素点时，线性混合模型可表示为$\mathbf{Y}=\mathbf{AX}+\mathbf{N}$，其中矩阵$\mathbf{Y}$的每一列为一个像素点处的混合光谱响应. 光谱解混问题即为光谱混合的逆过程，也即通过对每个像元光谱信号的分析，将其中包含的端元提取出来，并估算每个端元所占的比例.

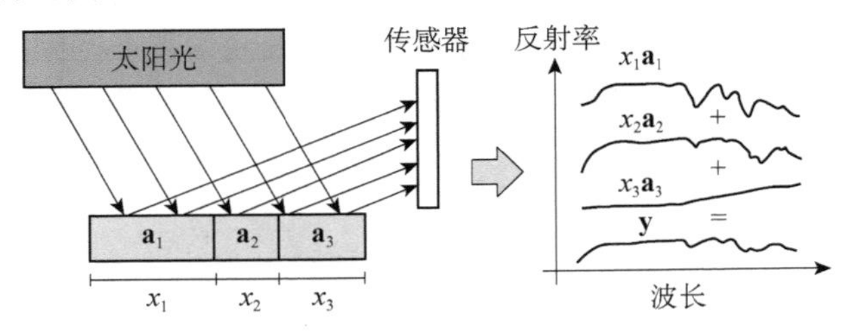

图 7.4.1　线性混合模型

光谱解混问题可以根据光谱数据库是否已知分为两种情况. 一种是未知光谱数据库$\mathbf{A}$的无监督光谱解混问题. 在无监督解混问题中，端元矩阵$\mathbf{A}$和丰度矩阵$\mathbf{X}$均需要从测量数据中进行估计. 解决无监督解混问题的方法主要分为两类，一种是两步法，指的是先通过端元提取算法获得端元光谱，然后再进行丰度系数的估计. 常用的端元估计方法有顶点成分分析[36]、纯像元指数法[37]以及 N-FINDR[38]方法等. 第二种是同步法，通过求解双变量逆问题同步获得端元矩阵和丰度矩阵，典型的有基于主成分分析的方法[39-42]以及基于非负矩阵分解的方法[43-49]等. 近年来，利用深度神经网络进行高光谱解混也取得了较多的成果[50-52]. 这里主要讨论半监督光谱解混问题，更详细的无监督解混问题的综述和模型可参考[53].

由于很多纯净物质光谱数据库的存在，在给定$\mathbf{A}$的条件下，估计丰度矩阵$\mathbf{X}$的半监督光谱解混问题也同样引人关注. 由于光谱数据库通常包含非常丰富的物质种类，半监督光谱解混问题中$\mathbf{A}$是一个扁平矩阵，另一方面，由于部分同类物质之间光谱特性差异较小，因此，求解丰度矩阵$\mathbf{X}$的半监督高光谱解混问题是一个病态逆问题. 将高光谱图像数据记作$\mathbf{Y}=[\mathbf{y}_1,\mathbf{y}_2,\cdots,\mathbf{y}_n]\in\mathbb{R}^{d\times n}$，其中$d$表示光谱谱段个数，$n$表示图像像素点个数，则每一个$\mathbf{y}_j$即为在$j$像素点处，高光谱图像的测量值. 由线性混合模型可知，半监督高光谱解混问题的正过程模型如下：

$$\begin{aligned}&\mathbf{Y}=\mathbf{AX}+\mathbf{N}\\&\text{s.t. }\mathbf{X}_{ij}\geqslant 0, i=1,2,\cdots,m,\ j=1,2,\cdots,n\end{aligned}\tag{7.4.2}$$

其中，$\mathbf{A}\in\mathbb{R}^{d\times m}$是已知的光谱数据矩阵，每一列代表一种纯净物质的光谱特征响应，m为数据矩阵中包含的光谱特征数. $\mathbf{X}\in\mathbb{R}^{m\times n}$是与测量数据$\mathbf{Y}$相对应的表示系数矩阵，且满足系数大于 0 的非负约束，$\mathbf{N}$为加性噪声矩阵. 这里光谱解混时先不考虑系数求和为 1 的约束，因为[54]的研究表明，由于测量误差的存在，很多情况下要求系数和为 1 会造成解空间为空集的现象.

求解这一病态逆问题，通常采用的做法是利用光谱维信号的稀疏特性，由于 $\mathbf{A}$ 中包含了非常丰富的物质种类，因此在进行混合光谱分解的过程中，很多无关物质对应的丰度值为 0，这使得 $\mathbf{X}$ 是一个列稀疏的矩阵. 最早将稀疏性引入半监督光谱解混问题的是变量分离和增广 Lagrange 的稀疏解混算法（sparse unmixing algorithm via variable splitting and augmented Lagrangian，SUnSAL）[54]，利用光谱维的稀疏性和增广 Lagrange 乘子法进行求解模型：

$$\begin{aligned} &\min_{\mathbf{X}} \frac{1}{2}\|\mathbf{Y}-\mathbf{A}\mathbf{X}\|_F^2+\lambda\|\mathbf{X}\|_{1,1} \\ &\text{s.t. } \mathbf{X}_{ij} \geqslant 0, i=1,2,\cdots,m, j=1,2,\cdots,n \end{aligned} \tag{7.4.3}$$

其中，$\|\mathbf{X}\|_{1,1}=\sum_{j=1}^{n}\|\mathbf{x}_j\|_1$，$\mathbf{x}_j$ 为 $\mathbf{X}$ 的第 j 列. 随后一些利用加权 ℓ_1 范数改进的方法被不断提出[55-57].

但是这些方法都认为每个像素点处的混合光谱信号是相互独立，但是真实情况中高光谱图像在空间分布上同样具有明显相关性，因此利用高光谱图像的空间相关性能够使得光谱解混效果得到更进一步的提升[58-59]. 最经典的利用图像空间光滑性的方法就是在模型求解过程中加入总变分约束，比如 SUnSAL-TV[60-61]、DRSU-TV[62]等.

但是这些方法都对参数选择较为敏感，并且具有很大的计算复杂度，难以快速处理大规模的光谱解混问题. 后续还有一些新的处理空间相关性的方法，例如基于非局部信息的稀疏解混方法（nonlocal sparse unmixing，NLSU）[63]利用非局部均值作为空间相关性的正则项从而提取图像中的相似性. 还有一些方法同时利用稀疏性和丰度矩阵的低秩特性进行求解[64-65]，也得到了很好的解混效果. 但是这些方法无一例外地都具有很高的计算复杂度，难以进行大规模的应用. 为了更加高效地提取光谱和空间信息，局部合作稀疏解混方法[66]将空间信息转化成一个加权系数，从而在求解稀疏解混问题中引入空间信息约束，最近 S2WSU 方法[67]利用两个加权矩阵分别增强光谱稀疏性和引入空间相关性，在提取了空间光谱信息的同时，降低了计算复杂度.

通过上述分析可知，半监督光谱解混的逆问题主要利用光谱维的稀疏特性和空间维的光滑性，下面介绍的双变量半监督高光谱解混模型，将上述两种先验信息解耦合然后分别处理，能够比现有方法更好地解决光谱解混问题. 为了实现光谱维信息和空间维信息的解混，将丰度矩阵 $\mathbf{X}$ 分解成两个矩阵乘积的形式，也即

$\mathbf{X}=\mathbf{U}\mathbf{V}^{\mathrm{T}}$，其中 $\mathbf{U}\in\mathbb{R}^{m\times r}$ 为光谱信息矩阵，$\mathbf{V}\in\mathbb{R}^{n\times r}$ 为空间信息矩阵，r 表示虚拟的光谱特征数目，如图 7.4.2 所示，通过矩阵分解，半监督光谱解混问题（7.4.2）可转化为

$$\begin{aligned}&\mathbf{Y}=\mathbf{A}\mathbf{U}\mathbf{V}^{\mathrm{T}}+\mathbf{N}\\&\text{s.t. }\mathbf{U}_{ij}\geqslant 0,\, i=1,2,\cdots,m,\, j=1,2,\cdots,r\end{aligned}\qquad(7.4.4)$$

相应地，光谱解混问题可表示为如下的优化模型：

$$\begin{aligned}&\min_{\mathbf{U},\mathbf{V}}\frac{1}{2}\left\|\mathbf{Y}-\mathbf{A}\mathbf{U}\mathbf{V}^{\mathrm{T}}\right\|_F^2+\lambda\|\mathbf{U}\|_{1,1}\\&\text{s.t. }\mathbf{U}_{ij}\geqslant 0,\, i=1,2,\cdots,m,\, j=1,2,\cdots,r\end{aligned}\qquad(7.4.5)$$

此时，空间维信息和光谱维信息能够被分别处理，新的优化算法设计思路即为交替更 $\mathbf{U}$ 和 $\mathbf{V}$，直至算法收敛，具体参考[68].

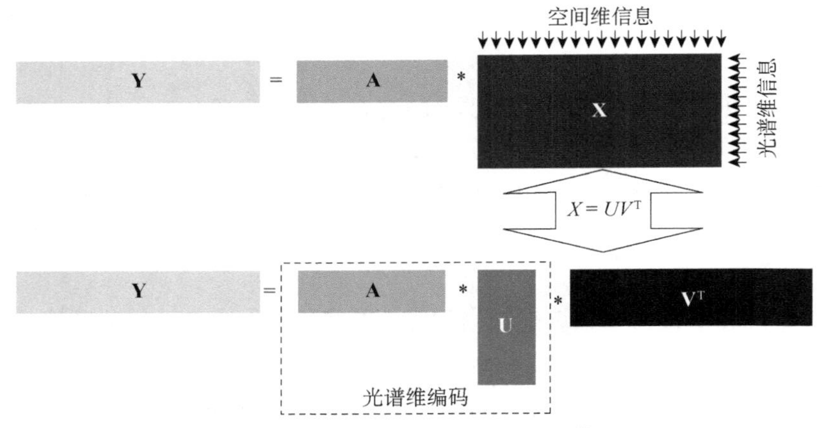

图 7.4.2　半监督高光谱解混双变量模型

相比于传统方法，上述模型具有四个方面的优势：

（1）通过光谱维和空间维信息的解耦合，能够更精确地对两个矩阵分别叠加先验约束，避免了先验约束同时作用在 $\mathbf{X}$ 上造成的相互影响；

（2）双线性建模方法还通过矩阵分解的形式，将低秩约束引入到模型中来，区别于[64]和[65]中利用核范数的方法引入低秩约束，能够避免核范数约束带来的高计算复杂度；

（3）通过矩阵分解，未知变量个数从 $\mathbf{X}$ 中的 mn 个变为 $r(m+n)$ 个，而作为像素点个数的 n 通常具有较大的数量级，因此将未知量个数从 $O(mn)$ 降到 $O(r(m+n))$，能够极大地降低问题的计算复杂度；

（4）光谱数据库 $\mathbf{A}$ 和光谱信息矩阵 $\mathbf{U}$ 的乘积 $\mathbf{AU}$，实际上编码了一些由多种

纯净物质线性组合成的更为复杂的光谱特征，通过分析典型的高光谱图像数据，获得的 **AU** 可以同时扩充现有光谱数据库，进一步提高光谱解混的效能.

7.4.2　实验分析

这里展示基于仿真数据的光谱解混实验结果，首先定义常用的评价解混效果指标体系. 信号重构误差（signal-to-reconstruction error，SRE）定义为

$$\text{SRE}=20\log_{10}\left(\frac{\|\mathbf{X}\|_F}{\|\mathbf{X}-\hat{\mathbf{X}}\|_F}\right) \tag{7.4.6}$$

光谱信号成功恢复概率定义为

$$p_s = P\left(\frac{\|\mathbf{X}-\hat{\mathbf{X}}\|_F}{\|\mathbf{X}\|_F} \leqslant \varepsilon\right) \tag{7.4.7}$$

其中，$\mathbf{X}$ 与 $\hat{\mathbf{X}}$ 分别为原始光谱数据以及重构光谱数据，且取 $\varepsilon = 3.16$，表明光谱信号重构误差在 5dB 以上的概率.

7.4.2.1　仿真数据分析

从美国地质调查局（United States Geological Survey，USGS）数据库中的矿物质数据集选取包含 $m = 240$ 种不同的矿物质的光谱响应曲线，组成仿真所用的光谱数据库 $\mathbf{A}$. 每种物质对应均匀分布在 0.4—2.5μm 之间的 $d = 224$ 个光谱谱段. 根据不同的空间分布特征，生成了如下两种高光谱图像数据集. 仿真数据集 I：整个数据集是一个 100×100 像素的方形区域且每个像素点处由 224 个谱段的光谱数据，不失一般性，仿真数据集 I 的光谱数据均由 **A** 的前 5 个元素线性组合而成. 如图 7.4.3（a）所示，数据的第一行中的 5 个 10×10 的小方格分别代表 5 种纯净元素，第二行的小方格为两种纯净元素的混合，以此类推，第五行的方格为 5 种元素的混合. 图 7.4.3（b）—（f）展示了每一种元素对应的表示系数. 背景区域部分是由五种物质通过固定的线性组合系数：0.1149，0.0741，0.2003，0.2055，0.4051 混合而成. 生成仿真数据集 I 之后，通过加入不同信噪比的高斯白噪声以模拟不同接收信噪比下的高光谱图像数据. 从图中可以看出，每种元素对应的表示系数都是分片光滑的，且具有明显的边角特征. 因此仿真数据集 I 能够很好地研究不同的光谱解混方法在空间维上的解混效果. 仿真数据集 II：仿真数据集 II 同样是由 100×100 个像素点组成，其中每个像素点的光谱信息由 **A** 的前 9 种元素构成. 每个元素对应的分解系数都是由高斯随机模型生成，以便更好地模拟遥感模式下的地物状态，如图 7.4.4（a）—（i）所示. 同样地，在此情况下，加入不同信噪比的高斯白噪声以模拟含噪高光谱图像数据.

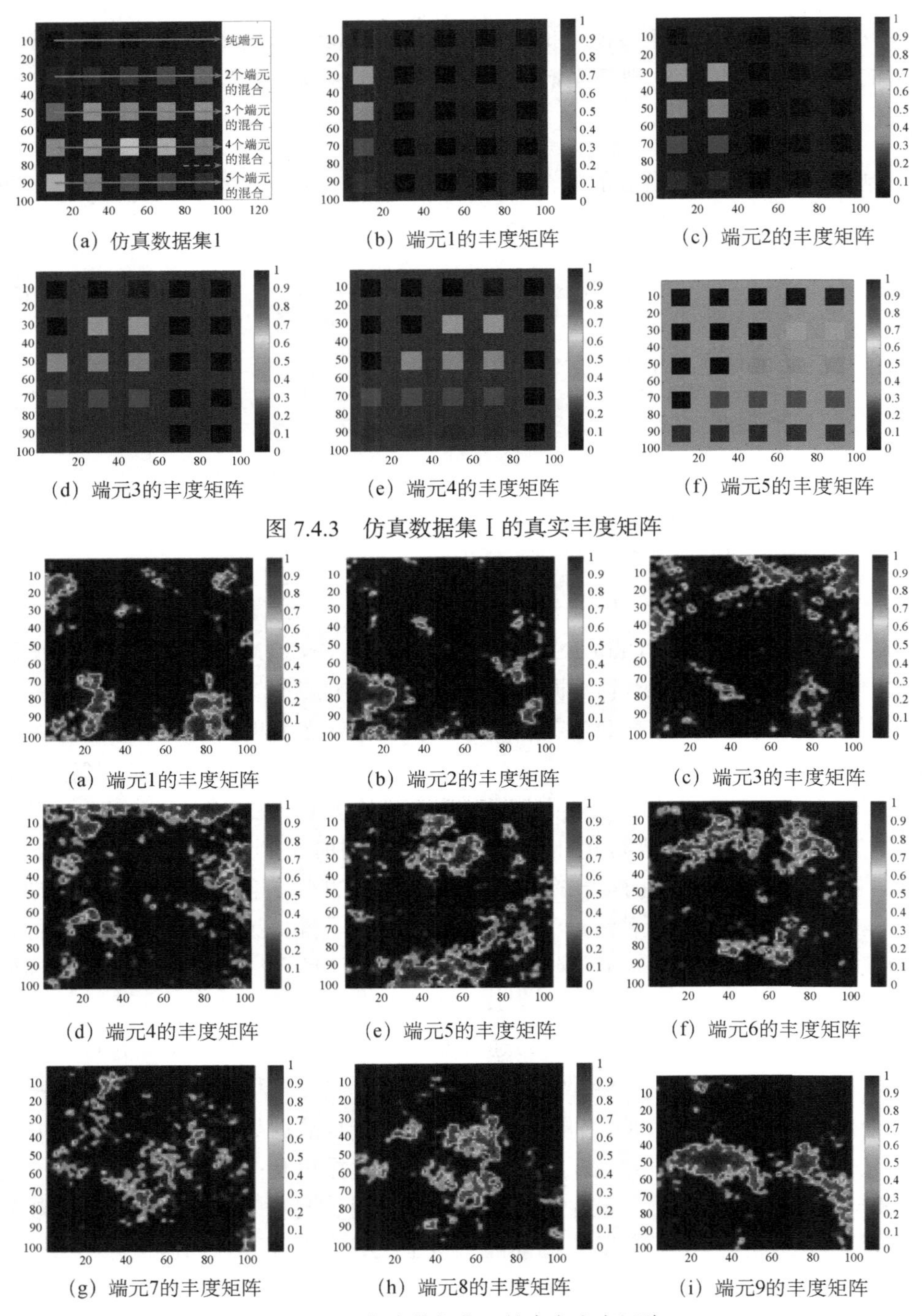

（a）仿真数据集1　（b）端元1的丰度矩阵　（c）端元2的丰度矩阵

（d）端元3的丰度矩阵　（e）端元4的丰度矩阵　（f）端元5的丰度矩阵

图 7.4.3　仿真数据集 I 的真实丰度矩阵

（a）端元1的丰度矩阵　（b）端元2的丰度矩阵　（c）端元3的丰度矩阵

（d）端元4的丰度矩阵　（e）端元5的丰度矩阵　（f）端元6的丰度矩阵

（g）端元7的丰度矩阵　（h）端元8的丰度矩阵　（i）端元9的丰度矩阵

图 7.4.4　仿真数据集 II 的真实丰度矩阵

接下来将通过仿真实验数据，对比 SUnSAL 方法[54]、DRSU-TV 方法[62]以及本节提出的方法，即（7.4.5）所示模型（简称为 SSFU 方法）. 选择 SUnSAL 方法是因为它是稀疏光谱解混的经典方法，而选择对比 DRSU-TV 是因为它是同时考虑了光谱稀疏性和空间光滑性的常用方法.

首先研究 SSFU 方法的解混效果对于虚拟光谱特征个数 r 的敏感性，图 7.4.5 展示了两仿真数据集在不含噪声情况下，取不同的 r 得到的丰度矩阵重构误差和迭代次数之间的关系. 对仿真数据集 I 而言，由于仿真设定的丰度矩阵 $\mathbf{X}$ 的秩为 5，因此在实验中将 r 取作 $r=5,10,15$，即仿真设定的一到三倍. 同样地，仿真数据集 II 中由于仿真设定的丰度矩阵秩为 9，则在解混实验中分别取 $r=9,18,27$. 两组仿真数据的实验均显示，只要实验设定的虚拟光谱特征个数 r 大于真实值，SSFU 方法均能在很少的迭代步数内精确重构丰度矩阵 $\mathbf{X}$. 对一个低秩矩阵估计问题，在双变量模型的条件下，只要设定的 r 大于真实低秩矩阵的秩，通过交替极小化总能够精确恢复原始低秩矩阵. 因此，为了降低计算复杂度，始终将虚拟光谱特征个数设定为与仿真真值相等.

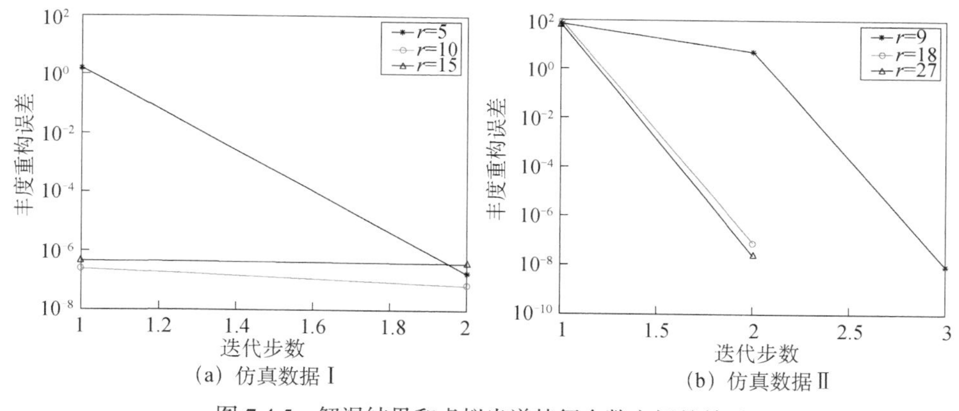

(a) 仿真数据 I　　(b) 仿真数据 II

图 7.4.5　解混结果和虚拟光谱特征个数之间的关系

最后，系统性地对比不同方法在仿真数据集上的光谱解混效果，主要对比解混效果以及算法效率. 表 7.4.1 和表 7.4.2（其中加粗代表每列中最大的数）分别总结了对不同的仿真数据集、不同的算法、不同的信噪比等条件下获得的 SRE 和 p_s 的值. 由表 7.4.1 可以看出，DRSU-TV 和 SSFU 方法相比于 SUnSAL 方法具有明显的优势，尤其是在低信噪比的条件下. SSFU 方法和 DRSU-TV 方法能有效地提取和利用空间光滑性先验，且 SSFU 方法在信噪比为 40dB 和 50dB 时，解混效果优于 DRSU-TV 方法. 随着信噪比的进一步降低，两种算法的表现逐渐接近. 图

7.4.6 展示了在信噪比为 50dB 的情况下，不同方法恢复得到的仿真数据集I中 3 号端元的丰度系数图以及与仿真设定值之间的残差，从图中可以看出 SSFU 方法重构得到的丰度系数相比于其他两种方法具有更小的绝对误差. 同时，由于总变分项的加入，DRSU-TV 方法在一些小块引入了较大的重构误差，比如第二排第一个小块，在仿真设定中等于 0，但 DRSU-TV 恢复得到的部分存在一个约等于 0.02 的误差，这说明在光谱解混的过程中，DRSU-TV 方法产生了错判，将原本不存在端元 3 判断为存在，会对后续的光谱利用产生影响. 表 7.4.2 和图 7.4.7 展示了仿真数据集 II 的结果，可以看出 SSFU 方法均优于现有方法，经过分析可以得到与仿真数据集 I 相同的结论.

表 7.4.1　仿真数据集 I 的光谱解混结果统计表

方法	SNR=30dB		SNR=40dB		SNR=50dB	
	SRE/dB	p_s	SRE/dB	p_s	SRE/dB	p_s
SUnSAL	7.9586	0.8469	13.7586	0.9986	19.2149	1
DRSU-TV	**13.6110**	**0.9994**	14.7993	1	21.1164	1
SSFU	13.1549	0.9885	**20.6558**	1	**30.7997**	1

表 7.4.2　仿真数据集 II 的光谱解混结果统计表

方法	SNR=30dB		SNR=40dB		SNR=50dB	
	SRE/dB	p_s	SRE/dB	p_s	SRE/dB	p_s
SUnSAL	8.1084	0.7756	15.1027	0.9873	21.6938	1
DRSU-TV	14.2465	0.9837	24.0631	1	31.5232	1
SSFU	**14.7283**	**0.9986**	**24.5905**	1	**34.5066**	1

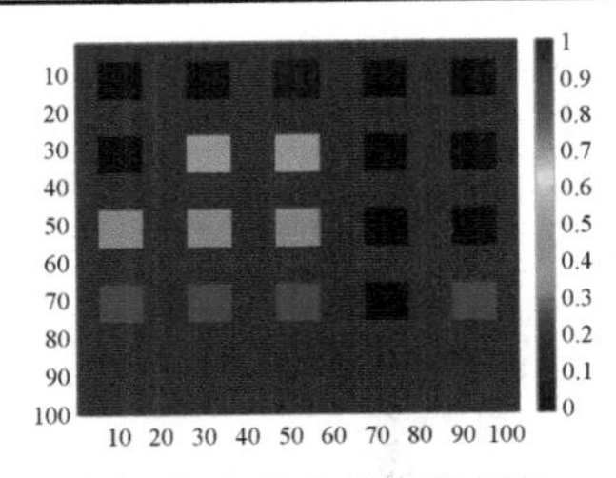

(a) 端元3的丰度矩阵真值

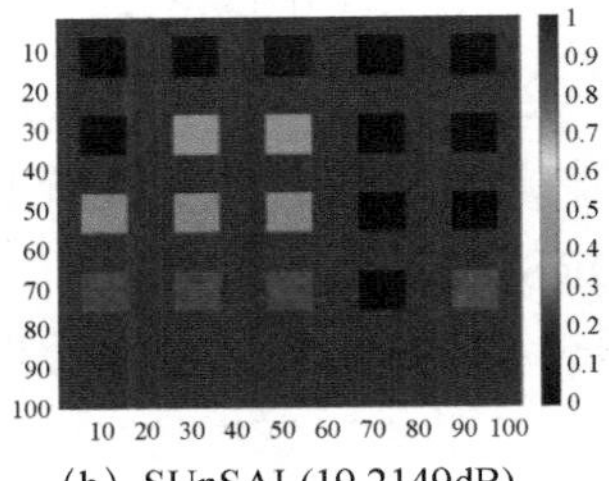

(b) SUnSAL(19.2149dB)

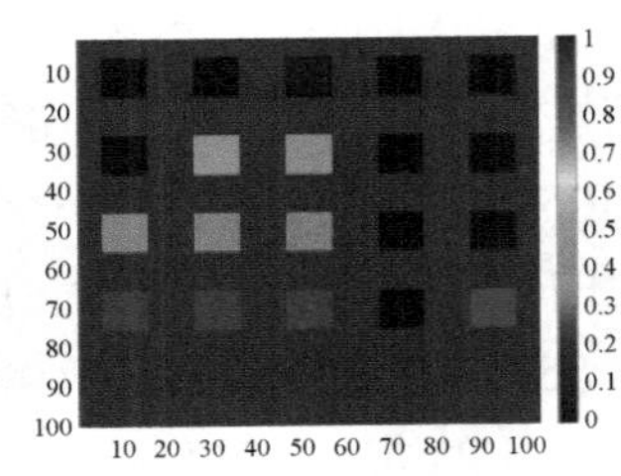

(c) DRSU-TV(21.1164dB)

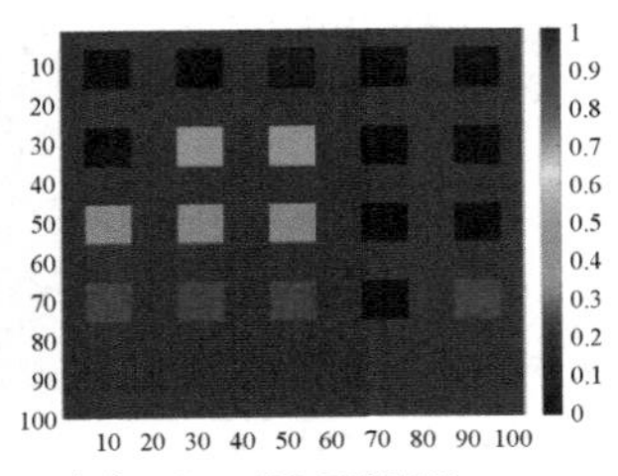

(d) SSFU(30.7997dB)

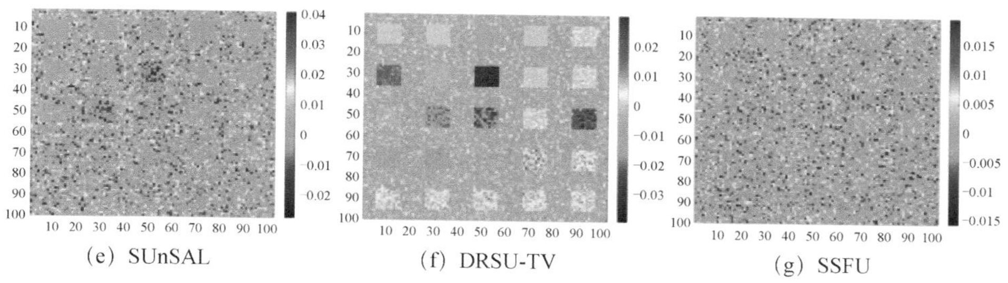

图 7.4.6　仿真数据集 I 中端元 3 的丰度矩阵. 上：真实丰度矩阵；中：估计得到的丰度矩阵；下：估计值和真实值的差（ SNR = 50dB ）

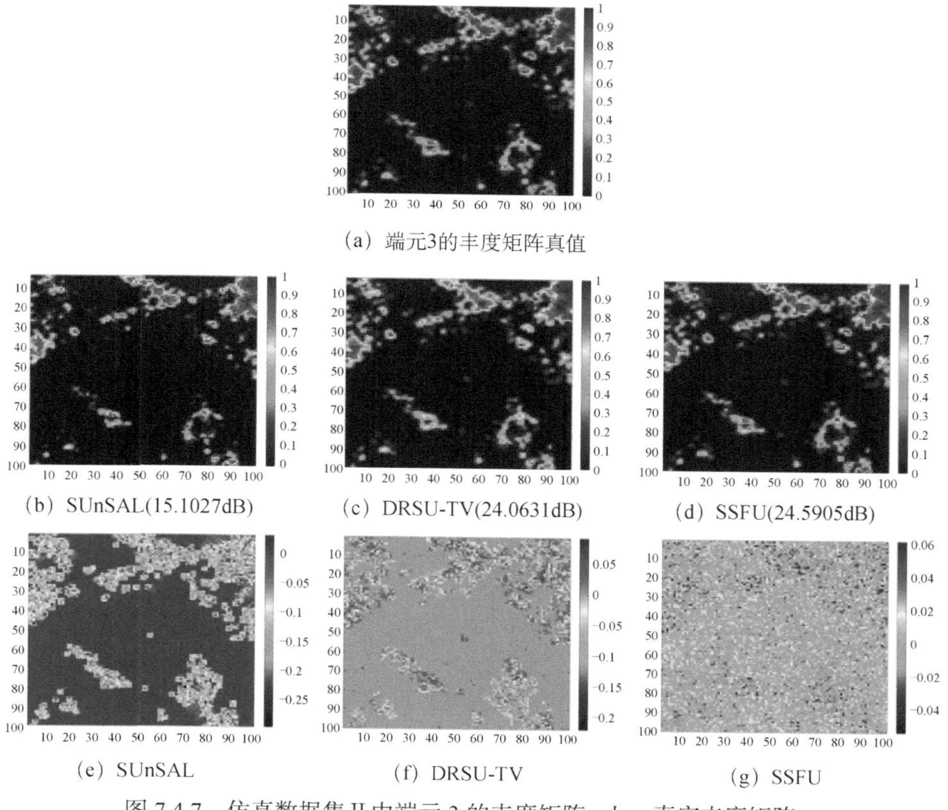

图 7.4.7　仿真数据集 II 中端元 3 的丰度矩阵. 上：真实丰度矩阵；中：估计得到的丰度矩阵；下：估计值和真实值的差（ SNR = 40dB ）

7.4.2.2　实测数据分析

实测数据采用由美国机载可见和红外成像光谱仪 AVIRIS 在 1995 年采集的铜矿区图像，如图 7.4.8 所示. 整幅图像共有 614×750 个像素点，224 个均匀分布在波长为0.4—2.5μm之间的谱段. 与仿真数据不同的是由于大气吸收率高，在实际使用中去除了信噪比较低的1—2，105—115，150—170以及223—224这几个谱段上的数据. 因此，相应的光谱数据库矩阵同样去除相应谱段，使得总的数据库维度变为188×240. 实测数据选取了图7.4.8中方框所示的一个270×330像素点的区域. 由于实测数据不存在光谱解混的真值，通常采用Tricorder软件[69]生成的矿物分类数据作为光谱解混的参考值.

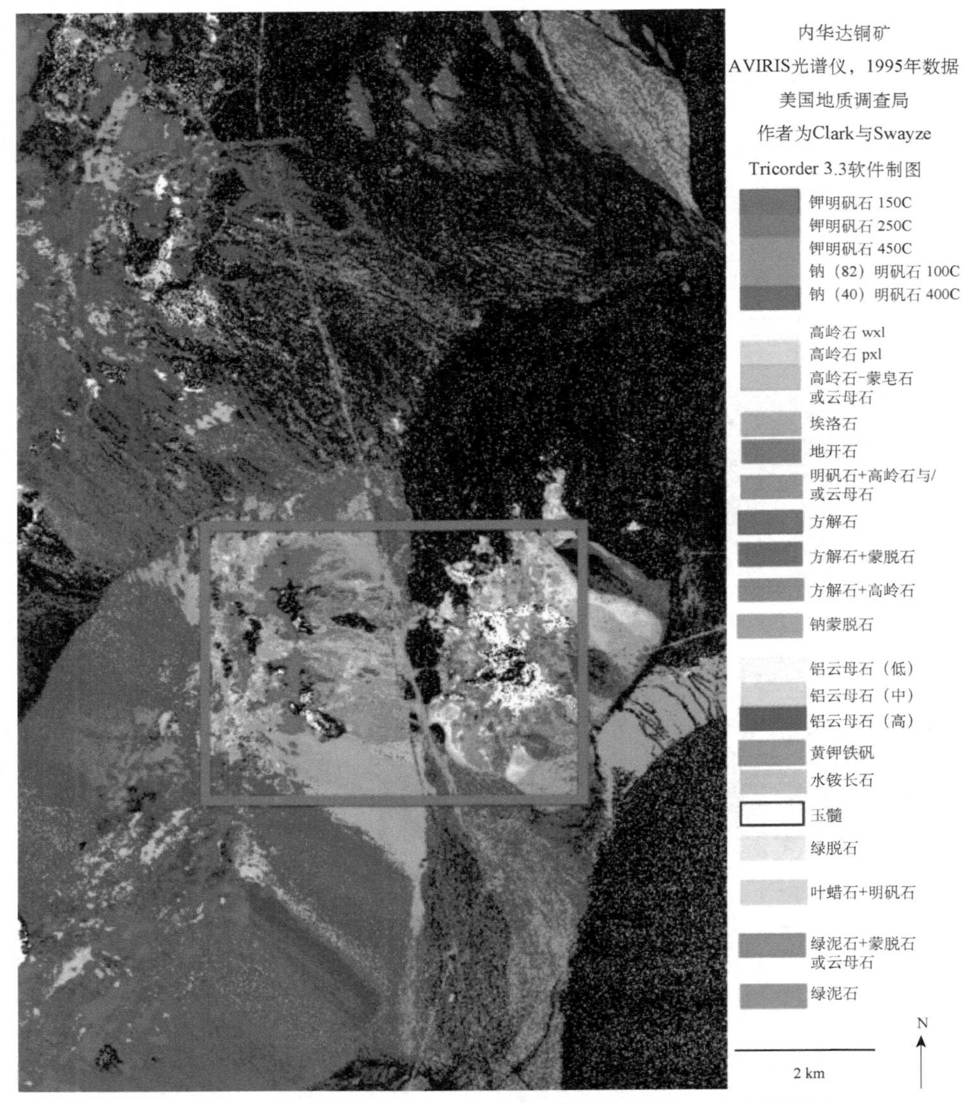

图 7.4.8　Cuprite图对应的各类矿产分布图（扫描封底二维码见彩图）

图 7.4.9 展示了不同的光谱解混方法得到的对应于明矾石的空间分布情况，并与 Tricorder 软件得到的结果进行对比. 实验中，SUnSAL 算法与 DRSU-TV 算法的最大迭代次数设置为 300，SSFU 和 SUnSAL 方法中的正则化参数设为 $\lambda=10^{-3}$，DRSU-TV 方法中的正则化参数设置为 $\lambda=2\times10^{-3}$ 以及 $\lambda_{\mathrm{TV}}=10^{-4}$. SSFU 算法中的虚拟光谱特征个数设置为 10，因为通过图 7.4.8 可以大致估计所考虑的区域包含 10 种不同的元素. 通过解混结果的对比可以看出，不同的方法都能够成功地确认含明矾石较多且较连续的部分，但是 SUnSAL 方法和 DRSU-TV 方法将很多未包含明矾石的周围区域同样包含进来. 尤其是在图像的右半部分，SSFU 方法得到的解混效果更加接近于参考值. 这说明 SSFU 方法能够获得比传统方法更加精细的光谱解混效果，从而在后端的应用中提升资源勘测效率. 另一方面，在相同的硬件配置下对比实测数据计算所需要的时间，SUnSAL 算法需要 89.1720 秒，DRSU-TV 算法需要 975.1633 秒，而 SSFU 算法仅需要 76.8579 秒就能得到比上述两种方法更好的解混效果，充分说明了 SSFU 算法在解决实际高光谱图像解混问题中的应用潜力.

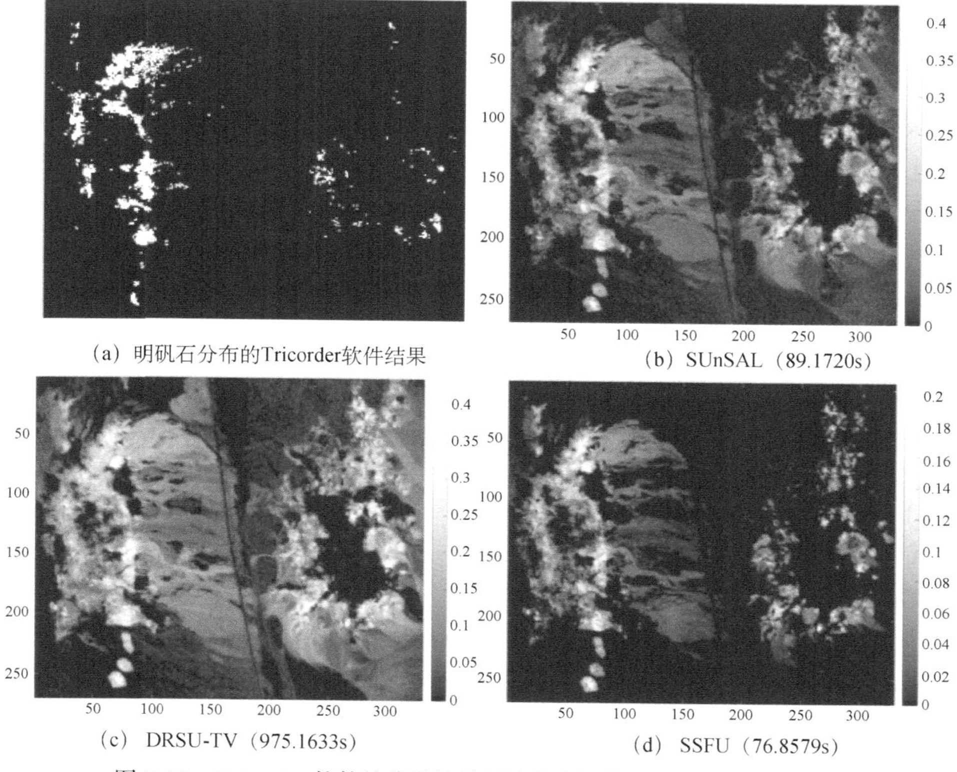

(a) 明矾石分布的Tricorder软件结果　(b) SUnSAL (89.1720s)

(c) DRSU-TV (975.1633s)　(d) SSFU (76.8579s)

图 7.4.9　Tricorder 软件的分类结果以及算法解算的明矾石地理分布图

参 考 文 献

[1] Malioutov D，Çetin M，Willsky A S. A sparse signal reconstruction perspective for source localization with sensor arrays[J]. IEEE Transactions on Signal Processing，2005，53（8）：3010-3022.

[2] Yang Z，Xie L，Zhang C. Off-grid direction of arrival estimation using sparse Bayesian inference[J]. IEEE Transactions on Signal Processing，2013，61（1）：38-43.

[3] Schmidt R O. Multiple emitter location and signal parameter estimation[J]. IEEE Transactions on Antennas Progagation，1986，34（3）：276-280.

[4] Liu Z M，Huang Z T，Zhou Y Y. An efficient maximum likelihood method for direction-of-arrival estimation via sparse Bayesian learning[J]. IEEE Transactions on Wireless Communications，2012，11（10）：1-11.

[5] 林波. 阵列测向的稀疏超分辨方法研究[D]. 长沙：国防科技大学，2016.

[6] Tikhonov A，Arsenin V. Solutions of Ill-Posed Problems[M]. New York：John Wiley and Sons，1977.

[7] Chan T，Shen J. Image Processing and Analysis：Variational，PDE，Wavelet and Stochastic Methods[M]. Philadelphia：SIAM，2005.

[8] Rudin L，Osher S，Fatemi E. Nonlinear total variation based noise removal algorithms[J]. Physica D，1992，60：259-268.

[9] Yang J，Wright J，Huang T，et al. Image super-resolution via sparse representation[J]. IEEE Transactions on Image Processing，2010，19：2861-2873.

[10] Chan T，Mulet P. On the convergence of the lagged diffusivity fixed point method in total variation image restoration[J]. SIAM Journal on Numerical Analysis，1999，36（2）：354-367.

[11] Chan T，Golub G，Mulet P. A nonlinear primal-dual method for total variation based image restoration[J]. SIAM Journal on Scientific Computing，1999，20：1965-1977.

[12] Carasso A. Singular integrals，image smoothness，and the recovery of texture in image deblurring[J]. SIAM Journal on Applied Mathematics，2004，64（5）：1749-1774.

[13] Chambolle A，Lions P. Image recovery via total variation minimization and related problems[J]. Numerische Mathematik，1996，76：167-188.

[14] Dobson D，Santosa F. Recovery of blocky images from noisy and blurred data[J]. SIAM Journal on Applied Mathematics，1996，56：1181-1198.

[15] Chambolle A. An algorithm for total variation minimization and applications[J]. Journal of Mathematical Imaging and Vision，2004，20：89-97.

[16] Beck A，Teboulle M. Fast gradient-based algorithms for constrained total variation image denoising and deblurring problems[J]. IEEE Transactions on Image Processing，2009，18（11）：2419-2434.

[17] Osher S，Burger M，Goldfarb D，et al. An iterative regularization method for total variation-based image restoration[J]. Journal of Mathematical Imaging and Vision，2005，4（2）：460-489.

[18] Bioucas-Dias J，Figueiredo M. A new TwIST：Two step iterative shrinkage/thresholding algorithms for image restoration[J]. IEEE Transactions Image Processing，2007，16（12）：2992-3004.

[19] Bruckstein A，Donoho D，Elad M. From sparse solutions of systems of equations to sparse modeling of signals and images[J]. SIAM Review，2009，51（1）：34-81.

[20] Zibulevsky M，Elad M. L1-L2 optimization in signal and image processing[J]. IEEE Signal Processing Magazine，2010，25：21-30.

[21] Elad M，Matalon B，Shtok J，et al. A wide-angle view at iterated shrinkage algorithms[C]. In SPIE（wavelet XII），San-Diego，CA，2007：26-39.

[22] Elad M，Figueiredo M，Ma Y. On the role of sparse and redundant representations in image processing[J]. Proceedings of the IEEE，2010，98（6）：972-982.

[23] Elad M. Optimized projections for compressed sensing[J]. IEEE Transactions on Signal Processing，2007，55（12）：5695-5702.

[24] Duarte-Carvajalino J，Sapiro G. Learning to sense sparse signals：simultaneous sensing matrix and sparsifying dictionary optimization[J]. IEEE Transactions on Image Processing，2009，18（7）：1395-1408.

[25] Bardsley J，Nagy J. Covariance preconditioned iterative methods for nonnegatively constrained astronomical imaging[J]. SIAM Journal on Matrix Analysis and Applications，2006，27：1184-1197.

[26] Brianzi P，Benedetto F，Estatico C. Improvement of space-invariant image deblurring by preconditioned Landweber iterations[J]. SIAM Journal on Scientific Computing，2008，30（3）：1430-1458.

[27] Donoho D，Flesia A. Can recent developments in harmonic analysis explain the recent findings in natural scene statistics?[J]. Network：Computation in Neural Systems，2001，12（3）：371-393.

[28] Cai T，Xu G，Zhang J. On recovery of sparse signals via ℓ1 minimization[J]. IEEE Transactions on Information Theory，2009，55（7）：3388-3397.

[29] Denis L，Lorenz D，Trede D. Greedy solution of ill-posed problems：Error bounds and exact inversion[J]. Inverse Problems，2009，25：115017.

[30] 黄石生. 数学成像的稀疏约束正则方法[D]. 长沙：国防科技大学，2012.

[31] Kirsch A. An Introduction to the Mathematical Theory of Inverse Problems[M]. New York：Springer-Verlag，1996.

[32] Neelamani R，Choi H，Baraniuk R. ForWaRD：Fourier-wavelet regularized deconvolution for ill-conditioned systems[J]. IEEE Transactions on Signal Processing，2004，52（2）：418-433.

[33] Cochrane M A. Using vegetation reflectance variability for species level classification of hyperspectral data[J]. International Journal of Remote Sensing，2000，21（10）：2075-2087.

[34] Schmid T，Koch M，Gumuzzio J. Multisensor approach to determine changes of wetland characteristics in semiarid environments （Central Spain）[J]. IEEE Transactions on Geoscience and Remote Sensing，2005，43（11）：2516-2525.

[35] Hapke B. Theory of Reflectance and Emittance Spectroscopy[M]. Cambridge：Cambridge University Press，1993.

[36] Nascimento J M P，Dias J M B. Vertex component analysis：A fast algorithm to unmix hyperspectral data[J]. IEEE Transactions on Geoscience and Remote Sensing，2005，43（4）：898-910.

[37] Chein-I Chang，Plaza A. A fast iterative algorithm for implementation of pixel purity index[J]. IEEE Geoscience and Remote Sensing Letters，2006，3（1）：63-67.

[38] Winter M E. N-FINDR：An algorithm for fast autonomous spectral end-member determination in hyperspectral data[C]. In Imaging Spectrometry V，1999：266-275.

[39] Chiang S，Chang C，Ginsberg I W. Unsupervised hyperspectral image analysis using independent component analysis[J]. IEEE Transactions on Geoscience and Remote Sensing，2000，7：3136-3138.

[40] Nascimento J M P，Dias J M B. Does independent component analysis play a role in unmixing hyperspectral data[J]. IEEE Transactions on Geoscience and Remote Sensing，2005，43（1）：175-187.

[41] Wang J，Chang C. Applications of independent component analysis in endmember extraction and abundance quantification for hyperspectral imagery[J]. IEEE Transactions on Geoscience and Remote Sensing，2006，44（9）：2601-2616.

[42] Wang N，Du B，Zhang L，et al. An abundance characteristic-based independent component analysis for hyperspectral unmixing[J]. IEEE Transactions on Geoscience and Remote Sensing，2015，53（1）：416-428.

[43] Jia S，Qian Y. Constrained nonnegative matrix factorization for hyperspectral unmixing[J]. IEEE Transactions on Geoscience and Remote Sensing，2009，47（1）：161-173.

[44] Huck A，Guillaume M，Blanctalon J. Minimum dispersion constrained nonnegative matrix

factorization to unmix hyperspectral data[J]. IEEE Transactions on Geoscience and Remote Sensing，2010，48（6）：2590-2602.

[45] Wang N，Du B，Zhang L. An endmember dissimilarity constrained non-negative matrix factorization method for hyperspectral unmixing[J]. IEEE Journal of Selected Topics in Applied Earth Observations and Remote Sensing，2013，6（2）：554-569.

[46] Huang R，Li X，Zhao L. Nonnegative matrix factorization with data-guided constraints for hyperspectral unmixing[J]. Remote Sensing，2017，9（10）：1074.

[47] Tsinos C G，Rontogiannis A A，Berberidis K. Distributed blind hyperspectral unmixing via joint sparsity and low-rank constrained non-negative matrix factorization[J]. IEEE Transactions on Computational Imaging，2017，3（2）：160-174.

[48] Zhang Z，Liao S，Zhang H，et al. Bilateral Filter regularized L2 sparse nonnegative matrix factorization for hyperspectral unmixing[J]. Remote Sensing，2018，10（6）：816.

[49] Shao Y，Lan J H，Zhang Y Z，et al. Spectral unmixing of hyperspectral remote sensing imagery via preserving the intrinsic structure invariant[J]. Sensors，2018，18（10）：3528.

[50] Zhang X，Sun Y，Zhang J，et al. Hyperspectral unmixing via deep convolutional neural networks[J]. IEEE Geoscience and Remote Sensing Letters，2018，15（11）：1755-1759.

[51] Ozkan S，Kaya B，Akar G B. EndNet：Sparse autoencoder network for endmember extraction and hyperspectral unmixing[J]. IEEE Transactions on Geoscience and Remote Sensing，2019，57（1）：482-496.

[52] Qian Y，Xiong F，Qian Q，et al. Spectral mixture model inspired network architectures for hyperspectral unmixing[J]. IEEE Transactions on Geoscience and Remote Sensing，2020：1-17.

[53] Ghamisi P，Yokoya N，Li J，et al. Advances in hyperspectral image and signal processing：A comprehensive overview of the state of the art[J]. IEEE Geoscience and Remote Sensing Magazine，2017，5（4）：37-78.

[54] Iordache M D，Bioucas-Dias J M，Plaza A. Sparse unmixing of hyperspectral data[J]. IEEE Transactions on Geoscience and Remote Sensing，2011，49（6）：2014-2039.

[55] Zheng C Y，Li H，Wang Q，et al. Reweighted sparse regression for hyperspectral unmixing[J]. IEEE Transactions on Geoscience and Remote Sensing，2016，54（1）：479-488.

[56] Wang R，Li H，Liao W，et al. Double reweighted sparse regression for hyperspectral unmixing[C]. In Proceeding of　IEEE International Geoscience Remote Sensing Symposium，2016：6986-6989.

[57] Li C，Ma Y，Mei X，et al. Sparse unmixing of hyperspectral data with noise level estimation[J]. Remote Sensing，2017，9（11）：1166.

[58] Shi C，Wang L. Incorporating spatial information in spectral unmixing：A review[J]. Remote Sensing Environment，2014，149：70-87.

[59] Jin Q，Ma Y，Pan E，et al. Hyperspectral unmixing with Gaussian mixture model and spatial group sparsity[J]. Remote Sensing，2019，11（20）：2434.

[60] Iordache M，Bioucas-Dias J M，Plaza A. Total variation spatial regularization for sparse hyperspectral unmixing[J]. IEEE Transactions on Geoscience and Remote Sensing，2012，50（11）：4484-4502.

[61] Zhao X，Wang F，Huang T，et al. Deblurring and sparse unmixing for hyperspectral images[J]. IEEE Transactions on Geoscience and Remote Sensing，2013，51（7）：4045-4058.

[62] Wang R，Li H，Pizurica A，et al. Hyperspectral unmixing using double reweighted sparse regression and total variation[J]. IEEE Geoscience and Remote Sensing Letters，2017，14（7）：1146-1150.

[63] Zhong Y，Feng R，Zhang L. Non-local sparse unmixing for hyperspectral remote sensing imagery[J]. IEEE Journal of Selected Topics in Applied Earth Observations and Remote Sensing，2014，7（6）：1889-1909.

[64] Zhang X，Li C，Zhang J，et al. Hyperspectral unmixing via low-rank representation with space consistency constraint and spectral library pruning[J]. Remote Sensing，2018，10（2）：339.

[65] Huang J，Huang T，Deng L，et al. Joint-sparse-blocks and low-rank representation for hyperspectral unmixing[J]. IEEE Transactions on Geoscience and Remote Sensing，2019，57（4）：2419-2438.

[66] Zhang S，Li J，Liu K，et al. Hyperspectral unmixing based on local collaborative sparse regression[J]. IEEE Geoscience and Remote Sensing Letters，2016，13（5）：631-635.

[67] Zhang S，Li J，Li H，et al. Spectral-spatial weighted sparse regression for hyperspectral image unmixing[J]. IEEE Transactions on Geoscience and Remote Sensing，2018，56（6）：3265-3276.

[68] 余奇. 双线性逆问题的求解理论及应用研究[D]. 长沙：国防科技大学，2020.

[69] Clark R N，Swayze G A，Livo K E，et al. Imaging spectroscopy：Earth and planetary remote sensing with the USGS Tetracorder and expert systems[J]. Journal of Geophysical Research，2003，108（12）：1-44.